Thorsten Uhle
Michael Treier

Betriebliches Gesundheitsmanagement
Gesundheitsförderung in der Arbeitswelt – Mitarbeiter einbinden,
Prozesse gestalten, Erfolge messen

Thorsten Uhle
Michael Treier

Betriebliches Gesundheitsmanagement

Gesundheitsförderung in der Arbeitswelt –
Mitarbeiter einbinden, Prozesse gestalten, Erfolge messen

Thorsten Uhle
Breddestraße 64 a
58285 Gevelsberg
E-Mail: Thorsten.Uhle@currenta.de

Michael Treier
BiTS - Business and Information Technology School gGmbH
Staatlich anerkannte Private Hochschule
University of Applied Sciences
Reiterweg 26b, 58636 Iserlohn
E-Mail: Michael.Treier@bits-iserlohn.de

ISBN-13   978-3-540-95933-5   Springer-Verlag Berlin Heidelberg New York

Bibliografische Information der Deutschen Nationalbibliothek
Die Deutsche Nationalbibliothek verzeichnet diese Publikation in der Deutschen Nationalbibliografie; detaillierte bibliografische Daten sind im Internet über http://dnb.d-nb.de abrufbar.

Dieses Werk ist urheberrechtlich geschützt. Die dadurch begründeten Rechte, insbesondere die der Übersetzung, des Nachdrucks, des Vortrags, der Entnahme von Abbildungen und Tabellen, der Funksendung, der Mikroverfilmung oder der Vervielfältigung auf anderen Wegen und der Speicherung in Datenverarbeitungsanlagen, bleiben, auch bei nur auszugsweiser Verwertung, vorbehalten. Eine Vervielfältigung dieses Werkes oder von Teilen dieses Werkes ist auch im Einzelfall nur in den Grenzen der gesetzlichen Bestimmungen des Urheberrechtsgesetzes der Bundesrepublik Deutschland vom 9. September 1965 in der jeweils geltenden Fassung zulässig. Sie ist grundsätzlich vergütungspflichtig. Zuwiderhandlungen unterliegen den Strafbestimmungen des Urheberrechtsgesetzes.

SpringerMedizin
Springer-Verlag GmbH
ein Unternehmen von Springer Science+Business Media
springer.de

© Springer-Verlag Berlin Heidelberg 2011

Produkthaftung: Für Angaben über Dosierungsanweisungen und Applikationsformen kann vom Verlag keine Gewähr übernommen werden. Derartige Angaben müssen vom jeweiligen Anwender im Einzelfall anhand anderer Literaturstellen auf ihre Richtigkeit überprüft werden.

Die Wiedergabe von Gebrauchsnamen, Warenbezeichnungen usw. in diesem Werk berechtigt auch ohne besondere Kennzeichnung nicht zu der Annahme, dass solche Namen im Sinne der Warenzeichen- und Markenschutzgesetzgebung als frei zu betrachten wären und daher von jedermann benutzt werden dürfen.

Planung: Joachim Coch, Heidelberg
Projektmanagement: Michael Barton, Heidelberg
Umschlaggestaltung: deblik Berlin
Fotonachweis Überzug: © Yuri Arcurs/fotolia.de

SPIN: 86019176

Gedruckt auf säurefreiem Papier   26/2126 – 5 4 3 2 1

Für meinen Bruder Ralf Uhle ✝ (1959-2002) – Du fehlst!

Für meine Familie – Sophia, Linda und Mirjam Treier – Danke für alles!
Für meine Eltern – Resi und Peter Treier – Bleibt gesund!

Ein gemeinsamer Dank an die Geschäftsführer der Firma virtualform GmbH für die Erstellung und Entwicklung unserer Avatarin Sunny für dieses Buch.

Jörg Michell und Sven Schmilgeit

Inhaltsverzeichnis

Unser Einstieg	**3**
1 BGF-Gerüst: Eckpfeiler der BGF	**11**
1.1 Unser Verständnis von BGF	11
1.2 Entwicklungen und Trends in der BGF	27
1.3 Im Spannungsfeld zwischen Gesetz und betrieblicher Realität	49
1.4 BGF im Dialog: „Wohin geht der Weg?"	67
2 Maxime: Risiken bestimmen + Ressourcen fördern	**73**
2.1 Ordnung im Begriffschaos schaffen	75
2.2 Risikofaktoren im Betriebsalltag bestimmen	83
2.3 Präventionsressourcen sichten und ausbauen	92
2.4 BGF im Dialog: „Brauchen wir Mitarbeiterbefragungen?"	98
3 Präventionsauftrag: Auf die Richtung kommt es an!	**103**
3.1 Verhaltens- und Verhältnisprävention	104
3.2 Alle Werkzeuge sind sortiert: Die Toolbox BGF	109
3.3 Werkzeuge für die Psyche: Stress, Konflikte …	112
3.4 Werkzeuge für den Körper: Bewegung und Ernährung	121
3.5 Werkzeuge für das Wissen: Gesundheitskommunikation	130
3.6 Werkzeuge für die Motivation: Empowerment	133
3.7 Werkzeuge für das Verhalten: Umgang mit Risiken	137
3.8 BGF im Dialog: „Welche Bedeutung hat Gesundheitskultur?"	146
4 Gesundheitscontrolling: Steuerung und Qualitätssicherung	**157**
4.1 Erfolgskriterien und Prüfpunkte	157
4.2 Gesundheitsmonitoring und Risikomanagement	172
4.3 Baustein 1: Kennzahlen	183
4.4 Baustein 2: Wirtschaftlichkeitsmessung	211
4.5 Baustein 3: Konzept der Gesundheitsscores	228
4.6 BGF im Dialog: „Ist Evaluation nötig?"	252

5	Herausforderungen: Aktuelle Problemstellungen	259
5.1	Altersgerechtes Arbeiten: Demografiemanagement	260
5.2	Gelassen bleiben: Stressmanagement	269
6	**Am Ziel: Der gesunde Mensch**	**287**
6.1	Eigenverantwortung: Unsere Leitsätze	288
6.2	BGF im Dialog: „Warum ist Selbstbestimmung so wichtig?"	294
Ein paar Worte zum Schluss		**301**
Verzeichnisse		**303**

Ansprechpartner

Wir als Autoren stehen Ihnen gerne als Ansprechpartner zur Verfügung. Beim Schreiben dieses Buches haben wir uns Schwerpunktkapitel zugeteilt. Falls Sie Fragen oder Anregungen haben, freuen wir uns auf Ihre Rückmeldung.

Wir freuen uns auf Ihre Rückmeldung ...	
Dipl.-Psych. Thorsten Uhle	Thorsten.Uhle@currenta.de
Schwerpunktkapitel: 2, 3, 5	
Prof. Dr. Michael Treier	Michael.Treier@bits-iserlohn.de
Schwerpunktkapitel: 1, 4, 6	

CD-ROM Inhalte

Auf der CD-ROM finden Sie viele zusätzliche Inhalte, beispielsweise eine Präsentation zur Einführung eines betrieblichen Gesundheitsmanagements.

Präsentationen	Multimedia	Toolbox	Information
Burn-out	Film	Seminarpläne	Broschüren
Fehlzeitenanalyse	Multimedia-PDF	Self-Check	Glossar
Gesundes Führen	Grafiken	Fragen zu Gesundheitsscores	
Konzept für BGM	(diverse Qualitäten)	Instrumente der Arbeitsanalyse (Übersicht)	
Umgang mit Mitarbeitern			

Unser Einstieg

Um die Lesbarkeit des Buches zu steigern, weist unsere Avatarin als Maskottchen unserer Ideen *Sunny* Sie auf wichtige Inhalte im Buch hin. Zudem haben wir für Sie ein ☞ Glossar (✎ S. 357) und ein kommentiertes ☞ Internetverzeichnis (✎ S. 348) erstellt.

Die Grundlage für nahezu jedes Buch zur betrieblichen Gesundheitsförderung (BGF) ist die ☞ Definition der Weltgesundheitsorganisation (WHO) von Gesundheit. Jeder kennt sie, und niemand würde sie ernsthaft hinterfragen. Dies käme einem Sakrileg oder jedenfalls einer Verfehlung gleich; denn sie ist „Common Sense".

WHO Gesundheitsbegriff

Oder würden Sie die folgende positive Definition ablehnen?

WHO Definition

> Gesundheit wird als Zustand des *vollkommenen* körperlichen, sozialen und geistigen/seelischen Wohlbefindens und nicht nur als das Freisein von Krankheit und Gebrechen beschrieben.

☑ Box 0-1: WHO-Definition von 1946

Frage nach der Umsetzbarkeit

Stellt man in der Praxis aber die Frage, wie sich diese Definition operationalisieren bzw. in konkrete Maßnahmen umsetzen lässt, dann tritt betretendes Schweigen ein. Der ganzheitliche Blick eröffnet ein faszinierendes Spektrum an denkbaren Gestaltungswegen. Dieser Umfang lähmt uns aber zugleich, denn wo soll der konkrete Angriffspunkt zur Gesundheitsförderung sein? Wir haben Angst, uns zu verzetteln. Abwesenheit von Krankheit reicht nicht aus, um Gesundheit zu verstehen, denn es geht nicht nur um den körperlichen Zustand sowie die physiologische und psychische Funktionalität, sondern Lebensqualität und Zufriedenheit treten in den Vordergrund (Mayring in Jerusalem & Weber, 2003, S. 1 ff.). *An welchen Indikatoren können wir uns orientieren, um dem erweiterten Gesundheitsbegriff im Rahmen der betrieblichen Gesundheitsförderung gerecht zu werden?* Die Aussagen von Teilnehmenden aus Seminaren demonstrieren die Bandbreite von Gesundheitsindikatoren (Ulich & Wülser, 2009, S. 26 ff.):

- Einstellungen wie ein positives Selbstwertgefühl,
- physische Indikatoren wie Fitness,
- psychische Indikatoren wie Motivation,
- verhaltensbezogene Indikatoren wie Engagement und
- Leistungsindikatoren wie Produktivität.

Rechtliche Ebene

Auf die rechtliche und Richtlinienebene hat diese Definition von 1946 jedenfalls nachhaltig abgefärbt. Sie finden Elemente aus dieser Definition im Arbeitsschutzgesetz (ArSchG), im Arbeitssicherheitsgesetz (AsiG), im Betriebsverfassungsgesetz (BetrVG) oder im Sozialgesetzbuch (SGB) (↘ Kap. 1.3, S. 49). Viele flankierende Verordnungen, Vorschriften und Normungen greifen auf die Definition zurück. Die Gesetze und Richtlinien konzentrieren sich jedoch auf die Abwehr, Bekämpfung und Vermeidung von Risikofaktoren, welche die Wahrscheinlichkeit von Krankheiten erhöhen. Wegweiser für eine aktive Umsetzung des umfassenden WHO Gesundheitsbegriffs sind sie aber nicht. Integrierte Arbeitsschutz-Managementsysteme berücksichtigen zwar die Facetten des erweiterten Gesundheitsbegriffes (Schmager, 1999), faktisch aber oft nur in einer homöopathischen Dosierung oder als Randphänomene des klassischen Arbeitsgesundheitsschutzes.

Lässt sich Gesundheit in dieser breitgefächerten Abbildung wirklich noch betrieblich reflektieren und gestalten? Zeigt nicht schon die Indikatorenvielfalt, dass Gesundheit kaum objektiv zu fassen und positiv zu beeinflussen ist?

Unser Einstieg

Bei der BGF verhält es sich ähnlich wie bei der Bekämpfung von Malware durch Virenscanner und Anti-Spam-Filtern in der EDV. Hier und dort kämpfen wir gegen Windmühlen. Signaturen alleine reichen bei der Virenbekämpfung nicht mehr zur Identifizierung der wandlungsfähigen Malware aus. Neuere Systeme bemühen sich, den Ansturm der Malware u. a. durch Heuristiken und verhaltensbasierten Analysen im Sinne von „Deep Guard" abzuwehren. Damit sollen die Schwächen der reaktiven Vorgehensweisen, die stets den Angriffen hinterherhinken, durch proaktive, den Gefahren vorausschauende Techniken kompensiert werden. Doch der technische Healthcheck allein reicht nicht aus. Eine wichtige Rolle spielen dabei der Nutzer und sein Risikobewusstsein. Analog sieht es in der betrieblichen Gesundheitspolitik aus: Gesundheitsbedrohende Einflüsse sind so vielfältig, dass eine Gefahrenabwehr nach „Schema F" nicht funktioniert. Auch hier rückt der Nutzer, also der Mitarbeiter, ins Zentrum: Er sollte der Dreh- und Angelpunkt betrieblicher Gesundheitspolitik und gesundheitsgerechter Arbeitsgestaltung sein (Meifert & Kesting, 2004).

Gefahrenabwehr durch den Nutzer

Demnach interessiert man sich nicht nur für die Gefahrenreduktion, sondern v. a. auch für die Präventions- oder Schutzfaktoren, die wie Puffer wirken und schädigende Umweltagenzien in ihren negativen Auswirkungen dämpfen können. *Der wichtigste Puffer ist der Mensch!* 1988 hat auch die WHO das Verständnis von Gesundheit vom Objektcharakter befreit und das Subjekt als Träger und Verantwortlicher für Gesundheit in den Vordergrund gestellt. Gesundheit wird als die Kompetenz des Individuums verstanden, die eigenen Gesundheitspotenziale auszuschöpfen und zu erweitern sowie angemessen auf die Herausforderungen der Umwelt zu reagieren. Diese ☞ Selbstregulationskompetenz wird zur Kernkompetenz der modernen Arbeitswelt (Wiese, 2004). Sie passt hervorragend im Argumentationsschema zum „flexiblen Menschen" in Bezug auf die Erhöhung der ☞ Employability (Beschäftigungsfähigkeit) (Sennett, 2006), die mehr und mehr in die Eigenverantwortung gelegt wird (Kaschube, 2006; Böhne & Breutmann, 2009) (↳ Kap. 6.1, S. 288). Ob aber das Rahmenkonzept zur Entwicklung und Förderung der Beschäftigungsfähigkeit in Anbetracht der immanenten Konfliktlagen aufgeht, bleibt offen. Die Formel klingt jedenfalls verlockend und verheißungsvoll (Loß et al., 2009):

Vom Objekt- zum Subjektcharakter

$$Erfolgreich\ Arbeiten = \bigcup \langle Qualifizierter | Flexibler | Gesuender \rangle$$

Fördern und Fordern sind nur im Verbund **Garanten** für eine erfolgreiche BGF! Mitarbeiter müssen im Hinblick auf ihre gesundheitliche Kompetenz zugleich gefördert und diesbezüglich gefordert werden. Das bedeutet: Einerseits muss der jeweilige Betrieb durch verschiedene Maßnahmen Gesundheit fördern (↬ Empowerment oder Gesundheitsbildung), andererseits fordern, dass die Mitarbeiter sich hilfreiche Kompetenzen aneignen.

Ottawa Charta

Diese Denkweise passt zur Ottawa Charta von 1986, die den Begriff der Gesundheitsförderung als einen Prozess der Befähigung erklärt.

Ottawa-Charta

Gesundheit wird hier als die Fähigkeit bzw. Kompetenz des Individuums beschrieben, die eigenen Gesundheitspotenziale auszuschöpfen und damit angemessen auf die Herausforderungen der Umwelt zu reagieren.

☑ Box 0-2: Gesundheitsverständnis der Ottawa Charta von 1986

Selbstbestimmung

Das Individuum ist also der Träger und Gestalter von Gesundheit, das heißt: Hier geht es um Selbstbestimmung. Selbstbestimmung kann sich jedoch nur dann entfalten, wenn die Rahmenbedingungen dies ermöglichen. Aber diese Umfeldbedingungen wie Wohnbedingungen, Einkommen, stabiles Öko-System etc. sind nicht einfach nur gegeben, sondern Menschen gestalten selbst Gesundheit in ihrer Umwelt. Sie ändern selbst ihre Rahmenbedingungen, also das Setting. Dieses Setting bezieht sich nicht nur auf die Arbeits-, sondern auch auf die Freizeit- und Familienwelt im Sinne der vielversprechenden, aber etwas trügerischen Terminologie der ↬ Work-Life-Balance (Esslinger & Schobert, 2007).

Das System LIFE

Was ist LIFE? Das System ↬ LIFE des Gesundheitsinstituts der TerraSana LIFE AG baut konsequent auf den Gedanken der Selbstbestimmung auf und integriert bestehende Angebote, Möglichkeiten und Handlungsfelder im Unternehmen und in Netzwerken, um eine nachhaltige Gesundheitspolitik im Unternehmen zu erzielen. Die Abkürzung LIFE steht für **L**angfristige, **I**ndividuelle **F**örderung der **E**igenverantwortung. Denn ↬ Gesundheitsprävention und Gesundheitsschutz funktionieren nach LIFE nur dann, wenn der Mensch verantwortlich für sein Handeln ist. *Worum geht es in LIFE?* Persönliche Kompetenzen sollen entwickelt, gesundheitsbezogene Gemeinschaftsaktionen unterstützt, gesundheitsförderliche Lebens-

> und Arbeitswelten geschaffen werden als ein Bündel von Maßnahmen, die den Weg der Zukunft kennzeichnen. Wir werden im Buch auf LIFE an mehreren Stellen verweisen, weil es uns Autoren als ein Best Practice Modell erscheint. Im Kap. 6.2 (S. 294) stellen wir einige Ergebnisse eines Interviews mit dem geistigen Vater von LIFE, Dr. Gronwald, vor.

☑ **Box 0-3:** Das System LIFE vom Institut der TerraSana LIFE AG

Mit dem klassischen arbeitsmedizinischen sequenziellen Ansatz der Feststellung von Symptomen, Diagnose, Therapie und zusätzlich ↝ Prävention in den verschiedenen Stufen (Primär-, Sekundär- und Tertiärprävention) werden wir nicht auskommen. *Warum?* Faktisch vernachlässigt der Präventionsfokus die Innenperspektive der selbstverantwortlichen Personen. Auch wäre es eine Illusion anzunehmen, dass es sich „nur" um Wohlbefinden handelte, welches gefördert werden soll. Die Unternehmen fordern Leistungsfähigkeit und psychische Konstitution (Belastbarkeit und Flexibilität). Die Anforderungen steigen stetig, divergierende Erwartungen bilden sich gleichzeitig in unterschiedlichen Rollensystemen ab, und der Erholungsbegriff wandelt sich zum Eventbegriff.

Zweifel an klassischer Vorgehensweise

Worauf es mithin ankommt:

> Demnach muss die BGF nicht nur das Wohlbefinden der Mitarbeiter fördern, sondern auch ihre Leistungsfähigkeit (Belastbarkeit) sichern und gleichzeitig vor Überlastung schützen. Damit rückt die Frage nach der psychischen Gesundheit in den Fokus der BGF. Die **Synergismen zwischen psychischer Gesundheit und gesunder Arbeitswelt** sind Erfolg versprechend.

> **Was verbinden Sie mit Gesundheit?**
>
> Wie kann der Mensch gesund bleiben (oder werden), wenn es gar keine Erholungsphasen mehr gibt? Wie kann seine Leistungsfähigkeit gesichert werden? Wer setzt überhaupt den Maßstab, was gesund bedeutet?

In diesem Buch zur BGF setzen wir auf die psychische Gesundheit als individuelle „Widerstandskraft", ohne den betrieblichen Kontext außer Acht zu lassen. Wir verstehen psychische Gesundheit aber nicht als eine Liste persönlichkeitsbezogener Merkmale der angemessenen Gesundheitseinstellung und des konstruktiven Gesundheitsverhaltens wie Autonomie, Lebensbejahung, Vertrau-

Psychische Gesundheit als Regulationsphänomen

en, ☞ Selbstwirksamkeit oder erfolgreicher sozialer Integration (Jerusalem & Weber, 2003; Schwarzer, 2004). Für uns handelt es sich vielmehr um einen kybernetischen handlungsorientierten Begriff: Das Kernkonstrukt der Gesundheit ist die erfolgreiche Regulation des Menschen in und mit seiner Umwelt (Wieland-Eckelmann, 1996; Wieland, 2004). Die dynamische und komplexe Umwelt mit ihren in qualitativer und quantitativer Hinsicht wachsenden Arbeitsanforderungen, Qualifikationserfordernissen und Belastungsstrukturen kann nicht allein durch Richtlinien geregelt werden; denn diese sind zu statisch. Die Kunst des aktiven Steuerns liegt beim Menschen und wird als Selbstmanagement verstanden (Kanfer et al., 2005; Kesting, 2004). Analog einem Thermostat muss der Mensch es schaffen, die eigene Gesundheit trotz vieler ☞ Belastungen und Anforderungen auf ein stabiles Soll-Niveau einzupendeln. Es geht um den ☞ salutogenetischen Begriff der Kohärenz mit den Komponenten der Verstehbarkeit, der Handhabbarkeit und der Sinnhaftigkeit (Antonovsky, 1987).

Gesundheit

Gesundheit ist die Fähigkeit, sich und seine Umwelt selbst zu regulieren (personale Gesundheitskybernetik). Wir benötigen Vertrauen in die eigene ☞ Regulationskompetenz beim unaufhörlichen Gegensteuern in komplexen Systemen. Komplex sind die Systeme der Mitarbeiter deshalb, weil nicht nur die Arbeitswelt, sondern viele weitere gesellschaftliche und kulturelle Determinanten zu berücksichtigen sind. Das Vertrauen in seiner Regulationskompetenz sollte durch BGF gestärkt werden.

☑ Box 0-4: Gesundheitsbegriff als Regulationskompetenz

**Was können die Unternehmen machen?
Was für Hilfe wollen wir in diesem Buch anbieten?**

Das Wort Kybernetik drückt Komplexität aus, und psychische Gesundheit lässt sich nicht einfach so erfassen und verstehen wie biologische Erkrankungsbilder. *Entrückt damit das Thema für die Praxis im Sinne überbordender theoretischer Gesundheitsmodelle?* Wir sagen: Nein, der Transfer ist möglich und auch notwendig. Er verlangt eine Kehrtwende im traditionellen Denken. Die Regenschirmmentalität als Gefahrabwendung reicht jedenfalls definitiv nicht mehr aus.

Auftrag an die Unternehmen

Das Unternehmen hat nunmehr den Auftrag, diesen kybernetischen Prozess zu unterstützen und förderliche Gestaltungsbedingungen zu schaffen. In den Foren des ☞ Deutschen Netzwerkes für Betriebliche Gesundheitsförderung (DNBGF) wird auf die Problematik der noch zu geringen Verbreitung von BGF aufmerksam gemacht. Der aktuelle Bericht zum Stand von Sicherheit und Gesundheit bei der Arbeit (SUGA, 2009, S. 28) unterstreicht die Notwendigkeit, denn im Jahr 2007 fielen nach Schätzungen der Bundesanstalt für Arbeitsschutz und Arbeitsmedizin (BAuA) immerhin etwa 1,2 Millionen Erwerbsjahre aus. Arbeitsunfähigkeit als Spitze des Eisberges verursachte damit 2007 einen Produktionsausfall anhand der Lohnkosten von etwa 40 Milliarden Euro. Der volkswirtschaftliche Verlust lässt sich auf rund 73 Milliarden Euro an Bruttowertschöpfung beziffern. Die Finanzkrise von 2008/2009 hat uns an solche unvorstellbaren Zahlen schon gewöhnen und abstumpfen lassen. Dennoch hoffen wir, dass diese Zahlen nachdrücklich den Bedarf signalisieren.

Wir stellen uns in diesem Buch immer wieder die Fragen, wie die ☞ Regulationskompetenz im Bereich Gesundheit im betrieblichen Kontext aufrechterhalten und gefördert werden kann und welche Rahmenbedingungen diese Aufgabe unterstützen. Im Zusammenhang mit der erforderlichen Demografie-Fitness der Organisation oder auch mit der Bedeutungszunahme des Personals stellt dieser Auftrag kein Sozialklimbim dar. Der gesunde und sich selbstregulierende Mensch ist die Voraussetzung für eine gesunde Arbeitswelt. Die gesunde Organisation ist ein Asset, das in Anbetracht der Herausforderungen niemand bestreiten wird. In diesem Zusammenhang und im Hinblick auf die oben genannten Zahlen lohnt sich die Investition in die BGF. Dieses Buch soll dazu einen Beitrag leisten.

Auftrag an das Buch

> *Wir behaupten, dass Arbeit nicht krank, sondern reich macht.* Reich aber nicht im finanziellen Sinne, sondern v. a. im Hinblick auf Gesundheit und Selbstbewusstsein (Selbstheilungskraft der Arbeit). Unser Anliegen ist nicht die Reparaturergonomie einer anonymisierten Arbeits- und Lebenswelt, sondern die **Personalisierung von Arbeit** als Grundrecht, als Würde und als Vision. Die Anamnese des Arbeitsgesundheitsschutzes zeigt, dass es nicht nur um die Minimierung von Expositionen schädlicher Agenzien gehen kann, sondern wir müssen uns v. a. um die **Nabe Mensch** im Speichenradmodell der Arbeits- und Gesundheitswissenschaften kümmern (im Sinne von Prof. Dr. Claus Piekarski, ehemaliger Präsident der Deutschen Gesellschaft für Arbeits- und Umweltmedizin (☞ DGAUM) (✎ Kap. 1.4, S. 67). Das Schmiermittel ist hier die ☞ **Regulationskompetenz**. Identifiziert sich der Mensch mit seiner Arbeit, dann gewinnen die vielen Deklarationen an Bedeutung. Es geht nicht mehr nur um das Aufschweißen, um

weitere Brüche zu verhindern, sondern wir befassen uns mit einem **neuen, kunstvollen Schmiedestück:** *der gesunden Arbeitswelt*.

O Abbildung 1 illustriert unseren Weg zur gesunden Arbeitswelt.

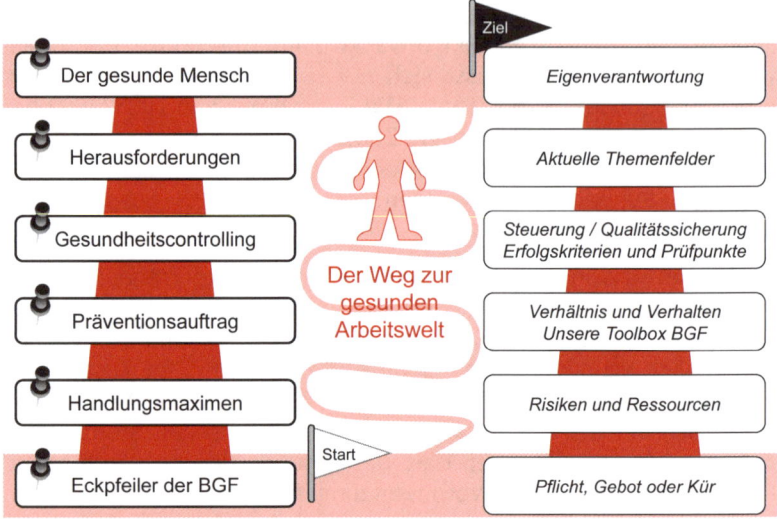

O Abbildung 1: Unser Weg zur Gesunden Arbeitswelt

1 BGF-Gerüst: Eckpfeiler der BGF

Kapitel 1 stellt eine Einführung zum Thema der betrieblichen Gesundheitsförderung (BGF) dar. Wir möchten Sie mit unseren Vorstellungen, mit Perspektiven und Handlungsansätzen, mit Trends und Visionen vertraut machen.

Unsere Leitfragen ...

▶ **Kap. 1.1:** Unser Verständnis von BGF
- Seite 11: Was ist ein gesunder und humaner Arbeitsplatz?
- Seite 15: Was ist für uns Gesundheitsförderung?
- Seite 22: Benötigen wir überhaupt Gesundheitsförderung?
- Seite 26: Welche Perspektiven gibt es in der Gesundheitsförderung?

▶ **Kap. 1.2:** Entwicklung und Trends in der BGF
- Seite 28: Benötigen wir ein Konjunkturprogramm für die Gesundheitsförderung?
- Seite 31: Weshalb brauchen wir Visionen?
- Seite 32: Welche Trends bestimmen die Gesundheitsförderung der Zukunft?
- Seite 41: Was bedeutet der Trend zur konstruktivistischen Gesundheitsdidaktik?
- Seite 43: Warum ist Gesundheitskompetenz der zentrale Stellhebel?

▶ **Kap. 1.3:** Im Spannungsfeld zwischen Gesetz und betrieblicher Realität
- Seite 49: Warum benötigen wir Gesetze und Leitlinien?
- Seite 54: Wie kommen wir von der Leitlinie zur Gestaltungsvorschrift?

▶ **Kap. 1.4:** BGF im Dialog mit Prof. Dr. Claus Piekarski
- Seite 67: Wohin geht der Weg?

1.1 Unser Verständnis von BGF

Was ist ein gesunder und humaner Arbeitsplatz?

„*Menschlichkeit gewinnt*" (Mohn in Craes et al., 2002, S. 13 f.) ist ein Bekenntnis für den Menschen in einer zunehmend anonymisierten und indifferenten Arbeitswelt. In unserem Buch ist der Mensch nicht nur Objekt, sondern erklärtes Subjekt der BGF. Das staatliche Programm „Humanisierung der Arbeitswelt (HdA)" von 1974 bis 1989 zur Verbesserung der Arbeitsinhalte und -beziehungen sowie zum Abbau belastender bzw. gesundheitsgefährdender Arbeitssituationen und die Folgeprogramme bemühen sich redlichst um den humanen Arbeitsplatz und damit um den Faktor Mensch in

Unser Anspruch: Humanisierung der Arbeitswelt

der Arbeitswelt. Dieser Dienst ist nicht nur wirtschaftsethisch begründet, sondern erklärt sich zunehmend aus einer wirtschaftlichen Unumgänglichkeit. Die ○ Abbildung 2 (↘ S. 13) stellt die wichtigsten deutschsprachigen Projekte vor (Treier, 2009a, S. 31). Wir werden v. a. auf die Ergebnisse der ⌁ Initiative Neue Qualität der Arbeit (INQA) zurückgreifen, um die aktuellen Herausforderungen rund um BGF zu verdeutlichen.

Wertschätzung und Erholung

Solange wir Menschlichkeit als Fremdkörper der Arbeitswelt begreifen, werden wir keinen Paradigmenwechsel im Bereich der BGF erzielen. Gerade in unserer Nonstop-Gesellschaft sowohl in der Arbeits- als auch in der Privatsphäre ist es absurd anzunehmen, dass wir durch klassische Regularien kontrollierbare Erholungs- und Gesundungszeiten als Kompensation für krankmachende Arbeitswelten festlegen können (vgl. Kadritzke in Meifert & Kesting, 2004, S. 321 ff.). Erholung ist auf jeden Fall nicht mehr Freisein von Arbeit zur Rekonvaleszenz in Bezug auf die physische Ausgangslage. So ist unsere Arbeitstätigkeit zunehmend fragmentiert und reicht unverhohlen in die Privatsphäre. Auch unsere Freizeitaktivitäten sind selten Ausdruck von physischer Erholung. Erholung ist aus unserer Sicht erfahrene Menschlichkeit, die sich v. a. in der Wertschätzung unserer Tätigkeit ausdrückt und einen positiven Widerhall in unseren ☞ Ressourcen findet. Nach dem ☞ Arbeits-Erholungs-Zyklus geht es um das sensible relationale Gleichgewicht zwischen Anforderungen und Kapazitäten bzw. Ressourcen und deren Selbstregulation als konstruktives Bewältigungsverhalten (Wieland-Eckelmann et al., 1994).

Worauf es mithin ankommt:

> Der Weg zum humanen Arbeitsplatz sollte nicht den Dualismus zwischen krank- und gesund machenden Faktoren frönen, sondern **Erholung als Humanisierungsfaktor** in die bestehenden Arbeitsprozesse integrieren.

Flow als mögliches Modell

Wie könnte diese Einbeziehung aussehen? Wenden wir uns kurz der Personalpsychologie zu (Treier, 2009a), dann stoßen wir auf das ☞ Flow-Konstrukt als höchste Form der Eigenmotivation nach Csikszentmihalyi (1991). Wenn wir mit unserer Arbeit ein positives Erleben verknüpfen, dann induziert diese autotelische Aktivität einen Zustand der Erholung oder des optimalen Erlebens. Im Zustand des Flows ist der Mensch Handlung, denn die Aktivität ist selbst das Ziel des Handelns. Jeder von uns kennt diesen Zustand: Wenn uns eine Tätigkeit Spaß macht, merken wir nicht, wie die Zeit vergeht. Es läuft alles glatt. Man ist selbstvergessen und muss regelrecht aufgeschreckt werden, um seine Arbeit aufzuhören. Nach der Tätigkeit ist man nicht ermüdet, sondern hat Energie zu weiteren Aktivitäten.

> „Wenn jemand eine Situation als herausfordernd wahrnimmt und seine Fähigkeiten für die Bewältigung der Situation als hoch einschätzt, dann wird die Situation sehr positiv erlebt – unabhängig davon, ob die Aktivität als Arbeit oder Freizeit bezeichnet wird." (Nerdinger, 1995, S. 56)

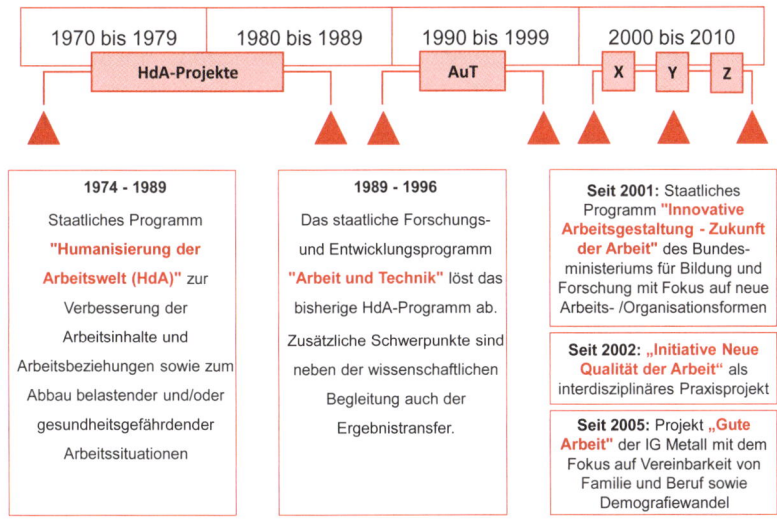

O **Abbildung 2:** Der Weg zum humanen Arbeitsplatz

Mit den Stärken und Schwächen des Konstrukts ☞ Flow aus empirischer und methodischer Sicht können wir uns hier aus Platzgründen nicht befassen (Rheinberg et al., 2007; Treier, 2009a, S. 215 ff.). Flow ist auf jeden Fall Ausdruck eines Gesundheitsverständnisses, das sich von der physischen zur psychophysischen Reflexion von Gesundheit verlagert. Durch entsprechende Tätigkeitsanreize wie klare Zielvorgaben, optimalen Handlungsspielraum oder konstruktives Feedback kann die Situation flow-orientiert gestaltet werden und damit die Arbeit selbst als Schlüssel für Lernen, Wachstum und Motivation avancieren. Die Arbeitspsychologen sprechen hier vom ☞ arbeitsorientierten Lernen (Sonntag & Stegmaier, 2007). Gesundheitsförderung ist also nicht ausschließlich das Pflaster mit Wundsalbe, das nach einer Verletzung zur Heilung aufgetragen wird, sondern eine Kräftigung von innen durch Wertschätzung und durch eine humane Gestaltung der Arbeit als Komplex von Arbeitsinhalten, -beziehungen und -bedingungen (Ulich &

Psychophysische Sichtweise

Wülser, 2009). Die O Abbildung 3 (✎ unten) illustriert hier das Ineinandergreifen von situativen und personalen Faktoren.

Paradigmenwechsel

Wer Gesundheitsförderung als Parasit der Wirtschaft begreift oder Gesundheitsförderung als Lotterie definiert, dem bleibt der Wertschöpfungscharakter verborgen. Menschlichkeit, Wertschätzung und Vertrauen sind die Grundpfeiler für eine moderne betriebliche Gesundheitspolitik, die das Subjekt wieder anerkennt und in den Mittelpunkt der Maßnahmen rückt. Die Kultur der Reparaturergonomie als Kompensationsstrategie ist obsolet, wenn wir einen Neuanfang im Bereich der BGF anstreben. In unserem Buch werden wir Ihnen Wege von der Gestaltung bis zum Controlling aufzeigen, die diesem Paradigmenwechsel Rechnung tragen. Der Mitarbeiter ist nicht nur eine Ressource, sondern er ist die Nabe des Rades Organisation, mit der das Rad auf der Welle sitzt. *Was passiert, wenn diese Nabe zerbricht?* Das ist eine Frage der Gesundheitsförderung.

☑ Box 1-1: Menschlichkeit und Wertschätzung als Grundpfeiler

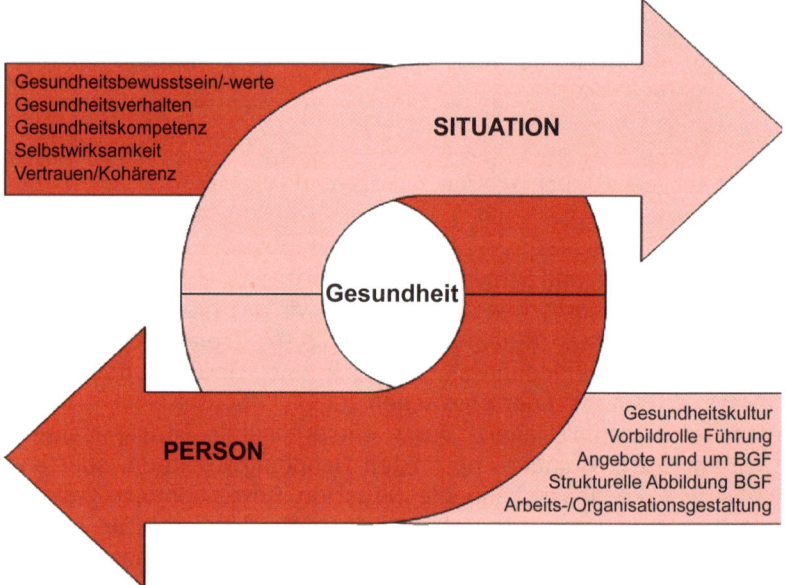

O Abbildung 3: Gesundheit in der Arbeit

Unser Verständnis von BGF

> Gesund *durch die Arbeit* und gesund *in der Arbeit* ist unser Motto!

Der angedeutete Paradigmenwechsel wird noch deutlicher, wenn wir uns im Kap. 1.2 (S. 27) mit den Trends auseinandersetzen. Doch bevor wir den Blick in die Zukunft wagen und das Orakel befragen, sind wir Ihnen noch eine Antwort schuldig geblieben.

Was ist für uns Gesundheitsförderung?

Gesundheitsförderung ist nicht nur Verhütung und Abwehr, sondern ein Anspruch der Betroffenen direkt an sich selbst. Das impliziert keineswegs Privatisierung der Gesundheit; denn damit düpieren wir uns selbst. Im Gegenteil sind gerade die Unternehmen aufgerufen, der Verwirklichung dieses Anspruches nicht nur keine Steine im Weg zu legen, sondern fördernde und fordernde Maßnahmen zu ergreifen. Diese Maßnahmen betreffen sowohl die internalen Ressourcen wie Selbstwirksamkeit und Gesundheitsbewusstsein als auch die externalen Ressourcen wie Führung, Arbeitsgestaltung und Organisationsentwicklung (Zimolong & Stapp in Zimolong, 2001, S. 141 ff.). Es gilt ein gesundes Unternehmen im Sinne des salutogenetischen Ansatzes aufzubauen (Fröschle-Mess, 2005). Dazu benötigen wir eine Politik des Vertrauens und der Kohärenz. Dabei ist zu bedenken, dass die Arbeitswelt nicht von der allgemeinen Lebenswelt abzukapseln ist. Denn es liegt faktisch eine totale Verflechtung vor!

Anspruch der BGF

Auftrag der Gesundheitsförderung

Gesundheitsförderung zielt auf die Stärkung positiver Kräfte sowohl in Bezug auf die Arbeits- und Lebenswelt als auch auf den einzelnen Menschen und auf Gruppen (Demmer, 1995, S. 8). Positive Kräfte sind Lebens- und Arbeitsqualität, gesunde Lebensweise, Wahrnehmung der Eigenverantwortung für Gesundheit, Auseinandersetzung mit Gesundheitsfragen, Hoffnung und Vertrauen in das eigene Handeln, Lebens- und Arbeitszufriedenheit etc. Damit ist Gesundheitsförderung nicht nur präventiv ausgerichtet, sondern ausdrücklich auch in den späteren Phasen der Therapie, Rehabilitation und der Begleitung chronischer Erkrankungen im Sinne eines Disease Management Programms (Chronikerprogramme) anzuwenden (Pfaff et al., 2003).

☑ Box 1-2: Aktivierung positiver Kräfte als Auftrag der BGF

Verantwortung für unser Gesundheitssystem

Im Kontext des Damoklesschwertes Demografieverschiebung ist BGF aus unternehmerischer Sicht eine titanische Herausforderung (Badura et al., 2007). Dabei wird der Unternehmer durch die Verknappung der Ressourcen aus Sicht der Gesundheitssysteme künftig selbst ein Teil des ☞ Managed Care Systems (Amelung, 2007), eines sowohl kommerziell als auch solidarisch finanzierten Versorgungssystems, das um die effiziente und effektive Allokation von Mitteln und Ressourcen unter Berücksichtigung hoher Qualitätsstandards ringt.

BGF findet nicht im Vakuum statt!

Im Rahmen dieses Buches können wir uns nicht mit dem Gesundheitssystem als solchem befassen. Die Frage der Verantwortung ist aber auf jeden Fall nicht nur im Solidarsystem zu verorten, v. a. wenn man an die gesundheitsökonomischen Herausforderungen denkt (Breyer et al., 2005). Die Unternehmen sind wesentlicher Bestandteil, vielleicht sogar künftig der wichtigste Faktor im Gesundheitssystem. Damit die Einführung zu den Eckpfeilern der BGF nicht zu langatmig wird, illustrieren wir Ihnen anhand von vier Info-Grafiken die für das gemeinsame Verständnis grundlegenden Wissenselemente:

- Einflussfaktoren   ○ Abbildung 4, S. 17
- Portfolio der Maßnahmen   ○ Abbildung 5, S. 18
- Angebotsportfolio   ○ Abbildung 6, S. 19
- vernetzte Akteure   ○ Abbildung 7, S. 20

Doppelgesichtigkeit als Problem

In gewisser Weise bilden diese Info-Grafiken das Gerüst der BGF, denn BGF findet nicht im Vakuum statt. Diverse hemmende und fördernde Faktoren lassen sich in der Praxis konstatieren. Was jedoch wirklich hemmend oder fördernd ist, erschließt sich aufgrund der komplexen Wechselwirkungen oft nicht direkt. Die meisten Einflussmomente sind janusköpfig und weisen zwei Gesichter auf. So ist das Demografieproblem ein Katalysator, der Unternehmen erkennen lässt, dass die Investition in die BGF unerlässlich ist (Beispiel: Demografiefond der Gewerkschaft IG BCE). Auf der anderen Seite darf man nicht verhehlen, dass das Ausmaß des Demografieproblems mehr eine Gefahr als eine Herausforderung impliziert. *Warum?* Die demografische Verschiebung gekoppelt mit der Lebensarbeitszeitverlängerung stellt definitiv ein Risiko für die Fitness der Organisationen dar. Wir reagieren darauf überschnell mit teilweise unabgestimmten Instrumenten wie Implementierung von Demografie-Beauftragten, alternsgerechte Arbeitsgestaltung, betriebliches Gesundheitsmanagement, flexible Arbeitszeitmodelle, Weiterbildung für ältere Mitarbeiter, Altersstrukturanalyse. Dabei missachten wir aber die Notwendigkeit einer fundierten Einflussanalyse (✎ Kap. 5.1, S. 260).

Unser Verständnis von BGF

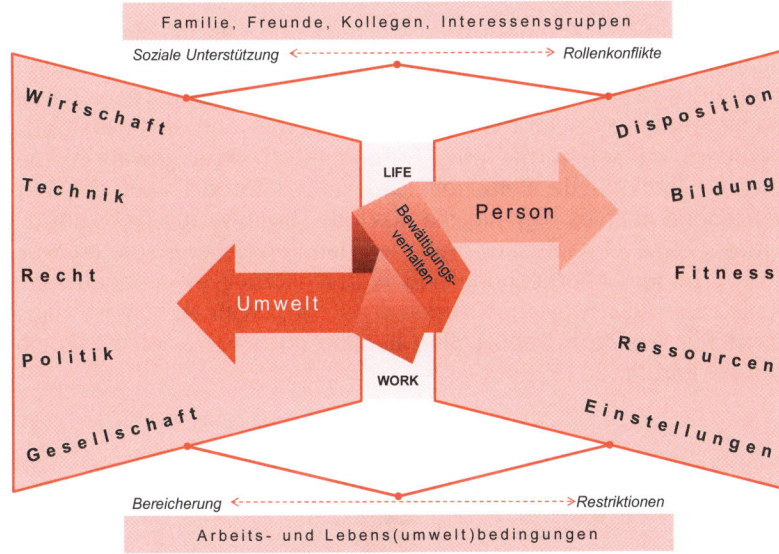

O Abbildung 4: Infografik zu den Einflussfaktoren

Zu den Einflussmomenten

Jede Grafik zu den Einflussmomenten ist zur Unvollständigkeit oder zur unbegreifbaren Komplexität verurteilt. Daher stellt die O Abbildung 4 (↳ S. 17) nur die traditionellen Faktoren auf der Umwelt- und auf der Personenebene dar. Auf der Umweltseite lassen sich noch die Wissenschaft und der Globalisierungstrend als Einflussfaktoren ergänzen. Auf der Personenebene wird nicht nur die physische, sondern v. a. auch die psychische Fitness berücksichtigt. Zudem kristallisieren sich Einstellungen und Werte, die sich in Lebensstilen verdichten, als zentrale Faktoren heraus. Die Verbindung zwischen Umwelt und Person wird durch das Bewältigungsverhalten im Sinne der ↬ transaktionalen Stresstheorie nach Lazarus bestimmt (Lazarus & Folkmann 1994) (↳ Kap. 5.2, S. 269; O Abbildung 71, S. 271). Das Coping ist hier nicht nur defensiv, sondern bewusst präventiv ausgerichtet. Bedeutende ↬ Moderatoren sind die konkreten Arbeits- und Lebens(umwelt)bedingungen sowie die Netzwerke, die als soziale Ressourcen fungieren können.

Portfolio der Maßnahmen

Viele Einflussfaktoren erschweren zielgerichtetes Handeln. *Was tun wir nun in Sachen BGF?* O Abbildung 5 (S. 18) illustriert die Bandbreite der Maßnahmen, die in allen Phasen zur Geltung kommen können. Wir müssen uns von der Utopie verabschieden, dass die ↬ Prävention den Mainstream darstellt. Durch die demografische Verschiebung werden die Phasen der Therapie, der Rehabilitation und der Begleitung gleichermaßen ihren Tribut fordern. Wir wissen, dass das gesundheitsgerechte Handeln nicht nur vom Wissen abhängt, sondern v. a. von Bewusstwerdung und Sensibilisierung (Achtsamkeit). Auf der individuellen Ebene sollten daher

Maßnahmen der Kompetenzentwicklung und Sensibilisierung ineinandergreifen. Bisweilen sind die Maßnahmen auch nicht eindeutig der Wissens- oder Handlungskomponente zuzuordnen. Aber damit allein erreicht man nicht Kontinuität und Nachhaltigkeit, denn wir müssen ferner eine Gesundheitsstruktur gewährleisten, die das individuelle Bemühen fordert und fördert. Auf der Wissensebene geht es hier um die gesunde Organisation bzw. um die Fitness einer Organisation. Auf der Handlungsebene spielen Werte, Vorbilder, Anerkennung und Wertschätzung eine bedeutsame Rolle. Der Nachweis der Wirksamkeit der Maßnahmen ist dabei nicht Kür, sondern Gebot! Eine begleitende Evaluation ist vonnöten (↳ Kap. 4, S. 157).

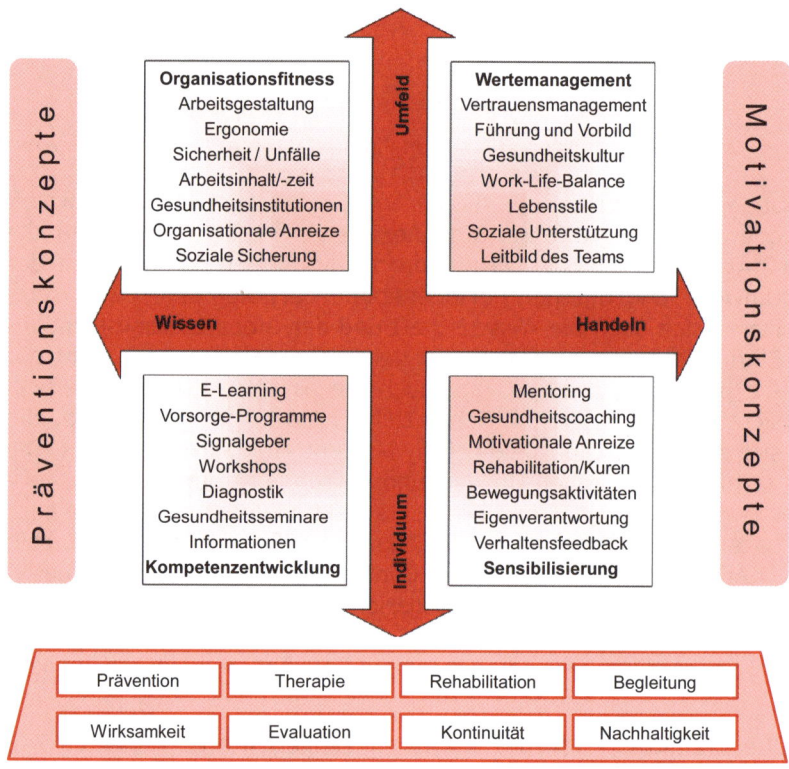

Abbildung 5: Infografik zum Portfolio der Maßnahmen

Sockel der Maßnahmen

Die Phasen (Prävention, Therapie, Rehabilitation und Begleitung) und die Attribute (Wirksamkeit, Evaluation, Kontinuität und Nachhaltigkeit) bilden den Sockel der Maßnahmen. Die Phasen und Attribute eignen sich später als Struktur für eine ☞ Health Balanced Scorecard (↳ Kap. 4.5, S. 228), um die Synergien und Wirkmechanismen der einzelnen Maßnahmen als Auftrag des Gesundheitscon-

Unser Verständnis von BGF

trollings optimal zu koordinieren und in ihrer Wirksamkeit zu evaluieren (↳ Wirkungsmodell BGF → O Abbildung 69, S. 255).

Auf Basis einer Benchmarkstudie haben wir Einzelprogramme von 63 Unternehmen analysiert. Die O Abbildung 6 (↳ unten) zeigt das Angebotsportfolio und demonstriert, dass der Spielraum rund um BGF facettenreich ist. Die Gefahr besteht jedoch, dass sich die Wirksamkeit dieser Angebote nicht voll entfalten kann, weil die Angebote teilweise „aktionistisch" und temporär abgebildet werden und nicht in einem integralen Konzept verknüpft sind. Aus Gründen der Übersichtlichkeit zeigen wir jeweils die vier typischen Angebote pro kategorisierten Themenfeld.

Konkrete Angebote gemäß Benchmarkstudie

O **Abbildung 6:** Thematisch strukturiertes Angebotsportfolio

Kommen wir zur letzten Frage: *Wer macht was?* Die Expertenkommission der Bertelsmann und Hans-Böckler-Stiftung (2004) differenziert zwischen internen und externen Stakeholdern bei den Kooperationsebenen und –strängen:

Vernetzte Akteure

- **Interne Stakeholder** sind Sicherheitsfachkräfte, Betriebsärzte, Betriebsrat, Personalreferenten, Demografie- und Frauenbeauftragte, Schwerbehindertenvertretung, Sozial- und Suchtberatung. Teilweise sind diese Anspruchsgruppen in Ausschüssen und Arbeitskreisen organisiert (Beispiel: Arbeitsschutzausschuss, ASA).

- **Externe Stakeholder:** Die O Abbildung 7 (✋ unten) stellt den Kranz wichtiger externer Stakeholder dar. Staatliche Arbeitsschutzbehörden wie die Gewerbeaufsicht, Unfallversicherungsträger wie die Berufsgenossenschaften, Krankenkassen, die Verbände der Sozialpartner (hier v. a. die Gewerkschaften, Tarifparteien und Arbeitgeberverbände), die Bundesagentur für Arbeit, Träger der gesetzlichen Rentenversicherung, Innungen sowie die Handwerks- und Industrie- und Handelskammern bilden ein Netzwerk, das in seinen Wechselwirkungen kaum zu ergründen ist. Zu ergänzen wären hier noch die vielen kommunalen Einrichtungen wie Gesundheitsämter und andere Körperschaften wie Kassenärztliche Vereinigungen, Landesvereine für Gesundheitsförderung etc.

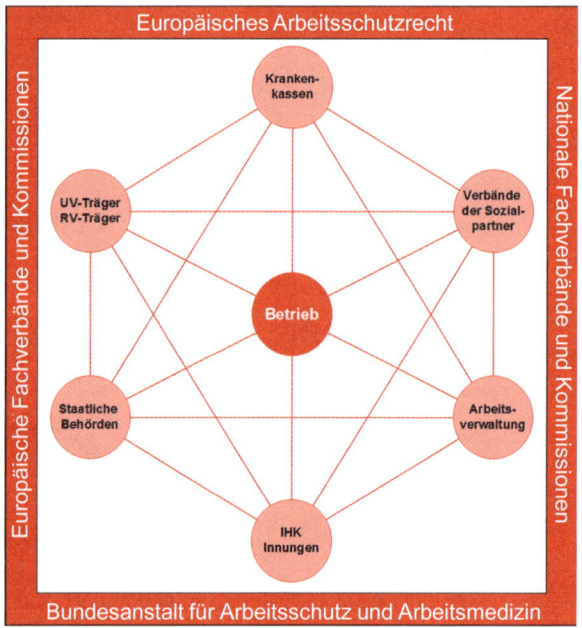

O Abbildung 7: Infografik zu den Akteuren der BGF

Wer ist der beste Adressat für Betriebe?

Berücksichtigt man noch zusätzlich die Fachverbände und Kommissionen auf nationaler, europäischer und internationaler Ebene, nimmt die Komplexität der Zuständigkeiten explosionsartig zu. Aus Erfahrung sind für die Pilotisierung, Refinanzierung und fachliche Begleitung von betrieblichen Maßnahmen im Bereich der Gesundheitsförderung maßgebende Ansprechpartner die Krankenkassen und Berufsgenossenschaften (EuPD-Research, 2007). Sie kennen die Netzwerke und pflegen die jeweiligen Kooperationsstränge. Zudem sind die Krankenkassen und Berufsgenossenschaften an innovativen Konzepten der BGF sehr interessiert und beteiligen sich aktiv an der Umsetzung im Unternehmen laut Gesetzgebung. Bei hoher gewerkschaftlicher Sozialisation des Betriebes kann auch die Gewerkschaft ein interessanter Partner der Umsetzung sein. Dies gilt v. a. für das ⌐ Demografiemanagement. Keiner spricht es aus bzw. es wird dazu nur verschämt Stellung bezogen: Die externen Anspruchs- und Interessengruppen bilden ein kompetitives Netzwerk, deren Dynamik man gezielt für die Modernisierung und Aktualisierung der BGF nutzen sollte. Der Erfolgsdruck, etwas zu tun, ist hoch. Institutionen wollen sich durch ihre Arbeit voneinander abgrenzen und damit auch ihre Existenz legitimieren. Also bestehen genügend Ansatzpunkte, um Refinanzierungen und Pilotisierungen zu starten.

Wie gestalte ich nun konkret meine BGF als Teil dieses komplexen Systems? Wir empfehlen den Einstieg durch das pragmatische Lernen von anderen. Es gibt hervorragende Best Practice, die sich zum Glück nicht verstecken. Zugegeben sind viele Beispiele aus dem Erfolgsmilieu der Großunternehmen entnommen. Aber nicht alle „Größen" sind groß im betrieblichen Gesundheitsmanagement. Nach einer Studie von 2007/08 des Marktforschungsinstitut EuPD Research (2007) schreiben sich lediglich 258 der 800 größten deutschen Konzerne BGF auf ihre Fahne. Die zwei Spitzenreiter (DaimlerChrysler und Post) implementieren ein institutionell fest verankertes und ganzheitliches Gesundheitsmanagementsystem mit integriertem Controlling. Die Leitbilder der ⌐ Prävention der großen Konzerne mit einer ausgefeilten Infrastruktur sind nicht ohne Weiteres auf den Klein- und Mittelstand übertragbar. Aber auch hier zeichnen sich zunehmend Beispiele guter Praxis ab.

Bewältigbarkeit durch Best Practice

Best Practice

Fachverbände und Netzwerke sind hervorragende Quellen für Best Practice. Wir empfehlen Ihnen das Europäische Netzwerk „Enterprise for Health" (EfH) (Trägerorganisationen: Bertelsmann Stiftung und BKK BV). Dort finden Sie Beispiele guter Praxis seit 2001 (Enterprise for Health, 2006). Die INQA-Datenbank Guter Praxis bietet mit knapp 200 Fällen der betrieblichen Praxis Handlungshilfen im Bereich der BGF und des ⌐ Demografiemanagements.

☑ Box 1-3: Lernen durch andere

Der Blick auf diese folgenden Websites lohnt sich *auf jeden Fall*, um von anderen zu lernen ...
- Enterprise for Health (EfH)
- Die INQA-Datenbank Guter Praxis

Für die Einführung bleibt jetzt noch eine Frage offen ...

Benötigen wir überhaupt Gesundheitsförderung?

Sind wir gesund?

Die Arbeitskräfteerhebung 2007 zu den Gesundheitsrisiken am Arbeitsplatz belegt, dass die große Mehrzahl der Erwerbstätigen in Deutschland ihre Erwerbstätigkeit nicht als gesundheitliche Belastung einstufen (Grau, 2009). 2007 litten etwa 2,4 Millionen Erwerbstätige unter arbeitsbedingten Gesundheitsbeschwerden (6,3 Prozent). Dabei dominieren eindeutig die Beschwerden des Bewegungsapparates (Rückenleiden, Beschwerden an Schultern, Nacken, Händen sowie Probleme mit Hüfte, Beinen und Füßen) gefolgt von den psychischen Erkrankungen wie Stress oder Beklemmungen. Erwartungsgemäß sind ältere Erwerbstätige v. a. in Bezug auf die Beschwerden des Bewegungsapparates stärker betroffen als jüngere, wobei hier eine relevante Wechselwirkung mit der Art der Tätigkeit vorliegt. Dieser ☞ Mikrozensus basiert auf den subjektiven Einschätzungen der Befragten (N=80.000). Damit zielt die Frage „*Sind wir gesund?*" sowohl auf den messbaren Gesundheitszustand als auch auf die Definition von Gesundheit ab. Aus der politischen Diskussion entnehmen wir als Bürger nur, dass sich der Gesundheitszustand Deutschland zwischen Szylla und Charybdis bewegt. Betrachtet man die Lebenserwartungs- und Mortalitätsstatistiken, so kommt man zu dem tröstlichen Schluss, dass unsere Gesellschaft aus naturwissenschaftlicher Sicht gesünder geworden ist. Der Gesundheitsbericht „Gesundheit in Deutschland" des Robert Koch Instituts (2007) ist die ergiebigste und wahrscheinlich auch valideste Quelle für Daten. Er bestätigt die steigende Lebenserwartung und die gute Gesundheit sowohl aus objektiver als auch subjektiver Sicht (Mikrozensus). Negativ schlägt zu Buche, dass immer noch zu viele Menschen rauchen, viele auch definitiv adipös sind und sich zu wenig bewegen. Hierfür gibt es viele Datenbelege. Beispielsweise zeigt die nationale ☞ Verzehrstudie, dass immerhin knapp zwei Drittel der männlichen und gut die Hälfte der weiblichen deutschen Bevölkerung gemäß dem ☞ Body-Mass-Index übergewichtig sind (Max-Rubner-Institut, 2008). Auch bleibt der Alkoholkonsum weiterhin auf hohem Niveau und verschiebt sich teilweise bedenklich auf die Gruppe der jungen Menschen. Dennoch ist der Gesundheitszustand trotz dieser Wermutstropfen eigentlich zufriedenstellend, wenn man nur den naturwissenschaftlichen Begriff von Gesundheit berücksichtigt.

Gesundheitsbegriff

Bei all diesen Statistiken muss man sich jedoch die Kernfrage stellen: *Was subsumieren wir unter Gesundheit?* Wenn es nur um die Lebenserwartung geht, können wir uns zurücklegen. In den letzten Jahren haben wir dort Beachtliches erreicht. Betrachtet man jedoch die ☞ Morbiditätsstatistiken, die Daten zur Beschreibung und Verteilung von Krankheiten auf Bevölkerungsgruppen, zeichnet sich ein etwas differenzierteres Bild ab. Die kostenlos erhältlichen ⌁ Gesundheitsreports der Krankenkassen (Beispiel: Techniker Krankenkasse) lassen die Verantwortlichen der BGF aufhorchen. Dies reicht aber nicht aus! Denn Störungen biologischer Prozesse im menschlichen Organismus sind zwar Indikatoren für Krankheit, aber definieren den Krankheitsbegriff nicht vollständig. Den meisten fallen als Erstes die „Blockbuster" Herz-Kreislauf-Erkrankungen und Krebsleiden ein. Auch Skelett-Muskel-Bindegewebe-Leiden und Stoffwechselerkrankungen sind aufgrund der demografischen Verschiebung auf dem Vormarsch. Mit steigendem Alter müssen wir zudem verstärkt mit Krankheiten wie Diabetes mellitus, Osteoporosen, zerebrovaskulären Erkrankungen und schließlich auch Demenz und Alzheimer rechnen. Diese plakativ oft als Volkskrankheiten titulierten Leidensbilder, allen voran der Diabetes, werden zukünftig mit sehr hohen Kosten und Ausfallzeiten verknüpft sein (☞ HERO-Studie → Kap. 4.4, S. 211). Die Wahrscheinlichkeit, dass wir in der Arbeitswelt mit dem Krankheitsbild der Demenz konfrontiert werden, nimmt zu. Auch wird sich die Prävalenz von Arthrosen potenzieren, was viele Implikationen für die klassische Arbeitsgestaltung und Ergonomie aufwerfen wird.

Was sich aber erst sukzessive in den Köpfen der Verantwortlichen drängt, ist die gewaltige Zunahme psychischer Erkrankungen, die nicht unbedingt die Lebenserwartung tangieren, aber sehr wohl die Fehlzeiten bestimmen. Problematisch ist hier die Verlässlichkeit der Daten, denn die Diagnose ☞ *„Psychische Störung und Verhaltensstörung"* ist nicht eindeutig und erlaubt einen bedenklichen Interpretationsspielraum. So zeigen die Daten von 2008/2009 einen signifikanten Anstieg der Frühberentungen aufgrund psychischer Erkrankungen v. a. bei Frauen (Platz 1). 1974 waren etwa nur 7 Prozent der Berufsunfähigkeit durch psychische Probleme verursacht. Heute jonglieren Sie mit Werten von 32 bis 38 Prozent. Eine Übersicht zur psychischen Gesundheit bietet der Barmer Gesundheitsreport 2009 (Wieland, 2009).

Zunahme psychischer Erkrankungen

„Stress am Arbeitsplatz, Burn-out und psychische Belastungen machen seit einigen Jahren Schlagzeilen: Die Krankenstandszahlen aufgrund psychischer Erkrankungen steigen und nehmen inzwischen mit einem Anteil von 16,8 % an allen krankheitsbedingten Fehltagen den zweiten Rang nach Muskel-Skelett-Erkrankungen ein. Körperliche Auswirkungen auf andere Bereiche wie Rückengesundheit und Herz-Kreislaufsystem sind belegt." (Wieland, 2009, S. 1)

Epidemiologisch sehr bedenklich: „Vergegenwärtigt man sich die Häufigkeit, das Ausmaß an Chronifizierung und damit die

> sozialen und wirtschaftlichen Konsequenzen psychischer Erkrankungen durch einen zunehmenden Anteil an Arbeitsunfähigkeitstagen und Frühberentungen, so wird deutlich, wie wichtig ☞ Prävention und Therapie psychischer Erkrankungen sind." (Albus & Wandl, 2007, S. 608)

Fallgrube Gesundheitsverständnis

Die Fallgrube ist unseres Erachtens damit das biomedizinische und statische Modell der Gesundheit, das mechanistisch, eindimensional und negativ konnotiert ist (Greiner in Bamberg et al., 1998, S. 39 ff.). Die Statistiken belegen, dass wir uns stärker dem biopsychosozialen Modell, das körperliche, psychische und soziale Bestimmungsstücke der Gesundheit aufweist, zuwenden müssen. Nur so werden wir dem prozessualen und mehrdimensionalen Charakter von Gesundheit im Kontext der Herausforderungen gerecht. Gesundheit ist positiv und kein Zustand. Gesundheit ist nicht nur Abwesenheit von Krankheit (☑ Box 0-1, S. 3). *Alles Gemeinplätze?* Durchaus nicht; denn viele Konzepte der BGF sind symptologisch auf die Abwehr körperlicher Krankheiten ausgerichtet. Die psychische und soziale Komponente werden faktisch bei Gestaltungskonzepten kaum berücksichtigt und auf jeden Fall nicht evaluiert.

Relativierung der positiven Statistik

Fassen wir zusammen: Damit relativieren der demografische Wandel und die Zunahme psychischer Erkrankungsbilder die positive Statistik Gesundheit. Auch nimmt der Anteil der ☞ Ko- und Multimorbidität zu, was zu kaum kalkulierbaren Wechselwirkungen führen wird. Bei den Stoffwechselerkrankungen spricht man schon von einem metabolischen Syndrom. Der Mediziner spricht vom Syndrom, wenn er nicht mehr die Komplexität der verschiedenen pathogenen Faktoren und manifestierten Symptome voneinander differenzieren kann. Damit verschlechtert sich die Datenlandschaft; denn welche Krankheit ist für was verantwortlich, also die Frage nach der Kausalität. Psychische Erkrankungen können psychosomatische Beschwerden auslösen; umgekehrt können schwere Erkrankungen auch psychische Leiden nach sich ziehen. Das Einzige, was wir dann wissen, ist, dass das Zusammentreffen verschiedener charakteristischer Symptome ein Krankheitsbild wie das depressive oder psychovegetative Syndrom bestimmt.

Gesundheitszustand

Trotz einiger Wermutstropfen lässt sich derzeit eine relativ positive Ausgangslage, was sowohl den objektiven als auch subjektiv eingeschätzten Gesundheitszustand betrifft, feststellen. Dieses Niveau zu steigern oder wenigstens aufrechtzuerhalten, wird jedoch die größte Herausforderung sein. Die Chronifizierung von Krankheiten, die Verschiebung von somatischen zu psychischen Leiden und die Prävalenz von Syndro-

> men lassen aufhorchen. Nur durch konzertierte Aktionen sind diese Herausforderungen in den Griff zu bekommen. Die Arbeitswelt muss hier einen wesentlichen Beitrag leisten, gerade was die ☞ Prävention psychischer Leiden betrifft. *Warum?* Die Arbeitswelt ist aufgrund der Leistungsverdichtung der ☞ „Miasma", wo ☞ psychische Störungen am ehesten entstehen können. Die Infiltration der Arbeitswelt in die Privatsphäre erlaubt keine Kompensation mehr, sondern fordert ☞ Work-Life-Balance (Parasuraman & Greenhaus, 1999). Diese Lebenssphären sind aber selten ausgeglichen, sondern es kristallisiert sich faktisch eine Life Domain in Bezug auf die Arbeitswelt heraus (Ulich & Wülser, 2009, S. 323 ff.).

☑ Box 1-4: Gesundheitszustand und Auftrag an die Arbeitswelt

Sie suchen nach Belegen? Das 🖱 Informationssystem der Gesundheitsberichterstattung des Bundes bietet Ihnen kostenfrei über eine Milliarde Zahlen und Kennziffern in Form von übersichtlichen Tabellen. Der Blick in die Online-Datenbank der Gesundheitsberichterstattung lohnt sich. Wer hier noch nicht befriedigt wird, kann zudem einen Blick auf die Primär-Datenlandschaften der folgenden Anbieter schauen ...

Kein Mangel an Daten!

- 🖱 DZA-Statistik – Deutsches Zentrum für Altersfragen
- 🖱 Robert Koch Institut
- 🖱 Renten-Statistik

Für uns sind diese Daten notwendig, aber nicht hinreichend, denn das eigentliche Problem ist nicht die biologische Erkrankung im Sinne des Dualismus zwischen Krankheit und Gesundheit. Problem ist der schleichende Gesundheitsverlust durch mangelnde Menschlichkeit, Wertschätzung und Leistungsverdichtung, der teilweise in der Arbeitswelt dominiert und sich in den bedenklich hohen Prävalenzzahlen ☞ „Psychische Störungen" ausdrückt. Gerade an diesen Faktoren kann die Arbeitswelt ansetzen und ein Setting schaffen, dass im Sinne der ☞ Salutogenese gesundheitsförderlich ist (Antonovsky, 1987). Aber es soll hier nicht der falsche Eindruck hinterlassen werden, dass die Arbeitswelt im Hinblick auf die Gesundheit und Gesundheitsförderung eine Wüste sei. *Mitnichten*, denn wir finden in der Gestaltung der Arbeitsplätze nach arbeitswissenschaftlichen Kriterien viele Oasen. Es wird aber Zeit, dass wir auch eine Oase für den psychischen und nicht nur für den somatischen Bereich des Faktors Mensch in der Arbeitswelt schaffen. Der Grund für die Einseitigkeit liegt im Gesundheitsbegriff, den wir aufgrund der Datenlandschaft nicht mehr nur als Störung des biologischen Systems begreifen dürfen.

Wüsten und Oasen der BGF

Unser Gesundheitsverständnis

Somatische Gesundheit ist eine wichtige Prämisse für das Wohlbefinden im Sinne der WHO (☑ Box 0-1, S. 3). Mit der positiven Entwicklung unseres Gesundheitssystems darf aber der psychische Faktor nicht stiefmütterlich behandelt werden. Menschen sind aus psychosozialer Sicht gesund, ...
- wenn sie mit sich selbst im Einklang stehen,
- wenn sie die Anforderung bewältigen können,
- wenn sie einen Sinn in ihrem Leben erkennen,
- wenn sie Vertrauen zum Umfeld haben,
- wenn sie erfüllte soziale Beziehungen haben.

☑ Box 1-5: Psychosozialer Gesundheitsbegriff

Welche Perspektiven gibt es in der Gesundheitsförderung?

Perspektiven und Handlungsfelder

Unser Grundverständnis von BGF bildet sich in den verschiedenen Perspektiven der BGF im Unternehmen ab (⭕ Abbildung 8, S. 28) (Ulich & Wülser, 2009; Zimolong, 2001). Diesen Perspektiven lassen sich Handlungsansätze zuordnen, die verdeutlichen, dass BGF ein integraler Ansatz ist:

1. **Individuum:** Gesundheitsbildung, medizinisch-psychische Betreuung, Coaching, Training auf psycho-sozial-emotionaler Ebene und auf Aufgabenebene, Mobbing- und Suchtprävention, Kompetenzprofiling etc.
2. **Organisation:** Führung, Integration BGF in das Zielsystem des Unternehmens, Unternehmenskultur und Werte, Vertrauenskultur, Ressourcen, gesundheitsförderliches Vergütungssystem, Personalstruktur etc.
3. **Arbeitsbedingungen:** Gewährleistung von Sicherheitsstandards, Expositionsreduktion, Ergonomie, Arbeitsinhalte (Handlungsspielraum), Arbeitszeitgestaltung, Arbeitsorganisation etc.
4. **Umwelt:** Familienfreundlichkeit, Work-Life-Balance, Sozialberatung, psychosoziale Betreuung, Freizeit- bzw. Urlaubsmanagement, ☞ soziale Verantwortung etc.

📋 **Zusammenfassung zum Grundverständnis von BGF:**
- **Paradigmenwechsel:** Menschlichkeit, Wertschätzung und Vertrauen sind die Grundfesten einer aktiven betrieblichen Gesundheitspolitik im salutogenetischen Sinn.
- **BGF-Verständnis:** Wir wollen weg von einer Reparaturergonomie und Kompensationsstrategie hin zu einer Kultur der Eigenverantwortung → aber nicht Privatisierung, sondern im

Gegenteil Verantwortungszunahme der Unternehmen als Bestandteil des ☞ Managed Care Systems.
- **Einflussmomente:** Faktisch handelt es sich um ein Wechselspiel von Faktoren der Umwelt- und Personenebene, vermittelt durch das Bewältigungsverhalten und die Selbstregulation als personale Momente.
- **Maßnahmen:** Es resultiert ein Portfolio von ineinandergreifenden Maßnahmen auf den Achsen „Wissen ⇔ Handeln" und „Umfeld ⇔ Individuum" unter Berücksichtigung von Präventions- und Motivationskonzepten als ganzheitlichem Ansatz.
- **Akteure:** Wir sind nicht einsam, wenn man sich das komplexe Netzwerk an Kooperationssträngen und -ebenen hinsichtlich der internen und externen Stakeholder vor Augen führt.
- **Gesundheitsförderung:** Wir zielen auf die Stärkung positiver Kräfte als Ausgangspunkt wie Lebens- und Arbeitszufriedenheit und Eigenverantwortung für Gesundheit.
- **Gesundheitszustand:** Unser Gesundheitszustand ist biologisch gesehen hoffnungsvoll, aber aus psychosozialer Sicht kritisch. Unsere Herausforderungen lauten: Verschiebung von somatischen zu psychischen Erkrankungsbildern, Zunahme der ☞ Multimorbidität, Chronifizierung von Krankheiten und erhöhte Prävalenz von Syndromen.
- **Gesundheitsbegriff:** Der psychosoziale Gesundheitsbegriff in einer sich wandelnden Arbeits- und Lebenswelt in Anlehnung an das Konzept der ☞ Salutogenese verdrängt Konzepte, die sich ausschließlich „biologisch" orientieren.
- **Perspektiven und Handlungsfelder:** Wir differenzieren zwischen der Perspektive des Individuums, der Organisation, der der Arbeitsbedingungen und der Umwelt. Diesen Perspektiven lassen sich diverse Handlungsfelder zuordnen.

Check-Liste 1: Grundverständnis BGF

1.2 Entwicklungen und Trends in der BGF

Dass der Trend zum gesunden Unternehmen nicht nur reines Wunschdenken oder eine Utopie ist, zeigen viele Beispiele guter Praxis. Unser Begriff vom gesunden Unternehmen lehnt sich an die Begriffe Gesundheitsmanagement, AGS und Personalpflege an (Rudow, 2004). *Cave!* Manche Autoren wie Fournier (2005) verstehen Gesundheit eher als langfristiges betriebswirtschaftliches Wachstum nach den Geboten des ☞ Sustainable Human Resource Managements (Ehnert, 2009), um der „wirtschaftlichen Brandrodung" durch Nachhaltigkeit und Strategie entgegenzuwirken. Der ökonomische Gedanke der Nachhaltigkeit und damit dauerhaften Tragfähigkeit ist zweifellos ein wichtiger Trendsetter, der auch für die BGF gilt. Ernüchterung liegt aber in Bezug auf die Fahrt

Von der Idee zur Tat

der Umsetzung vor. Wir finden Anfang bis Mitte der neunziger Jahre eine Vielzahl von seriösen Berichten, die das Millennium der Gesundheit in Unternehmen ausrufen (Demmer, 1995). „*Von der Idee zur Tat*" heißt das Motto, das viele anspornt. Manche Autoren wie Kastner (2001, S. 5) sprechen auch vom sechsten ↝ Kondratieff-Zyklus, „in dem Lebensqualität, Gesundheit, Sicherheit etc. als entscheidende Wirtschaftsfaktoren in den Vordergrund des Interesses rücken werden." Faktisch müssen wir aber in Anbetracht der demografischen Herausforderung erkennen, dass zwar viele Unternehmen Leitlinien zum Thema BGF definiert, diese aber nicht systematisch bis in die untersten Ebenen des Unternehmens heruntergebrochen haben. *Kurzum:* Wir haben unsere Hausaufgaben noch nicht gemacht, v. a. wenn man an die tragfähige und nachhaltige Entwicklung denkt. Wir wissen aber immerhin, was wir in etwa aufhaben. Aber es gibt genug Ausflüchte, um das Thema vor sich herzuschieben. Doch selbst die zweite legendäre Wirtschafts- und Finanzkrise 2008/2009 nach der Great Depression 1929 darf die Fahrt zum gesunden Unternehmen nicht drosseln.

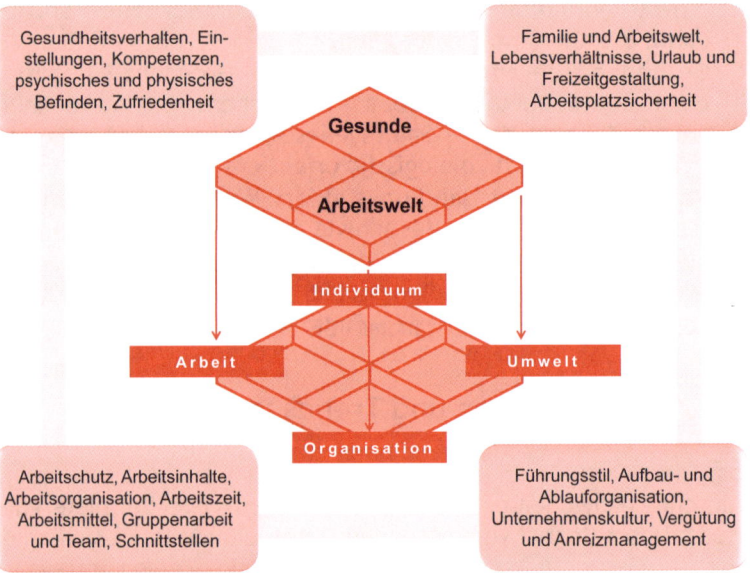

O Abbildung 8: Perspektiven der BGF im Unternehmen

Benötigen wir ein Konjunkturprogramm für die BGF?

Haben wir es geschafft? Liegen gesündere Arbeitsbedingungen vor? Haben sich der Gesundheitszustand und das Wohlbefinden der arbeitenden Bevölkerung verbessert? Fragen, auf die es nur verhaltene Antworten gibt. Denn hört man sich in Unternehmen um, registriert man nur schwache Signale im Hinblick auf die prophezeite „Erfolgsstory BGF" mit Ausnahme weniger Best Practice Unternehmen. Seit über einem Jahrzehnt stehen einige wenige Best Practice Unternehmen kontinuierlich als Gesundheitsförderer im Rampenlicht wie E.ON Ruhrgas AG, Bertelsmann AG oder die Metro Group. Die BASF erfasst das breite Spektrum von Nachhaltigkeitsfragen unter dem Stichwort „Sustainable Development" als eine Frage der sozialen Verantwortung (☞ Corporate Social Responsibility) (Visser et al., 2008). Die Handlungsfelder von Generations@Work manifestieren, dass nur lang anhaltendes Engagement positive Effekte zeitigen wird (✎ Kap. 5.1, S. 260). Viele Unternehmen setzen jedoch BGF kurzfristig wie eine verordnete Diät ein. Doch der Jo-Jo-Effekt ist vorprogrammiert. Die Herausforderungen der sich abbildenden Chronifizierung des Krankheitspanoramas, der schwer kalkulierbaren ☞ Multimorbidität und der Verschiebung von somatischen zu psychosozialen Erkrankungsbildern dulden kein kurzlebiges Engagement (Maaz et al. in Badura et al., 2006, S. 5 ff.). Wir brauchen hier eine längere Puste, um uns diesen Anforderungen konstruktiv und nachhaltig zu stellen. Jede andere Form der Gesundheitspolitik ist wirkungslos verpuffendes Strohfeuer und brüskiert die Betroffenen.

Erfolgsstory BGF oder Strohfeuer?

Unkenruf der Chronifizierung

> Die größte Herausforderung für die Unternehmen liegt in der Auseinandersetzung mit der Chronifizierung vor dem Hintergrund der faktischen Lebensarbeitszeitverlängerung. Neben der primären ☞ Prävention zur Verhütung von Krankheiten und Stärkung von Schutzfaktoren werden v. a. die sekundäre Prävention im Sinne der Verhütung von Chronifizierung durch Früherkennung und die tertiäre Prävention zur Minderung der Folgeschäden und Rezidiven an Bedeutung gewinnen (✎ Kap. 3, S. 103). Aus Sicht des Unternehmers geht es hier u. a. um Beschäftigungsfähigkeit (☞ Employability).

☑ Box 1-6: Chronische Zukunft der BGF und Prävention

Maaz et al. (in Badura et al., 2006, S. 7) sehen folgende typische Charakteristika der Chronifizierung:

- Kontinuierliches oder periodisches Auftreten von Krankheitssymptomen, die durch irreversible krankmachende Prozesse verursacht werden.

Attribute der Chronifizierung

- Einhergehen mit einem fortwährenden hohen Betreuungsbedarf unter eindeutiger Begrenzung der kurativen Erfolge, also der Anstieg palliativer Maßnahmen.
- Gravierende Veränderungen, meist Verschlechterungen im Krankheitsverlauf mit Einfluss auf Lebensbereiche und der Notwendigkeit psychosozialer Anpassungsleistungen.

Kumulationspunkt Arbeitswelt

Unternehmen haben sich bis dato relativ wenig mit diesem gesellschaftlichen und volkswirtschaftlichen Dilemma befasst, denn das Problem war relativ weit ins Rentenalter entrückt oder auf das Solidarsystem verbannt bzw. abgewälzt. Die demografische Verschiebung und die Chronifizierung des Krankheitspanoramas greifen aber auf die Arbeitswelt über. Die Arbeitswelt wird sogar in den nächsten Dekaden zum Kumulationspunkt der Chronifizierung. Hier baut sich ein Tornado auf, der aus wirtschaftlicher Sicht unvorstellbare Schäden hervorrufen kann. *Die Devise lautet:* Die Unternehmen müssen sich als einen signifikanten Teil des Gesundheitssystems im Sinne der ↻ sozialen Verantwortung begreifen, die weit über „Charitable Projects" hinausreichen (Visser et al., 2007). Sie können als Sammelpunkt unseres Wirtschafts- und Gesellschaftslebens durch die zielgerichtete Gestaltung einer gesundheitsgerechten Arbeitswelt einen wichtigen Beitrag zur Gesundheitsförderung leisten. ↻ Managed Care (Amelung, 2007) kann erfolgreich dieser Herausforderung durch die intelligente Vernetzung aller ↻ Ressourcen (Unternehmen, Gesundheitsinstitutionen, Trägern der Sozialversicherung etc.) begegnen (⊙ Abbildung 7, S. 20). Große Unternehmen nutzen diese Möglichkeiten schon proaktiv, wie diverse Best Practice Berichte belegen (Craes & Mezger, 2001; Schröer, 1999).

Schieflage der Adressatenorientierung

Wer damit definitiv unzureichend erfasst und eingebunden ist, bleibt der Mittelstand, das Rückgrat unseres Wirtschaftssystems. Dort befinden sich nicht nur die meisten Beschäftigten, sondern dort treffen wir auch noch die gravierendsten Veränderungen an, was atypische und prekäre Arbeitsverhältnisse mit unsicheren Berufsperspektiven betrifft. Euphemistisch spricht man hier von der Pluralisierung der Erwerbsformen. Laut ↻ Statistischem Bundesamt (Destatis, 2009) ist die Zahl unbefristeter, sozialversicherungspflichtiger Stellen von etwa 75 auf 65 Prozent in den letzten 10 Jahren geschrumpft. Dieser Trend wird sich fortsetzen. Personen mit atypischen Beschäftigungsverhältnissen und Personen im Niedrigeinkommenssektor sind aber selten Adressaten fortschrittlicher betrieblicher Gesundheitspolitik. Verschärfend kommt noch die unterschiedliche soziodemografische Verteilung hinzu, gerade was Alter, Geschlecht und Bildung betrifft. Die Allokation von Finanzmitteln durch Sozialversicherungsträger scheint nicht gerade mittelstandsfreundlich zu sein oder der Mittelstand ruft diese Mittel zu selten ab. Außerdem muss man die Adressatenorientierung ändern, denn es kann in Anbetracht des Datenmaterials nicht zufriedenstellend sein, dass der Typus „Vollzeitbeschäftigter in Großkonzernen" der Hauptabnehmer moderner BGF ist. Eine gleichmäßigere Verteilung unserer ☞ Ressourcen ist anzustreben. Viele Mittelständler sehen sich überfordert, das Thema Gesundheit ernsthaft anzugehen. Doch es gibt auch individualisierte innovative Konzepte für den Mittelstand (Orfeld & Sochert, 2002), selbst wenn es einige typische Schwachpunkte gibt wie das Fehlen von geschultem Personal für BGF, das Nichtvorhandensein eines eigenständigen Budgets (Ressourcen) und eine defizitäre Evaluations- und Controllingtätigkeit (Gröben, 2008).

Weshalb brauchen wir Visionen?

Eine Bilanz

Die Ausgangslage ist diffizil und verlangt visionäre Konzepte. Die Extrapolation und Intensivierung bisheriger Handlungsweisen reichen definitiv nicht aus, um das Ruder umzudrehen. Dies gilt v. a. für die Zugänglichkeit in der Arbeitswelt, wenn man beispielsweise an den Mittelstand als bedeutsamen Adressaten denkt, wo immer noch BGF vergleichsweise unsystematisch erfolgt (Hollederer, 2007). Dennoch fällt die Bilanz insgesamt positiv aus. Was noch etwas fehlt, ist eine Vision, die der BGF Schwung verleiht und durch das Attribut Nachhaltigkeit gekennzeichnet ist.

☑ Box 1-7: Visionäre Konzepte als Bilanz

Wozu denn Visionen? Hat sich tatsächlich so viel in der Arbeitswelt getan, dass wir uns umorientieren müssen?

Um diese Fragen zu beantworten, könnten wir ein eigenes Fachbuch schreiben. Wir haben Experten gefragt und Quellen recherchiert, um Ihnen eine Antwort geben zu können.

Die ☐ Tabelle 1-1 gibt eine Übersicht der Gründe, warum wir visionäre Konzepte benötigen.

Von ... zu ... Veränderungen

☐ Tabelle 1-1: Veränderungen in der Arbeits- und Lebenswelt

Zielstellung	Was wollen wir erreichen?
Von(m) ...	zu(r) ...
Expositionsschutz	Eigenverantwortung
Fachbereichsdenken	Interdisziplinarität
Rechtskonformität	Qualität und Kundenorientierung

Theorielosigkeit	Theorienotwendigkeit
Versicherungsrechtlichen Zielen	Fragen des Wohlbefindens
Methodologie und Strategie	*Was sind Ansatzpunkte?*
Von …	zu(r) …
Anforderungen am Arbeitsplatz	Anforderungen aus Organisation
Arbeitszeitgestaltung	Lebenszeitgestaltung
Biologisierung	Emotionalisierung
Einzelnen Belastungen	Sichtweise des „total work load"
Fokus auf Arbeitsbezug	Erfassung des Lebensumfeldes
Kategorisierung	Analyse der Arbeitstätigkeit
Konzepte für Arbeitsgestaltung	Verhaltens- und Wertbeeinflussung
Materiellen Belastungen	Arbeitsinhalten
Prinzipien	Evaluation
Technologien und Werkstoffen	Nutzung und Organisation
Strukturen in der Arbeitswelt	*Was ändert sich?*
Von …	zu(r) …
Arbeit in Gruppen	individuellen Arbeit mit Netzwerk
Arbeit von Frauen	Arbeit von Älteren
Blue Collar Workers	White Collar Workers
Großbetrieben	Klein- und Kleinstbetrieben
Produktion/Dienstleistung	sozial-kommikativen Tätigkeit

Welche Trends bestimmen die BGF der Zukunft?

Quo vadis? Die Klassiker kehren zurück!

Visionen, Trends, Entwicklungen. Als Auftakt bietet sich eine Anthologie namhafter Autoren an (Ludborzs & Nold, 2009). Dieses Werk bündelt die Abstracts des 15. Workshops „Psychologie der Arbeitssicherheit und Gesundheit". Das Ergebnis nach sorgfältiger Durchsicht und qualitativer Kategorisierung (Tabelle 1-2, S. 35) fällt aber bescheiden aus. Die Autoren definieren viele Trendsetter, diese weisen aber keine genuine avantgardistische Qualität auf. Vielleicht ist das Wort „visionär" im Bereich Gesundheit auch deplatziert, denn wir sollten uns nicht von den soliden Erkenntnissen der arbeitswissenschaftlichen Forschungstradition abwenden. Als typisches Beispiel lässt sich die Zunahme psychosozialer Belastungen und Beanspruchungen in Anbetracht des Anstiegs der Arbeitsverdichtung und des Treibhauseffektes der Flexibilisierung aufführen (Stadler & Spieß, 2003). Man hat schon in Studien der 80er Jahre im Rahmen der HdA-Projekte (Abbildung 2, S. 13) den Faktor Führung identifiziert, der auf das psychische Stresserleben der Mitarbeiter signifikant Einfluss nimmt. Empirische Belege für die Wirkung nicht gesundheitsförderlicher Führungsstile auf den Selbstwert, auf Burn-out sowie auf Absentismus lassen nur einen Schluss zu:

Entwicklungen und Trends in der BGF

> „Wie eine Vielzahl von empirischen Studien zeigt, tragen Vorgesetzte wesentlich durch die Gestaltung der Arbeitstätigkeit und Arbeitsorganisation sowie durch ihr Führungsverhalten zum Niveau des betrieblichen Gesundheitsschutzes und zum Wohlbefinden der Mitarbeiter bei." (Stadler & Spieß, 2003, S. 97 f.) **Führung ist mithin ein zentraler Stellhebel** moderner betrieblicher Gesundheitspolitik. *Reicht diese Einsicht aus?*

Ist damit die gesundheitsgerechte Führung der neue und alte Trend in der betrieblichen BGF? Wir vermuten nicht, dass die Ausrichtung auf Führung einen genuinen Paradigmenwechsel im Bereich BGF einläuten wird. Führung ist und bleibt ein wichtiger Promotor und Gestaltungsfaktor. Damit wird das eigentliche Problem nur auf eine spezifische Anspruchsgruppe verschoben. Die Erfolgsstory „Gesundes Unternehmen" wird mit der Qualität der Führung gleichgesetzt. *Wer ist denn für Gesundheit im Unternehmen verantwortlich?* Weder der Arbeitgeber, der Betriebsrat, das Personalwesen, der Betriebsmediziner oder Fachkräfte des Arbeits- und Gesundheitsschutzes sind die Verantwortlichen für diese Erfolgsstory, sondern der Mitarbeiter selbst. Zugegebenermaßen tragen alle diese Anspruchsgruppen durch ihre Entscheidungen und durch ihr Verhalten wesentlich zur BGF bei und sind damit auch wichtige Ansatzpunkte betrieblicher Gesundheitspolitik. Dies gilt v. a. für die Führung als Experten der Arbeits- und Organisationsgestaltung. Sie sollen auf ein angemessenes und gesund erhaltendes Ressourcen-Management achten (Kernen & Meier in Steiger & Lippmann, 2008, Bd. 1, S. 123-149). Sie sind aber auch „nur" Getriebene im System, die durch hohe und widersprüchliche Erwartungen unter beträchtlichem Erfolgszwang stehen (Rollenkonflikte). Der eigentliche nachhaltige Faktor ist und bleibt damit der Betroffene, gleichviel of Mitarbeiter oder Führungskraft. Das ist der entscheidende Paradigmenwechsel; denn wir müssen wieder lernen, den Betroffenen nicht als Opfer, sondern als Täter der BGF wahrzunehmen und ihm mehr Aufmerksamkeit zu widmen. Er darf nicht nur zum passiven Objekt von brillanten Maßnahmen der BGF abgestempelt werden. Das wäre dann Strohfeuerpolitik, die mehr mit Silvesterlärm und Geglitzer als mit Nachhaltigkeit und Trägfähigkeit zu tun hat.

Gesundheitsgerechte Führung als Paradigmenwechsel?

Es geht also um Selbstverantwortung, wohlgemerkt nicht um Privatisierung der Verantwortung oder um die Delegation von Verantwortung. Gesellschaftspolitisch spricht man auch von der ↪ Subsidiarität, wonach übergeordnete gesellschaftliche Einheiten nur solche Aufgaben übernehmen sollen, zu deren Wahrnehmung untergeordnete Einheiten nicht in der Lage sind. Dieses Selbstverantwortungsprinzip muss aber gepaart sein mit Profes-

Selbstverantwortungsprinzip und Professionalisierung

sionalisierung, v. a. was den Bildungs- und Weiterbildungsmarkt betrifft. Führung kann nur gesundheitsgerecht agieren, wenn Führung selbst ☞ Gesundheitskompetenz besitzt.

Gesundheitskultur

Professionalisierung darf aber nicht nur einfach von außen eingekauft oder verschrieben werden, sondern muss sich in den Strukturen und Werten des Unternehmens verankern. Dann sprechen wir auch von ☞ Gesundheitskultur. Die Veränderungsprozesse in der Gesellschaft und Wirtschaft lassen keinen anderen Schluss zu, um die Gesundheitskatastrophe in Unternehmen abzuwenden. Die Internalisierung, also die weitestgehende Übernahme von Werten und Wissen rund um das Thema BGF, sowohl auf der Personenebene (Einstellungen, Wissen und Handeln) als auch auf der Organisationsebene (Strukturen, Werte, Führung, Kultur) ist der dezidierte Weg moderner betrieblicher Gesundheitspolitik.

☑ **Box 1-8:** Gesundheitskultur

Bestimmungsmomente der Trends

Diese visionäre Forderung ist keine Eingebung, sondern baut auf den Bestimmungsmomenten der Trends in der BGF auf (Brandenburg et al., 2000, S. 10 ff.). Die ☐ Tabelle 1-2 (✋ unten) stellt wichtige Faktoren dar, die unser Verständnis von BGF determinieren (vgl. Vorschläge der Expertenkommission: Bertelsmann Stiftung & Hans-Böckler-Stiftung, 2004). Das Hauptproblem ist die Wechselwirkung der Bestimmungsmomente, denn sie treten nicht isoliert voneinander auf, sondern beeinflussen sich gegenseitig.

Grenzen des traditionellen Verständnisses

Diese Auflistung bekräftigt unser Anliegen, die Grenzen des traditionellen Arbeits- und Gesundheitsschutzes zu verlassen. Diese Grenzen werden durch zwei Marksteine festgelegt:

- Verhütung von Arbeitsunfällen und Berufskrankheiten
- Erhöhung der Anwesenheit der Mitarbeiter

Wenn wir von Visionen sprechen und die betriebliche Gesundheitspolitik als proprietäres Feld unserer Aktivitäten begreifen wollen, dann müssen wir uns der unsäglichen und wenig wertschöpfenden Diskussion, die durch die beiden Marksteine definiert ist, verabschieden. Die existierenden Instrumente und Methoden der klassischen betrieblichen Gesundheitspolitik wie Projektmanagement, Gesundheitsberichterstattung, ☞ Gesundheitszirkel, Mitarbeitergespräche, Qualifizierung, ☞ Tätigkeits- und ☞ Gefährdungsanalysen usw. müssen auf die neue Zielsetzung ausgerichtet werden (Badura & Hehlmann, 2003).

Tabelle 1-2: Bestimmungsmomente der Trends

Bestimmungsmomente	Kurze Erläuterung
Ansprüche an die Arbeit	Als **Vektoren** lassen sich hier Handlungsspielraum, Sinnhaftigkeit und Partizipation bestimmen. Bei Nichterfüllung droht die Gefahr der inneren Kündigung und des ☞ Präsentismus. Zudem nimmt das Arbeitgeberimage dauerhaften Schaden. *Quellenempfehlung:* Ulich (2005): Arbeitspsychologie
Belastungswandel in der Arbeitswelt	Der Belastungswandel in der Arbeitswelt spiegelt sich in der Zunahme der **Informations- und Emotionsregulation** wider. Technisierung, Informatisierung und Virtualisierung sowie die Zunahme psychosozialer Belastungen (Mobbing, Zeitdruck, Führung, kognitive Informationsverarbeitung usw.) kennzeichnen diesen Belastungswandel. *Quellenempfehlungen:* Moser et al. (2002): Informationsregulation Fineman (2003): Emotionsregulation
Demografischer Wandel	Definitiv ist der demografische Wandel kein Leisetreter in der aktuellen Debatte, aber seine Implikationen für die altersgerechte Gestaltung und Führung sind noch relativ verschwommen. Viele sprechen noch von einem Versuchsballon hinsichtlich der Maßnahmen. Unabhängig davon ist der demografische Wandel der **Katalysator schlechthin** für die Modernisierung der BGF. *Quellenempfehlungen:* INQA (2005) und Olesch (2007): Demografie
Deregulierung und Europäisierung	Die Europäisierung mit einer stärkeren **Richtlinienorientierung** schafft Raum zur konkreten und kreativen Gestaltung. Dadurch kann sich die Effektivität und Effizienz der BGF erhöhen, aber auch verwässern; denn der Nachteil einer Entbürokratisierung ist die Zunahme von Grauzonen und Schlupflöchern (Gefahr eines Nebellochs). *Quellenempfehlung:* ☞ Kap. 1.3, S. 49
Diversity	Neben **Alter** und **Geschlecht** zählt zum Diversity noch die **Kultur**. Diese Faktoren haben starken Einfluss auf die Praxis der BGF. So sind beispielsweise Essgewohnheiten kulturell definiert. Manche befürworten auch eine genderorientierte Medizin. Und dass sich Alter als der wichtigste Diversity-Faktor für BGF herauskristallisiert, zeigt die Debatte um den demografischen Wandel. BGF und Diversity werden aber noch relativ zaghaft verbunden außer im Themenfeld ☞ Work-Life-Balance. *Quellenempfehlung:* Becker & Seidel (2006): Diversity-Management

Bestimmungs-momente	Kurze Erläuterung
Erweitertes Gesundheits-verständnis	Gesund im medizinischen Sinne bedeutet noch *nicht* gesund; denn die **biopsychosoziale Sichtweise** erweitert das Gesundheitsverständnis beispielsweise in Bezug auf soziale Beziehungen. Problematisch ist auch der dichotome Ansatz zwischen Krank- und Gesundsein. Man postuliert heutzutage ein **Kontinuum**. Ein weiterer Modernisierungs-schub bringt das Konzept der ☞ **Salutogenese**. Hier sind die Begriffe „krank" und „gesund" obsolet; denn es geht hier um Vertrauen bzw. um ☞ **Kohärenz** … *Quellenempfehlungen:* Bernard (1993): Biopsychosoziales Konzept Antonovsky (1987): Salutogenese
Gesundheits-bewusstsein und -verhalten	Das Zeitalter der **Schirmphilosophie** im BGF ist definitiv vorbei. Es geht nicht mehr nur um den passiven Schutz von Expositionen belas-tender Faktoren, sondern die Wahrnehmungs-, Bewertungs- und Ver-haltensweisen der Betroffenen stehen im Vordergrund der Betrachtung im Sinne der **Gesundheitspsychologie**. Der Mensch ist Mittelpunkt! *Quellenempfehlung:* Schwarzer (2004): Gesundheitsverhalten
Globalisierung	Die ⚓ Ottawa Charta (☒ Box 0-2, S. 6) wird den Herausforderungen der Globalisierung nicht gerecht. Die Ungleichheiten zwischen den Ländern, neue Konsum- und Kommunikationsmuster, Kommerzialisie-rung, globale Umweltveränderungen und Urbanisierung etc. erfordern Strategien für eine Gesundheitsförderung in einer globalisierten Welt. Die Arbeitswelt ist ebenfalls durch den globalen Trend davon betrof-fen. Die **Bangkok Charta** von 2005 erweitert die Ottawa Charta in diesem Sinne. *Quellenempfehlung:* ⚓ Bangkok Charta von 2005
Neue Arbeits- und Organisations-formen	Telearbeit, virtuelle Teams, Zeit- und Leiharbeit, fraktale Unterneh-men, Dezentralisierung und v. a. auch die „fluidere" Arbeitsvertrags-gestaltung erzeugen **neue Formen der Belastung und Beanspru-chung**, die mit den klassischen Instrumenten der Arbeitswissenschaft nicht in den Griff zu bekommen sind. Teilweise sind diese Formen auch noch unerforscht. Das Projekt „Gesundheit und Sicherheit in neuen Arbeits- und Organisationsformen" (GESINA) hat hier Pionierar-beit geleistet. *Quellenempfehlungen:* Kastner et al. (2001): Projekt GESINA Reichwald et al. (2009): Telekooperation Treier (2002): Telearbeit und Gesundheitsschutz

Entwicklungen und Trends in der BGF

Bestimmungs-momente	Kurze Erläuterung
Neue Produktions-konzepte	Generell konstatieren wir in den letzten Dekaden einen stetigen Wandel von der funktions- bzw. technologie- zur **autonomieorientierten Prozessgestaltung** durch teilautonome Gruppenarbeit, Spielarten des ☞ Partizipativen Produktivitätsmanagements (PPM) und durch neue Formen der Mitarbeiterbeteiligung. *Quellenempfehlungen:* Antoni (1996): Teilautonome Gruppenarbeit Pritchard et al. (2002): PPM-System Wegge (2004): Führung von Arbeitsgruppen
Neue Rechtsformen	V. a. sind hier die Implikationen durch die Europäisierung zu erwähnen. Das neue **Arbeitsschutzgesetz** (ArbSchG) von 1996 als Umsetzung der europäischen Rahmenrichtlinie Arbeitsschutz 89/391/EWG, aber auch spezifische Verordnungen wie die Bildschirmarbeitsverordnung oder die PSA-Benutzungsverordnung (Persönliche Schutzausrüstung) bieten dem Praktiker eine ausreichende **Rechtsgrundlage** für das nachhaltige Agieren im Bereich Arbeits- und Gesundheitsschutz. *Quellenempfehlungen:* ✎ Kap. 1.3, S. 49: Rechtsgrundlagen Richenhagen et al. (2002): Bildschirmarbeit
Wandel des Krankheits-panoramas	In den nächsten Jahren werden wir eine Verschiebung des Krankheitspanoramas mit **Prävalenzzunahme von chronisch-degenerativen und psychosozialen Krankheitsbildern** und mit der Entstehung relativ neuartiger Formen von Gesundheitsstörungen wie ☞ Multiple Chemical Sensitivity, ☞ Repetitive Strain Injury und ☞ Burn-out registrieren. *Quellenempfehlung:* Badura et al. (2007): Chronische Krankheiten
Wertschöpfungs-orientierung	Die Frage nach der Wertschöpfung von Maßnahmen der BGF ist das Feigenblatt. Diese Schamhaftigkeit ist aber in Anbetracht der empirisch nachgewiesenen Wirksamkeit von Maßnahmen und der Bedeutungszunahme kontraproduktiv. Es gibt Ansatzpunkte und Instrumente, die unsere Frage nach dem **Value Added von BGF** beantworten können. *Quellenempfehlungen:* ✎ Kap. 4, S. 157: Steuerung und Qualitätssicherung Treier (2009a, S. 366 ff.): Fehlzeitenanalyse

Bevor wir Ihnen die Antworten der Praktiker vorstellen, die sich mit der Umsetzung betrieblicher Gesundheitspolitik beschäftigen, wäre es interessant zu wissen, ob sich Ihre Wahrnehmung mit den Befragten deckt. Schreiben Sie doch einfach spontan Ihre Trendsetter einer modernen BGF auf! **Was erwarten Sie von einer BGF der Zukunft?**

Die Zielscheibe aus Sicht der Praktiker

Die Befragung erfolgte telefonisch oder per E-Mail. Insgesamt wurden 121 Personen adressiert. 69 beantworteten die Frage *„Welche Themen sind im Bereich BGF zukünftig von hoher Bedeutung?"* 33 Prozent stammen aus Großunternehmen, 22 Prozent aus dem Mittelstand, 26 Prozent aus Institutionen oder dem Bildungssystem und 19 Prozent aus Beratungsunternehmen. In den Unternehmen sind 29 Prozent im Bereich Arbeits- und Gesundheitsschutz und 26 Prozent im Bereich Personal verortet, wobei der Anteil Arbeits- und Gesundheitsschutz im Großunternehmen im Vergleich zum Mittelstand signifikant dominiert. Bei der Befragung wird deutlich, dass wir aus Sicht der Praktiker bzw. praktisch tätigen Wissenschaftler kein gravierendes Defizit im Forschungsbereich haben, sondern unser Handlungsfeld die Anschlussfähigkeit an aktuelle Themen im Unternehmen ist. Ein Befragter wies auf das Vernetzungs- und Anerkennungsproblem der BGF hin. In unserer Befragung konnten wir aus 400 Antworten nach inhaltsanalytischer Kategorisierung 19 Trends identifizieren.

Die fünf Haupttrends:

Die Trendsetter

Erwartungsgemäß aufgrund der medialen Präsenz ist der stärkste Trendsetter ☞ „Demografiemanagement und organisationale Fitness". Dieser Trendsetter ermöglicht derzeit eine Art Reform des klassischen Arbeits- und Gesundheitsschutzes und ist insbesondere auf die Anschlussfähigkeit mit anderen Themen wie Personalmanagement und Führung im Unternehmen ausgerichtet (Treier, 2009a, S. 340 ff.). Ebenfalls hoch gescort ist der Trendsetter „Ganzheitlichkeit und Systematik". Viele Praktiker nehmen wahr, dass Einzelaktivitäten schnell versanden und nicht den gewünschten nachhaltigen Effekt erzielen. „Nachhaltigkeit" kristallisiert sich generell als wichtiges Thema der Befragung heraus, dicht gefolgt von der Gestaltungsrichtlinie der „Förderung von Eigenverantwortung für Gesundheit". Erwähnenswert ist auch der Faktor ☞ „Gesundheitskultur und Wertemanagement".

Was hat uns überrascht?

Chronifizierung haben wir als hohes Gefährdungspotenzial hinsichtlich des Krankheitspanoramas identifiziert (☑ Box 1-6, S. 29). Noch ist aber dieser Punkt nicht ins Bewusstsein der Praktiker oder wissenschaftlich praktisch Tätigkeiten gerückt. Auch das Potenzial der neuen Rechtsbasis scheint nicht erkannt zu werden (↳ Kap. 1.3, S. 49). Überrascht hat uns aber die Tatsache, dass relativ viele die Auseinandersetzung mit psychischen Belastungen als zukünftiges Handlungsfeld einstufen. Diese werden oft durch biologische Störungen wie Rückenbeschwerden in ihrer Bedeutung verdeckt.

Entwicklungen und Trends in der BGF

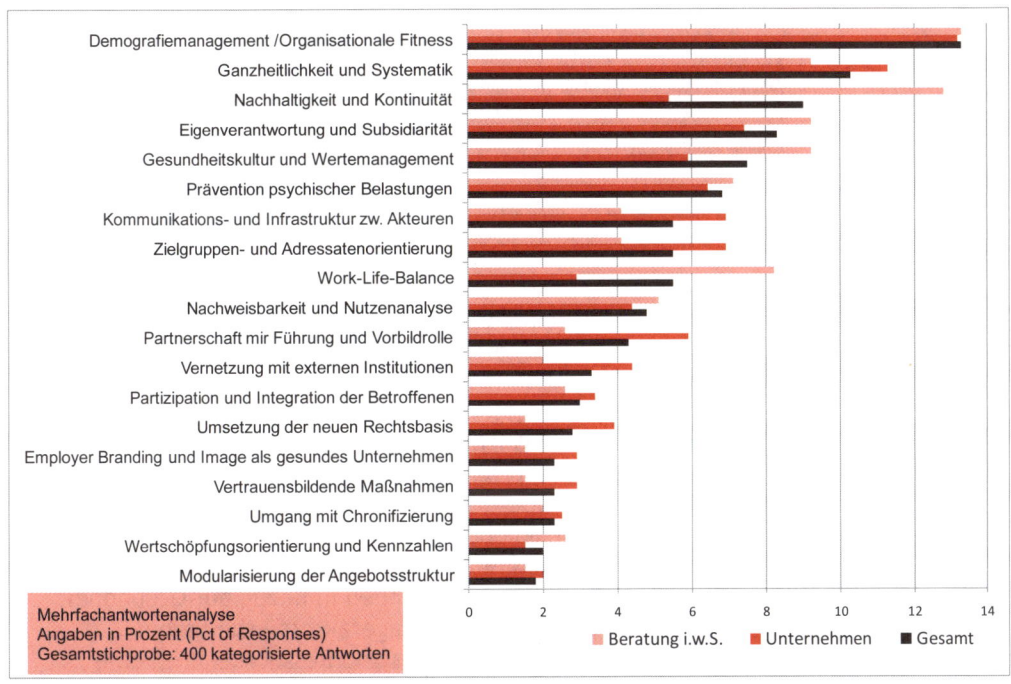

○ **Abbildung 9:** Trends aus Sicht der Praktiker

Wenn wir uns nur die fünf Haupttrends anschauen, konstatieren wir signifikante Unterschiede in der Wahrnehmung zwischen Großunternehmen, Mittelstand, Institutionen und Bildungssysteme sowie Beratungsunternehmen. Keine relevanten Unterschiede finden sich bei den Trendsettern „Eigenverantwortung" und „Demografiemanagement", denn sie werden einhellig als wichtig erkannt. „Nachhaltigkeit" wird v. a. von Beratungsunternehmen und Institutionen bzw. Bildungssystemen akzentuiert. „Ganzheitlichkeit" und Systematik finden wir verstärkt bei Vertretern von Großunternehmen aus dem Bereich Arbeits- und Gesundheitsschutz. Der Mittelstand fokussiert u. a. auf „Führung" als Vorbild und auf die „Zielgruppen- und Adressatenorientierung". Dies verwundert nicht, da hier der Gesundheitsbereich hauptsächlich aus der Sichtweise des Personalmanagements reflektiert wird. Die ☐ Tabelle 1-3 zeigt die wichtigsten Trends aus der Organisationsperspektive:

Gibt es Gruppenunterschiede?

☐ **Tabelle 1-3:** Trends aus der Organisationsperspektive

	Konzerne	Mittelstand	Institutionen	Beratung
①	Demografie-management	Adressaten-orientierung	Nachhaltigkeit Kontinuität	Demografie-management
②	Ganzheit-lichkeit	Demografie-management	Demografie-management	Gesundheits-kultur

	Konzerne	Mittelstand	Institutionen	Beratung
③	Eigenverantwortung	Ganzheitlichkeit	Ganzheitlichkeit	Nachhaltigkeit Kontinuität
④	Gesundheitskultur	Psychische Belastungen	Work-Life-Balance	Eigenverantwortung

Reform durch und mit Trends

Die Reform des klassischen Arbeits- und Gesundheitsschutzes drückt sich in den Gestaltungsfeldern „Dialog" und „Kultur" aus. Das ☞ Demografiemanagement ist ein Katalysator, der verdeutlicht, dass Rechtskonformität und Krankenstand als Gestaltungsparameter nicht mehr ausreichen. Um Eigenverantwortung und Ganzheitlichkeit in den Programmen zu forcieren, muss man offensichtlich systemische Ansätze nutzen. Damit sind folgende Herausforderungen zu bewältigen:
! Demografieverschiebung (Altersdurchschnitte über 50)
! Personalreduktion mit Zunahme an Belastungsfaktoren
! Anspruchssteigerung der Kunden in Bezug auf Gesundheit
! Bedeutungszunahme des Imagefaktors Arbeitgeber
! Steigerung des Kostendrucks und Ressourcenprobleme

☑ Box 1-9: Reformrichtung „Systemdenken"

Trend zum Systemdenken am Beispiel der Fehlzeiten

Aus Praxissicht zeichnet sich auf jeden Fall ein Trend zur Ganzheitlichkeit ab. Man ist bemüht, die Maßnahmen nicht isoliert, sondern in ihrer Wechselwirkung mit anderen Prozessen zu sehen und tragfähig zu implementieren. Als Beispiel können wir hier den Klassiker Fehlzeiten anführen (✎ Kap. 4.3, S. 183). Aus politischer Sicht wird die Fehlzeiten- bzw. Gesundheitsquote gerne verwendet; denn sie ist immer noch die heilige Kuh der Gesundheitscontroller (Treier, 2009a, S. 366 ff.). Dass sich Fehlzeitenmanagement jedoch nicht auf eine Kennzahl reduzieren lässt, zeigen Brandenburg und Nieder (2009). Sie definieren mehrere Ansatzpunkte für das Fehlzeitenmanagement:

- **präventive Maßnahmen:** personale Maßnahmen vom Einsatz über Gespräche und Führung bis zur gesundheitlichen Betreuung und Anreizmanagement; strukturelle Maßnahmen von der Arbeitsplatz- und Kulturgestaltung bis zu organisationalen Ansatzpunkten wie ☞ Work-Life-Balance oder die Implementierung von Gesundheitsbeauftragten
- **kurative Maßnahmen:** von der Betreuung besonderer Gruppen bis zum Gesundheitscoaching und Rückkehrgespräche und ☞ betrieblichem Eingliederungsmanagement (BEM); Maßnahmen der Arbeitsgestaltung und des Netzwerkmanagements als Dialog mit Kliniken und Ärzten

Entwicklungen und Trends in der BGF

Das **Systemdenken** ist generell sehr beliebt, beispielsweise in der Organisationsberatung (König & Volmer, 2008). Aber es kristallisiert sich als wenig praktisch heraus, weil man keinen Angriffspunkt im Wirrwarr der interdependierenden Faktoren sichten kann. Eine Alternative stellt der ☞ **systemische Konstruktivismus** als Gesundheitsdidaktik dar.

Was bedeutet der Trend zur konstruktivistischen Gesundheitsdidaktik?

Das Systemdenken allein hilft uns in der Praxis relativ wenig weiter. Entscheidend ist die Kopplung mit einem anderen Trend, der auch von den Praktikern als wichtig erkannt worden ist: Der Trend der Eigenverantwortung im Sinne der ☞ Subsidiarität. Das System bildet das Gerüst bzw. die Gesundheitsdidaktik der BGF. Innerhalb dieses Systems kann sich aber die Person eigenverantwortlich bewegen und im konstruktivistischen Sinne seine gesunde Welt entwickeln und erleben. Der ☞ systemische Konstruktivismus, der aus der Erwachsenenbildung unter dem Stichwort ☞ Ermöglichungsdidaktik bekannt ist (Arnold, 2007; Arnold & Tutor, 2007), kann den Paradigmenwechsel einleiten (O Abbildung 10, S. 42). Das System ist der Nährboden, auf dem gesundes Verhalten nachhaltig wächst. Der Motor ist der Mensch, der eigenverantwortlich und nachhaltig an seine Gesundheit arbeitet.

Vom System zur Person → Die Gesundheitsdidaktik

Didaktik der Eigenverantwortung

Das Wort Eigenverantwortung klingt positiv, hat aber nur dann einen konstruktiven Effekt, wenn der Schwarze Peter der Erfolgsstory BGF nicht einfach an den Mitarbeiter bzw. Betroffenen weitergereicht wird. Wenn wir Gesundheit als Anspruch an uns selbst definieren, können wir durch eine gesundheitsgerechte Systemgestaltung Anreize geben und Ressourcen ermöglichen. Innerhalb dieser Systemgestaltung als Gerüst (Scaffolding) gilt es jedoch, das Individuum als eigenverantwortlich und selbstregulativ wertzuschätzen (Fading). Ansonsten erzielt man keine Nachhaltigkeit und v. a. auch keinen Transfer auf andere Lebensbereiche. Viele gut gemeinte Maßnahmen der BGF im Bereich Bewegung, Ernährung, Umgang mit Zeitdruck oder Entwöhnung von Rauchen verhallen, sobald die Maßnahme wieder zurückgefahren wird. Erfolgreicher ist man, wenn der Fokus der Maßnahmen auf die Sensibilisierung gesetzt wird sowie durch koordinierte und evaluierte Vorgehensweisen ein motivierendes Unterstützungsangebot geschnürt wird.

☑ Box 1-10: Konstruktivistische Gesundheitsdidaktik

Praxisbeispiel
S-I-N-E

LIFE hat das sogenannte S-I-N-E-Prinzip (☑ Box 0-3, S. 7) entwickelt, bei dem S für Sensibilisierung, I für Information und Kommunikation, N für Nachhaltigkeit und E für Evaluation und Qualitätssicherung steht. Dieses Prinzip stellt ein Paradebeispiel für ein Umsetzungsmodell dar, das Eigenverantwortung durch Sensibilisierung stärkt und gleichzeitig die Rahmenkompetenz des Systems für das Ziel der nachhaltigen Gesundheitsförderung von den Verantwortlichen fordert (○ Abbildung 11, S. 44). Der Konzeptentwickler, Stephan Gronwald als Vorstand der TerraSana LIFE AG, ist sich der Mehrdeutigkeit des Wortes SINE (Bedeutung im Lateinischen „ohne") bewusst, weshalb sich auch der Alternativbegriff „Circle of Life" oder „Life Cycle" eingebürgert hat (Gronwald, 2009). Unabhängig von der Etikettenfrage ist entscheidend, dass der Mitarbeiter durch Sensibilisierung auf sich selbst aufmerksam gemacht und für die Erweiterung seiner ↝ Gesundheitskompetenz im Sinne der Selbstregulation optimal vorbereitet wird. Soziale und individuelle Unterstützungsangebote tragen ferner zur Nachhaltigkeit bei. Damit das System aber nicht statisch wird und nicht von den Interessen und Bedürfnissen der Beteiligten abweicht, bedarf es einer systematischen und formativen Evaluation als Instrument des Qualitätsmanagements. Es geht letztlich um eine dynamische Systementwicklung, was durch das Kreissymbol zum Ausdruck kommt.

LIFE-Broschüre

Auf der CD-ROM finden Sie die offizielle Broschüre zum LIFE-Modell von der TerraSana LIFE AG. Dieses Konzept zeichnet sich durch die konsequente Ausrichtung auf die Eigenverantwortung aus, die sich zunehmend als wichtigster Gestaltungshebel einer nachhaltigen und Gesundheitsförderung herauskristallisiert.

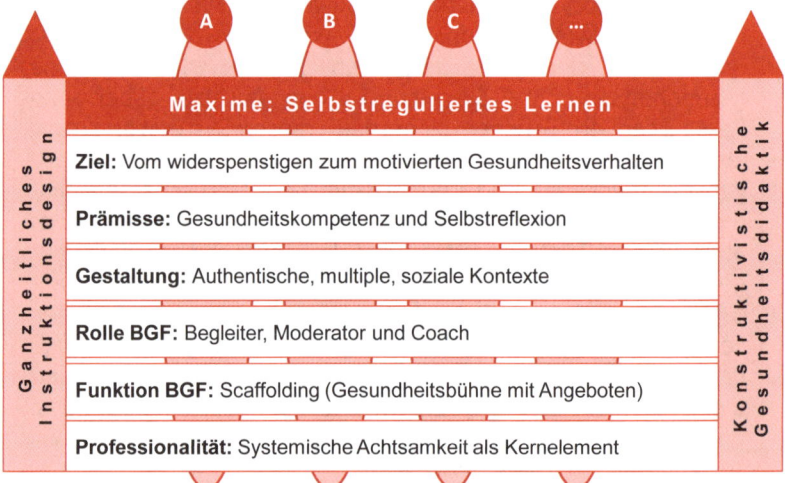

○ **Abbildung 10:** Konstruktivistische Gesundheitsdidaktik der BGF

SINE könnte man auch im Sinne von „ohne Fehler" verstehen. Wir haben die Praktiker auch mit der Frage *„Was sind Kardinalfehler im Bereich BGF?"* konfrontiert. Die Beantwortung ist interessanterweise im Gegensatz zu den Trends relativ einhellig. Eine moderne BGF muss sich gegenüber einigen typischen Fehlern wappnen, um den fulminanten Gesundheitscrash im Unternehmen zu verhindern. Typische Fehler sind:

Typische Fehler

- Denken in Fehlzeiten- und Gesundheitsquoten,
- Gießkannenprinzip,
- Kappung der Leistung wegen Ressourcenmangels,
- keine ausreichende Vernetzung der Akteure im BGF und dadurch unabgestimmtes Handeln (Beispiel: Personalmanagement sowie Arbeits- und Gesundheitsschutz),
- keine strategische und strukturelle Verankerung (BGF als Insel der Glückseligen → Vereinsamungsproblem),
- Kurzatmigkeit der Maßnahmen und Strohfeuerpolitik,
- mangelnde Einbindung der Mitarbeiter bzw. Betroffenen, aber auch zu geringe Beachtung der Veränderungsfähigkeit bzw. Veränderungswilligkeit (Stichwort Sensibilisierung),
- Problemverschiebung aufgrund „wichtigerer" Aufgaben wie Veränderungsprozessen im Unternehmen,
- Reparaturmanagement bzw. ineffizientes Nacheilen,
- Vermeidung „heißer" Themen wie Führung und Mobbing,
- Ziellosigkeit der Maßnahmen (Geisterfahrt) und Zielkonflikte (vertrauensbildende Maßnahmen versus Kostenstrukturprogramme → Ein Dilemma in der ☞ Gesundheitskultur).

Warum ist Gesundheitskompetenz der zentrale Stellhebel?

Wenn wir einen Basistrend bestimmen wollen, dann zeigt diese Diskussion, dass Gesundheitskompetenz der zentrale Stellhebel ist. Man läuft natürlich hier Gefahr, ☞ Gesundheitskompetenz als modische Worthülse zu platzieren, aber in Wirklichkeit handelt es sich um die zentrale Ressource; denn Eigenverantwortung ist ohne Kompetenz Blendwerk (Wieland & Hammes, 2008). Man beachte aber: Ohne substanzielle Rückendeckung des Systems wird kein signifikanter Kompetenzaufbau erfolgen.

Zentraler Stellhebel: Gesundheitskompetenz

> „Kompetenz umfasst die Fähigkeiten und Fertigkeiten (das Können), die Ordination zur Handlung (das Dürfen) sowie den motivationalen Antrieb (das Wollen) einer Person zur anforderungsgerechten Ausführung (Performanz) einer konkreten

Aufgabe oder die allgemeine Voraussetzung zur Erledigung einer Klasse von Aufgaben oder von Aufgaben allgemein." (Becker, 2008, S. 163)

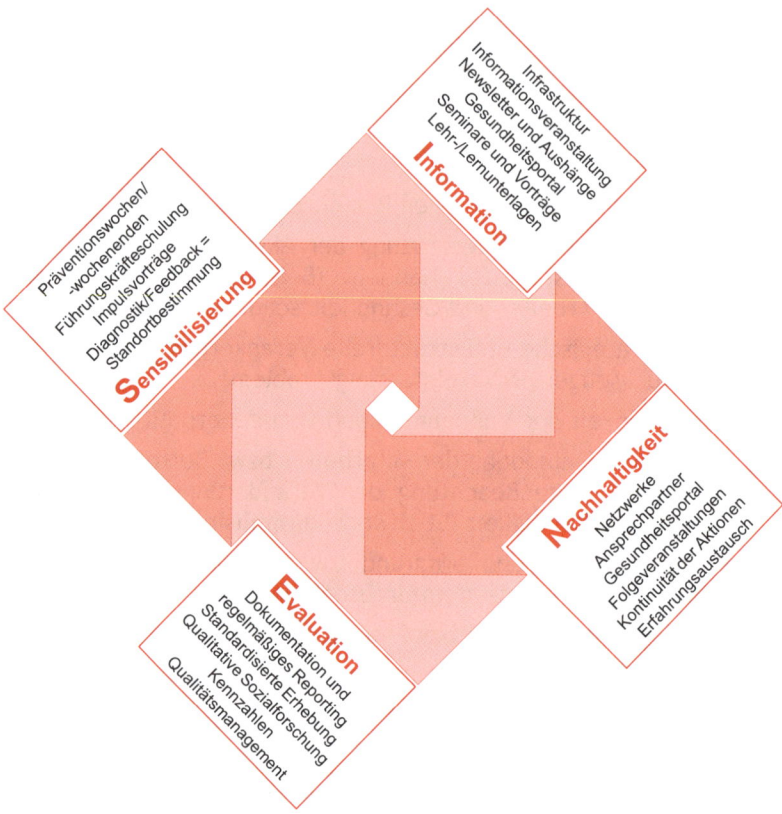

Abbildung 11: Life Cycle oder S-I-N-E-Prinzip

Was bedeutet Gesundheitskompetenz?

Das Zitat verdeutlicht den Komplexitätsgrad dieses so einfach anmutenden Begriffes. ☞ Gesundheitskompetenz ist nicht nur passives oder träges Wissen, sondern stellt eine Erwartung dar, gesundheitliche Beschwerden aktiv und wirksam begegnen zu können, also selbst der Herr über seine Gesundheit zu sein und damit Vertrauen zu seinen eigenen Möglichkeiten zu haben. Diese Aussage ist zum einen mit unserer konstruktivistischen Gesundheitsdidaktik und zum anderen auch mit dem renommierten Modell der ☞ Salutogenese kompatibel (Antonovsky, 1987).

Wir wollen *kein* Opfer-, sondern explizit *ein* Tätersystem!

Um erfolgreicher Täter zu sein, brauche ich Kompetenz, die nicht in Schubladen verrostet, sondern präsent ist. Diese Präsenz ist Ausdruck der Sensibilisierung. Damit stellt sich Kompetenz als eine Wissens-, Verhaltens- und Einstellungskomponente dar (Erpenbeck & Rosenstiel, 2005). Die Erfolgsstory BGF spiegelt sich schlussendlich im Gesundheitsverhalten wider. Aus wissenschaftlicher Sicht mag die Trennung von Kompetenz und Verhalten sinnvoll sein, da sich Verhalten nicht nur aus der Kompetenz erklärt. Denken Sie hier nur an den „inneren Schweinehund" als Ausdruck der Bequemlichkeit, manchmal aber auch der Feigheit, der es uns erschwert, gesundheitsbewusst trotz besseren Wissens zu leben! Eine pragmatische Verwendung des Kompetenzbegriffs berücksichtigt daher den Dreisatz Können, Wollen und Dürfen (Treier, 2009a, S. 100 ff.) und wird in unseren Gesundheitsbefragungen entsprechend beachtet (Dlugosch & Krieger, 1995; Kap. 4.5, S. 228).

Können ⇔ Wollen ⇔ Dürfen

Das Konstrukt ☞ Gesundheitskompetenz ist eng verbunden mit dem Konzept der ☞ Selbstwirksamkeitserwartung der sozial-kognitiven Theorie von Bandura (1997). Selbstwirksamkeitserwartung (SWE) ist nach Schwarzer (2002, S. 521) „die subjektive Gewissheit, neue oder schwierige Anforderungssituationen aufgrund eigener Kompetenz bewältigen zu können." *Was ist noch schwieriger, als Herr der eigenen Gesundheit zu sein?* Dies bestätigen auch Ergebnisse von Befragungen, die die Gesundheitskompetenzerwartung (GKF) auf Basis der Selbstwirksamkeitsskala erheben (Wieland & Scherrer et al., 2008). Typische Fragen zur Erfassung der ☞ Selbstwirksamkeit und damit auch des beruflichen Bewältigungsverhaltens lauten:

- Finde ich Mittel und Wege, wenn sich Widerstände auftun?
- Kann ich meinen Fähigkeiten vertrauen?
- Komme ich mit unerwarteten Problemen zurecht?
- Kann ich meine Ziele ohne Schwierigkeiten verwirklichen?

Selbstwirksamkeit als Grundkonzept

Die ☞ Selbstwirksamkeitserwartung stellt also eine optimistische Selbstüberzeugung dar und ist eine wichtige Komponente einer effektiven Selbstregulation (Jerusalem & Schwarzer, 2002). Wie die Arbeiten von O`Leary (1992) und Schwarzer (1996) zeigen, gibt es bedeutsame Zusammenhänge zwischen dem Ausmaß der Kompetenzerwartung und Fähigkeit zur Bewältigung von Stress, dem Ertragen von Schmerzen, dem Umgang mit chronischem Leiden, der Entwöhnung von Abhängigkeiten sowie den gesundheitsrelevanten Verhaltensweisen (vgl. Militärstudie mit 2273 U.S. Soldaten von Jex & Bliese, 1999). Damit schließt sich unser Kreis und wir kommen zum Trend der Eigenverantwortung zurück (Kap. 6, S. 287).

Empirischer Zusammenhang zwischen SWE und Gesundheit

Selbstwirksamkeit als Kernelement

Gesundheitskompetenz stellt eine Erwartung dar, sich selbstwirksam mit Gesundheitsproblemen erfolgreich auseinandersetzen zu können. Damit wird der Betroffene zum Täter und verliert den passiven Status des Opfers. Eine wichtige Voraussetzung ist die Sensibilisierung, denn träges Wissen liegt oft vor. Dieses Schubladenwissen ist aber nicht mit dem alltäglichen Verhalten verknüpft und bleibt damit ein stumpfes Schwert für die Gesundheit. Wollen wir BGF also handlungsbezogen aufbauen, benötigen wir zweifellos die Betroffenen als kompetente Partner. Wenn wir die Eigenleistung der Mitarbeiter einfordern, müssen wir gleichzeitig notwendige Rahmenbedingungen zur Verfügung stellen. Dies wird in der Forschungstradition der gesundheitsorientierten Arbeitspsychologie deutlich, die Selbstregulationskompetenz stets mit beruflicher Kompetenzentwicklung und Arbeits- und Kulturgestaltung sowie Führung verknüpft (Wieland, 2004, S. 170 ff.).

Box 1-11: Gesundheitskompetenz

Unsere Ansatzpunkte

Wie kann man den Trends durch Maßnahmen gerecht werden? Was müssen wir tun? Schon in diesem Einführungskapitel haben wir Ihnen Angriffspunkte genannt. Denken Sie beispielsweise an die Sensibilisierung des Praxismodells LIFE! Das Buch wird Ihnen aber noch diverse Antworten auf den jeweiligen Ebenen geben. Grob kann man festhalten, dass es drei Ansatzpunkte in Anlehnung an Rantanen (2001) und Badura et al. (2008) gibt, um Belastungsreaktionen auf der Personenebene (Depression, Gereiztheit, Schlafstörungen, Verspannungen, innere Kündigung, ↻ Burn-out, Müdigkeit etc.) und auf der Organisationsebene (geringes ↻ Commitment, abfallende Arbeitszufriedenheit, hohe Fehlzeiten, Qualitätsmängel, ↻ Fluktuation, verringerte Produktivität etc.) zu reduzieren (● Abbildung 12, S. 47).

1. **Erhöhung des Humankapitals:** Dabei ist zu beachten, dass es hier nicht nur um ↻ Empowerment geht, sondern v. a. auch Gesundheit. Gesundheit ist ein Kapital, was sich meistens erst dann als wertvoll erweist, wenn es nicht mehr vorhanden ist. Zudem ist die Reversibilität eingeschränkt.
2. **Steigerung des Sozialkapitals:** Soziale Beziehungen, gemeinsame Werte und Vertrauen sind unerlässlich in einer zunehmend kompetitiven Arbeitswelt.
3. **Belastungsreduktion und ↻ Beanspruchungsoptimalität:** Mithilfe einer menschengerechten Aufgaben- und Arbeitsgestaltung erzielen Sie Nachhaltigkeit und Tragfähigkeit.

Entwicklungen und Trends in der BGF

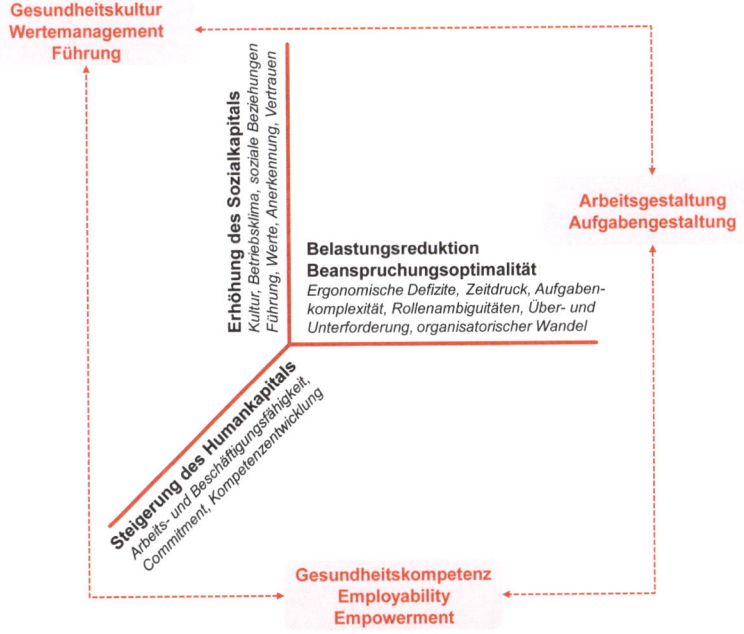

○ **Abbildung 12:** Unsere Ansatzpunkte einer modernen BGF

▯ **Zusammenfassung zu den Trends in der BGF:**

- **Millennium der Gesundheit:** Inhaltliche Meilensteine sind bekannt, aber die praktische Umsetzung hat an Fahrt verloren. *Typisches Beispiel:* Leitlinienpolitik und Deklamation von Werten als Etikettenschwindel, da die Umsetzung oft fehlt.
- **Erfolgsstory BGF:** Ein Schereneffekt ist zwischen Best Practice und breiter Allgemeinheit feststellbar. Die Kurzatmigkeit in Bezug auf die BGF dominiert im betrieblichen Alltag.
- **Chronische Zukunft:** Trends müssen sich an ihrer Wirksamkeit hinsichtlich der drohenden Chronifizierung des Krankheitspanoramas messen lassen. Die Arbeitswelt wird durch die Lebensarbeitszeitverlängerung zum Kumulationspunkt. Die Unternehmen müssen sich als Teil des Gesundheitssystems im Sinne der sozialen Verantwortung begreifen.
- **Schieflage Adressat:** Fortschrittliche betriebliche Gesundheitspolitik ist ungleichmäßig in der Unternehmenswelt verteilt. Profiteure sind Großunternehmen. Der Mittelstand mit der Häufung von atypischen und prekären Arbeitsverhältnissen verfügt oft nur über gedrosselte BGF-Programme.
- **Paradigmenwechsel:** Visionäre Trends sind nicht vonnöten. Der Paradigmenwechsel wird durch die Bedeutungszunahme der Eigenverantwortung (Anspruch an sich selbst) in Verbindung mit einer professionalisierten Systemgestaltung gekennzeichnet. Das Unternehmen ist die Gesundheitsbühne, der

Mitarbeiter der aktive Schauspieler. Das dramaturgische Skript erhalten wir von einer „edukativen" bzw. didaktisch reflektierten Gesundheitsbildung.

- **Bestimmungsmomente der Trends:** Die Grenzen des klassischen Arbeits- und Gesundheitsschutzes werden durch diverse Faktoren determiniert. Dazu zählen u. a. die wachsenden Ansprüche an die Arbeit, der Demografiewandel, das erweiterte Gesundheitsverständnis, die Europäisierung und Deregulierung der Rechtsbasis, die Herausforderungen durch Informatisierung und Globalisierung sowie das sich drastisch verändernde Krankheitspanorama.
- **Trends:** Trends müssen sich an den Paradigmenwechsel ausrichten. Ihre Namen sind austauschbar und en passant. Von 19 identifizierten Trends sind v. a. ☞ Demografiemanagement, Ganzheitlichkeit und Systematik, Nachhaltigkeit und Kontinuität, Eigenverantwortung und ☞ Subsidiarität sowie ☞ Gesundheitskultur und Wertemanagement zu nennen.
- **Konstruktivistische Gesundheitsdidaktik:** Diese Trends erfahren nur dann eine Realisationsebene in der betrieblichen Gesundheitspolitik, wenn wir einen didaktischen Ansatz wählen, der Eigenverantwortung und Systemgestaltung angemessen verknüpft. Die Gesundheitsdidaktik erbaut die Bühne, lässt aber den Betroffenen Spielraum zur Verinnerlichung und aktiven Handlung. Entscheidend ist, dass das System zu gesundheitsgerechten Verhaltensweisen sensibilisiert und aktiviert.
- **Gesundheitskompetenz:** Gesundheitsgerecht verhalten kann sich nur jemand, der kompetent ist. Also ist der Stellhebel der Trends die ☞ Gesundheitskompetenz. Kompetenz integriert Wissens-, Verhaltens- und Einstellungskomponenten im Sinne des Dürfens, Könnens und Wollens. Die theoretische Basis bildet die ☞ Selbstwirksamkeit. Mithin ist Gesundheitskompetenz die Erwartung, sich selbstwirksam mit Gesundheitsproblemen erfolgreich auseinandersetzen zu können.
- **Unsere Angriffspunkte:** Neben der Gesundheitskompetenz als zentralem Stellhebel moderner BGF müssen wir gleichzeitig in die Arbeits- und Aufgabengestaltung sowie in die Gesundheitskultur und in das Wertemanagement investieren, um den Trends Leben einzuflößen.

☐ **Check-Liste 2:** Trends und Entwicklungen

1.3 Im Spannungsfeld zwischen Gesetz und betrieblicher Realität

Warum benötigen wir Gesetze und Leitlinien?

Die BGF ist nicht amöboid und damit hinsichtlich ihrer Realisierung der Beliebigkeit und des „Goodwills" des Arbeitgebers überantwortet. Ein feingliedriges Skelett aus Deklarationen, Richtlinien, Gesetzen und Verordnungen verleiht der BGF eine feste Körperform (DGFP, 2004, S. 123 ff.). Bisweilen kommt sogar der Eindruck eines Dschungels der Erlasse und Gebote auf, was durch eine fleißige Novellierungstätigkeit auch nicht vereinfacht wird. Immerhin schaut die BGF im Hinblick auf die Rechtsbasis auf eine lange Geschichte zurück. Die grundlegende Kodifizierung erfolgte schon im 19. Jahrhundert. Dieses Skelett ist aber allein nicht lebensfähig, sondern wir benötigen Muskelmasse. Die Ausgestaltung der BGF in der Praxis wird zumeist weniger durch die gesetzlichen Grundlagen als vielmehr durch die Ausprägung des Anspruchs des Unternehmens, seinen Auftrag der Gesundheitsförderung zu beherzigen, bestimmt. Gesetze und Verordnungen beschreiben lediglich Mindestanforderungen und stecken damit den Handlungsrahmen für die verschiedenen Akteure ab. Für die Entwicklung einer nachhaltigen und ganzheitlichen BGF reicht die Erfüllung dieser Mindestanforderungen nicht aus. Hier benötigen wir Leitlinien, die uns helfen, Ziele und Qualitätskriterien zu definieren.

BGF ist nicht beliebig!

Die Ottawa Charta der WHO (Box 0-2, S. 6) und die Luxemburger Deklaration des Europäischen Netzwerks für betriebliche Gesundheitsförderung von 1997 (2005 und 2007 aktualisiert) werden dem Anspruch von Leitlinien zweifellos gerecht.

Leitlinien als oberste Ebene

Luxemburger Deklaration

Betriebliche Gesundheitsförderung umfasst alle gemeinsamen Maßnahmen von Arbeitgebern, Arbeitnehmern und Gesellschaft zur Verbesserung von Gesundheit und Wohlbefinden am Arbeitsplatz. Dies kann durch eine Verknüpfung folgender Ansätze erreicht werden:
(1) Verbesserung der Arbeitsorganisation
(2) Förderung einer aktiven Mitarbeiterbeteiligung
(3) Stärkung persönlicher Kompetenzen

Box 1-12: Luxemburger Deklaration in der Fassung von 2007

Leitlinien-Kampagne move europe

www.move-europe.de

"Move europe" ist ein seit 2006 laufendes Großprojekt zur betrieblichen Gesundheitsförderung in Europa. Die Kampagne von "move europe" und "Gesunde Mitarbeiter in gesunden Unternehmen" von BKK Bundesverband, INQA, DLR (Deutsches Zentrum für Luft- und Raumfahrt), Enterprise for Health, Unternehmen für Gesundheit in Anlehnung an die Leitlinie der Luxemburger Deklaration haben viele große Unternehmen unterzeichnet, darunter METRO Group, Daimler AG, E.ON Ruhrgas AG, BASF SE, Deutsche Telekom AG, Bertelsmann AG, BMW Group, Fraport AG etc. (N= ca. 75 nach telefonischer Auskunft BKK Bundesverband, Stand 09/09). Die Schieflage in Bezug auf den Adressaten ist bei dieser Kampagne jedoch nicht weg zu retuschieren. Die meisten Beteiligten sind Großunternehmen. Die Anzahl der Klein- und Mittelunternehmen nimmt sich etwas bescheidener aus wie START Zeitarbeit NRW GmbH, Laufer Mühle, HS – Hamburger Software GmbH & Co. KG. Diese Schieflage gefährdet die Vision "Gesunde Mitarbeiter in gesunden Unternehmen" des Europäischen Netzwerkes für BGF; denn es fehlt die "Flächenausdehnung".

Auslegbarkeit der Leitlinien

Da es den Akteuren Schwierigkeiten bereitet, die vielsagenden und visionären Deklarationen auszulegen, helfen Gesetze, Normen, Richtlinien und Handlungsleitfäden bei der Interpretation. Doch genau an dieser Stelle kollabiert das Rechtssystem. Befragt man die der Praktiker, wird bestätigt, dass man die Deklarationen kennt. Nahezu alle zitieren aus Teilen dieser Deklarationen, ohne die Nuancen derselben zu differenzieren. Auch wissen die meisten, dass das Sozialgesetzbuch und das Arbeitsschutzgesetz wichtige Eckpfeiler der Umsetzung sind. 78 Prozent der Befragten geben aber zu, dass sie sich bei der Auslegung auf andere sekundäre Quellen verlassen. Noch dünner wird das Wissen, wenn es um Verordnungen, Handlungsleitfäden oder spezielle Rechtsprechungen geht. Damit kommt ein gegenläufiger Trend zum Ausdruck, der ein liberaleres Verständnis von BGF einfordert: Die Gesetze und Richtlinien sollen Mindeststandards definieren, aber die Gestaltung vor Ort darf nicht durch Regularien eingeschränkt sein. Liberalisierung trägt aber das Risiko der Aufweichung. Da das Thema Gesundheit zu sensibel ist, halten wir ein liberaleres Verständnis für einen gefährlichen Weg, um Gesundheit nachhaltig im Unternehmen zu implementieren. *Gesetze aber allein werden auch nicht ausreichen, um einen "Mindshift" im BGF zu erzielen!*

Corporate Health Kodex

Warum? Nicht die Gesetze ermuntern den Unternehmer, in die Gesundheit seiner Mitarbeiter zu investieren, sondern neben wirtschaftlichen Interessen (Beispiel: Demografiemanagement) die soziale Verantwortung im Sinne der Unternehmensethik und der organisationalen Integrität (Friske et al., 2005). Es ist hier nicht zu leugnen, dass dies ein philanthropisches Menschenbild voraus-

Im Spannungsfeld zwischen Gesetz und betrieblicher Realität

setzt. Vielleicht benötigen wir eine Art Corporate Health Kodex in Anlehnung an den ☞ Corporate Governance Kodex, wobei die Aktionäre hier die Mitarbeiter sind und das Thema Gesundheit heißt. Wenn es dann einen Gesundheitsbericht analog zum Geschäftsbericht gibt, sind drei Wirkungsebenen bei einer „Health Due Diligence" zu berücksichtigen (O Abbildung 13, S. 52) (✎ Kap. 4.4, S. 211).

> „Wohlbefinden und Gesundheit sollten von Unternehmen, Verwaltungen und Dienstleistungsorganisationen zuallererst aus sozialer Verantwortung für die Mitarbeiter geschützt und gefördert werden." (Bertelsmann Stiftung & Hans-Böckler-Stiftung, 2004, S. 22)

Das Arbeitsschutzgesetz, der grundlegende Eckpfeiler der BGF (☐ Tabelle 1-4, S. 61), bietet viel Raum für eigene Gestaltung unter Beachtung der Mindeststandards und Rahmenbedingungen. Das Gesetz ersetzt damit nicht Freiwilligkeit und Engagement. Dieser Gestaltungsspielraum impliziert umgekehrt auch unscharfe Formulierungen in den Gesetzestexten. Denken Sie beispielsweise hier an die psychischen Belastungen bei der ☞ Gefährdungsanalyse (Holm & Geray, 2007)! Gerade die Beurteilung psychosozialer ☞ Belastungen wird teilweise von den Arbeitgebern abgelehnt, weil es hierzu angeblich keine gesetzliche Verpflichtung gäbe und zudem das Privatleben tangiert würde. Nimmt man das Arbeitsschutzgesetz ernst (§ 5 ArbSchG), so gehören jedoch eindeutig arbeitsbedingte psychische Belastungen zu den arbeitsbedingten Gesundheitsgefährdungen und sind damit bei der ✎ Gefährdungsanalyse zu berücksichtigen (Wieland, 2009). *Stehen hierfür überhaupt praktikable Instrumente zur Erfassung zur Verfügung?* Psychische Belastungen sind in Unternehmen valide und reliabel erfassbar (Resch, 2003). Gerade die Forschung rund um psychologische Arbeitsanalyseverfahren stellt hier praktische Instrumente zur Verfügung (Dunckel, 1999). Geeignete und teilweise kostenlose Methoden finden Sie in der ✎ Tool-Box der Bundesanstalt für Arbeitsschutz und Arbeitsmedizin (✎ Kap. 4.5, S. 228).

Beispiel Arbeitsschutzgesetz und psychische Belastungen

Klarheit und Kundenorientierung

Trotz des Dschungeleffektes der Erlasse und Gebote sehen viele Akteure, dass durch den Katalysator Europäisierung mehr Klarheit und Kundenorientierung im Bereich BGF entsteht. Das Arbeitsschutzgesetz stellt unmissverständlich klar, wohin die Reise geht. Analog zur arbeitsmedizinischen Verordnung werden wir zwischen Pflicht-, Angebots- und Wunschmaßnahmen differenzieren (Wahl-Wachendorf, 2009).

> Der Pflichtanteil wird aber den geringsten Part ausmachen. Pflichtmaßnahmen müssen z. B. erfolgen, wenn der Arbeitsplatzgrenzwert nach der Gefahrstoffverordnung nicht eingehalten wird (Asbest, Benzol usw.). Angebotsmaßnahmen sind vom Arbeitgeber anzubieten, aber der Arbeitnehmer entscheidet selbst, ob er sie wahrnehmen möchte (Beispiel Bildschirmarbeitsplatzuntersuchung). Gesetze und Regularien müssen aber stets auf die Leitlinien der Deklarationen ausgerichtet sein. Sie dürfen kein Eigenleben entwickeln und sich nicht von ihren Ursprüngen abwenden, um nicht das soziale Engagement zu ersticken.

☑ Box 1-13: Klarheit durch rechtlichen Rahmen

◉ Abbildung 13: Wirkungsebenen der BGF

Ausflug zu den Mysterien der Regularien

www.gesetze-im-internet.de

Lassen Sie uns einen kleinen Ausflug zu den Mysterien der Gesetze und Regularien wagen! Das Gute ist, Sie benötigen hierzu keine Literatur; denn das Wichtigste finden Sie im Netz. Alle Gesetze liegen dort in „Reintext" vor. Behutsam sollten Sie aber mit den Auslegungen sein; denn sie weichen je nach Verfasser bisweilen von der eigentlichen Zielvorstellung ab. Neben der vom Bundesministerium der Justiz verwalteten Online-Rechtsdatenbank empfehlen wir Ihnen nach heutigem Stand zwei weitere Websites zu den Rechtsgrundlagen und Leitlinien von BGF:

- Ergo-online → Reiter Rechtsgrundlagen
- BKK Bundesverband → Reiter Gesundheitsförderung im Betrieb → BGF → Rechtsgrundlagen

Das duale System

Die gesetzlichen Grundlagen und das Zusammenwirken der Akteure sind im Arbeitsschutzgesetz und Sozialgesetzbuch VII festgeschrieben. Dabei stützt sich der Arbeits- und Gesundheitsschutz auf:

> (a) **Staatliche Arbeitsschutzaufsicht der Länder:** Ämter für Arbeitsschutz oder Gewerbeaufsichtsämter mit dem Auftrag, branchenübergreifend die betriebliche Umsetzung staatlicher Rechtsvorschriften zu kontrollieren.
> (b) **Unfallversicherungsträger:** Berufsgenossenschaften und Unfallkassen mit dem hoheitlichen Auftrag, branchenorientiert die allgemeinen Regelungen zu operationalisieren, deren Befolgung zu überwachen bzw. dabei zu beraten. Sie sind ermächtigt, Unfallverhütungsvorschriften als autonome Rechtsvorschriften und ggf. konkretisierende Durchführungsanweisungen zu erlassen.
>
> Gemäß § 21 ArbSchG und § 20 SGB VII sollen die beiden Säulen des dualen Arbeitsschutzsystems bei der Überwachung der Betriebe eng zusammenarbeiten.

☑ Box 1-14: Gesetzliche Grundlagen und das duale System

Leider reicht es aber für den Praktiker nicht aus, sich nur auf diese beiden Eckpfeiler zu berufen. Die ○ Abbildung 14 (↳ S. 55) illustriert die Spannbreite von der Leitlinie bis zu den konkreten Gestaltungsvorschriften, um den Gefahrenquellen in der Arbeitswelt bzw. im Arbeitsprozess zu begegnen. Man könnte hier von einem Meteoritenschwarm an Risiken sprechen. Die Spannbreite korreliert mithin mit der Inhaltsbreite folgender Gefährdungsbereiche:

Spannbreite der Regularien

- **Arbeitsabläufe:** Arbeitsverfahren und Kommunikation;
- **Arbeitsinhalt:** Arbeitsaufgabe, Über- und Unterforderung;
- **Arbeitskontext:** Zusammenwirken von Mensch, Technik und Organisation sowie die sozialen Beziehungen;
- **Arbeitsmittel:** Maschinen, Geräte, Informations- und Kommunikationstechnologie etc.;
- **Arbeitsplatz:** Mobiliar und Fläche;
- **Arbeitsstätte:** Verkehrswege, Beleuchtung, Sicherheit;
- **Arbeitsstoffe:** Lösungsmittel etc.;
- **Arbeitsumgebung:** physikalische, chemische, biologische und psychische Einwirkung wie Lärm, Klima, Gefahrstoffe;
- **Arbeitszeit:** Nachtarbeit, Flexibilisierung, Schichtzeiten.

Noch unzureichend erfasst: Psychosoziale Belastungen

Die aufgezählten Gefährdungsbereiche im Gesetz sind nicht abschließend, v. a. wird der Bereich der psychosozialen ☞ Belastungen noch unzureichend erfasst, obwohl diese aus Sicht der Krankheitsstatistiken eindeutig im Vormarsch sind und vielleicht sogar künftig die Muskel-Skelett-Erkrankungen (MSE) des Bewegungsapparates von der Nr.1 der Hitliste verdrängen wird. Depressionen sind derzeit schon der vierthäufigste Grund für Berufsunfähigkeit.

> „In den letzten fünf Jahren hat sich der Krankenstand in der Diagnosegruppe ´Psychische und Verhaltensstörungen´ mehr als verdoppelt und nimmt somit – nach den Muskel-Skelett-erkrankungen – Platz 2 auf der Rangliste der wichtigsten Krankheiten ein." (Wieland, 2009, S. 5)

Angriffspunkt: Arbeitsinhalte

Demnach muss im Sinne des Leitbilds des Arbeitsschutzgesetzes ein umfassendes Verständnis von Gesundheitsschutz greifen. Aus arbeitspsychologischer Sicht gilt es v. a. die Arbeitsinhalte zu gestalten; denn diese wirken nachhaltig und ☞ evidenzbasiert auf die Gesundheit der Mitarbeiter (Ulich, 2005). Die DIN EN ISO 9241 und 10075 enthalten Hinweise für gut gestaltete Arbeitsaufgaben. Sie fordern die Vermeidung von Über- und Unterforderung, sozialer Isolation, ☞ Monotonie und unangemessenem Zeitdruck (✎ Kap. 2.2, S. 83). Die Klassiker in aller Munde sind Stress und ☞ Burn-out im Arbeitsleben. Der beste Ansatzpunkt, damit diese nicht entstehen, ist die Gestaltung der Aufgabe, d. h. der Arbeitsanforderungen und der Organisation, d. h. der sozialen Beziehungen (Richter & Hacker, 1998).

Wissenschaftliche Erkenntnisse

Das umfassende Verständnis von Gesundheitsschutz verlangt eine wissenschaftliche Fundierung, um nicht Gefahr zu laufen, das Thema zu ideologisieren und zu bagatellisieren.

☑ Box 1-15: Wissenschaft als Basis

Wie kommen wir von der Leitlinie zur Gestaltungsvorschrift?

Um Ihnen den Weg von der Leitlinie zur konkreten Gestaltungsvorschrift zu illustrieren, gehen wir wie folgt vor:

(1) Unsere Ausgangsbasis
(2) Die Legitimation
(3) Die Richtschnur
(4) Die Direktive
(5) Die Gebote
(6) Die Umsetzungen
(7) Umsetzungsstreit

Im Spannungsfeld zwischen Gesetz und betrieblicher Realität

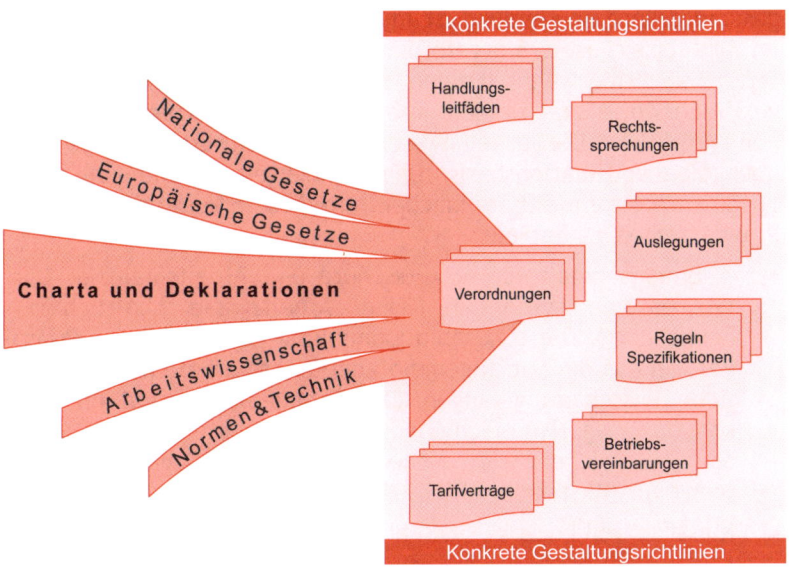

o Abbildung 14: Von der Leitlinie zur Gestaltungsvorschrift

UNSERE AUSGANGSBASIS! Hier sind die WHO-Definition, die Ottawa Charta und die Luxemburger Deklaration zu nennen (☑ Box 0-1, S. 3; ☑ Box 0-2, S. 6; ☑ Box 1-12, S. 49). Zu ergänzen ist noch die Bangkok Charta, die den Globalisierungsaspekt stärker berücksichtigt. Die meisten unternehmensspezifischen Leitlinien zur Gesundheit werden vor dem Hintergrund der Ottawa Charta von 1986 formuliert. Für die Richtlinien steht v. a. die Luxemburger Deklaration Patin. Viele Institutionen des öffentlichen und privaten Sozial- und Wirtschaftslebens bekennen sich zu diesen Grundsätzen. Da aber das Bekenntnis nicht ausreicht, von der Idee zur Tat zu gelangen, empfiehlt es sich, aus diesen Maximen Qualitätskriterien abzuleiten (BKK, 1999). Diese eignen sich zur Überprüfung der Maßnahmen in Bezug auf eine hochwertige und erfolgreiche BGF (↘ Kap. 4, S. 157). Sie beziehen sich auf sechs Bereiche:

1. BGF und Unternehmenspolitik
2. Personalwesen und Arbeitsorganisation
3. Planung der BGF
4. Soziale Verantwortung
5. Umsetzung der BGF
6. Ergebnisse der BGF

Zu den Leitlinien

Wir benötigen Qualitätskriterien!

DIE LEGITIMATION! Die gesicherten arbeitswissenschaftlichen Erkenntnisse stellen einen vergleichbaren Schutzstandard dar wie der Stand der Technik. Sie gelten für die Praxis als hinreichend

Arbeitswissenschaftliche Erkenntnisse

gesichert. Ihre Anwendung ist im Arbeitsschutzgesetz § 4 (3) und im Arbeitszeitgesetz § 6 gefordert und im Betriebsverfassungsgesetz §§ 90, 91 erwähnt. Leider finden viele abgesicherte Studien vergleichsweise spät in Richtlinien und Verordnungen angemessenen Ausdruck. Die arbeitswissenschaftlichen Erkenntnisse sind aber die Legitimationsbasis. Daher möchten wir Sie auf einige Zugangswege aufmerksam machen, um diese Erkenntnisse für Ihre Praxistätigkeit zu nutzen:

- Bundesanstalt für Arbeitsschutz und Arbeitsmedizin: Dort gibt es eine vierbändige Reihe „Arbeitswissenschaftliche Erkenntnisse". Diese Loseblattsammlung eignet sich für Praktiker, an das derzeit allgemein anerkannte arbeitswissenschaftliche Wissen zu gelangen. Die Sammelbände sind im Wirtschaftsverlag NW erschienen. Offene Punkte liegen v. a. zu Spezialbereichen wie „Neue Arbeits- und Organisationsformen" vor (Kastner et al., 2001a).
- Klassiker von Luczak (1998) als fundierte Quelle
- Zeitschrift „Angewandte Arbeitswissenschaft" des Instituts für angewandte Arbeitswissenschaft e. V.
- Zeitschrift für Arbeitswissenschaften als Organ der Gesellschaft für Arbeitswissenschaft e. V.
- International Labour Office (ILO): Empfehlenswert ist die „Encyclopaedia of Occupational Health and Safety", die Sie auf der Website der ILO in der Rubrik SafeWork Bookshelf einsehen können (Stellman, 1998).

Zu den EU-Richtlinien

DIE RICHTSCHNUR! Das deutsche Arbeitsschutzrecht basiert überwiegend auf europäischen und internationalen Rechtsvorgaben (Tabelle 1-4, S. 61). Das Schlüsselkonzept der Gemeinschaftsstrategie ist die Entwicklung und Umsetzung kohärenter nationaler Strategien in den Mitgliedsstaaten der EU. Der EG-Vertrag verpflichtet die Mitgliedsstaaten zur Verbesserung des Arbeitsumfeldes, um die Sicherheit und die Gesundheit der Arbeitnehmer zu schützen. Ausgangspunkt ist der Artikel 137 des EWG-Vertrages. Seit dem Vertrag von Nizza 2001, der nach Ratifizierung 2003 in Kraft getreten ist, stellt dieser die Grundlage für die Verbesserung der Arbeitsumgebung mit dem erklärten Ziel des Schutzes der Gesundheit der Arbeitnehmer und der Arbeitssicherheit dar. Der Artikel 137 verdeutlicht, dass es dabei der Europäischen Union (EU) nicht nur um reine Unfallverhütung geht: Es geht um Harmonisierung und Fortschritt. Man möchte das Gesamtniveau des Arbeits- und Gesundheitsschutzes gemäß der Gemeinschaftscharta der sozialen Grundrechte der Arbeitnehmer von 1989 steigern. Dazu erlässt die EU Mindestvorschriften z. B. in Gestalt der Europäischen CE-Richtlinien, die durch die nationale Gesetzgebung nicht unterschritten werden dürfen. Sie können aber zum Glück überschritten werden, jedoch dürfen diese national höheren Anforderungen wiederum nicht den freien Handel gefährden. Die wichtigste Richtlinie ist die 89/391/EWG des Rates von 1989 über die Durchführung von Maßnahmen zur Verbesserung der Sicherheit und des Gesundheitsschutzes der Arbeitnehmer bei der Arbeit. Sie ist als Europäische Rahmenrichtlinie Arbeitsschutz bekannt. Sie orientiert sich an nationalen Gesetzen und v. a. am Abkommen Nr. 155 „Übereinkommen über Arbeitsschutz und Arbeitsumwelt" der Internationalen Arbeitsorganisation (ILO). Hintergrund ist dabei der Gesundheitsbegriff der World Health Organization (WHO) (Box 0-1, S. 3). Von ihr aus sind 19 Tochterrichtlinien erlassen worden, z. B. die Richtlinie 89/654/EWG „Anforderungen an Arbeitsstätten" oder die Richtlinie 90/270/EWG „Arbeit an Bildschirmgeräten". Der im Dezember 2009 in Kraft getretene Lissabon-Vertrag berücksichtigt v. a. den Faktor der Bewahrung der Handlungsfähigkeit (d. h. institutionelle Reformen betreffend). Entscheidend ist aber auch die Stärkung der Grundrechte im Sinne eines sozialen Europas. Der Druck auf Europa im Sinne der Internationalisierung nimmt ständig zu und verlangt eine erneute Reichweitenerhöhung des Arbeits- und Gesundheitsschutzes. Die ILO nahm beispielsweise im Jahr 2006 ihren „Promotional Framework for Occupational Safety and Health" auf. Die WHO verabschiedete einen „Global Action Plan on Worker's Health" für den Zeitraum von 2008 bis 2017.

Wir möchten Ihnen folgende Websites zum Thema Europäisierung des Arbeits- und Gesundheitsschutzes empfehlen ...
- Web-Server der Europäischen Union
- European Agency for Safety and Health at Work
- Zugang zum EU-Recht

Europäisierung

Europäisierung klingt gut. Sie fordert Fortschritt und Harmonisierung (Keller, 2001). Der Gesamtschutz soll europaweit auf Basis hoher Standards durchgesetzt werden. Allerdings gibt es Risiken: Die EU-Richtlinien geben Mindeststandards vor, was möglicherweise Schlupflöcher und Grauzonen erlaubt. Zudem wird der sehr hohe Standard des deutschen dualen Arbeitsschutzsystems implizit infrage gestellt (Box 1-14, S. 53). Problematisch ist auch, dass die Mitbestimmung durch Europäische Betriebsräte, also die europäische Koordination von Tarifpolitik und Mitbestimmung noch unzureichend auf europäischer Unternehmensebene abgebildet ist. Erfreulich ist hingegen, dass der EU-Sozialstandard im Gegensatz zu einigen nationalen Vorschriften nicht nur technische,

> physikalische, chemische, sondern auch soziale und psychische Aspekte der Arbeit ausdrücklich erfasst.

☑ Box 1-16: Europäisierung als Chance und Risiko

Zu den Normen

Berücksichtigung ist eine Grundpflicht des Arbeitgebers!

DIE DIREKTIVEN! Werden Normen nicht berücksichtigt, widerspricht dies der Grundpflicht des Arbeitgebers zur ständigen Verbesserung des Schutzniveaus. Normen gelten als Handlungsaufforderung für die Wirtschaft und alle Bereiche der Gesellschaft. Normen tragen den Charakter von Empfehlungen, werden jedoch faktisch von Gerichten als direktive Maßstäbe anerkannt und erlangen dadurch rechtliche Bedeutung. Für die Koordination der Normung für den Arbeitsschutz ist v. a. die Kommission für Arbeitsschutz und Normung (KAN) zuständig. Dort sind Sozialpartner, der Staat und gesetzliche Unfallversicherung sowie die DIN (Deutsches Institut für Normung e. V.) vertreten. Die KAN ist aber selbst kein Normungsgremium! Sie nimmt auch Einfluss auf Normungsprogramme der Europäischen Kommission. Hier sind v. a. die privaten Normungsinstitutionen CEN (European Committee for Standardization) und CENELEC (European Committee for Electrotechnical Standardization) zu nennen. Die dritte Wirkungsebene ist die internationale Norm ISO. Eine Norm, die sich auf allen drei Wirkungsebenen (national, europäisch und international) widerspiegelt, lautet DIN EN ISO XXXX. Die beiden folgenden Normen sind für die BGF der Moderne besonders erwähnenswert:

- **DIN EN ISO 9241:** Ergonomie der Mensch-System-Interaktion (ehemals nur auf Bürotätigkeiten bezogen). Es geht um Qualitätsrichtlinien zur Sicherstellung der Ergonomie interaktiver Systeme nebst Dialoggestaltung.
- **DIN EN ISO 10075:** Ergonomische Grundlagen bezüglich psychischer Arbeitsbelastung. Diese Norm ist gerade in Anbetracht der Zunahme psychosozialer Erkrankungen von großer Relevanz (↦ Kap. 2, S. 73).

Die KAN und das Deutsche Informationszentrum für technische Regeln (DITR) im DIN bieten seit 2002 kostenlose Recherchemöglichkeiten nach arbeitsschutzrelevanten Normen in der Datenbank NoRA (Normen-Recherche-Arbeitsschutz) an. Zurzeit umfasst diese Datenbank Informationen zu mehr als 6000 Normen. Außerdem können die in der Umfrage befindlichen Normentwürfe mit Bezug zum Arbeitsschutz abgerufen werden.

Zur Nationalen Gesetzgebung

DIE GEBOTE! Mit der Verabschiedung des neuen Arbeitsschutzgesetzes stellen wir einen generellen Wandel in der deutschen Gesetzgebung rund um Arbeitsgesundheitsschutz fest. Das traditionell ordnungsrechtlich geprägte Leitbild der Gefahrabwendung bzw. des Expositionsschutzes wird um ein präventionsorientiertes

Leitbild ergänzt. Diese dringend erforderliche Neuausrichtung zielt dabei nicht nur auf die Verhütung von Arbeitsunfällen oder Berufskrankheiten ab, sondern bindet ausdrücklich auch niederschwellige Belastungen und Gefährdungen mit ein, die sich erst nach langer Frist negativ auf die Gesundheit der Betroffenen auswirken. Hierzu zählen beispielsweise psychosoziale ↻ Belastungen. Damit wird auch das Verständnis von Gesundheit bei der Arbeit erweitert. Neben der körperlichen Unversehrtheit werden auch arbeitsbedingte gesundheitsrelevante psychische Faktoren berücksichtigt. Flankierend zeichnet sich in den letzten Jahren ein Trend zur umfassenden Integration der BGF in die betrieblichen Aufbau- und Ablaufstrukturen ab. So gut sich dieser Gesamttrend anhört, gibt es dennoch einen Wermutstropfen: Der Präventionsgedanke als neues Leitbild ist noch nicht in den Köpfen der Verantwortlichen ausreichend verankert und in der Gesetzgebung noch vergleichsweise verschwommen und zu wenig handlungsorientiert abgebildet.

DIE UMSETZUNGEN! Verordnungen, Handlungsleitfäden, Informationen und Vorschriften fassen die unterschiedlichen Konkretisierungsebenen der nationalen Gesetzgebung zusammen. Am bekanntesten sind die berufsgenossenschaftlichen Informationen (BGI), Regeln (BGR) und Unfallverhütungsvorschriften (BGV), die noch durch die Grundsätze (BGG) abgerundet werden.

- **Vorschriften:** Es handelt sich um Vorschriften nach § 15 SGB VII, die verpflichtend sind.
- **Regeln:** Sie konkretisieren oder erläutern staatliche Arbeitsschutz- bzw. Unfallverhütungsvorschriften.
- **Informationen:** Sie enthalten Hinweise und Empfehlungen zur Erleichterung der Anwendung von Regelungen.
- **Grundsätze:** Sie stellen Maßstäbe in bestimmten Verfahrensweisen dar (Beispiel: Durchführung).

Zu den Konkretisierungen

Die ↻ Datenbank BGVR erfasst das gesamte berufsgenossenschaftliche Vorschriften- und Regelwerk (BGV, BGR, BGI und BGG). Über die Website der ↻ Deutschen Gesetzlichen Unfallversicherung haben Sie ebenfalls Zugriff auf die Datenbank nebst weiteren praktischen Datenbanken (Bilddatenbank, Gefahrstoffdatenbank etc.).

Anhand von zwei Beispielen möchten wir Sie mit der Arbeit mit einer solchen Datenbank vertraut machen. Gehen Sie bitte auf die ↻ Datenbank BGVR. Dort finden Sie ein Suchfeld. Als Schrift wählen Sie im Pull-down-Menü BGI aus. Im Nummern-Feld geben Sie die Nummer 650 ein. Wenn Sie auf „Suchen" drücken, erhalten Sie die entsprechende PDF-Datei.

Suche mit der Datenbank

Zwei Beispiele verdeutlichen, wie diese Konkretisierungsebene aussieht. Die ○ Abbildung 15 (↳ S. 60) der Verwaltungs-Berufsgenossenschaft illustriert den Weg von der Rahmenrichtlinie bis zur Information am Beispiel der BGI 650 (VBG, 2007, S. 6).

1. **BGI 650:** Bildschirm- und Büroarbeitsplätze – Leitfaden für die Gestaltung (Fachinformation der Verwaltungs-Berufsgenossenschaft). Der über 100 Seiten starke Leitfaden enthält alle arbeitswissenschaftlich gesicherten Informationen zur Bildschirmarbeit. Der Leitfaden verweist auf entsprechende Normen und technische Spezifikationen und ist für Praktiker sehr gut geeignet.

2. **BGV A1:** Unfallverhütungsvorschrift – Grundsätze der Prävention. Vorschriften haben Rechtscharakter. Die BGV A1 ist die wichtigste Vorschrift für die BGF; denn sie bildet die Grundlage zur Anwendung des staatlichen Arbeitsschutzrechtes. Über § 2 „Grundpflichten des Unternehmers" wird anbei auf die Bildschirmarbeitsverordnung (siehe BGI 650) Bezug genommen.

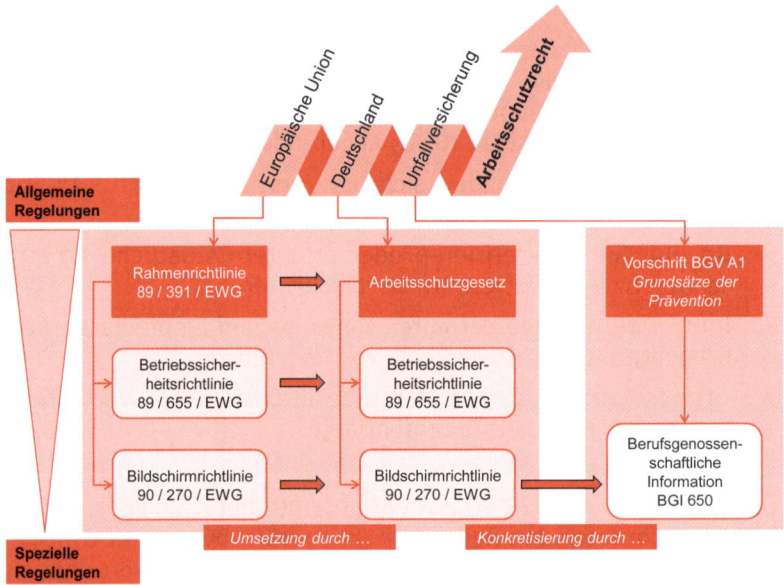

○ Abbildung 15: Gesetzgebung am Beispiel der Bildschirmarbeit

Tarifverträge und Betriebsvereinbarungen

DER STREIT UM DIE UMSETZUNG! Der Staat und die Unfallversicherungsträger üben hinsichtlich des Arbeitsgesundheitsschutzes hoheitliche Tätigkeiten aus. Die Ausgestaltung kann aber auch durch die Tarifpartner als autonomes Recht für bestimmte Branchen abgebildet sein. Die aktuelle Diskussion um den Gesundheitstarifvertrag, den die Gewerkschaften des öffentlichen Dienstes (Ver.di und GEW) im Kita-Streik (Forderung nach mehr Gesundheitsschutz für Erzieher und Sozialarbeiter) teilweise durchgesetzt haben, zeigt, dass es bei Tarifverhandlungen nicht mehr nur um das Geld geht, sondern auch um Themen wie Gesundheit. Dies bedeutet eine neue Dynamik im Bereich BGF, denn es gewinnt Streitpotenzial!

> Wir brauchen Regularien!
>
> Wir benötigen Gesetze oder Regularien, wenn wir eine tragfähige Anwaltschaft für Gesundheit in unseren Unternehmen gewährleisten wollen. Diese Regularien dürfen aber kein Eigenleben entwickeln und müssen daher konsistent auf den Grundrechten und auf Solidarität basieren. Wir benötigen eine nachhaltige Gesundheitspolitik in den Betrieben, was unseres Erachtens nur durch Regularien sichergestellt werden kann. Dringender Bedarf besteht noch bei der Regulierung im Kontext Globalisierung und Diversity. Ansonsten ist die nationale Gesetzgebung mit dem dualen System als verlässlicher Partner und Anwalt für BGF wertzuschätzen. Die deutsche Arbeitsschutzstrategie wird auf der Website der Gemeinsamen Deutschen Arbeitsschutzstrategie (GDA) illustriert.

☑ Box 1-17: Anwaltschaft für Gesundheit

Die ☐ Tabelle 1-4 (unten) bietet Ihnen eine kommentierte Übersicht zu wichtigen Gesetzen in Deutschland zum Thema Arbeitsgesundheitsschutz, wobei man zwischen öffentlichem (staatlichem und unfallversicherungsrechtlichem Arbeitsschutzrecht) und privatem Recht (kollektivem und individuellem Arbeitsschutzrecht) unterscheidet (Pieper, 2009). Wer sich für weitere Details in Bezug auf die Aktualisierungen interessiert, sollte stets einen Blick auf das Bundesgesetzblatt werfen. Zur Erstellung der Tabelle ist auf die Website „Gesetze im Internet" zurückgegriffen worden.

Kommentierte Übersicht

☐ Tabelle 1-4: Übersicht zu den Rechtsgrundlagen

Rechtsgrundlagen	Kommentierung
Allgemeines Gleichbehandlungsgesetz AGG von 2006 (aktualisiert 2009)	Das AGG ist der Nachfolger des Beschäftigtenschutzgesetzes (BschutzG). Ziel ist es, jegliche **Benachteiligungen** aus Gründen der Rasse bzw. ethnischen Herkunft, des Geschlechts, der Religion oder Weltanschauung, Behinderung, des Alters oder der sexuellen Identität zu verhindern oder ggf. zu beseitigen. Hier geht es keineswegs nur um arbeitsrechtliche Fragestellungen, sondern auch indirekt um das Thema Gesundheit beispielsweise im Zusammenhang mit der **altersgerechten Gestaltung von Arbeitsplätzen**.

Rechtsgrundlagen	Kommentierung
Arbeitsschutz-gesetz ArbSchG von 1996 *(aktualisiert 2009)*	Es ist das **entscheidende Gesetz über die Durchführung von Maßnahmen des Arbeitsgesundheitsschutzes** zur Verbesserung der Sicherheit und der Gesundheit der Beschäftigten bei der Arbeit. Damit zielt das Gesetz auf alle Gefährdungen in der Arbeitswelt, die im weiteren Sinne zu Personenschäden führen können. Das ArbSchG setzt die europäische Rahmenrichtlinie Arbeitsschutz 89/391/ EWG ins deutsche Recht um. Es verpflichtet den Arbeitgeber, **Gesundheitsgefahren am Arbeitsplatz zu ermitteln und abzubauen**. Dabei sollen explizit sowohl körperliche als auch psychische Belastungen berücksichtigt werden. Die wichtigsten **Paragrafen**: • § 3 Grundpflichten des Arbeitgebers • § 5 Beurteilung der Arbeitsbedingungen • § 6 Dokumentation
Arbeitssicherheits-gesetz AsiG von 1973 *(aktualisiert 2006)*	Es handelt sich um das Gesetz, das den Arbeitgeber vorschreibt, eine qualifizierte Unterstützung beim Arbeitsschutz und bei der Unfallverhütung durch die Bestellung von Betriebsärzten, Sicherheitsingenieuren und anderen Fachkräften für Arbeitssicherheit zu gewährleisten. Das Gesetz wurde bereits 1973 verabschiedet und mit Inkrafttreten des ArbSchG geändert. Neben der Bestellung regelt es auch die Pflicht zur Gründung eines Koordinationsgremiums des innerbetrieblichen Arbeitsschutzes, des Arbeitsschutzausschusses. Damit bestimmt dieses Gesetz die grundsätzlichen **Strukturen der Organisation eines wirksamen betrieblichen Arbeitsgesundheitsschutzes**, indem es die Akteure, ihre Aufgaben und ihre Zusammenarbeit festlegt. Die wichtigsten **Paragrafen**: • §§ 2,3 Bestellung Betriebsarzt und Aufgaben • § 8 Zusammenarbeit mit dem Betriebsrat
Arbeitsstätten-verordnung ArbStättV von 2004 *(aktualisiert 2008)*	Diese Verordnung dient der Sicherheit und dem Gesundheitsschutz der Beschäftigten beim **Einrichten und Betreiben von Arbeitsstätten**. Dabei werden sicherheitstechnische, arbeitsmedizinische und Hygiene-Regeln für die Einrichtung und den Betrieb von Arbeitsstätten, auch Nichtraucherschutz am Arbeitsplatz, berücksichtigt. Konkret bedeutet dies, dass die **Anforderungen an Arbeits-, Pausen-, Bereitschafts- und Sanitärräume** geregelt werden. Hier befasst man sich u. a. mit der Beleuchtung, Belüftung und Raumtemperatur. Nach der Regelungssystematik der europäischen Arbeitsstätten-richtlinie werden **Schutzziele und allgemein gehaltene Anforderungen** formuliert, aber keine detaillierten Vorgaben gesetzt.
Arbeitszeitgesetz ArbZG von 1994 *(aktualisiert 2009)*	Dieses Gesetz regelt **Arbeits-, Pausen- und Erholungszeiten** zum Schutz der Gesundheit und zur Flexibilisierung der Arbeitszeit. So schützt es Sonntage und staatlich anerkannte Feiertage als Tage der Arbeitsruhe. Augenmerk wird auf die **Nachtarbeit** gelegt. Es basiert auf der europäischen Richtlinie 93/104/EG und bietet einen weiten Spielraum in der Vereinbarung flexibler Arbeitszeiten.

Rechtsgrundlagen	Kommentierung
Betriebsverfassungsgesetz BetrVG von 1972 (aktualisiert 2009)	Das BetrVG regelt die **Beteiligungsrechte** von Betriebs- und Personalräten. Je nach Rechtshintergrund fallen diese unterschiedlich aus (Bundespersonalvertretungsgesetz oder das hessische Personalvertretungsgesetz). Der Betriebsrat besitzt **Mitbestimmungsrechte bei der Regelung des Gesundheitsschutzes und der Unfallverhütung**. Als Mitglied des Arbeitsschutzausschusses ist er auch an der Koordination des Arbeitsgesundheitsschutzes beteiligt. Typische Themenfelder sind die Überwachung der Einhaltung der Regelungen des Gesundheitsschutzes, die Mitbestimmung bei Maßnahmen der Unfallverhütung und des Gesundheitsschutzes, bei der Gestaltung der Arbeitsplätze sowie die eingeschränkte Mitbestimmung bei Arbeitsleistung und Erleichterung des Arbeitsablaufs sowie der Einführung neuer Arbeitsmethoden. Da aber das Handeln des Arbeitgebers hinsichtlich der vielfältigen Handlungsfelder des betrieblichen Gesundheitsmanagements nur zu relativ geringen Teilen aus einer rechtlichen Verpflichtung resultiert, stellt sich die **Zusammenarbeit zwischen Arbeitnehmervertretung und Arbeitgeber oft faktisch als Verhandlungssache** dar. Es empfiehlt sich bei spezifischen Fragestellungen auch stets einen Blick auf die Rechtsprechung des Bundesarbeitsgerichtes zu richten. Die wichtigsten **Paragrafen**: • §§ 80, 89 Überwachungs- und Informationsrechte; v. a. § 89 Arbeits- und betrieblicher Umweltschutz • § 87 (1) Nr. 7, §§ 90, 91 Mitbestimmungs- und Beratungsrechte; v. a. § 91 mit Bezug auf arbeitswissenschaftliche Erkenntnisse zur menschengerechten Arbeitsgestaltung
Bildschirmarbeitsverordnung BildscharbV von 1996 *(aktualisiert 2008)*	Die BildscharbV befasst sich mit den Belangen von Bildschirmarbeitsplätzen. Sie dient der Umsetzung der europäischen Richtlinie 90/270/ EWG. Bemerkenswert ist der **ganzheitliche Ansatz**, der neben den technischen Mindestanforderungen an Bildschirmgeräten sowie Gestaltungsrichtlinien am Arbeitsplatz und Umgebung auch die Softwareergonomie und die Arbeitsorganisation berücksichtigt. Denn das erklärte Ziel ist die **Reduzierung von psychomentalen und kognitiven Belastungen** und nicht nur ausschließlich des Sehvermögens oder körperlicher Probleme. Der wichtigste **Paragraf**: • § 3 Beurteilung der Arbeitsbedingungen
Bürgerliches Gesetzbuch BGB *(Aktualisierungen siehe Bundesgesetzblatt)*	Das BGB als zentrale Kodifikation zeigt auch die privatrechtliche Relevanz für den betrieblichen Gesundheitsschutz auf. Der wichtigste **Paragraf**: • § 618 Pflicht zu Schutzmaßnahmen
Deklaration der Menschenrechte UN-Menschenrechts-Charta von 1948, Artikel 23	Die Menschenrechtscharta der Vereinten Nationen (Resolution 217 A (III) der Generalversammlung) legt im Artikel 23 das Recht auf Arbeit, auf freie Berufswahl und auf gerechte und **befriedigende Arbeitsbedingungen** fest.

Rechtsgrundlagen	Kommentierung
Einkommensteuergesetz EstG	Ein diffiziles Thema ist die Frage, ob Maßnahmen der **BGF als zu versteuernder geldwerter Vorteil** zu bewerten sind. Nach § 3 Nr. 34 sind besondere Maßnahmen des Arbeitgebers zur Gesundheitsförderung, die den Anforderungen des SGB V §§ 20 und 20a genügen, in Höhe von derzeit bis zu 500 € pro Kalenderjahr steuer- und betragsfrei.
Gefahrstoffverordnung GefstoffV von 2004 *(aktualisiert 2008)*	Diese Verordnung, die auf Basis der europäischen Gefahrstoff-Richtlinie komplett überarbeitet worden ist, befasst sich mit dem **Schutz vor Gefahrstoffen**, also mit Gefährdungen durch physikalisch-chemische und toxische Eigenschaften von Stoffen sowie durch Eigenschaften im Zusammenhang mit bestimmten Tätigkeiten. Typische Eigenschaften sind hoch entzündliche, giftige, ätzende oder onkogene bzw. krebserregende Substanzen. Beispielhaft ist hier die Arbeit mit Asbest zu nennen.
Geräte- und Produktsicherheitsgesetz GPSG von 2004	Diesem Gesetz über **technische Arbeitsmittel** und Verbraucherprodukte kommt auch eine umfassende Bedeutung für den Arbeitsschutz zu.
Grundgesetz GG von 1949, Artikel 2 *(aktualisiert 2009)*	Die Legitimation für Gesundheitsschutz steht schon im Grundgesetz verankert; denn dort ist im Artikel 2 das **Grundrecht auf Leben und körperlicher Unversehrtheit** festgeschrieben.
Jugendarbeitsschutzgesetz JarbSchG von 1976 *(aktualisiert 2008)*	Zum Arbeitsschutz gehört auch das Verbot, Kinder und Jugendliche für unangemessene Arbeiten zu beschäftigen. Überforderungen und Schädigungen wirken sich insbesondere auf diese heranwachsende Zielgruppe negativ aus. Das JarbSchG und die Kinderarbeitsschutzverordnung (KindArbSchV) (BMAS, 2009) schaffen die rechtlichen Voraussetzungen, um Kinder und Jugendliche vor **Überbeanspruchung und weiteren Gefahren am Arbeitsplatz** zu schützen. Themenfelder sind u. a. Arbeitszeit (40 Stunden, 5-Tage-Woche, Beginn frühestens um 6 Uhr, Ende spätestens um 20 Uhr), Pausengestaltung, Urlaubsanspruch, Schichtzeit, gesundheitliche Betreuung, keine gefährdenden Arbeiten, verbotene Akkordzeit.
Mutterschutzgesetz MuSchG von 1952 *(aktualisiert 2002 und 2009)*	Das Gesetz zum Schutz der erwerbstätigen Mutter enthält mit dem § 2 Vorschriften zur **Gestaltung des Arbeitsplatzes**, die aus Sicht der BGF von Bedeutung sind. Ergänzt wird das MuSchG durch die Verordnung zum Schutze der Mütter am Arbeitsplatz (MuSchArV). Dort ist der § 1 "Beurteilung der Arbeitsbedingungen" relevant.
Sozialgesetzbuch SGB	Neben dem Arbeitsschutzgesetz stellt das SGB die **wichtigste rechtliche Grundlage** für den Arbeitsgesundheitsschutz dar. V. a. bietet es für die **Finanzierung von BGF-Maßnahmen** eine hervorragende Grundlage. Es besteht aus zwölf Teilen. Für die BGF interessieren v. a. die Bücher V (Gesetzliche Krankenversicherung), VI (Gesetzliche Rentenversicherung), VII (Gesetzliche Unfallversicherung) und IX (Rehabilitation und Teilhabe behinderter Menschen). Das SGB fordert die **Zusammenarbeit zwischen Krankenkassen und Berufsgenossenschaften** auf dem Gebiet der BGF ein.

Fortsetzung SGB	Die wichtigsten **Paragrafen**: • SGB V, § 20 Auseinandersetzung mit der BGF, Primärprävention und Selbsthilfe durch die gesetzlichen Krankenkassen • SGB VII, § 1 Prävention arbeitsbedingter Gesundheitsgefährdungen, Arbeitsunfälle und Berufskrankheiten durch die gesetzliche Unfallversicherung • SGB VII, § 14 Zusammenarbeit zwischen Unfallversicherung und Krankenkassen, Ursachenforschung • SGB VI, § 31 Mitwirkung der Rentenversicherungsträger bei BGF bzw. Prävention arbeitsbedingter Gesundheitsgefährdungen • SGB IX, § 84 Rehabilitation und Teilhabe behinderter Menschen → bedeutsam für das ↷ Disability Management.

Zusammenfassung zu den Rechtsgrundlagen in der BGF:

- **Keine Beliebigkeit:** Mindestanforderungen müssen gestellt werden, damit die BGF nicht amöboid nach Belieben gestaltet und umgesetzt wird.
- **Deklarationen:** Sie sind anerkannt und bilden die Grundlage für die zu erarbeitenden Qualitätskriterien. Am wichtigsten aus Sicht der BGF ist die ↷ Luxemburger Deklaration.
- **Auslegbarkeit:** Wir dürfen bei den Deklarationen als Leitlinien nicht stehen bleiben; denn die Interpretation erlaubt zu viele Schlupflöcher. Eine Liberalisierung korrespondiert zwar mit unserem Deregulierungsanspruch, aber bietet in der Praxis zu viele Möglichkeiten, die Leitlinien auszuhebeln. Demgegenüber besteht bei zu starker Regulierung die Gefahr des Kollabierens des Arbeitsschutzrechtssystems. Das duale System des deutschen Systems hat sich seit langer Zeit bewährt.
- ↷ **Soziale Verantwortung:** Fortschrittliche betriebliche Gesundheitspolitik ist nicht nur auf die Erfüllung der Mindestanforderungen einzuschränken, sondern verlangt weiteres Engagement und Fortschritt im kontinuierlichen Bemühen um den Menschen in der Arbeitswelt. Letztlich ist BGF ein Auftrag aus der sozialen Verantwortung, der allein durch Rechtsbestimmungen nicht hinreichend festgelegt werden kann.
- **Europäisierung:** Die europäischen Initiativen greifen das breite Gesundheitsverständnis der ↷ WHO-Definition auf und bemühen sich um eine europaweite Umsetzungsstrategie für alle Arbeitnehmer. Dabei spielen aber nicht nur inhaltliche Faktoren eine Rolle, sondern auch wirtschaftliche. Dies kann zur Verwässerung im Arbeitsgesundheitsschutz führen. So kann u. a. durch die Europäisierung das duale System Deutschlands mit dem Zweifachschutz „Staatlicher Arbeitsschutz + Unfallversicherungsträger" infrage gestellt werden.

- **Gefährliche Flanken:** Die Trends betonen, dass psychosoziale Belastungen signifikant zunehmen. Die Gesetzgebung hat diesen Trend zwar mit dem neuen Arbeitsschutzgesetz erkannt, aber in den Konkretisierungen noch unzureichend abgebildet.
- **Leitlinien:** Alle Regularien müssen sich an der WHO-Definition, an der Ottawa Charta und an der Luxemburger Deklaration messen lassen. Sie stellen die Qualitätskriterien für die weitere Konkretisierung dar.
- **Arbeitswissenschaftliche Erkenntnisse:** Sie legitimieren die Leitlinien. So wie die technologischen Standards sind auch die wissenschaftlichen Erkenntnisse Schutzstandards. Sie sollten und dürfen nicht unterschritten oder missachtet werden. Ein gewisses Problem bezieht sich auf die Zugänglichkeit und auf die Aktualisierungsrate, denn viele neue Erkenntnisse finden erst zu spät Berücksichtigung in dem Gesetzwerk und damit in der Praxis. Hier sollte man stärker analog zur Medizin eine ☞ evidenzbasierte Denkweise forcieren. Wenn genügend wissenschaftliche Nachweise existieren, müssen diese Erkenntnisse zeitnah im Gesetzeswerk abgebildet werden.
- **EU-Richtlinien:** Ausgang für die Europäisierung ist der Artikel 137 EWG Vertrag und die Gemeinschaftscharta der sozialen Grundrechte der Arbeitnehmer. Das Schlüsselkonzept fordert kohärente nationale Strategien im Arbeits- und Gesundheitsschutz in den Mitgliedsstaaten. Die Europäische Rahmenrichtlinie Arbeitsschutz 89/391/EWG setzt einen hohen Anspruch mit gleichzeitiger Öffnung für verschiedene nationale Wege zur Gestaltung.
- **Normen:** Sie werden von diversen Normungsinstitutionen auf Basis arbeitswissenschaftlicher Erkenntnisse und technischer Spezifikationen erstellt. Sie tragen den Charakter von Empfehlungen, sind aber in der Rechtspraxis oft von verbindlicher Natur. Damit handelt es sich um direktive Maßstäbe. Wichtig ist beispielsweise die DIN EN ISO 10075; denn diese befasst sich ausdrücklich auch mit den psychischen Arbeitsbelastungen.
- **Nationale Gesetzgebung:** Die Europäische Rahmenrichtlinie Arbeitsschutz mündet in das Arbeitsschutzgesetz. Das traditionelle ordnungsorientierte Leitbild der Gefahrabwendung wird durch ein präventionsorientiertes Leitbild ergänzt.
- **Konkretisierung:** Berufsgenossenschaftliche Vorschriften, Informationen, Regeln und Grundsätze konkretisieren die relativ unspezifische und branchenübergreifende nationale Gesetzgebung. Durch Tarifverträge und Betriebsvereinbarungen werden weitere Konkretisierungen erzielt. So sind beispielsweise der Gesundheitstarifvertrag oder der Demografiefond Meilensteine für betriebliche Gesundheitspolitik, die eine neue Dynamik im Bereich BGF auslösen. *BGF als Streitthema der Sozialpartner?*

- **Anwaltschaft für Gesundheit:** Letztlich können wir Beliebigkeit im sensiblen Bereich der BGF oder allgemein eine Beliebigkeit des Arbeitsgesundheitsschutzes nicht gestatten. Wir benötigen eine starke Stütze, um der Kurzatmigkeit wirtschaftlicher Interessen die Notwendigkeit einer nachhaltigen Gesundheitspolitik in Betrieben entgegenzusetzen. Aber diese Anwaltschaft darf nicht überbürokratisiert zu einem Eigenleben führen und jegliches Engagement und jede Innovation im Bereich BGF erdrücken. Letztlich handelt es sich um eine Gratwanderung, die auch in den weiteren Kapiteln zum Vorschein kommen wird.

Check-Liste 3: Rechtsgrundlagen

1.4 BGF im Dialog: „Wohin geht der Weg?"

Die Einführung und das Kapitel 1 haben Ihnen Antworten auf die Frage „Wo stehen wir und wohin geht der Weg?" gegeben. Auf diese Frage gibt es natürlich unterschiedliche Antworten, wobei sich ein Mainstream zunehmend herauskristallisiert. Wir möchten Sie abschließend mit der Meinung eines im Bereich BGF und Arbeitsgesundheitsschutzes ausgewiesenen Experten sowohl aus Praxis- als auch Wissenschaftssicht vertraut machen.

Univ. Prof. em. Dr. med. Claus Piekarski

Prof. Piekarski ist ein anerkannter Arbeits- und Sozialmediziner, der nicht nur in der Wissenschaft an der Universität Köln (dort bis zu seiner Emeritierung Leiter des Instituts und der Poliklinik für Arbeits- und Sozialmedizin am Klinikum der Universität zu Köln) hervorragend platziert ist, sondern auch lange Zeit als leitender Betriebsarzt und Leiter des Instituts für Arbeitswissenschaften bei der RAG Aktiengesellschaft gearbeitet hat. Damit verbindet er idealerweise Wissenschaft und Praxis in seiner Person. Er war vormals Präsident der Deutschen Gesellschaft für Arbeits- und Umweltmedizin e. V. (DGAUM) und ist derzeit im Ehrenrat.

Das Interview fand am 18. Juni 2009 statt. Als Autoren möchten wir uns an dieser Stelle herzlich für die Unterstützung von Prof. Dr. Piekarski bedanken.

○ Abbildung 16: Themen des Interviews mit Prof. Piekarski

Die ○ Abbildung 16 fasst die wichtigsten Themen- und Fragestellungen des Interviews zusammen. Es handelt sich nur um eine Auswahl der Inhalte des sehr umfangreichen Interviews. Sie sind in dieser *Kurzform* dem Interviewten zur Kontrolle vorgestellt worden. Viele Gedanken von Prof. Dr. Piekarski finden sich auch in den einzelnen Kapiteln wieder.

- **Gesundheitsförderlichkeit von Arbeit:** Es gilt, die Gesundheitsförderlichkeit von Arbeit selbst wieder neu zu entdecken. Immer noch dominiert in den Köpfen die Konnotation *Knechtung*, wenn es die Arbeit betrifft. Arbeit hat eine Selbstheilungskraft und muss als Grundrecht in den Sozialstatuten verankert werden. Diese Meinung spiegelt sich auch bei vielen Arbeitspsychologen wider, die eine menschengerechte Aufgaben-und Arbeitsgestaltung als Grundprinzip der Gesundheitsförderung bestimmen.

- **Menschenbild als Basis:** Ohne Menschenbilder kommen wir definitiv nicht aus. Sie bilden quasi die Textur und erklären den Sinn der Arbeit. Menschenbilder sind die Bezugssysteme, um den Wert der Arbeit und der Menschen, die in den Arbeitsprozessen wertschöpfend sind, angemessen zu würdigen. Menschenbilder stellen damit die Ausgangsbasis dar. Die Diskussion um BGF käme einem Torso gleich, wenn wir sie ohne Bezug zum Menschenbild führten.

- **Regenschirmmentalität:** Die bisherige Gesetzeswelt rund um den Arbeitsgesundheitsschutz ist vom Leitgedanken der Exposition geprägt. Die neuen präventionsorientierten Ansatzpunkte setzen sich noch nicht gegen die Regenschirmmentalität durch. Auch wenn noch keine durchgreifende Veränderung sichtbar ist und sich der Arbeitsgesundheitsschutz noch immer reaktiv der Reparaturergonomie widmet, erkennt man in den Rahmenrichtlinien den Willen zur präventiven BGF. Jedoch besteht in dieser Richtlinienmentalität eine Gefahr, die durch die Europäisierung verstärkt wird. Bestehende Richtlinien treten außer Kraft, der Staat wird zunehmend gehandicapt und das an sich fundierte duale System durch Unschärfen im vermittelnden Europarecht eventuell verwässert.

- **Evaluation:** Blindflug ohne ein geeignetes Funkfeuer, das zur sicheren Navigation erforderlich ist, ist dem passionierten

Flieger Prof. Piekarski ein Gräuel, daher ist das gesamte Interview ein Plädoyer für Evaluation und Kennzahlenorientierung. Doch Kurzatmigkeit und korrelatives Denken herrschen vor. Wir benötigen wissenschaftlich und methodisch saubere epidemiologische Studien. Bei der Kürze der betriebswirtschaftlichen Planungszahlen kann die Erfolgsbilanz Gesundheit nur negativ ausfallen, denn Gesundheit braucht Zeit, um wirksam zu werden. Es gibt viele Studien, die eindeutig den ☞ „Return on Investment" von Gesundheitsmaßnahmen belegen. Doch wir müssen Gesundheit auch als langfristiges Engagement berücksichtigt und sehen, welchen Gewinn dies für uns bedeutet. Zudem müssen wir unsere Messsysteme ausweiten: Technische Systeme dominieren hier, aber der Mensch ist als biologisches Messsystem unerlässlich (Beispiele: Biomonitoring und Gesundheitsverhalten). Wir können heute valide die subjektive Befindlichkeit erfassen und mit objektiven Kriterien verknüpfen.

Interdisziplinäres Verständnis: Das breite Verständnis von Gesundheit erfordert ein Zusammenwirken der unterschiedlichen Disziplinen der Arbeitswissenschaft, also die moderne Phalanx für Gesundheit. Die Nabe ist der Mensch. Die Sektoren der Radspeichen sind die Wissenschaften. Um einen Gleichlauf zu erzielen, ist die Anerkennung der Gleichwertigkeit der Arbeitswissenschaften erforderlich. Die O Abbildung 17 (✎ unten) illustriert das Radmodell der Arbeitswissenschaften. Diese Darstellungsweise lässt sich auf weitere Gesundheitswissenschaften ausweiten.

Herr Prof. Piekarski beendete das Interview mit einem Rätsel. Der Schauspieler und Dichter Molière (1622-1673), Autor des berühmten Theaterstücks *„Der eingebildete Kranke"*, brach in der Rolle des eingebildeten Kranken auf der Bühne zusammen und starb kurz danach. *Eine Tragödie oder Zynismus, ein Spiel mit dem Tod oder das Lachen über den und mit dem Tod?*

Eine Frage an den Leser: *Was ziehen Sie aus diesem Paradestück für Schlüsse hinsichtlich der Erneuerung der BGF? Denken Sie an die Kurzatmigkeit der Evaluation, an die Reparaturergonomie oder an das Bild der Regenschirmmentalität! Nehmen wir tatsächlich die europäische Richtlinie zur Prävention ernst?*

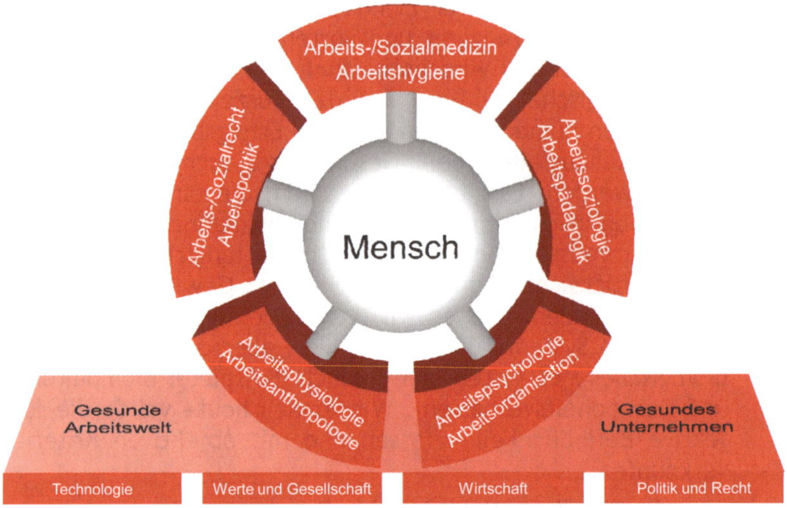

○ Abbildung 17: Radmodell der Arbeitswissenschaften

10 Basisaussagen Wir möchten dieses Einführungskapitel mit den zehn Basisaussagen, die mit empirischer ☞ Evidenz belegt sind, beenden ...

 Empirische Evidenz der BGF in zehn Basisaussagen:

- **Basisaussage 1:** Immer mehr Unternehmen setzen BGF-Maßnahmen um. Es lässt sich ein Angebotsboom konstatieren.
- **Basisaussage 2:** Unternehmen treten mit ihren Erfolgen im Bereich Gesundheit an die Öffentlichkeit (Imagefaktor).
- **Basisaussage 3:** „Wertschöpfung durch gesunde Mitarbeiter" hat sich vom Slogan-Charakter befreit und kristallisiert sich zur ökonomischen Notwendigkeit heraus.
- **Basisaussage 4:** Gesundheitsmanagement ist noch in vielen Unternehmen aktionistisch geprägt, durch sporadische Angebote übersetzt sowie durch die Erfüllung von Gesetzen determiniert. Damit wird das Wertschöpfungspotenzial Gesundheit nicht ausgeschöpft.
- **Basisaussage 5:** Was fehlt, ist eine Gesundheitskultur, die als Führungsaufgabe verstanden wird. Trotz vieler Bekenntnisse gibt es kaum bewertbare Führungsziele zum Themenfeld Gesundheit. Damit verliert BGF an Umsetzungswillen.
- **Basisaussage 6:** Die nachträgliche Bewältigung gesundheitlicher Probleme und ihrer negativen Konsequenzen stellt das reaktive Moment der BGF dar. Es überwiegt in der Praxis.
- **Basisaussage 7:** Die prospektive Gestaltung gesundheitsförderlicher Arbeit und die Befähigung der Mitarbeiter zum gesunden Verhalten sowie präventive Maßnahmen zur Erhaltung der Beschäftigungsfähigkeit bilden das antizipative Moment.

- **Basisaussage 8:** Nachhaltigkeit, systematische Vernetzung, Qualitätssicherung und konsequente Verwirklichung des Präventionsgedanken beschränken sich auf vergleichsweise wenige und medienwirksam lancierte Best Practice Fälle.
- **Basisaussage 9:** ☞ Salutogenese, das Zauberwort der BGF, hat sich nicht vom Experten- zum Laienbegriff transformiert; denn der Betroffene bleibt weiterhin außen vor.
- **Basisaussage 10:** Die Wirtschaftlichkeit und Notwendigkeit von BGF in Anbetracht der virulenten Herausforderungen wie Demografieverschiebung verlangen ein kennzahlenbasiertes und systematisches BGF, um Nachhaltigkeit und Effektivitätsorientierung zu erzielen. Das ist der Haupttrend der BGF.

Check-Liste 4: Zehn Basisaussagen zur BGF

Am Ende des Kapitels 1 möchten wir Ihnen noch drei Bücher zur vertiefenden Auseinandersetzung empfehlen:

Tabelle 1-5: Buchempfehlungen „Eckpfeiler der BGF"

Quelle	Thema	Anmerkungen
Badura & Hehlmann (2003)	Gesundheitspolitik	Die Autoren dieses Buchs verfolgen einen interdisziplinären Ansatz. So berücksichtigen Sie gesundheitswissenschaftliche und humanbiologische Erkenntnisse und betonen, dass das soziale System eines Unternehmens wesentlichen Einfluss auf Wohlbefinden und Gesundheit der Beschäftigten nimmt und damit auch auf Motivation, Arbeitsleistung und Ergebnis. Das Buch spiegelt die Vision einer gesunden Organisation wider. Der Sozialkapitalansatz und das Konzept der Salutogenese bilden die theoretische Neuausrichtung moderner Gesundheitspolitik.
Hanson (2007)	Workplace Health Promotion	"This book takes the Ottawa Charter for Health Promotion one step further." Wer kein Englisch scheut, wird hier ein wertvolles Buch zur Umsetzung des wichtigsten Modells der BGF, der Salutogenese, im Unternehmen finden. Theoretisch reflektiert und dennoch ein praktischer Leitfaden erweckt das Buch sowohl bei den Arbeitgebern als auch Arbeitnehmern Interesse. Es ist schade, dass dieses Buch aus Schweden keine deutsche Übersetzung gefunden hat.
Ulich & Wülser (2009)	Gesundheitsmanagement	Die Autoren bieten dem Leser eine fundierte Einführung zu den Grundkonzepten des betrieblichen Gesundheitsmanagements. Das Gesundheitsverständnis ist salutogenetisch und ressourcenorientiert. Arbeits- und Aufgabengestaltung werden als wichtige ☞ Ressourcen erkannt, um Nachhaltigkeit im Gesundheitsmanagement zu erzielen. Neue Themenfelder wie Mitarbeitende mit Handicap und ☞ Disability Management runden das lesenswerte Werk ab.

2 Maxime: Risiken bestimmen + Ressourcen fördern

Kapitel 2 beschäftigt sich mit den arbeitsalltäglichen Risikofaktoren und den zur Verfügung stehenden Ressourcen aus der Person und aus der Organisation. Zuvor werden die zentralen Begriffe definiert und abgegrenzt.

Unsere Leitfragen ...
▶ **Kap. 2.1: Ordnung im Begriffschaos schaffen** (Seite 75)
Was ist der Unterschied zwischen Belastungen und Beanspruchungen?
Welche Rolle spielen Ressourcen dabei?
Welche theoretischen Erklärungsmodelle gibt es?
Was sind die Aussagen für die betriebliche Praxis?
▶ **Kap. 2.2: Risikofaktoren im Betriebsalltag bestimmen** (Seite 83)
Welche vier Kategorien von Fehlbelastungen gibt es?
Welche Bedeutung haben diese für eine gesundheitsförderliche Arbeitsgestaltung?
▶ **Kap. 2.3: Präventionsressourcen sichten und ausbauen** (Seite 92)
Welche Ressourcenklassen werden unterschieden und warum?
Wie lassen sich Ressourcen systematisch ausbauen?
▶ **Kap. 2.4: BGF im Dialog mit Prof. Dr. Bernhard Zimolong** (Seite 98)
Brauchen wir Mitarbeiterbefragungen?

Traditionell befasst sich die betriebliche Gesundheitsförderung (BGF) mit ☞ Belastungen aus dem Arbeitssystem (vgl. Jancik, 2002). Viele Verantwortliche haben ein Defizitmodell vor Augen. Betrieblich bedingte Belastungen gilt es zu kompensieren. Hat man aufgrund der Stuhlergonomie Rückenprobleme, müssen neue Stühle angeschafft werden. Sind die Augen nach acht Stunden Bildschirmarbeit ermüdet, muss über Maßnahmen reflektiert werden, die den Augen eine Erholung gönnen bzw. der Bildschirmarbeitsplatz muss gemäß Bildschirmarbeitsverordnung optimal gestaltet werden (Richenhagen et al., 2002). Ulich (2005) spricht hier von korrektiven Maßnahmen, die aber alleine nicht ausreichen, um ein erfolgsorientiertes modernes Gesundheitsmanagement zu implementieren. Bleibt es beim korrektiven Vorgehen, läuft man bildlich gesprochen, den Ereignissen immer hinterher. Möchte man ☞ Prävention im eigentlichen Sinne betreiben, bedarf es einer proaktiven Vorgehensweise: Beteiligung und Einbindung der Mitarbeiter, regelmäßige Gefährdungs-, Belastungs- und Res-

Vom korrektiven zum proaktiven Denken

sourcenanalysen sowie die Kommunikation einer „Gesundheitsstrategie" (Zimolong et al., 2006). Dies sind Beispiele für proaktive Strategien und Indikatoren, die gleichzeitig auch Kennzahlen für eine präventive Gesundheitsförderung zur Verfügung stellen. Die Perspektive ist also zukunftsgerichtet und ergänzt die Defizitsuche um das Erkennen von Dingen, die gut laufen, den sog. „Best Practices".

> Die Maxime für erfolgreiche Gesundheitsförderung lautet:
> *Vorausschauend Risiken bestimmen und Ressourcen fördern!*

Stellen Sie sich Ihren Arbeitsplatz vor! Welche Gestaltungsbereiche fallen Ihnen spontan ein, die möglicherweise in das Blickfeld der BGF rücken könnten? Was funktioniert gut an Ihrem Arbeitsplatz und wo gibt es Verbesserungspotenziale? Vergleichen Sie Ihre Antworten mit den Kapiteln 2.2 (S. 83) und 2.3 (S. 92), in denen es um Risikofaktoren und Ressourcen geht!

Weg von den Defiziten hin zu den Ressourcen

Es kommt fast einer Sisyphosarbeit gleich, wenn alle Arbeitsbedingungen gesundheitsgerecht gestaltet werden sollen (Oesterreich & Volpert, 1999). Dabei wurde die Arbeitsaufgabe mit ihren Valenzen bzw. Qualitäten noch gar nicht reflektiert (Ulich, 2005). Gesundheitsförderung ist mithin von Anfang an irgendwie negativ konnotiert, denn man denkt sogleich an arbeitsbedingte Erkrankungen oder an Defizite in der Arbeitsgestaltung. Zudem beschränkt sich oftmals die BGF einseitig auf die Arbeitswelt als Quelle der Belastungen und als Gestaltungsraum für Kompensationsstrategien. Themen wie Ermüdung, Erschöpfung, Stress und Burn-out im Arbeitsleben stehen dabei im Vordergrund (Richter & Hacker, 1998). Dieses additive Belastungs- und Beanspruchungsmodell reicht jedoch nicht aus, um proaktiv und präventiv Gesundheit zu fördern oder gar Gesundheit als eine Schlüsselkompetenz im Kontext der Employability-Debatte und des Demografiemanagements zu begreifen (Treier, 2009). Nicht nur Risikofaktoren, sondern auch Wohlbefinden und nicht nur das Arbeits-, sondern auch das Familien- bzw. Freizeitsystem im Sinne von Work-Life-Balance gilt es gleichermaßen zu berücksichtigen. Aus der klassischen Belastungs- und Beanspruchungsforschung der 1970er-Jahre im Kontext der Humanisierung der Arbeitswelt hat sich eine ressourcenorientierte und proaktive Betrachtungs- und Vorgehensweise der BGF entwickelt. Manche sprechen hier sogar von einer Metamorphose des betrieblichen Gesundheitsbegriffs. Die Frage im Sinne von Antonovsky (1987) lautet nicht mehr „Was macht uns krank?", sondern „Was hält uns trotz der vielen Risiken gesund?"

2.1 Ordnung im Begriffschaos schaffen

Bevor wir Antonovskys Frage beantworten können, müssen wir zunächst den semantischen Knoten rund um den Belastungs- und Beanspruchungsbegriff entwirren. In Wissenschaft und Praxis wird eine Vielzahl von unter-schiedlichen Grundbegriffen rund um das Thema „Belastung und Beanspruchung" verwendet, die zum Teil Sachverhalte fein differenzieren, zum Teil allerdings auch Synonyme sind. Körperliche Belastung, psychische Fehlbeanspruchung, Stress, Risikofaktoren aus der Arbeitsaufgabe und Ähnliches bedürfen der Definition. Verkomplizierend kommt hinzu, dass es viele konkurrierende Erklärungsmodelle gibt, die mit unterschiedlichen Interpretationen der Begriffe aufwarten (Oesterreich & Volpert, 1999). Wir müssen uns folgende Fragen stellen:

Unsere Ausgangsfragen

- Was bedeutet Belastung eigentlich?
- Ist Belastung etwas Negatives oder hat Belastung eventuell auch positive Seiten?
- Stellt Belastung eine Anforderung oder eine Ressource dar?
- Was ist überhaupt der Unterschied zwischen Belastung und Beanspruchung?

Um Antworten zu finden, untersucht die Forschung Fehlbelastungen aus dem privaten und beruflichen Alltag, befasst sie sich mit persönlichen und externalen ☞ Ressourcen und analysiert schließlich die mittel-/langfristigen ☞ Beanspruchungsfolgen. Dabei lässt sie es nicht bewenden, sondern setzt sich zudem mit den Wechselwirkungen der drei Hauptfaktoren Belastungen, Ressourcen und Beanspruchungsfolgen auseinander (Karasek & Theorell, 1990).

Herr A. ist aufstrebende Nachwuchsführungskraft und gleichzeitig junger Familienvater. Diese Doppelrolle kann zeitliche Ressourcenkonflikte verursachen. Zum Glück verfügt Herr A. über eine gute psychische Konstitution, ist also belastbar. Dennoch kann auf Dauer dieser ständige Zwiespalt zwischen familialen und beruflichen Verpflichtungen nicht durch seine persönlichen Ressourcen kompensiert werden. Die Familie bietet erfreulicherweise ein umfangreiches soziales Netzwerk, worauf er zurückgreifen kann. Diese Ressource ist aber zugleich auch eine Belastung, denn er fühlt sich irgendwie verpflichtet, dem sozialen Engagement seiner Familie eine Gegenleistung zu erbringen. Ferner ist sein Unternehmen auch familienorientiert, sodass gewisse Unterstützungsangebote vorliegen. Diese möchte er aber als Nachwuchsführungskraft nicht zu offensiv bzw. ostentativ nutzen. Die externalen Ressourcen sind sehr wichtig, um v. a. langfristige Beanspruchungsfolgen in Form psychischer und physiologischer Einschränkungen zu vermeiden.

Es stellt sich die Frage: Wo soll die Gesundheitsförderung ansetzen, um langfristig negative Beanspruchungsfolgen zu verhindern? Bekommen Sie immer alle privaten und beruflichen Anforderungen unter einen Hut? Welche Regulationsbarrieren gibt es dabei?

Belastungen

An diesem Beispiel wird deutlich, wie schwierig die Abgrenzung der Grundbegriffe ist. Versuchen wir es dennoch! Der Belastungsbegriff ist schillernd und je nach Sichtweise anders besetzt. Der Naturschützer versteht unter „Belastungen" beispielsweise, wenn Schadstoffe sich in der Umwelt niederschlagen, der Rechtsanwalt sieht seinen Mandanten in Gefahr, wenn „belastende Beweise" von der Gegenseite vorgelegt werden, und der Sachbearbeiter im Kreditinstitut definiert jeden Zahlungseingang als „Belastung des Kontos". Physiker und Psychologen haben in der Praxis wenige Schnittstellen, wohl aber ein analoges Verständnis des Belastungsbegriffs: Biegt man einen Ast, so ist der Biegedruck die Belastung, die auf den Ast einwirkt. Setzt der Chef seinen Mitarbeiter unter Druck, ist klar, wem die Rolle des Belastenden zukommt. Unter ☞ Belastungen werden aus psychologischer Sicht alle Faktoren verstanden, die von außen auf den Menschen einwirken und psychisch auf ihn einwirken. Sind negative Belastungen gemeint, spricht man von Fehlbelastungen. In der Arbeitswelt sind dies vorrangig Fehlbelastungen aus der Arbeitsaufgabe (z. B. quantitative und qualitative Über- und Unterforderung), der Arbeitsumgebung (z. B. Lärm oder Hitze), der Arbeitsorganisation (z. B. Arbeitszeit- und Pausenregelung) und psychosoziale Fehlbelastungen (z. B. Konflikte zwischen Chef und Mitarbeiter oder innerhalb ganzer Abteilungen). Paridon et al. (2004) konnten in einer ☞ Metaanalyse zeigen und ernüchtern, dass der Großteil der auf uns von außen einwirkenden Fehlbelastungen nicht aus der Arbeit, sondern aus dem außerberuflichen Kontext stammen. So sind es v. a. Fehlbelastungen aus dem Familienleben und der Freizeitgestaltung, die ca. 60 Prozent der Gesamtbelastungen ausmachen. Relevant sind demnach beispielsweise Fragen wie „In welcher Phase der Partnerschaft befinde ich mich gerade (Anfang, Mitte, Ende oder Pause)?" „Gibt es finanzielle Belastungen (Haus, Kinder oder Auto)?"

Ressourcen

Der Volksmund weiß: *„Wenn zwei dasselbe tun, ist es noch immer nicht das Gleiche."*. Und der Psychologe ergänzt: *„Wenn zwei dasselbe tun, resultieren für jeden der beiden unterschiedliche Beanspruchungsfolgen."* Wie sich Belastungen auf unser Beanspruchungserleben auswirken, hängt vor allem mit den zur Verfügung stehenden Ressourcen zusammen. ☞ Ressourcen wirken auf unterschiedliche Arten Stress reduzierend und können die von außen einwirkenden Fehlbelastungen teilweise kompensieren. Udris et al. (1994) unterscheiden persönliche und externale Ressourcen. Zu den persönlichen Ressourcen gehören beispielsweise Qualifikationen, Kompetenzen und Bewältigungsstrategien im Umgang mit Stress. ↷ Soziale Unterstützung, gesundheitsgerechtes Führen und eine ausgeprägte ↷ Gesundheitskultur sind externale Ressourcen. Zohar (2002) konnte zeigen, dass gerade eine unterstützende Führung maßgeblichen Einfluss auf das Betriebsklima und die -kultur hat, die wiederum den Garant für Nachhaltigkeit in der BGF darstellen. Was Zohar speziell für den Bereich Arbeitssicherheit nachweisen konnte, wurde im deutschsprachigen Raum auch für den Bereich der betrieblichen Gesundheitsförderung bezüglich der Wirkkette „Führung – Kultur – Gesundheit" repliziert (Zimolong, 2001; Uhle, 2003). Auch im außerberuflichen Bereich gibt es Ressourcen, die die Belastungen aus der Arbeit abpuffern können, und umgekehrt. Der Mensch ist ein Wanderer zwischen Arbeits- und Privatwelt: Defizite aus der einen kann er in der anderen Welt kompensieren. Wer beispielsweise im Beruf nur wenig Anerkennung durch den Chef, Kollegen oder Kunden erfährt, kann sich in der Freizeit aktiv in Vereinen engagieren oder sich über sportliche Leistungen die fehlende Bestätigung holen. Auf der anderen Seite kann derjenige, dessen Partnerschaft gescheitert ist, beruflich noch einmal neu durchstarten. Wichtig ist, dass man diese Kompensationsmöglichkeiten auch nutzt; ansonsten resultieren nach Bilanzierungsphasen Unzufriedenheit, Frustration und selbstwertgefährdende Denk- und Verhaltensmuster (Ehrenberg, 2004).

Der Belastungsbegriff ist neutral und nicht ausschließlich negativ konnotiert. In Abhängigkeit von den zur Verfügung stehenden Ressourcen können sie sowohl fördernde (Aktivierung, Aufwärmeffekte) als auch beeinträchtigende ↷ Beanspruchungsfolgen nach sich ziehen. Das bedeutet, dass aus der buchhalterischen Verrechnung von ↷ Belastungen und Ressourcen die Beanspruchungsfolgen resultieren. Wenn die gestellten Anforderungen für die Beschäftigten herausfordernd und zu bewältigen sind, werden die Beanspruchungsfolgen eher positiver Natur sein (z. B. Leistungsfähigkeit, Arbeitszufriedenheit, Wohlbefinden und Gesundheit). Befinden sich die Beschäftigten über mehrere Wochen oder Monate am Limit, resultiert als mittelfristige Beanspruchungsfolge das „HB-Männchen-Syndrom" oder, wie Mohr et al. (2007) es nennen, eine umfassende „Irritation": Der Betroffene fühlt sich gereizt und belastet und ist in der Interaktion mit anderen eher ruppig und kurz angebunden. Hält dieser Zustand an, finden multiple Veränderungen im psychischen, physischen, kognitiven, emotionalen und behavioralen Bereich statt (Boucsein, 1991), die sich in der Massierung so genannter „Stresserkrankungen" wie beispielsweise Rückenbeschwerden, Ermüdungssyndromen oder Magen-Darm-Beschwerden in den Fehlzeiten niederschlagen.

Beanspruchung

Allerdings gibt es keine kausal-linearen Beziehungen zwischen Belastungen, Ressourcen und Beanspruchungsfolgen: Es lässt sich eben nicht vorhersagen, welche ↪ Beanspruchungsfolge sich aus gegebenen Belastungs- und Ressourcenmustern ergibt. Der empirische Wissensstand ist hier eher ernüchternd: Zwar wurden Risikofaktoren als Fehlbelastungen und relevante Pufferfaktoren als Ressourcen identifiziert, die Vorhersage der eintretenden Beanspruchungsfolgen daraus kommt jedoch nicht über die 30-Prozent-Hürde (Semmer & Mohr, 2001). Mit anderen Worten: Antonovskys Frage bleibt zu 70 Prozent unbeantwortet!

☐ Tabelle 2-1: Grundbegriffe

Grundbegriff	Bedeutung
Belastung	Unter Belastung versteht man die Gesamtheit aller erfassbaren und von außen auf den Menschen einwirkenden Einflüsse. Der Begriff wird wertfrei verwandt. Er ist beschreib- bzw. messbar.
Fehlbelastung	Die negative Konnotation des Belastungsbegriffs. Synonym werden auch die Begriffe „Stressor" und „Risikofaktoren" verwandt.
Beanspruchung	Beanspruchung ist die unmittelbare Auswirkung der psychischen Belastung im Individuum in Abhängigkeit von seinen aktuellen Voraussetzungen und seinen individuellen Bewältigungsstrategien. Der Begriff wird wertfrei verwandt.
Beanspruchungsfolge	Während Beanspruchungen unmittelbare Auswirkungen der Belastungen darstellen, beziehen sich Beanspruchungsfolgen auf mittel- und langfristige Auswirkungen (psychisch, physisch, kognitiv, emotional und behavioral). Es werden positive und negative Beanspruchungsfolgen differenziert.
Ressource	Unter dem Ressourcenbegriff werden persönliche, soziale und organisationale Faktoren zusammengefasst. Diese sind in der Lage, bei Nichtüberschreitung einer Intensitäts- und Dauergrenze die von außen einwirkenden Fehlbelastungen abzupuffern.

Modelle und Theorien

Mit diesen Basisinformationen kann das axiomatische Gerüst der theoretischen Modelle zu ↪ Belastungen, Beanspruchungen und Ressourcen in wenigen Kernaussagen skizziert werden. Die meisten Modelle stammen aus dem arbeitspsychologischen Diskurs (Ulich & Wülser, 2009). Der Zusammenhang zwischen den Modellen wird durch die ⭕ Abbildung 18 (S. 81) illustriert. Die Vertiefung einiger dieser theoretischen Ansätze erfolgt zu einem späteren Zeitpunkt.

- Konzept der Anforderung und Belastung (Oesterreich & Volpert, 1999): Anforderungen und Belastungen haben unterschiedliche Wirkungen. Belastungen gilt es zu verringern und Anforderungen zu erhöhen. Der Fokus der Betrachtung ist auf die Tätigkeit und nicht auf die Person ausgerichtet.

- **Das Demand/Control-Modell (Karasek, 1979):** Prinzipiell handelt es sich um ein ähnliches Modell wie das Konzept der Anforderung und Belastung. Es interessiert sich v. a. für das Konstrukt des Entscheidungsspielraums in der Arbeit. Im Gegensatz zu Leitners Modell erlaubt das Demand/Control-Modell gleichzeitig hohe Anforderungen und Belastungen bei den "active jobs", wo der Entscheidungsspielraum hoch ist und bleibt.

- **Das arbeitswissenschaftliche Belastungs- bzw. Beanspruchungs-Modell (Schmidtke, 1993):** Dieses Modell baut auf die klassischen physischen Belastungen und Beanspruchungen auf. Das Modell fordert die Reduzierung von zu hohen Belastungen. Unklar bleibt, ob nicht eine Erhöhung der Belastungen bei sogenannter Unterbelastung auch einen gesundheitsförderlichen Effekt nach sich ziehen kann. Auch das erweiterte Belastungs- und Beanspruchungsmodell nach Rohmert und Rutenfranz, das die Handlungskompetenz und die psychophysiologische Resistenz berücksichtigt, kann den Objektcharakter nicht aufheben. Der arbeitende Mensch wird als Objekt und nicht als Subjekt und Träger des Arbeitsprozesses verstanden.

- **Das arbeitspsychologische Modell (Ulich, 2005):** Dieses Modell ist eine konsequente Übersetzung des arbeitswissenschaftlichen Konzepts auf die inhaltlichen Gestaltungsparameter der Arbeitsaufgabe. Das Konstrukt des Handlungsspielraums steht im Vordergrund der Betrachtung. Ferner werden die psychosozialen Wirkfaktoren der Arbeit berücksichtigt.

- **Das Konzept der vollständigen Tätigkeit (Hacker, 2005):** Im Gegensatz zu den bisherigen Modellen verzichtet das Konzept der vollständigen Tätigkeit auf einen gesonderten Begriff der psychischen Belastung. Gesundheitsrisiken liegen dann vor, wenn unvollständige Tätigkeiten ausgeführt werden. Es handelt sich also um Tätigkeiten mit zu geringen Anforderungen. Vollständig ist eine Tätigkeit, wenn sie aus hierarchischer Sicht Anforderungen auf verschiedenen Ebenen der Tätigkeitsregulation und aus sequenzieller Sicht neben Ausführungs- auch Vorbereitungs-, Organisations- und Kontrollfunktionen beinhaltet.

- **Das Konzept des psychischen Stresses (Greif et al., 1991):** Hier differenziert man zwischen psychischen Belastungen als Stressoren und Anforderungen. Ziel ist die Verringerung der Stressoren. Die Anforderungen werden als Puffervariablen verstanden, denn sie können die gesundheitsschädliche Wirkung der psychischen Belastungen abschwächen. Als typische Puffervariablen im Sinne von Ressourcen kommen der Entscheidungsspielraum und die ☞ soziale Unterstützung zur Geltung. Sie verhindern langfristige negative Gesundheitsfolgen.

- **Das psychologische Regulations- und Ressourcenmodell (Wieland, 1999):** Hier verabschiedet man sich von der Black-Box zwischen Belastungen und Beanspruchungen und interessiert sich für die Handlungs- und Selbstregulation. Bewältigung ist erst dann erfolgreich, wenn die Person imstande ist, ihre Handlungen so zu steuern, "dass nach außen gerichtete, auf die Aufgaben bezogene und nach innen gerichtete, auf die Eigenbefindlichkeit bezogene Aktivitäten, den jeweils aktuellen Erfordernissen einer gegebenen Person-Aufgaben-Konstellation angepasst sind" (Wieland-Eckelmann, 1992, S. 80). In diesem Modell differenziert man zwischen mentalen (aus der Arbeitsaufgabe resultierenden), emotionalen (Bewältigungsstile) und motivationalen Anforderungen (Herausforderungen) sowie strukturellen (Wissen, intellektuelle Fähigkeiten), energetischen (Unterstützung intentionalen Verhaltens) und palliativen Ressourcen (Emotionsregulierung).

> Führen Sie sich Ihre Arbeitstätigkeit vor Augen und überlegen Sie, wann Sie das letzte Mal so richtig unter Stress geraten sind. Wie sah diese Situation genau aus? Wer war beteiligt und wie erging es Ihnen dabei? Jetzt schauen Sie sich noch einmal die eben genannten Modelle und Konzepte an: Welches Modell erklärt Ihre persönliche Stresssituation am besten? Was sind Ihre Fehlbelastungen, Ressourcen und Beanspruchungsfolgen? Und welche Schlüsse ziehen Sie daraus?

Die Grundbegriffe

In Anlehnung an Wieland-Eckelmann (1992, S. 27f.) versteht man unter Belastung einen relationalen Begriff, „der seine Bedeutung erst dadurch erhält, dass die (objektiven) ☞ Belastungen oder Anforderungen – Arbeitsaufgaben und Arbeitsmittel, organisatorische und Verfahrensvorschriften, raumzeitliche und physikalische Umgebungsbedingungen – ins Verhältnis zu den individuellen Leistungsvoraussetzungen – physischen, leistungsbezogenen, motivationalen und emotionalen – gesetzt werden." Gemäß Richter und Hacker (1998, S. 34) handelt es sich also um eine Anforderungs-Ressourcen-Relation. Damit wird der Ambivalenzcharakter der Belastung und Beanspruchung deutlich (Treier, 2001). Beanspruchung ist also das, was uns aus Sicht der BGF interessiert.

☑ **Box 2-1:** Zusammenfassung zu den Grundbegriffen

Doppelrolle der Beanspruchung

Die Beanspruchung hat ein Janusgesicht, sie hat in der Arbeitswelt sowohl positive als auch negative Konsequenzen. Die ⭕ Abbildung

18 zeigt, dass Beanspruchungen sowohl unter Nutzen- als auch unter Kostengesichtspunkten betrachtet werden können. Damit wird deutlich, dass die Maßnahmen der Gesundheitsförderung auf beide Seiten auszurichten sind. Der Nutzen muss gesteigert werden, gleichzeitig sind aber auch die Kosten zu reduzieren.

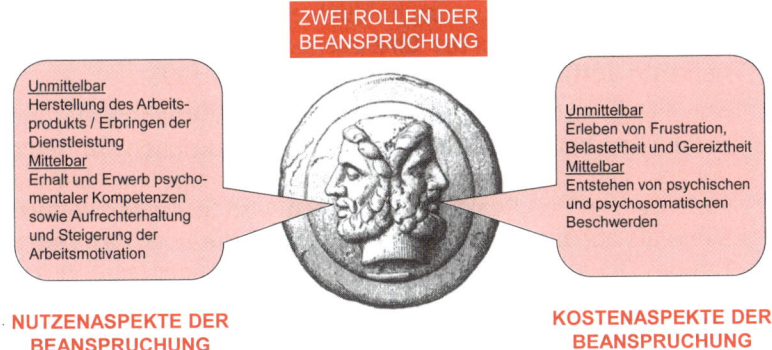

○ **Abbildung 18:** Doppelrolle der Beanspruchung

Geht man von einem relationalen Konzept aus, scheint sich der Unterschied zwischen Anforderungen und Belastungen zu relativieren bzw. zu verflüchtigen. Hier besteht jedoch die Gefahr, dass es zur Verwechslung der Belastungen als positive Anforderungen oder als negative Stressoren kommt und sich dadurch verfehlte Maßnahmen der BGF einschleichen. *Ist der Stuhl tatsächlich der Schuldige, wenn es um Rückenschmerzen geht?* Möglicherweise fehlen der betreffenden Person das Wissen und vielleicht auch die Motivation, richtig zu sitzen. Oder andere Einflussfaktoren außerhalb der Arbeitswelt wie das Bett zu Hause oder die Probleme in der Partnerschaft wirken sich auf die Befindlichkeit des Rückens aus. Da können Sie den besten ergonomischen Stuhl konstruieren und auch das notwendige Wissen in Bezug auf das dynamische Sitzen vermitteln, dennoch ändert sich an den Rückenschmerzen vergleichsweise wenig. Was aufgrund der unterschiedlichen Wirkrichtungen der Einflussfaktoren von Nöten ist, ist ein Bezugssystem. Dieses Bezugssystem hilft bei der Beantwortung der Frage, ob es sich bei den identifizierten Faktoren um so genannte unabhängige oder abhängige Variable handelt. Ein HNO-Arzt, der den Einfluss von Hormonen auf die Anatomie des menschlichen Ohrs untersucht, könnte beispielsweise fragen: „Tragen Männer häufiger als Frauen ein Hörgerät?" Dann wäre das Merkmal Hörgerät die abhängige und das Geschlecht die unabhängige Variable. Durch die Brille eines Geschäfts für Hörgeräte betrachtet, das überlegt, im Verkaufsraum eher Frauenzeitschriften oder Männermagazine auszulegen, kann die Frage anders aussehen: „Sind Hörgerätenutzer häufiger Frauen oder Männer? Unter dieser Voraussetzung ist

Der Bezugspunkt ist wichtig!

das Geschlecht die abhängige und das Merkmal Hörgerätenutzer die unabhängige Variable.

- **Unabhängige Variablen:** In den Stimuluskonzepten werden Stressoren als Situationen interpretiert, die Stress erzeugen. Dabei kann der Stress positiv wie negativ wirken (Eu- oder Dy-Stress). Diese Konzepte erklären allerdings nicht, warum verschiedene Personen unterschiedlich auf dieselben äußeren Bedingungen reagieren. Die Life-Event-Forschung ist der prominenteste Vertreter dieser Denkweise (Filipp, 1995).

- **Abhängige Variablen:** Vielleicht ergibt es aufgrund der interindividuellen Variabilität in Bezug auf die Reaktionen auf Bedingungen Sinn, die BGF stärker auf die abhängige Variable auszurichten. In den Reaktionskonzepten wird Stress im weiteren Sinne als abhängige Variable verstanden, die über das Verhalten des Organismus bestimmt wird. Der prominenteste Vertreter dieser Sichtweise ist Seyle (1983). Das bekannteste Konstrukt ist das allgemeine Adaptationssyndrom. Problematisch ist, dass die unterschiedlichen Messebenen relativ gering miteinander korrelieren. Damit stellt sich die Frage nach der Wahl des angemessenen Kriteriums.

- **Transaktionale Perspektive:** Dieser Ansatz arbeitet die "Inkongruenz zwischen den Anforderungen der Umwelt und den Kapazitäten des Individuums" (Udris & Frese, 1999) als belastendes Moment heraus. Es geht also um die Passung zwischen Individuum und Umwelt. Namhafte Vertreter dieser Sichtweise kommen aus zwei amerikanischen Schulen: die Michigan-Gruppe mit den Person-Environment-Fit-Modellen um French et al. (1974) und die Berkeley-Gruppe als Begründer des ☞ transaktionalen Stressmodells um Lazarus (2001).

> Die Begriffsdiskussion macht deutlich, dass Gesundheit eine **regulatorische Größe** darstellt. Es geht um eine zu entwickelnde Handlungsfähigkeit. Generell sind Belastungen nicht negativ, sondern sind in Bezug auf die Ressourcen im weiteren Sinne zu relativieren.

Regulatorischer Ansatz

Gemeinsam ist diesen Konzepten, dass ☞ Beanspruchungsfolgen dann auftreten, wenn zielbezogenes Handeln durch Zusatzregulation, Regulationsunsicherheit oder Zielunsicherheit erschwert wird. Bei der Bestimmung der Risikofaktoren darf der regulatorische Ansatz nicht außer Acht gelassen werden. Er stellt den Ansatzpunkt moderner Gesundheitsförderung dar, der sich nicht auf die Messung und Gestaltung objektiver Belastungsmomente wie Lärm beschränkt, sondern Gesundheitsförderung als eine ressourcenabhängige psychisch-regulatorische Aktivität begreift.

2.2 Risikofaktoren im Betriebsalltag bestimmen

Die ○ Abbildung 19 (unten) illustriert unser Grundmodell. In diesem Kapitel befassen wir uns mit den Risikofaktoren aus der Arbeitswelt. Wir begegnen diesen Belastungen durch entsprechende persönliche und externale ↝ Ressourcen (↳ Kap 2.3, S. 92). Die Wechselwirkung zwischen ↝ Belastungen und Ressourcen drückt sich in den ↝ Beanspruchungsfolgen aus, womit wir uns im Kap. 3 (↳ S. 103) befassen werden.

Das Grundmodell

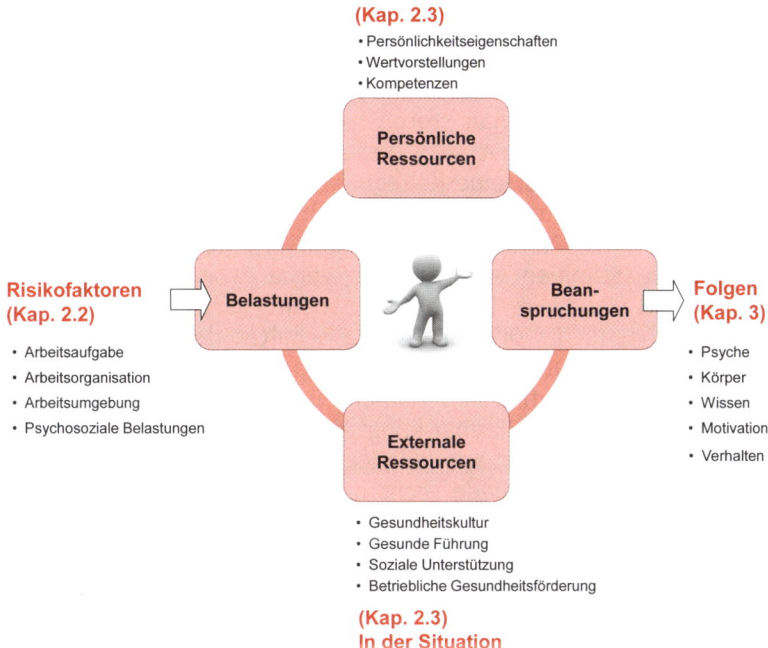

○ Abbildung 19: Grundmodell – von den Belastungen zu den Folgen

Unter Termindruck stehen, schnelle Entscheidungen treffen müssen, stark privat und beruflich ausgelastet sein, Arbeit und Familie unter einen Hut bekommen, soziale Aktivitäten synchronisieren trotz Schichtarbeit, Angst vor Arbeitsplatzverlust, herausfordernde Vorgesetzte, Kollegen und Kunden oder ständige Unterbrechungen der Arbeitsaufgabe – diese Liste ließe sich beliebig fortsetzen. Es sind diese typischen Unannehmlichkeiten und Ärgernisse, die uns den Arbeitsalltag immer wieder erschweren. Ob uns kleine Ärgernisse, so genannte „daily hassles" (Zapf & Semmer, 2004), oder größere, systemimmanente Probleme auch wirklich auf die Palme bringen, hängt v. a. davon ab, wen wir für ein unangenehmes Ereignis in der Arbeitswelt verantwortlich machen, uns selbst oder andere, und ob dieses Ereignis kontrollierbar ge-

Attribution und Kontrolle

wesen ist oder nicht. Langfristig sind die Dimensionen „internale bzw. externale Attribuierung" sowie „Kontrollierbarkeit bzw. Nichtkontrollierbarkeit" für unser emotionales Befinden und unsere Zufriedenheit hauptverantwortlich (Lind & Bos, 2002).

Ein Beispiel aus dem Stressmanager (Treier & Holobar et al., 2006/2007): Für eine besonders wichtige und dringende Arbeit, die im Normalfall in 30 Minuten zu erledigen ist, hat Frau B. noch eine Stunde Zeit. Ihr Chef wartet dringend auf die Ergebnisse, da er sie dem Vorstand präsentieren muss. Um konzentriert arbeiten zu können, hat Frau B. ihre Kollegen gebeten, nicht zu stören. Frau B. beginnt mit der Arbeit, als das Telefon klingelt. Der Anrufer gibt nicht auf, sie hebt ab und erledigt das Gespräch so schnell es geht. Sie versucht, sich auf die Aufgabe zu konzentrieren. Laute Stimmen von nebenan stören sie dabei. Wieder klingelt das Telefon. Frau B. erledigt auch diesen Anruf schnell und stellt danach den Apparat auf eine Kollegin um. Erneut versucht sie, sich auf die Arbeit zu konzentrieren. Die Tür geht auf und wird wieder geschlossen, da hat sich wohl jemand mit der Zimmernummer vertan. Die Stimmen von nebenan werden wieder lauter. Jetzt klingelt das Handy, es ist vielleicht wichtig. Frau B. geht ran, es ist ihr Mann, nichts Dringliches. Sie schaltet das Handy aus und widmet sich erneut der Arbeit. Nebenan schlägt eine Tür laut ins Schloss. Jemand ruft einen Namen, im Flur hört man Schritte, wieder ruft jemand, diesmal klingt der Ruf ungeduldiger. Frau B. arbeitet so konzentriert wie möglich weiter. Draußen dröhnt jetzt ein Rasenmäher und wieder geht die Tür auf. Ein Kunde braucht dringend Rat. Sie gibt ihm Antwort und bittet ihn, den Rest mit einem Kollegen zu besprechen. Frau B. entdeckt in ihrer Ausarbeitung Fehler, die Stunde ist fast vorbei. Der Fehler zieht sich durch, sodass alle Folien noch einmal kontrolliert werden müssen.

Kennen Sie solche Situationen, in denen die Anforderungen aus der Arbeitsaufgabe Sie stressen? Welche Situationen sind das? Gibt es „typische Situationen", in denen das immer wieder geschieht? Wie sähe hier präventives Handeln aus? Was könnten Sie konkret machen, um derartige Fehlbeanspruchungen zukünftig zu vermeiden?

Neben den Fehlbeanspruchungen aus der **Arbeitsaufgabe** gibt es noch Fehlbeanspruchungen aus der **Arbeitsorganisation** und der **Arbeitsumgebung** sowie **psychosoziale Konflikte und Störungen**.

Risikofaktoren Arbeitsaufgabe

Fehlbeanspruchungen aus der Arbeitsaufgabe sind wie im Praxisbeispiel gezeigt ständige Unterbrechungen: Das Telefon klingelt, ein Kollege oder Kunde gibt dem Nächsten die Klinke ihrer Bürotür in die Hand etc. Aber auch quantitative und qualitative Über- und Unterforderung können Stress erzeugen. Quantitative bedeutet, dass die Arbeitsmenge einfach zu groß ist, der Schreibtisch sich vor Arbeit durchbiegt (Überforderung). Vergleichsweise weniger häufig gibt es auch quantitative Unterforderungen, beispielsweise bei Überwachungstätigkeiten in vollautomatisierten Produktionen; zumindest wenn die Produktionsprozesse rund laufen. Qualitative Über- oder Unterforderung meint eine hohe oder geringe Komplexität der Arbeitsaufgabe. Wer im Finanzamt arbeitet oder als Steuerberater tätig ist, muss ständig am Ball bleiben, was die deutsche Steuergesetzgebung betrifft. Diese ist sehr dynamisch und relativ komplex oder, wie Kastner es nennen würde, „dynax" (Kastner et al., 2001b). An dieser Stelle ist auch die Vollständigkeit der Aufgabe im Sinne der ☞ Handlungsregulationstheorie von Bedeutung (Hacker, 2005). *Was sind unvollständige Aufgaben?* Wenn man seine Arbeit nicht planen kann, sondern stets nur Ausführender ist, und wenn man das Ergebnis seiner Arbeit nicht kontrollieren kann, ist die Aufgabe als unvollständig zu klassifizieren. Zudem sollte die Aufgabe auch intellektuelle Herausforderungen mit sich bringen. Neben der hohen Arbeitsdichte wird zunehmend auch das subjektive Empfinden zum Problem, mehr Verantwortung als früher schultern zu müssen. Und dies trifft nicht nur auf die oberen Führungsetagen zu, auch und gerade auf den unteren Hierarchieebenen werden diese Belastungsmomente am häufigsten genannt. Weitere Fehlbeanspruchungen aus der Dauer und dem Verlauf der Arbeitsaufgabe sind Daueraufmerksamkeit, Informationsverarbeitung und Regulationsbehinderungen. Daueraufmerksamkeit ist beispielsweise in Mess- und Leitwarten gefordert mit den daraus resultierenden Stressfolgen wie psychische Ermüdung. Und Stress durch Informationsverarbeitung kennen wir sowohl in der Arbeitswelt als auch in anderen Lebenswelten. Dank der modernen Kommunikationstechnik sind wir allzeit und überall erreichbar. Da wird nicht nur telefoniert, da kursieren global SMS und E-Mail, und die neuesten Mobiltelefone sind mehr Computer als Telefon, sodass man auch immer die eigenen Songs, die Fotos der Lieben und die neuesten Filme in der Jackentasche hat. Schöne neue, virtuelle Welt! Wenn dann die Medienkompetenz fehlt und (unternehmens-)kulturelle Paradigmen die intensive Nutzung dieser Kommunikationsmedien verlangen, entsteht personseitig schnell ein „Erreichbarkeitswahn". Damit können die neuen Kommunikationsmedien auch schnell zu Regulationsbehinderungen werden. *Was wird behindert?* Unterbrechungen oder auch Erschwerungen aus informatorischer oder motorischer Sicht hindern an der Umsetzung der Aufgabe. Ein Klassiker ist Zeitdruck. Hier besteht die Gefahr der Reduktion der Regulationsfähigkeit.

> Eine gut gestaltete Aufgabe sollte inhaltlich vollständig und beanspruchungsoptimal sein. Zudem sollte der Arbeitsprozess nicht durch unnötige Regulationsbehinderungen gestört werden. Diese Idealbedingungen liegen jedoch selten vor. Eine Frage, die man sich oft in diesem Zusammenhang gestellt hat, lautet: Gibt es Menschen, die durch die Risikofaktoren der Arbeitsaufgabe besonders gefährdet sind?

Typ-A-Persönlichkeit

Besonders gefährdet ist der Managertypus bzw. die „Typ-A-Persönlichkeit" (☑ Box 2-2, S. 86). Wenn man sich nicht vor den Störungen durch die äußeren Arbeitsbedingungen (Arbeitsunterbrechungen, informatorische und motorische Erschwerungen) abschirmen kann, bedarf es eines zusätzlichen, als unnötig empfundenen Handlungsaufwands, um das Ziel erreichen zu können. Derartige Regulationsbehinderungen führten bei Büroangestellten zu psychosomatischen Beschwerden (Leitner et al., 1993) und bei Busfahrern zu erhöhten Risiken für Unfälle (Greiner et al., 1998).

Diskussionsstand „Typ-A-Persönlichkeit"

Friedman & Rosenman (1975) gruppierten 3000 gesunde Männer zwischen 35 und 59 Jahren aufgrund ihrer Sprechweise und Selbstaussagen in einer Befragungssituation in zwei Kategorien (Extremgruppendesign):

1. Gruppe „Typ-A": besonders ehrgeizige, ungeduldige, aggressive Menschen
2. Gruppe „Typ-B": besonders gelassene, ruhige, entspannte Menschen

Neun Jahre später hatten 257 Männer einen Herzinfarkt erlitten, knapp 70 Prozent gehörten zu „Typ-A", jedoch kein Einziger aus der Gruppe „Typ-B" war betroffen. Dies löste entsprechendes öffentliches und Forschungsinteresse aus. 20 Jahre später ernüchtert Myrtek (1995) mit einer ↪ Metaanalyse: Es lässt sich kein signifikanter Zusammenhang zwischen „Typ-A-Persönlichkeiten" und koronaren Erkrankungen feststellen, wenn andere Faktoren kontrolliert werden. Negative Emotionen und Einstellungen wie Wut und Feindseligkeit klären den größten Varianzbeitrag auf koronare Erkrankungen auf. Die hierdurch bedingte „leichte Erregbarkeit" wirkt wie ein Katalysator im Stress und erhöht das Risiko für Arteriosklerose. Die Typ-A-Persönlichkeit macht sich wie das HB-Männchen aus der Werbung der 1980er-Jahre den Stress selbst: Aus einer Mücke wird ein Stress-Elefant gemacht, der durch Wut und Feindseligkeit noch größer wird. Wichtig sind persönliche Ressourcen mit adäquaten Copingstrategien im Umgang mit Stress.

☑ Box 2-2: Typ-A-Persönlichkeit

Risikofaktoren im Betriebsalltag bestimmen

Zu den Fehlbeanspruchungen aus der Arbeitsorganisation gehören v. a. die Arbeitszeit- und Pausenregelungen. Als die Ärztezeitung am 3. 12. 2008 einen Artikel mit der Überschrift „Erhöhtes Krebs-Risiko bei Pflegepersonal in Schichtarbeit" veröffentlichte, läuteten überall die Alarmglocken. Das Institut für Arbeitsmedizin der Universität Köln hatte 30 internationale Studien zu Schichtarbeit und Krebs in einer ☞ Metaanalyse ausgewertet. Das Ergebnis: Schichtarbeiter wie Pflege- und Flugpersonal haben ein erhöhtes Risiko, an Krebs zu erkranken. Beim Flugpersonal ist das Risiko für Brustkrebs um 70 Prozent erhöht, für Prostatakrebs stieg das Risiko um 40 Prozent an. Ein ähnliches Bild zeigt sich auch für Pflegepersonal in Schichtarbeit. Die Lichtverhältnisse und Melatonin sowie wahrscheinlich die unregelmäßige Nahrungsaufnahme stellen einen Teil der verursachenden Faktoren dar. Der Institutsleiter Thomas Erren weist allerdings auf die Einschränkungen in der Aussagekraft der Studien hin, die im Querschnitt durchgeführt wurden. Aber auch der Chef kann Belastungsquelle sein! Die Führungskraft wird üblicherweise als externe Ressource bezeichnet, wirkt aber in einzelnen Fällen bzw. in manchen Situationen als negativer Einfluss auf die Arbeitsorganisation und die untergeordneten Mitarbeiter. Ein autoritärer, mehr sach- als mitarbeiterorientierter Führungsstil zeigt eventuell kurzfristig Erfolge, ist aber keinesfalls als gesundheitsförderlich zu bezeichnen. Ebenso bedeutsam sind die sozialen Beziehungen sowie das Informations- und Kommunikationsmanagement. Gibt es überhaupt Gelegenheit zur sozialen Interaktion? Und wie fließen die Informationen; von oben nach unten, von unten nach oben, quer, diagonal oder gar nicht?

Risikofaktoren Arbeitsorganisation

In der physikalischen Umwelt sind Fehlbeanspruchungen der Arbeitsumgebung beheimatet (Luczak, 1998; Schmidtke, 1993). Hier verbergen sich die klassischen Kriterien der Ergonomie: Lärm, Klima, Beleuchtung, aber auch der Umgang mit Gefahrstoffen sowie Unfall- und Gesundheitsgefahren. Seit über hundert Jahren ist die negative Wirkung des Lärms auf die Leistungsfähigkeit, Befindlichkeit sowie Beeinträchtigung des Hörsystems der Beschäftigten bekannt. Ab 85 dB (A) ist Gehörschutz zu tragen, allerdings lässt bei mentalen Tätigkeiten schon ab 55 dB (A) die Konzentrationsfähigkeit nach bzw. die Fehlerrate nimmt zu; und 55 dB (A) und mehr sind schnell erreicht, beispielsweise durch ein normales Gespräch zwischen zwei Personen. ☐ Tabelle 2-2 gibt einen Überblick über unterschiedliche Schallpegel mit typischen Quellen (vgl. Lange & Windel, 2002).

Risikofaktoren Arbeitsumgebung

Tabelle 2-2: Schallpegel mit exemplarischen Quellen

Schallpegel in dB (A)	Exemplarische Quelle	Bewertung
0	Akustische Kammer	Ungefährlich
30	Flüstern	Ungefährlich
40	Leise Musik	Ungefährlich
60	Gespräch	Konzentrationsmindernd
70	Vorbeifahrendes Auto	Konzentrationsmindernd
80	Starker Straßenverkehr	Konzentrationsmindernd
85	Fräsmaschine	Auf Dauer gefährlich
90	Großer LKW	Auf Dauer gefährlich
95	Holzfräsmaschine	Auf Dauer gefährlich
100	Klub, 1 m vom Lautsprecher	Auf Dauer gefährlich
105	Schlagschrauber	Auf Dauer gefährlich
110	Kettensäge	Auf Dauer gefährlich
115	Bleche hämmern	Auf Dauer gefährlich
120	Trillerpfeife aus 1 m Entfernung	Schmerzgrenze
130	Niethammer	Unmittelbar gefährlich
140	Düsenflugzeug	Unmittelbar gefährlich
150	Schmiedehammer	Unmittelbar gefährlich
160	Airbag-Entfaltung	Unmittelbar gefährlich
180	Schuss Spielzeugpistole am Ohr	Unmittelbar gefährlich

Neben dem Lärm ist auch das Klima von Bedeutung. Die Raumtemperatur sollte etwa bei 21 °C liegen, die relative Luftfeuchte bei ca. 50 Prozent und die Luftgeschwindigkeit sollte langsamer als 0,1 m/s sein, damit kein Luftzug entsteht. Das gilt für Arbeitsplätze im Gebäude und ist am ehesten im Büro zu realisieren. Für Arbeitsplätze mit extremen Umgebungsbedingungen gelten entsprechende Vorschriften, was die Nutzung persönlicher Schutzausrüstung oder Einsatzzeitreglementierungen anbelangt. Beim Arbeiten am Bildschirm sollte die Arbeitsfläche mit mind. 500 lx blendfrei beleuchtet werden; der Chirurg oder Feinmechaniker benötigt ein paar Tausend Lux mehr (vgl. Lange & Windel, 2002). Der Umgang mit Gefahrstoffen sowie allgemeine Unfall- und Gesundheitsgefahren sind Themen, die mit der Fachkraft für Arbeitssicherheit und der verantwortlichen Führungskraft unter Einbeziehung der Mitarbeiter vor Ort zu regeln sind! Regelmäßige Begehungen mit

☞ **Gefährdungsanalysen** sind unumgänglich und hilfreich, Gefahren und Gefährdungen systematisch in den Griff zu bekommen!

Fehlbeanspruchungen aus psychosozialen Konflikten und Störungen liegen auf der Hand. Überall dort, wo Mitarbeiter sich ungerecht und unfair behandelt fühlen, viele Ressourcen und Herzblut in die Arbeit stecken, aber keine ausreichende materielle oder immaterielle Anerkennung erfahren (Siegrist, 1996), wo der Chef wenig soziales Fingerspitzengefühl besitzt und durch sein Verhalten belastet, wo nach Einzelkämpfermanier jeder Mitarbeiter seinen Stiefel durchzieht, gedeihen soziale Konflikte auf einem guten Nährboden. Und wenn noch andere Fehlbeanspruchungen und Probleme hinzukommen, können diese Konflikte in zugespitzte, systematische Interaktionen, in Mobbing münden. Mobbing zeichnet sich grundsätzlich durch eine andere Qualität als ein „normaler" Konflikt aus: Das Mobbingopfer wird von Kollegen oder Vorgesetzten angefeindet oder diskriminiert, das Opfer ist hierarchisch bzw. situativ unterlegen und die feindseligen Übergriffe werden über einen längeren Zeitraum hinweg (mind. ein Jahr) und systematisch vorgenommen, d. h. mit Regelmäßigkeit, steigender Heftigkeit und dem Ziel, das Mobbingopfer aus der Abteilung oder dem Unternehmen zu drängen. Besondere Aufmerksamkeit findet seit einiger Zeit auch das Thema „Emotionen in der Arbeitswelt", besonders die emotionale Dissonanz im Umgang mit Kunden. Auch wenn man noch so gerne dem Kunden, der zum x-ten Mal mit der gleichen Anfrage kommt, die Meinung sagen möchte, muss man seinen Ärger runterschlucken und gute Miene zum bösen Spiel machen. Wie Holz (2006) in einer Längsschnittuntersuchung zeigen konnte, erweist sich emotionale Dissonanz als Stressor für die ☞ Burn-out-Komponenten emotionale Erschöpfung und Depersonalisation, einem Gefühl der Abgelöstheit vom eigenen Selbst.

Risikofaktoren Konflikte und Störungen

Die eben erläuterten Fehlbelastungen im Mikrokosmos der Arbeit sind zu ergänzen durch ☞ Belastungen aus anderen Lebenswelten. In welcher Lebensphase man sich gerade befindet, am Anfang, in der Mitte oder am Ende einer Beziehung, ob es besondere „Baustellen" gibt wie Schulden, pflegeintensive oder -bedürftige Kinder oder (Groß-)Eltern, oder welche gesellschaftlichen Rahmenbedingungen uns hindern oder fördern, beispielsweise gesellschaftliche Anforderungen, kulturelle Normen, die gesamtwirtschaftliche Lage oder auch die Spezifika einzelner Branchen (vgl. ISO 10075-1) – all diese Fehlbelastungen im außerberuflichen Kontext besitzen, was das Wohlbefinden oder auch die Entstehung so genannter „Stresserkrankungen" anbelangt, große Relevanz. Allerdings ist der Fokus dieses Buches auf BGF in der Arbeitswelt gerichtet.

Risikofaktoren Andere Lebenswelten

Maxime: Risiken bestimmen + Ressourcen fördern

Der Blick über den betrieblichen Tellerrand in die ☞ „Work-Life-Balance" ist wichtig und richtig. Zur Vertiefung sei folgendes Buch empfohlen:

Durch die Brille des Unternehmens:

Esslinger, A. S. & Schobert, D. B. (Hg.) (2007). Erfolgreiche Umsetzung von Work-Life-Balance in Organisationen. Strategien, Konzepte, Maßnahmen. Wiesbaden: Deutscher Universitäts Verlag.

Durch die eigene Brille:

Seiwert, L. J. (2001). Life-Leadership – Sinnvolles Selbstmanagement für ein Leben in Balance. Frankfurt: Campus.

Mit welchen Risikofaktoren haben Sie in der Arbeitswelt zu tun? Die folgende Frageliste (☐ Tabelle 2-3) soll Ihnen bei der Beantwortung dieser Frage Hilfestellung geben. Nehmen Sie sich einfach mal zehn Minuten Zeit und beantworten Sie die Fragen durch Ankreuzen! In Ihrem Antwortprofil werden Sie sehen, wo Sie im „roten" (häufig bzw. immer), im „gelben" (manchmal) bzw. im „grünen Bereich" (nie bzw. selten) sind. Wenn Sie die Fragen aus Ihrer Perspektive beantwortet haben, wie sieht es dann für Ihre Kollegen oder Mitarbeiter aus; besser, schlechter oder gleich? Sie erhalten hier erste Informationen zur Bestimmung und Optimierung der Risikofaktoren im Arbeitsalltag.

☐ **Tabelle 2-3:** Frageliste Fehlbelastungen

Fehlbelastung ...	Frage ...	Nie bzw. selten	Manchmal	Häufig bzw. immer
aus der Arbeitsaufgabe	Werden Sie bei Ihrer Arbeit immer wieder unterbrochen (Telefon, Kollegen etc.)?	☐	☐	☐
	Haben Sie bei der Arbeit so viel zu tun, dass sie Ihnen über den Kopf wächst?	☐	☐	☐
	Oder haben Sie eher zu wenig zu tun?	☐	☐	☐
	Kommt Ihnen Ihre Arbeit zu schwierig, zu kompliziert vor?	☐	☐	☐
	Oder fühlen Sie sich eher unterfordert?	☐	☐	☐
	Können Sie bei der Arbeit Ihr Wissen voll einsetzen und neue Dinge hinzulernen?	☐	☐	☐
	Haben Sie viel Verantwortung zu schultern?	☐	☐	☐

Risikofaktoren im Betriebsalltag bestimmen

Fehlbelastung ...	Frage ...	Nie bzw. selten	Manchmal	Häufig bzw. immer
Fortsetzung aus der Arbeitsaufgabe	Müssen Sie bei Ihrer Arbeit dauerhaft aufmerksam sein?	☐	☐	☐
	Macht Ihnen die Informationsflut zu schaffen (E-mail, Telefon etc.)?	☐	☐	☐
	Haben Sie das Gefühl, nur über Umwege Ihre eigentliche Arbeit erledigen zu können?	☐	☐	☐
aus der Arbeitsorganisation	Empfinden Sie Ihre Arbeitszeit als hinderlich bezogen auf Ihr Privatleben?	☐	☐	☐
	Können Sie bei der Arbeit regelmäßig Pausen machen?	☐	☐	☐
	Kommen Sie mit Ihrem Chef klar?	☐	☐	☐
	Haben Sie die Möglichkeit, sich bei der Arbeit mit Kollegen auszutauschen?	☐	☐	☐
	Erhalten Sie die Informationen, die Sie zur Erledigung der Arbeit brauchen, rechtzeitig und vollständig?	☐	☐	☐
	Sind Sie ausreichend über die Vision, Mission und Strategie Ihres Unternehmens informiert?	☐	☐	☐
aus der Arbeitsumgebung	Müssen Sie bei der Arbeit persönliche Schutzausrüstung (PSA) tragen?	☐	☐	☐
	Ist es bei Ihrer Arbeit so laut, dass Sie Schwierigkeiten haben, sich zu konzentrieren?	☐	☐	☐
	Wird in Ihrem Arbeitsbereich mit Gefahrstoffen hantiert und wie ist die Qualität der Unterweisungen?	☐	☐	☐
	Werden in Ihrem Arbeitsbereich regelmäßig Gefährdungsbeurteilungen durchgeführt?	☐	☐	☐
aus psychosozialen Konflikten bzw. Störungen	Kennen Sie das Gefühl, viel in die Arbeit reinzustecken, aber nur wenig zurückzubekommen?	☐	☐	☐
	Herrscht in Ihrem Arbeitsbereich eher eine „Einzelkämpfer-" als eine Gruppenmentalität?	☐	☐	☐
	Werden Konflikte geklärt oder so lange unter den Teppich gekehrt, bis man drüber stolpert?	☐	☐	☐
	Werden beim Austragen von Konflikten auch schon mal Grenzen überschritten?	☐	☐	☐
	Können Sie Ihrem Ärger bei der Arbeit Luft machen oder müssen Sie ihn runterschlucken?	☐	☐	☐

Was geschieht nun mit den Antworten, die im „gelben" oder „roten Bereich" liegen? Hierauf gibt die „Toolbox BGF" in Kap. 3 (S. 103) Antworten. Den Fehlbelastungen in der Arbeitswelt stehen, wie bereits erwähnt, ☞ Ressourcen gegenüber; dies ist der Schwerpunkt des nächsten Abschnitts.

2.3 Präventionsressourcen sichten und ausbauen

Seit ca. drei Monaten muss Herr C. abends ständig mehrere Überstunden in Kauf nehmen, es gibt in der Firma seit einer längeren Flaute nun wieder sehr viel zu tun. Auch musste Herr C. schon einige Male am Wochenende arbeiten. Private Verabredungen sind deshalb schon öfter kurzfristig von ihm absagt worden. In der Familie führt das zu erhöhten Spannungen: Die Gattin ist sauer. Auch die Kinder fühlen sich vernachlässigt. Und auch heute scheinen sich die Überstunden nicht vermeiden zu lassen. Kurz vor Feierabend kommt der Chef zu Herrn C. ins Büro und startet seine Bitte mit „Bitte machen Sie doch mal eben ...". Ein dringender Kundenauftrag, der nicht bis morgen liegen bleiben kann. Obwohl Herr C. einer seit Langem vereinbarten Verabredung für heute Abend zugesagt hatte, muss er sich wieder entschuldigen. Als er zu Hause anruft, trifft er bei seiner Frau auf besonderes Unverständnis, das Telefonat endet sehr emotional. Für Herrn C. ist klar: „So kann es nicht weitergehen!" Am kommenden Morgen bittet er um einen Termin bei seinem Chef, der sofort für ihn Zeit hat. Herr C. kann seine Situation und Unzufriedenheit so schildern, dass sein Chef konstruktiv in die Problemlösung einsteigt. Beide vereinbaren, dass zwei Mitarbeiter aus einer Nachbarabteilung Herrn C. künftig einen bestimmten Arbeitsbereich abnehmen. Um die Vereinbarung evaluieren zu können, verabreden beide ein weiteres Treffen nach sechs Wochen. Heute macht Herr C. schon um 17.00 Uhr Feierabend, kauft auf der Fahrt nach Hause einen Strauß Rosen und bestellt per Handy zwei Kinokarten; es wird ein wunderschöner Abend für seine Frau und ihn.

Ressourcen und Wirkungen

Da könnte Herr C. noch einmal rechtzeitig an der Notbremse gezogen haben. Ein Schritt, der schon eine gute Portion Mut und Selbstvertrauen voraussetzt, wenn man zu seinem Chef geht und sagt: „So kann es nicht weitergehen!" Herr C. reflektiert seine Situation und versteht sie, er weiß, dass es relevant ist, die Situation zu verändern, und er traut es sich auch zu, diese Veränderung zu steuern. Das ist das, was Antonovsky als ↻ Kohärenzsinn bezeichnet (Antonovsky & Franke, 1997), eine der wichtigsten persönlichen Ressourcen. Auf der anderen Seite findet Herr C. ein offenes Ohr bei seinem Chef, der gemeinsam mit ihm nach einer Problemlösung sucht. Das wiederum ist ↻ soziale Unterstützung und gelebte gesundheitsförderliche Führung, die zwei zentrale Komponenten der externalen Ressourcen darstellen.

Präventionsressourcen sichten und ausbauen

> Es werden generell diese zwei **Klassen von Ressourcen** unterschieden: die persönlichen bzw. internalen Ressourcen und die externalen Ressourcen.

Nach Zapf & Semmer (2004) gibt es drei Wirkrichtungen:

- Pufferwirkungen: Wenn ein ausreichendes Maß an Ressourcen vorhanden ist, können diese bei der Bewältigung bestehender Fehlbelastungen unterstützen und somit negative ☞ Beanspruchungsfolgen abpuffern. Wenn allerdings nur wenige Ressourcen zur Verfügung stehen, können sich umgekehrt fehlbeanspruchende Wirkungen von ☞ Belastungen erhöhen (beispielsweise das Qualifizierungsniveau als persönliche Ressource).

- Direkte Wirkungen: Wenn Ressourcen unabhängig von vorhandenen Belastungen zu positiven Beanspruchungsfolgen führen, handelt es sich um einen direkten Effekt (beispielsweise Selbstwirksamkeitsüberzeugung als persönliche Ressource).

- Indirekte Wirkungen: Ressourcen können auch indirekt auf Beanspruchungsfolgen wirken, indem sie dem Abbau von Belastungen dienlich sind und damit mittelbar zu positiven Beanspruchungsfolgen führen (z. B. ein gutes Informations- und Kommunikationsmanagement als externale Ressource).

Folgend werden die beiden Klassen „persönliche" und „externale Ressourcen" ausführlicher vorgestellt.

Persönliche Ressourcen

Unter persönlichen Ressourcen werden alle Unterstützungsfaktoren verstanden, die von innen, aus der Person heraus ihre Wirkung entfalten können. Nach Udris et al. (1994) versteht man hierunter relativ konstante Verhaltens- und Handlungsmuster sowie kognitive Überzeugungssysteme. Oder in anderen Worten: Persönlichkeitseigenschaften, Wertvorstellungen und Kompetenzen (Fach-, Methoden-, Sozial- und Persönlichkeitskompetenzen). Der ☞ Kohärenzsinn (Antonovsky, 1979; Antonovsky & Franke, 1997) meint eine Persönlichkeitsdisposition, die das Ausmaß ausdrückt, in welchem jemand ein durchdringendes, überdauerndes aber dynamisches Gefühl des Vertrauens hat. Die folgenden drei Komponenten bilden den Kohärenzsinn:

- Verstehbarkeit: die Zusammenhänge in der Umwelt begreifen.
- Handhabbarkeit: Vertrauen in sich selbst haben, aus eigener Kraft oder mit der Unterstützung anderer Herausforderungen bewältigen zu können.
- Sinnhaftigkeit: Es gibt Dinge, für die es sich einzusetzen lohnt.

Was bewegte Antonovsky?

Aaron Antonovsky (1923-1994) beschäftigte sich im Rahmen seiner Forschungstätigkeit am Applied Social Research Institute in Israel mit einer Studie, die Motor für seine weiteren Arbeiten war. In dieser Studie ging es um Frauen, die in Zentraleuropa zwischen 1914 und 1923 geboren wurden und von denen einige Überlebende aus Konzentrationslagern waren. Antonovsky fiel auf, dass sich 29 Prozent der ehemals internierten Frauen trotz dieser extremen, existenziellen Belastungen in einem guten psychischen Zustand sahen. Was erhält den Menschen gesund? Mit dieser Leitfrage der ↩ Salutogenese läutete Antonovsky eine Zeitenwende ein und fokussierte nachhaltig auf die Ressourcen. In seinen weiteren Arbeiten entwickelte er dann 20 Jahre später konzeptionell den „Kohärenzsinn".

☑ **Box 2-3:** Hintergrund zum Konzept der Salutogenese

Das gesunde Urvertrauen

Generell kommt in Antonovskys ↩ Kohärenzsinn ein lebensbejahendes Gefühl zu Ausdruck, analog dem dispositionalen Optimismus (Scheier et al., 1992). Auch dieser Optimismus ist zeitlich relativ stabil und wirkt wie ein Kamerafilter: Kognitionen und Handlungen sind insgesamt „rosa eingefärbt". Das gesunde Urvertrauen in sich selbst führt dann auch das eine oder andere Mal im Sinne einer sich selbst erfüllenden Prophezeiung zum erwarteten Erfolg. Die Widerstandsfähigkeit gegen Fehlbelastungen oder auch ↩ „hardiness" (Kobasa, 1979) meint eine Persönlichkeitsdisposition, die Menschen trotz großer, zum Teil extremer Belastungen zu schützen vermag. Dazugehört

- ein ausgeprägtes Engagement, sich mit den Lebensaufgaben zu identifizieren,
- Kontrolle über die Situation,
- die Überzeugung, Einfluss auf den Lauf der Ereignisse nehmen zu können und
- die Herausforderung, Veränderungen als positive Chance wahrzunehmen.

Selbstwirksamkeit

Letzterer Aspekt betont die Dynamik: Man orientiert sich eher an Veränderungen als an Stabilität. Menschen mit internaler ↩ Kontrollüberzeugung trauen sich selbst zu, Herausforderungen durch eigenes Handeln meistern können; dies gilt auch für die Gesunderhaltung (Rotter, 1966). Im Gegensatz dazu glauben sich external attribuierende Zeitgenossen eher vom Schicksal oder anderen äußeren Einflüssen gelenkt und bestimmt. Diese eher fatalistische Grundhaltung steht einer aktiven Steuerung gesund erhaltender

Prozesse im Wege. Ein in der Literatur am breitesten beschriebenes Konzept ist die ☞ Selbstwirksamkeitsüberzeugung (Bandura, 1977). Hier kommt die Erwartung zum Ausdruck, dass ein bestimmtes Verhalten zu einem vorhersagbaren Ergebnis führen wird. Im Mittelpunkt dieser Disposition stehen die eigenen Kompetenzen: Diese geben einem die Sicherheit, Herausforderungen anzunehmen, und werden durch Erfolge gemehrt, sodass im Idealfalle eine positive Beschleunigung stattfinden kann. Die Wirksamkeit bezogen auf die Gesunderhaltung ist empirisch relativ gut belegt (Schaubroeck et al., 2000; Schwarzer, 2004).

> Allen hier beschriebenen Konzepten ist die positive Erwartungshaltung gemeinsam. Wie so oft im Leben, kommt es auch hier auf das richtige Maß an: Ein Zuwenig wird nicht die erwünschte Wirkung zeigen, ein Zuviel kann sogar in die gegenteilige Richtung umschlagen.

So spricht Schröder (1997) von der „Maladaptivität erwartungsbezogener Ressourcenkonstrukte" (S. 328 ff.) immer dann, wenn unrealistisch überhöhte positive Erwartungshaltungen vorliegen. Beispielsweise können realitätsferne Kontrollerwartungen auch eine besondere Verwundbarkeit erzeugen, wenn die tatsächlichen Erfahrungen diesen Erwartungen nicht entsprechen; geschieht so etwas öfter, kann daraus gelernte Hilflosigkeit resultieren. Und idealisierter, überhöhter Optimismus kann sogar motivationsreduzierend wirken.

Wenn die persönlichen Ressourcen von innen wirken, sind die externalen ☞ Ressourcen in der organisationalen Umwelt zu verorten. Die wichtigsten externalen Ressourcen sind ☞ Gesundheitskultur, Führung und ☞ soziale Unterstützung. Und selbstverständlich gehört zu den externalen Ressourcen auch die BGF im eigentlichen Sinne (✎ Kap. 3, S. 103).

Externale Ressourcen

Vor allem die ☞ Gesundheitskultur bringt Nachhaltigkeit ins betriebliche Gesundheitsmanagement (Elke, 2000). Dazu gehört, dass die Beschäftigten mitbekommen, dass das Thema „Gesundheit" als humanes Leistungskriterium einen genauso hohen Stellenwert besitzt wie die ökonomischen Leistungskriterien. Darüber hinaus sollten die Beschäftigten auch die Sinnhaftigkeit der BGF erkennen. Unternehmen mit einer ausgeprägten Gesundheitskultur haben durchschnittlich auch geringere Kosten, die durch krankheitsbedingte Ausfallzeiten erzeugt werden. Diese hohe Korrelation konnten Zimolong & Stapp (2001) für Großunternehmen sowie Uhle (2006) für Klein- und Mittelunternehmen zeigen; in Unternehmen mit einer gut entwickelten Gesundheitskultur lassen

Gesundheitskultur

sich die Einschränkungen des gesundheitlichen Allgemeinbefindens signifikant verlangsamen und im mittleren Lebensalter zwischen 21 und 40 Jahren sogar ins Positive umkehren.

Führung

Für die Entwicklung der Gesundheitskultur sind in erster Linie die Führungskräfte als Kulturpromotoren mit einem gesundheitsförderlichen Führungsstil ursächlich verantwortlich. Führung ist dann gesundheitsförderlich, wenn die Mitarbeiter motiviert werden, wenn mit ihnen Ziele vereinbart werden und diese auch Kontrolle erfahren. Wenn die Arbeitsergebnisse der Zielvereinbarung entsprechen, sollte die Führungskraft Wertschätzung durch Lob und Anerkennung zum Ausdruck bringen; andernfalls sind auch negative Konsequenzen zu ziehen. Und die erlebte Fairness in der Leistungsbeurteilung ist relevant. Alle dies wirkt sich mittelbar auf die Gesundheitskultur aus und ist somit Garant für Nachhaltigkeit. Eher schnelle Erfolge erzielt man als Führungskraft vor allem durch Beteiligung und Einbindung, Förderung von Eigeninitiative, Übernahme von Verantwortung und zielgruppengerechte und zeitnahe Kommunikation. Aufgrund der besonderen Hebelwirkung wird das Thema „Führung und Kultur" noch einmal ausführlicher in Kap. 3.1 (S. 104) beleuchtet.

Soziale Unterstützung

Die intensivste Forschungsaktivität und größte Literaturbreite liegt zur sozialen Unterstützung vor. Soziale Unterstützung kann durch Kollegen, Mitarbeiter und Vorgesetzte erfolgen, aber auch im außerberuflichen Kontext durch Familie, Freunde und Bekannte. Immer dann, wenn es beispielsweise bei der Arbeit stressig wird und man sich auf die Kollegen verlassen kann, weil sie einem den Rücken frei halten werden, spricht man von sozialer Unterstützung. Und es reicht aus, die Unterstützungsmöglichkeiten zu antizipieren; die Karte muss nicht ausgespielt werden. Nach House (1981) gibt es vier unterschiedliche Formen:

- emotionale Unterstützung durch Mitgefühl,
- beurteilende Unterstützung durch Rückmeldung und Bestätigung,
- informative Unterstützung durch Ratschläge und konkrete Hilfestellung und
- instrumentelle Unterstützung durch Kollegen, Mitarbeiter und Vorgesetzte bei der Erledigung der Arbeit.

Ulich & Wülser (2009) fassen die empirische Befundlage zusammen und konstatieren die große Bedeutsamkeit der sozialen Unterstützung als externale Ressource für den Schutz und die Förderung des individuellen Wohlbefindens und der Gesundheit. Wenn die Unterstützung durch andere allerdings gar nicht gewünscht ist oder die

Präventionsressourcen sichten und ausbauen

Unterstützung nicht den Erwartungen entspricht, können aus dem, was gut gemeint war, auch negative Effekte entstehen (Baumann et al., 1998).

> **Welche Ressourcen stehen Ihnen zur Verfügung?** In der folgenden Frageliste (☐ Tabelle 2-4, unten) können Sie sich darüber einen Überblick verschaffen. Die Handhabung dieser Checkliste ist analog der Checkliste aus Kap. 2.2 (↻ S. 83). Gewährleisten Sie auch hier anschließend wieder den Perspektivenwechsel: Zuerst durch Ihre Augen, dann durch die Augen Ihrer Kollegen oder Mitarbeiter.

☐ Tabelle 2-4: Frageliste Ressourcen

Ressourcen ...	Frage ...	Nie bzw. selten	Manchmal	Häufig bzw. immer
Persönliche Ressourcen	Können Sie sich mit Ihrer Arbeit identifizieren?	☐	☐	☐
	Betrachten Sie Probleme als Herausforderung und nehmen Sie die Dinge selbst in die Hand?	☐	☐	☐
	Erkennen Sie in Ihrer Arbeitsaufgabe eine Sinnhaftigkeit?	☐	☐	☐
Externale Ressourcen	Besitzt das Thema „Gesundheit" in Ihrem Unternehmen einen großen Stellenwert?	☐	☐	☐
	Ergeben die initiierten BGF-Maßnahmen Sinn?	☐	☐	☐
	Werden führungsseitig Ziele gesetzt, diese kontrolliert und rückgemeldet?	☐	☐	☐
	Werden die Mitarbeiter führungsseitig einbezogen?	☐	☐	☐
	Werden führungsseitig Konsequenzen bei schlechter Leistung gezogen und wird Anerkennung bei guter Leistung ausgesprochen?	☐	☐	☐
	Wird führungsseitig die Eigeninitiative der Mitarbeiter gefördert?	☐	☐	☐
	Zeigt die Führungskraft Verantwortung für das Thema „Gesundheit"?	☐	☐	☐
	Werden führungsseitig ausreichend und zeitnah Informationen weitergegeben?	☐	☐	☐
	Wenn es bei der Arbeit stressig wird, können Sie sich dann auf Kollegen, Mitarbeiter oder Vorgesetzte verlassen?	☐	☐	☐

Die „Toolbox BGF" in Kap. 3.2 (⌨ S. 109) wird Ihnen weiterhelfen, was die Ableitung von Maßnahmen anbelangt. Ebenso finden Sie dort eine Darstellung der ☞ Beanspruchungsfolgen.

2.4 BGF im Dialog: „Brauchen wir Mitarbeiterbefragungen?"

Die in den Kapiteln 2.2 (⌨ S. 83) und 2.3 (⌨ S. 92) vorgestellten Checklisten lassen sich auch in der Breite in Form einer Mitarbeiterbefragung einsetzen. Der Markt ist inzwischen reich und bunt, was entsprechende Befragungsinstrumente anbelangt. Um hier nicht die Übersicht zu verlieren, sei folgender Link empfohlen:

🖱 BAuA Toolbox: http://www.baua.de/toolbox

Hier hat die Bundesanstalt für Arbeitsschutz und Arbeitsmedizin (BAuA) mehr als 80 Befragungsinstrumente zusammengetragen und kategorisiert nach Nutzergruppe, Gestaltungsbezug, Analysetiefe, Tätigkeitsklasse, Branche und Methode der Datengewinnung.

Univ. Prof. Dr. Bernhard Zimolong

Doch ist solch ein Aufwand zur Datengenerierung überhaupt sinnvoll? Reicht es nicht aus, mit den Fehlzeiten zu operieren und ggf. mal mit dem Betriebsarzt ein längeres Gespräch zu führen? Diese und andere Fragen haben wir Herrn Prof. Dr. Bernhard Zimolong von der Ruhr-Universität Bochum gestellt. Herr Zimolong hat dort den Lehrstuhl für Arbeits- und Organisationspsychologie inne und forscht seit weit über 20 Jahren auf dem Feld der BGF.

Das Interview fand am 26. Oktober 2009 statt. Als Autoren möchten wir uns an dieser Stelle herzlich für die Unterstützung von Prof. Dr. Zimolong bedanken.

In der Fachliteratur und in publizierten Best Practices wird betriebliches Gesundheitsmanagement häufig als Querschnittsaufgabe unterschiedlicher Professionen definiert und dargestellt. Die dominierende Profession ist zumeist die Arbeitsmedizin. Welche Rolle und Funktion kommt der Psychologie im betrieblichen Gesundheitsmanagement zu?

Antwort von Prof. Dr. Zimolong: Das betriebliche Gesundheitsmanagement ist eine Managementaufgabe, in der unterschiedliche Professionen zusammenwirken müssen. Die Aufgabe des Managements kann von unterschiedlichen Professionen wahrgenommen werden und wird das auch. Allerdings sollte der Manager oder die

BGF im Dialog: „Brauchen wir Mitarbeiterbefragungen?"

Managerin einen fachlichen Hintergrund in der Gesundheitsförderung haben. Ein Studium der Medizin oder der klinischen Psychologie kann hilfreich sein, ist aber keineswegs ausreichend. Der Gesundheitsmanager sollte planen, organisieren und evaluieren können und von der betrieblichen Kostenrechnung etwas verstehen. Wichtig ist der fachlich geforderte Einsatz von Personal mit unterschiedlichem professionellem Hintergrund, wie z. B. die Arbeitspsychologie, die Ergonomie, die klinische Psychologie, die Arbeitsmedizin, die Physiotherapie, die Fachkraft für Arbeitssicherheit und andere Berufe. Insofern ist das Feld des betrieblichen Gesundheitsmanagements tatsächlich eine Querschnittsaufgabe unterschiedlicher Professionen. Wirtschaftspsychologen haben den Vorteil gegenüber anderen Professionen, sich in den Grundlagen der Verhaltenssteuerung, Planung und Organisation sowie in der Gesundheitsförderung auszukennen. Aus diesem Grund werden sie nicht nur für ergonomische und arbeitsorganisatorische Aufgaben, für die gesundheitsförderliche Führung und für das Training, z. B. zum ☞ Stressmanagement, eingesetzt, sondern sind auch vermehrt als Gesundheitsmanager anzutreffen.

Sie haben zahlreiche wissenschaftliche Untersuchungen und Forschungsprojekte in großen, mittleren und Kleinunternehmen sowie in der Öffentlichen Verwaltung mit dem Schwerpunkt „Gesundheit" durchgeführt – immer dem Dreischritt „Analyse – Intervention – Evaluation" folgend. Lohnt sich dieser Aufwand, Ziele und Indikatoren zu definieren und zu messen? Kommt hier sowieso nicht immer heraus, dass man den Rücken stärken, den Stress abbauen und die Kommunikation verbessern muss? Dann könnte man doch direkt in die Maßnahmenumsetzung, sprich in die BGF, einsteigen, oder?

Antwort von Prof. Dr. Zimolong: Wir wissen aus den wissenschaftlichen Untersuchungen, dass die Handlungsfelder des betrieblichen Gesundheitsmanagements die Gestaltung der Arbeit, die gesundheitsförderliche Führung, die Information und Kommunikation sowie die Förderung persönlicher Gesundheitsaktivitäten jedes Einzelnen sind. Dazu gehören u. a. Vorsorgeuntersuchungen und gesundheitliche Schwerpunktprogramme wie z. B. die ☞ Prävention der Rückengesundheit oder die richtige Ernährung. Der Ausgangspunkt ist immer die Analysephase in den einzelnen Handlungsfeldern mit den Fragen: Wie steht es mit den ☞ Belastungen? Wie führen die Führungskräfte? Wie stark oder schwach ist die ☞ Gesundheitskultur ausgeprägt? Was tun die Beschäftigten für Ihre Gesundheit? In Abhängigkeit von den Ergebnissen ergeben sich entsprechend den betrieblichen Rahmenbedingungen unterschiedliche Interventionsansätze. Sie reichen von Einzelmaßnahmen wie der ergonomischen Arbeitsplatzgestaltung oder dem Angebot von Bewegungsaktivitäten bis zum vollständigen Managementansatz.

Darin werden in den verschiedenen Handlungsfeldern gleichzeitige, auf einander abgestimmte Interventionen durchgeführt, evaluiert und verbessert. Ob nun für Einzelmaßnahmen oder für einen Managementansatz, in jedem Fall braucht man Indikatoren, um den Erfolg oder Misserfolg zu messen und für die nächsten Interventionen zu planen.

Viele Unternehmen, die sich dem Thema „Gesundheit" annehmen, messen die Erfolge einzig an der Krankheits- bzw. Gesundheitsquote – reicht das aus Ihrer Sicht?

Antwort von Prof. Dr. Zimolong: Natürlich ist die Gesundheitsquote ein wichtiger Erfolgsindikator. Schließlich hat das betriebliche Gesundheitsmanagement auch zum Ziel, die Wirtschaftlichkeit des Unternehmens durch die Reduzierung des Krankenstands zu stärken. Das bedeutet aber im Umkehrschluss, dass ein fachlich solides Gesundheitsmanagement die Gesundheitsressourcen jedes Einzelnen fördern und die ↻ Belastungen abbauen muss. Jedoch hängt die Gesundheitsquote von einer großen Zahl kaum oder nicht beeinflussbarer Faktoren ab. Dazu zählen u. a. die Alters- und Geschlechtsverteilung in der Belegschaft, Art und Umfang der Arbeit, die sozialen Rahmenbedingungen, Bildung und Einkommen. Um Belastungsschwerpunkte zu erkennen sowie Potenziale für Ressourcenförderung identifizieren zu können, braucht das betriebliche Gesundheitsmanagement weitere Indikatoren. Sie müssen die wichtigsten Handlungsfelder abdecken, wie sie in der Antwort zu Frage 2 bereits aufgezählt wurden. Wie auch in anderen Managementfeldern gehört zum betrieblichen Gesundheitsmanagement ein Portfolio von Gesundheitsindikatoren. Ihre Ausprägungen lassen sich am besten mit einer ↻ Balanced Scorecard darstellen (↻ Health Balanced Scorecard ○ Abbildung 35, S. 179).

Hinweis der Autoren: Im Kap. 4 (↳ S. 157) zeigen wir Ihnen auf, um welche erfolgskritischen Indikatoren es sich handelt.

Für Sie gelesen – von uns empfohlen:

Kaluza, G. (2007). Gelassen und sicher im Stress. Springer.

Gert Kaluza zeichnet in sehr verständlichen Worten ein umfangreiches Bild zum Thema „Stress". Über die Notwendigkeit des Stresses, die Entstehung von Fehlbelastungen, die Wirkung von Ressourcen und vor allem, was man daraus für sich selbst machen kann. Mit ausführlichen Beschreibungen und zahlreichen Übungen wird der Weg durch ein Leben mit dem Stress bereitet. Kaluzas Zauberformel lautet: erholen, genießen, entspannen und bewegen!

BGF im Dialog: „Brauchen wir Mitarbeiterbefragungen?"

Zusammenfassung zu den Risiken:

- **Belastungen:** Das Gesamtmaß der ⟶ Belastungen setzt sich zusammen aus beruflichen (ca. 40-prozentige Gewichtung) und außerberuflichen Belastungen (ca. 60-prozentige Gewichtung). Das betriebliche Gesundheitsmanagement hat primär die beruflichen Belastungsmomente im Blick. Im Idealfall können individuenzentrierte Optimierungen der Belastungssituationen vorgenommen werden. Belastungsmomente finden sich u. a. in den Arbeitsbedingungen, in der Arbeitsaufgabe, in der Qualität sozialer Beziehungen und in der Führung.
- **Analyse:** In der betrieblichen Praxis werden nach Kosten-Nutzen-Aspekten Entscheidungen getroffen, so auch im betrieblichen Gesundheitsmanagement: Mithilfe geeigneter Analyseverfahren sollten die kritischen Belastungsmomente identifiziert und geeignete Maßnahmen für bestimmte Zielgruppen (Altersgruppen, Geschlecht u. a.) abgeleitet werden. Die Herausforderung besteht in der Festlegung der Korngröße.
- **Ressourcen:** Mit den ⟶ Ressourcen verhält es sich ähnlich wie mit den Belastungen. Nach Analyse der zur Verfügung stehenden internalen bzw. persönlichen und externalen bzw. von außen kommenden Ressourcen lassen sich auch hier Maßnahmen ableiten: Trainings, Seminare und Fortbildungen zur Förderung internaler Ressourcen und ⟶ Empowerment der Führungskräfte im Umgang mit gesundheitsrelevanten Themen sowie teambildende Maßnahmen für die Stärkung der sozialen Unterstützung zur Förderung externaler Ressourcen.
- **Beanspruchungsfolgen:** Neben den objektiven Maßen (z. B. Fehlzeitenquote oder Gesundheitsbericht der Krankenkasse) ist es wichtig, auch subjektive Maße aus Beschäftigtenbefragungen zu generieren. Die objektiven Maße liefern immer nur einen Blick in die Vergangenheit und sind ausschließlich tertiärpräventiver Natur. ⟶ Prävention im eigentlichen Sinne ist nur möglich durch die Berücksichtigung primär-, sekundär- und tertiärpräventiver Indikatoren aus objektiven und subjektiven Daten. Neben Belastungen und Ressourcen stellen Beanspruchungsfolgen die dritte Evaluationskategorie bei der Erfolgsbeurteilung im Gesundheitsmanagement dar.
- **Indikatoren:** Wir unterscheiden bei den Beanspruchungsfolgen zwischen Früh- und Spätindikatoren. Zunahme der Fehlzeiten, Steigerung der ⟶ Fluktuation, Abnahme der Arbeitsqualität und Produktivität sowie die Zunahme an innerer Kündigung zeigen, dass im Bereich Gesundheit etwas schief läuft. Mithilfe der Frühindikatoren können wir präventiv die Risiken bestimmen. Typische Frühindikatoren sind psychosoziales Wohlbefinden, Gesundheitszustand, soziale Störungen, Vertrauen in Führung oder das Gesundheitsverhalten.

Check-Liste 5: Risiken bestimmen und Ressourcen fördern

3 Präventionsauftrag: Auf die Richtung kommt es an!

Nachdem in den vorherigen Kapiteln die theoretischen Grundlagen mit ersten praktischen Hinweisen geliefert wurden, geht es jetzt in **Kapitel 3** um konkrete Umsetzungsmöglichkeiten von Präventionsmaßnahmen.

Unsere Leitfragen ...

▶ **Kap. 3.1: Verhaltens- und Verhältnisprävention** (Seite 104)
Warum unterscheidet man zwischen Verhaltens- und Verhältnisprävention?

▶ **Kap. 3.2: Alle Werkzeuge sind sortiert – Die Toolbox BGF** (Seite 109)
Wie sieht die Toolbox mit verhaltens- und verhältnispräventiven Maßnahmen aus?
Wie sieht die Anwendung in der Praxis aus?

▶ **Kap. 3.3: Werkzeuge für die Psyche** (Seite 112)
Stress, psychische Erkrankungen und Konflikte sind in aller Munde –
was bedeutet das genau für das betriebliche Gesundheitsmanagement?

▶ **Kap. 3.4: Werkzeuge für den Körper** (Seite 121)
Ein gesunder Geist soll in einem gesunden Körper leben –
welchen Stellenwert haben hier Bewegung und Ernährung?

▶ **Kap. 3.5: Werkzeuge für das Wissen** (Seite 130)
Informations- und Kommunikationsmanagement sind in jedem Projekt von großer Bedeutung – welche speziellen Anforderungen stellt das Themenfeld ‚Gesundheit'?

▶ **Kap. 3.6: Werkzeuge für die Motivation** (Seite 133)
Wie kann man die Mitarbeiter fürs BGM begeistern?

▶ **Kap. 3.7: Werkzeuge für das Verhalten** (Seite 137)
Und warum ist es eigentlich so schwierig, sich gesundheitsgerecht zu verhalten?

▶ **Kap. 3.8: BGF im Dialog mit Prof. Dr. Gabriele Elke** (Seite 146)
Welche Bedeutung hat Gesundheitskultur?
Wie bekommen wir Nachhaltigkeit ins betriebliche Gesundheitsmanagement, und welche Rolle spielen dabei Führung, Kultur und Struktur?

Chef: „Wir sollten mal was für die Gesundheit unserer Leute tun. Unsere Kosten durch krankheitsbedingte Abwesenheit sind definitiv zu hoch!"

Personaler: „Der Klaus R. aus der Instandhaltung hatte mich auch schon angesprochen. Er ist früher regelmäßig gelaufen und wollte bei uns eine Betriebssportgruppe anbieten."

Chef: „Prima! Dann machen wir es aber richtig und Nägel mit Köpfen. Geben Sie Herrn R. noch zwei ausgebildete Lauftrainer an die Hand und dann geht es los. Wir machen das auf dem kleinen Dienstweg: 15 000,- € für das Projekt mit Prämien fürs Mitmachen und in einem Jahr sprechen wir uns wieder – dann will ich aber zwei Prozent weniger in der Fehlzeitenquote haben!"

So oder so ähnlich läuft es in vielen Betrieben. Man erkennt, dass ein Problem da ist – hier die Kosten durch krankheitsbedingte Fehlzeiten – und greift auf Heuristiken und assoziative Maßnahmen zurück. Die Folgen sind geringe Resonanz in der Mitarbeiterschaft durch fehlendes Projektmarketing und eine Maßnahmenauswahl, die aufgrund fehlender Ursachenanalyse an den Ursachen vorbeigeht, sodass unterm Strich die Investitionskosten versenkt werden und das Problem bleibt. Wenn das Problem „zu hohe Kosten" heißt und das Ziel darin besteht, diese Kosten zu senken, dann ist die Aufgabenstellung keineswegs trivial. Vielmehr ist ein systematisches Vorgehen über den Dreischritt „Analyse – Intervention – Evaluation" erforderlich. Um Analyse und Evaluation geht es im Kap. 4 (↳ S. 157), jetzt wollen wir uns mit der Systematik der Interventionen beschäftigen.

3.1 Verhaltens- und Verhältnisprävention

Schlüssel zum Erfolg

Tuomi und Ilmarinen (1999) zeigten mithilfe mehrerer Längsschnittstudien aus den 1980er- und 90er-Jahren einen „natürlichen Entwicklungsverlauf": Mit zunehmendem Lebensalter nimmt die Anzahl der somatischen und psychischen Erkrankungen zu, deutlich beschleunigt v. a. die chronifizierten Beschwerden wie Muskel- und Skelettbeschwerden, Depressionen und Angststörungen, also die Volkskrankheiten des 21. Jahrhunderts. Hiermit einher geht eine sinkende Leistungsfähigkeit. Dieses Naturgesetz kann allerdings gebrochen bzw. zum Teil aufgehalten werden. Tuomi und Ilmarinen (1999) identifizierten verhaltens- und verhältnispräventive Interventionen als Schlüssel zum Erfolg. Allein gesunde Ernährung, ausreichend Bewegung sowie Ruhe und Gelassenheit im Stress reichen aus, um die natürliche Minderung der Arbeitsfähigkeit mit dem Alter um ungefähr drei bis vier Jahre zu verzögern. Drei bis vier Jahre mehr Leistungsfähigkeit und gleichzeitig mehr Wohlbefinden sind schon Grund genug, um verhaltenspräventiv zu beginnen. Der große Wurf wird allerdings erst dann möglich, wenn neben verhaltens- auch verhältnispräventive Interventionen umgesetzt werden. Neben der individuellen Gesundheitsförderung (verhaltenspräventiv) bedarf es auch der ergonomischen Arbeitsgestaltung und einer gesundheitsförderlichen Führung (verhältnispräventiv). Die ● Abbildung 20 (unten)

Verhaltens- und Verhältnisprävention

nach Richenhagen (2007a) in Anlehnung an der Längsschnittstudie von Tuomi und Ilmarinen (1999) zeigt den Verlauf der Leistungsfähigkeit und des Wohlbefindens über das Alter (a) ohne Interventionen, (b) mit Verhaltensprävention und (c) mit Verhaltens- und Verhältnisprävention. Altersgerechte Personalarbeit muss nach Richenhagen (2007a) die ☞ Employability fördern und erhalten.

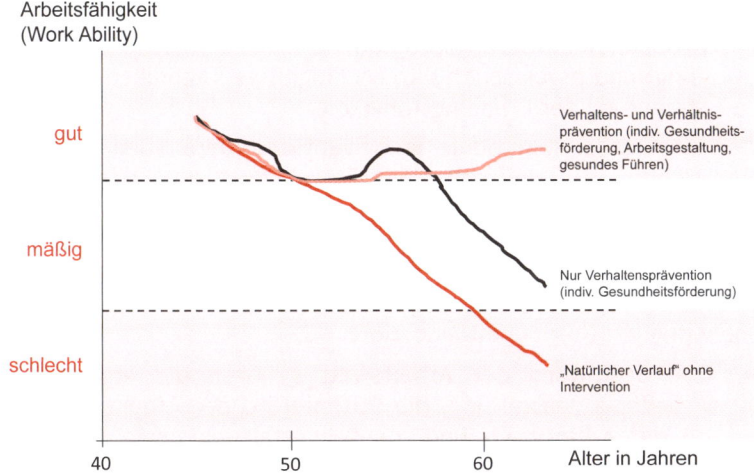

○ **Abbildung 20:** Verlauf der Leistungsfähigkeit

Wie so oft im Leben macht es der richtige Mix aus unterschiedlichen Interventionen. Wenn ein Patient mit Bluthochdruck zum Arzt kommt und blutdrucksenkende Medikamente erhält, wird sich das positiv auf die Beschwerden auswirken – Nachhaltigkeit ist allerdings nicht garantiert. Ein verantwortungsvoller Arzt wird deshalb nicht „quick and dirty" nur ein Medikament verschreiben, sondern die Lebensweise des Patienten eruieren und somit den Ursachen auf den Grund gehen: Stress im Beruf, Ärger im Privaten, suboptimale Ernährung oder zu wenig Bewegung? All dies können Ursachenfaktoren sein, die den Blutdruck nach oben peitschen – die alleinige Gabe von Medikamenten würde hier zu kurz greifen. Häufig wird aber die einfache Lösung gewählt, wird das angepackt, was auf der Hand liegt. Dörner (2003) führt uns vor Augen, dass wir immer wieder beim strategischen Denken an komplexen Aufgaben scheitern, weil wir die Komplexität zu simplifizieren versuchen und auf Altbewährtes zurückgreifen, statt zu prüfen, ob nicht neue Wege erforderlich sind. So programmieren wir quasi selbst systematische Fehler in unser Denken und Handeln. Und da jeder etwas zum Thema Gesundheit sagen kann und sich selbst einen gewissen Expertenstatus zuweist, werden häufig nur Bruchstücke aus der Komplexität ‚Gesundheit' beleuchtet und Standardinterventionen eingesetzt, mit dem beschriebenen kurzfristigen Erfolg.

Komplexität Gesundheit – der richtige Mix an Maßnahmen

Pflicht- und Kürprogramme

In Anlehnung an Brandenburg et al. (2000) lassen sich deshalb auch Pflicht- und Kürmodule unterscheiden. Unter Kürmodule werden die Interventionen gefasst, die wir spontan assoziieren, wenn wir an Gesundheit denken:

- Aufklärung und Beratung zu Ernährung, Sucht, psychosozialen ↪ Belastungen und speziellen Risiken wie Muskel- und Skelett- oder psychischen Beschwerden.
- Gesundheitsförderungsprogramme zur körperlichen (Bewegung) und psychischen Fitness (kognitive Techniken) sowie die Steigerung der Erholungsfähigkeit.

Der Einsatz der Kürmodule in Präventionsprogrammen ist wichtig und richtig, denn so werden die Erwartungen der Teilnehmer erfüllt – allerdings dürfen sich die Interventionen nicht ausschließlich darauf beschränken. Kürmodule sollten die Pflichtmodule flankieren. Pflichtmodule sind in den meisten Fällen struktur- und prozessorientiert und damit größtenteils nicht unmittelbar mit der individuellen Gesundheit assoziiert:

- Zur Gestaltung der Arbeitswelt gehören die ergonomische Arbeitsplatzgestaltung, die Optimierung der Arbeitsorganisation mit Arbeitszeit- und -pausengestaltung sowie die Mitwirkung der Betroffenen bei Beschaffungsentscheidungen.
- Das Informations- und Kommunikationsmanagement umfasst Arbeitskreise, Mitarbeiter- und Rückkehrgespräche, Beratungsgespräche zu speziellen Gesundheitsthemen und Gesundheitsevents.
- In der psychosozialen und arbeitsmedizinischen Betreuung geht es um die Aufklärung, Beratung und Früherkennung spezieller Gesundheitsrisiken sowie individuelle Angebote für besondere Zielgruppen (z. B. schweres körperliches Arbeiten, Arbeiten mit Gefahrstoffen).
- Zur Mitarbeiterbeteiligung gehört eine regelmäßige Befragung über ↪ Belastungen, ↪ Ressourcen, ↪ Beanspruchungsfolgen sowie Wünsche und Vorstellungen zum Bereich Gesundheit. Des Weiteren fördern ↪ Gesundheitszirkel, Gruppenarbeit und ein betriebliches Verbesserungsvorschlagswesen die Partizipation und somit die Akzeptanz von Maßnahmen.
- Das ↪ betriebliche Eingliederungsmanagement nach § 84, Abs. 2, SGB IX (2004) greift nach 42 Tagen krankheitsbedingtem Fehlen innerhalb von 12 Monaten. Der Arbeitgeber hat dem betroffenen Mitarbeiter Unterstützung anzubieten, um „die Arbeitsunfähigkeit möglichst zu überwinden" und zu klären, „mit welchen Leistungen oder Hilfen erneuter Arbeitsunfähigkeit vorgebeugt werden kann." (Ebd.) Konkret können mit Zustimmung der Betroffenen individuelle Wiedereingliederungs-

pläne gestaltet oder Umgestaltungserfordernisse des Arbeitsplatzes oder der -mittel geprüft und umgesetzt werden.

> **Pflicht- und Kürprogramme**
>
> Die Kürmodule unterstützen verhaltenspräventiv unmittelbar den Menschen, die Pflichtmodule sind vergleichsweise stärker verhältnispräventiv mittelbar über Arbeitsprozesse und Strukturen ausgerichtet, sodass Nachhaltigkeit in die Intervention kommt. Das Schlüsselwort ist hier die Nachhaltigkeit, die sich sowohl objektiv in den Gesundheitskennzahlen als auch subjektiv in der Gesundheitskultur niederschlägt (↘ Kap. 4, S. 157).

☑ **Box 3-1:** Kür- und Pflichtmodule in Präventionsprogrammen

Gesundheitskultur sollte unsere Zielvariable sein, damit die betrieblichen Gesundheitsmaßnahmen nachhaltig im System Unternehmen ausreichend verankert werden.

Kulturverantwortliche sind in erster Linie die Führungskräfte eines Unternehmens, die den Aufbau und Erhalt eines betrieblichen Gesundheitsmanagements im Prozess maßgeblich fördern, beschleunigen und stabilisieren können – sie sind Kulturentwickler, -promotoren und -bewahrer. Die ☞ Gesundheitskultur manifestiert sich in Basisannahmen und -werten, die sich im Umgang mit der Gesundheit in der Arbeitswelt entwickelt haben, vom Großteil der Belegschaft akzeptiert und als Selbstverständlichkeit angesehen werden (vgl. Schein, 1990; Elke, 2001). Hier findet die Sinnhaftigkeit von angebotener BGF ihren Niederschlag, ebenso wie die Relevanz der Gesundheit als Humanleistungskriterium im Vergleich zum Ökonomieleistungskriterium (z. B. Wirtschaftlichkeit, Produktivität, Innovation). ☞ Gesunde Führung wirkt sich auf das Gesundheitsverhalten der Mitarbeiter und die Gesundheitskultur aus.

Ansatzpunkt Führung

☞ Gesunde Führung generiert mittel- und langfristige Erfolge. Zu den Führungsinstrumenten für mittelfristige Erfolge gehören:

Gesunde Führung

- Beteiligung und Einbindung: Die Führungskraft identifiziert Multiplikatoren unter den Mitarbeitern und überträgt gezielt gesundheitsrelevante Aufgaben (z. B. Beschaffen von Informationen zur gesunden Ernährung). In der Startphase eines betrieblichen Gesundheitsmanagements sollte es nicht das Ziel sein, eine 100-prozentige Beteiligungsquote zu haben. Vielmehr geht es darum, attraktive Angebote zu installieren und Best Practices medial zu streuen. So erreicht man über Ansteckungseffekte mit der Zeit immer mehr Mitarbeiter. Darüber hinaus sollten Führungskräfte die Mitarbeiter frühzeitig und dauerhaft in gesundheitsbezogene Entscheidungen einbeziehen – das schafft Akzeptanz!

- Förderung von Eigeninitiative: Führungskräfte sollten die Mitarbeiter unterstützen und anhalten, Vorschläge zur BGF zu liefern. Am besten integriert man das Thema „Gesundheit" ins betriebliche Vorschlagswesen.

- Übernahme von Verantwortung: Nur wer Gesundheit vorlebt, ist authentisch und kann mitreißen! Das heißt nicht, dass die Führungskräfte zu Asketen transformiert werden, vielmehr geht um einen gesundheitsförderlichen Führungsstil und die Gestaltung einer gesunden Arbeitswelt. Führungskräfte sollten beteiligen, aber zeigen, dass die Verantwortung bei ihnen bleibt!

- Weitergabe von Informationen: Die Führungskraft sollte das Thema Gesundheit in alle formellen Gesprächssituationen (z. B. Dienstbesprechungen, Abteilungsversammlungen) prominent platzieren und auch informell flankieren (z. B. durch Nachfragen beim Pausenkaffee) – aber Vorsicht: Es kommt wie so oft auf das richtige Maß an; weder zu viel noch zu wenig!

Langfristige und nachhaltige Erfolge werden vor allem über folgende Führungsinstrumente erzeugt:

- Systematische Führung: Mit den Mitarbeitern werden gemeinsame Ziele vereinbart, die in der BGF erreicht werden sollen. An dieser Stelle gilt die Weisheit der Motivationspsychologen: Das Ziel muss mit Anstrengung erreicht werden, aber es muss erreicht werden können. Auch gilt es zu vereinbaren, wann und wie die Zielerreichung kontrolliert wird (z. B. Definition von Meilensteinen) und wer wem Rückmeldung gibt. So entstehen Transparenz und Sicherheit.

- Ziehen von Konsequenzen: Wenn die vereinbarten Ziele nicht erreicht wurden, müssen daraus Konsequenzen gezogen werden. In den meisten Fällen reicht eine gemeinsame Reflexion zwischen Mitarbeiter und Führungskraft über die Ursachen der Nicht-Zielerreichung aus. Wichtig ist hier, dass beide daraus lernen und zukünftig Ziele detaillierter oder abstrakter, kurz- oder langzyklischer festlegen. Auch können personenbezogene wie Selbstüberschätzung oder systembezogene Ursachen wie Ressourcenmangel verantwortlich sein. Es muss evtl. auch die Aufgabenübertragung überdacht werden.

- Anerkennung: Genauso wichtig wie das Konsequenzenziehen bei schlechter Leistung ist das Aussprechen und Zeigen von Anerkennung bei guter Leistung. Viele Führungskräfte denken (immer noch), für eine korrekte Zielerreichung werden die Mitarbeiter doch bezahlt. Doch die Wirkung von ausbleibender Anerkennung ist fatal: So entsteht Demotivation seitens der

Mitarbeiter. Dabei ist unter Kosten-Nutzen-Aspekten die Anerkennung kaum zu schlagen: Es kostet, wenn überhaupt, nur etwas Zeit, auf der anderen Seite wird ein menschliches Grundbedürfnis befriedigt und das gezeigte Verhalten im lernpsychologischen Sinne positiv verstärkt.

- Fairness: Das gesprochene Wort, die Leistungsbeurteilung oder die Zuweisung von Incentives und Karriereaufstiegen werden alle von der Fairness der Führungskraft moderiert. Wer sich unfair behandelt fühlt, wird früher oder später krank (Siegrist, 1996). Vielfach resultiert das Empfinden von Unfairness in nicht ausgetauschten Erwartungen – solche Probleme hat man schnell vom Tisch.

Die erläuterten Führungsstile haben immer gesundheitliche, aber auch allgemeine arbeitsbezogene Inhalte. Das Rad muss also grundsätzlich nicht neu erfunden werden – in den meisten Fällen jedenfalls nicht! **Funktionieren kann das alles nur, wenn die Führungskraft ihre ☞ gesunde Führung in einer gesunden Arbeitswelt entfalten kann.** Es bedarf also eines Managements, das Human- und Ökonomieleistungskriterien als gleichrangige oder zumindest in einem ausgewogenen Verhältnis zueinander definierte Ziele versteht. Das Management muss von den Vorgesetzten der unteren und mittleren Ebenen die Implementierung von Gesundheit in den Arbeitsalltag fordern und durch Ressourcenbereitstellung fördern. So entstehen organisationale Gesundheitsstrukturen, die von der Gesundheitskultur getragen werden.

3.2 Alle Werkzeuge sind sortiert: Die Toolbox BGF

Die Kapitel 3.1 vorgestellte Systematik von verhaltens- und verhältnispräventiven Maßnahmen soll folgend ausgeweitet und in Form einer beispielhaften „Toolbox BGF" konkretisiert werden (☐ Tabelle 3-1, S. 110). Die Inhalte dieser Toolbox fokussieren in erster Linie primär- und sekundärpräventive Maßnahmen und Programme. Beispielhafte Werkzeuge werden bereitgestellt für Psyche, Körper, Wissen, Motivation und Verhalten (vgl. Uhle, 2010).

In den folgenden Kapiteln werden die einzelnen Werkzeuge vorgestellt. Die Beispiele für die Maßnahmen befinden sich auf der beigefügten CD-ROM.

☐ Tabelle 3-1: Toolbox BGF

Verhaltensprävention	Verhältnisprävention	Beispiele für Maßnahmen
Werkzeuge für die Psyche		**Kap. 3.3, S. 112**
• Optimierter Umgang mit Konflikten • Optimierter Umgang mit emotionalen Dissonanzen • Optimierter Umgang mit Belastungen aus der Arbeitsorganisation • Eigene Stressoren reflektieren • Systematische Präventions- und Entspannungstechniken lernen und einsetzen	• Aufstellen verbindlicher Verhaltensregeln • Räume der Bewegung und Ruhe schaffen • Arbeitszeitenmodelle • Arbeitspausenmodelle	**Workshop** *Wie wir miteinander arbeiten wollen!* **Seminar** *Entspannte Mittagspause!*
Werkzeuge für den Körper		**Kap. 3.4, S. 121**
• Information und Sensibilisierung hinsichtlich Ernährung • Information und Sensibilisierung hinsichtlich Bewegung	• Ernährungsangebote vor Ort optimieren • Bewegungsangebote vor Ort optimieren	*Im Buch dargestellt!* **Seminar** *Genuss statt Frust!*
Werkzeuge für das Wissen		**Kap. 3.5, S. 130**
• Erweiterung der persönlichen Gesundheitskompetenzen	• Informations- und Kommunikationsmanagement	

Verhaltensprävention	Verhältnisprävention	Beispiele für Maßnahmen
• Austauschbereitschaft aktivieren	• Möglichkeiten des Erfahrungsaustausch erweitern • Austausch zwischen Wissenschaft und Praxis organisatorisch ermöglichen	**Seminar** *Was ist Stress?*
Werkzeuge für die Motivation		**Kap. 3.6, S. 133**
• Mitarbeiter gezielt hinsichtlich ihrer persönlichen Ressourcen entwickeln • Feedback zum Fortschritt im Bereich Gesundheit durch Experten geben	• Gesundheitsaspekte und Mitarbeiterorientierung in Organisationsstrukturen berücksichtigen • Gesundheitsaspekte und Mitarbeiterorientierung in Führungsprinzipien berücksichtigen	**Workshop** *Gesund Führen!*
Werkzeuge für das Verhalten		**Kap. 3.7, S. 137**
• Zur Selbstverantwortung z. B. im Hinblick auf „Stresserkrankungen" sensibilisieren • Erkennen persönlicher Risiken und Umgang mit selbigen	• Tertiärpräventive Beratungsangebote • Tertiärpräventive Programme	**Beratung** *Psychosoziale Beratung*

3.3 Werkzeuge für die Psyche: Stress, Konflikte ...

Verbreitung von psychischen Störungen

☞ **Psychische Störungen** sind in Deutschland weit verbreitet und avancieren zu einem Sorgenkind der BGF (Wieland, 2009). Etwa ein Drittel einer für die Allgemeinbevölkerung repräsentativen Stichprobe (zwischen 18 und 65 Jahren) wies in einer breit angelegten epidemiologischen Untersuchung zur Feststellung einer 12-Monats-Prävalenz irgendeine psychische Störung auf (Jacobi et al., 2004). Dabei kommen Substanzstörungen mit einer Prävalenzrate von etwa 5 Prozent gehäuft vor.

Hinweis: Im Folgenden wird häufig auf die internationale Klassifikation psychischer Störungen verwiesen (ICD). Die Quelle dazu finden Sie unter Dilling et al. (2004) im Quellenverzeichnis.

Abhängigkeitsstörungen:
Ein bekanntes, aber oft verschwiegenes Problem!

Abhängigkeitsstörungen

Die **Alkoholabhängigkeit** (ICD 10, F10.2) ist mit einer Prävalenzrate von 4 Prozent am weitesten verbreitet. Eine Abhängigkeitsstörung von illegalen **psychotropen Substanzen** (z. B. Cannabinoiden, Kokain, Heroin) und Medikamenten, die unter das Betäubungsmittelgesetz (BtMG) fallen (z. B. Benzodiazepine) kommt wesentlich seltener vor. Männer sind von diesen Störungen deutlich häufiger betroffen als Frauen (bei der Alkoholabhängigkeit weisen Männer eine Prävalenzrate von 6,8 Prozent, Frauen von 1,3 Prozent auf). Die Alkoholabhängigkeit zählt bei Männern zu den häufigsten psychischen Erkrankungen und ist für Frühverrentungen aufgrund psychischer Störungen nach psychotischen Erkrankungen die häufigste Ursache (Heipertz & Triebig, 2000). Neben den klassischen Abhängigkeitsstörungen (stoffgebundenen Süchten) kommt den **nicht stoffgebundenen Süchten** (z. B. pathologisches Glücksspiel und PC-Gebrauch) eine immer größere Bedeutung zu, was sich u. a. darin zeigt, dass es mittlerweile in vielen Rehabilitationskliniken für Abhängigkeitsstörungen spezielle Behandlungsangebote für diese Patientengruppen gibt (Füchtenschnieder & Petry, 2004).

Situation im Betrieb

Die Belegschaft großer Betriebe stellt in der Regel einen guten Querschnitt der Allgemeinbevölkerung dar, sodass davon auszugehen ist, dass ein nicht unerheblicher Teil der Mitarbeiter unter psychischen Störungen und damit auch unter **Abhängigkeitsstörungen** leidet. Gut angelegte Studien mit verlässlichen Prävalenzraten gibt es dazu bislang kaum, ebenso fehlen gesicherte Daten zum Konsumverhalten während der Arbeitszeit (Heipertz

& Triebig, 2000). Nicht selten jedoch werden Mitarbeiter am Arbeitsplatz mit einer Alkoholfahne auffällig, was dann wiederum arbeitsrechtliche Konsequenzen nach sich ziehen kann. In vielen Betrieben gibt es Suchtberater, an die mit Alkohol- oder Drogenkonsum auffällige Mitarbeiter verwiesen werden, die diese dann in entsprechende Behandlungsangebote vermitteln.

Neben der Tertiärprävention spielt im Bereich der Abhängigkeitsstörungen und der nicht stoffgebundenen Süchte die Primärprävention eine wichtige Rolle. Hier geht es in erster Linie darum, Informationsveranstaltungen zum Thema „Sucht am Arbeitsplatz" für Mitarbeiter, Führungskräfte, Personaler und Betriebsräte durchzuführen und entsprechende Aufklärungsarbeit zu leisten (an dieser Stelle wird auf den breiteren und unschärferen Begriff „Sucht" zurückgegriffen, um zum einen die nicht stoffgebundenen Süchte mit einzuschließen, zum anderen ist dieser Begriff in den Betrieben wie auch in der Allgemeinbevölkerung weiter verbreitet, als der von der Weltgesundheitsorganisation verwendete Begriff der Abhängigkeitsstörungen für die stoffgebundenen Süchte).

Prävention

In Deutschland besteht für die Behandlung von Abhängigkeitsstörungen ein im internationalen Vergleich gutes Versorgungssystem, dessen gesetzliche Grundlage sich in den Sozialgesetzbüchern (SGB) V und VI findet. Im SGB V ist die Akutversorgung geregelt. Darunter fallen z. B. die Entgiftungsbehandlungen, die in Akutkrankenhäusern und psychiatrischen Fachkliniken zu Lasten der Krankenversicherungen durchgeführt werden. Leistungsträger der Entwöhnungsbehandlungen, die in stationären oder ambulanten Rehabilitationseinrichtungen durchgeführt werden, sind in der Regel die Rentenversicherungsträger. In Ausnahmefällen können Entwöhnungsbehandlungen auch von Krankenkassen oder Sozialämtern finanziert werden. Ziel der Rehabilitationsmaßnahmen ist, die durch die Abhängigkeitsstörung entstandenen oder die Störung mit bedingenden und aufrechterhaltenden Beeinträchtigungen der sozialen Rolle, vor allem auch bezogen auf die Arbeits- und Erwerbsfähigkeit, zu reduzieren oder gar zu überwinden (vgl. Funke, 2002). Ein Versorgungssystem kann jedoch nur erfolgreich sein, wenn es von den Betroffenen auch in Anspruch genommen wird. An dieser Stelle gibt es auch hierzulande noch Verbesserungspotenzial. Etwa 70 Prozent der Menschen mit Alkoholproblemen wenden sich lediglich an den Hausarzt (John et al., 1996), was wahrscheinlich damit zusammenhängt, dass der Alkoholkonsum von den Betroffenen nicht als Problem erkannt wird (Funke, 2002). Zudem bestehen bei Abhängigkeitsstörungen häufig Verheimlichungstendenzen, die zu einer Chronifizierung und entsprechenden Folgeschäden und -kosten (privat, betrieblich und volkswirtschaftlich) beitragen können. In der Regel vergehen einige

Behandlung

Jahre, bis ein alkoholabhängiger Patient eine fachlich qualifizierte Behandlung in Anspruch nimmt, wenn überhaupt. Der betrieblichen Suchtprävention kommt daher an dieser Stelle eine Schlüsselrolle zu, indem sie zum einen Menschen über die zur Verfügung stehenden Behandlungsmöglichkeiten aufklärt und die Betroffenen zum anderen auf ihrem Weg in diese Behandlungen begleitet.

Rehabilitationsbehandlung

Eine Rehabilitationsbehandlung muss formell über einen entsprechenden Antrag beim zuständigen Rentenversicherungsträger auf den Weg gebracht werden. Dies erfolgt in der Regel ambulant in Suchtberatungsstellen und erfordert einige Wochen Vorbereitungs- und Bearbeitungszeit. Zusätzlich ist in vielen Fällen eine stationäre Entgiftungsbehandlung indiziert, die zeitlich mit der Rehabilitationsbehandlung abgestimmt werden sollte, da in der Zeit unmittelbar nach der Entgiftung eine hohe Rückfallgefahr besteht. Es konnte in mehreren Studien gezeigt werden, dass im ersten Monat nach einer erfolgten Entgiftung etwa 50 Prozent der Personen wieder Alkohol in schädlichem Maße konsumierten, nach einem Jahr lag die Quote gar bei 84 Prozent (Körkel & Schindler, 2003). Einem gut geplanten und koordinierten Behandlungsplan kommt daher eine nicht zu unterschätzende Bedeutung zu, um das Risiko eines Rückfalls und eines vorzeitigen Ausstiegs aus dem Behandlungsplan zu minimieren.

Es folgt ein betriebliches Fallbeispiel:

Nachhaltigkeit in der betrieblichen Suchtprävention

(Jörg Heu, Rolf Janyga, Wilfried Hesse, Elisabeth Zilles & Thorsten Uhle)

> In der psychosozialen Beratungsstelle eines Dienstleisters in der Chemischen Industrie werden die in den betrieblichen Rahmenbedingungen verankerten Herausforderungen konzeptionell aufgegriffen.

Primärprävention

In primärpräventiven Informationsveranstaltungen sensibilisieren wir sowohl Funktionsträger (wie Vorgesetzte, Mitarbeiter der Personalabteilungen und Betriebsräte) als auch die Mitarbeiter unserer Kunden selbst zum Thema Abhängigkeitsstörungen, deren Entstehungsbedingungen, Folgen und Behandlungsmöglichkeiten. Ziel dieser Veranstaltungen ist es, neben der reinen Informationsvermittlung mögliche Ängste und Vorbehalte gegenüber den Störungen allgemein und den Behandlungsangeboten zu reduzieren und erste emotionale Hürden der Inanspruchnahme durch das Kennenlernen der Berater abzubauen.

Im tertiärpräventiven Bereich bieten wir ein niedrigschwelliges Beratungsangebot an, das die Mitarbeiter und Funktionsträger unserer Kunden in Anspruch nehmen können. Der Erstkontakt erfolgt in Einzelgesprächen, in denen die Indikation für unsere weiterführenden Angebote gestellt wird. Dabei wird bereits zu Beginn der Beratung überprüft, ob eine behandlungsbedürftige Abhängigkeitsstörung (ICD 10, F1X.2), ein schädlicher Gebrauch (Missbrauch) von psychotropen Substanzen (ICD 10, F1X.1) oder ein riskanter Konsum besteht. Das weitere Vorgehen richtet sich nach der Diagnose und den sozialen Rahmenbedingungen des Klienten.

Tertiärprävention

Der Zugang zu unserem Beratungsangebot ist unterschiedlich. Zu einem großen Teil wenden sich die Betroffenen unmittelbar an uns, es kommt aber auch vor, dass der Erstkontakt durch die Personalabteilung oder den Betriebsrat hergestellt wird. Wir können erfreulicherweise feststellen, dass es sich dabei nicht nur um bereits chronifizierte Fälle handelt, sondern auch um Mitarbeiter, die sich durch die Informationsveranstaltungen angeregt fühlten, ihren Alkoholkonsum zu hinterfragen. Den Klienten, die sich im Rahmen eines riskanten Konsums oder des schädlichen Gebrauchs bewegen, bieten wir eine wöchentlich stattfindende Gruppenveranstaltung an, die maximal ein halbes Jahr besucht werden kann. Der Schwerpunkt dieser Gruppe ist die Vermittlung von vertieftem Wissen über Abhängigkeitsstörungen und nicht stoffgebundene Süchte, deren Entstehungsbedingungen, aufrechterhaltende Bedingungen, Begleiterkrankungen und Krankheitsverläufe. In diese Gruppe werden zudem diagnostiziert abhängige Klienten integriert, denen es schwerfällt, sich als „abhängig" zu sehen und die noch keine ausreichende Behandlungsmotivation entwickelt haben. Ein Klient, der neu in die Gruppe aufgenommen wird, erhält bis zu sechs Wochen Zeit, sich mit seinem Krankheitsbild auseinanderzusetzen und für sich ein Krankheitsverständnis zu entwickeln. Nach Abschluss dieser sechs Wochen wird von unserer Seite eine Behandlungsempfehlung ausgesprochen und mit den Wünschen und Vorstellungen des Klienten abgeglichen. Decken sich die Vorstellungen des Klienten nicht mit unserer Indikationsstellung, wird eine Motivationsphase eingeleitet, um den Klienten zu einer für ihn notwendigen Behandlung zu bewegen. Dabei werden die Aspekte der Person (Wünsche und Befürchtungen) und der Situation (Arbeitsplatzsituation, familiäre Situation etc.) zueinander in Beziehung gesetzt und der Klient in seinem Zielbildungsprozess professionell unterstützt.

Zugang zum Beratungsangebot

> Zieht man das Handlungsphasen- oder ☞ Rubikonmodell von Heckhausen (Heckhausen, 1987) zur Erläuterung des Vorgehens heran, befinden wir uns mit dem Klienten vor dem Rubikon im Bereich des Abwägens und der Zielbildung (vgl.

> Grawe, 1998). Zur Anwendung kommen hier in erster Linie **psychoedukative Methoden und motivierende Gesprächsführung** (Miller & Rollnik, 2005).

Behandlungsziel
Klienten, die ein klares Behandlungsziel haben, werden von uns in die für sie passenden ambulanten oder stationären Behandlungsangebote vermittelt. Hier geht es darum, die Klienten bei der Planung und Umsetzung ihrer Ziele zu unterstützen. Jetzt haben die Klienten den ☞ Rubikon überschritten, sodass wir sie in ihrer Problembewältigung unterstützen können. Generell werden die Klienten, soweit dies in ihrer aktuellen Lage möglich ist, bei allen Schritten in die Verantwortung genommen (z. B. bei der Organisation eines Entgiftungsplatzes – die Klienten rufen selbst in den Kliniken an), um sie in ihrer ☞ Selbstwirksamkeit zu fördern.

Rehabilitationsbehandlungen
Im Bereich der Abhängigkeitsstörungen (ICD 10, F1X.2) vermitteln wir in der Regel in stationäre Rehabilitationsbehandlungen. Besteht eine stabile soziale Situation (stützendes familiäres Umfeld, keine Probleme und Auffälligkeiten am Arbeitsplatz) und ist eine ausreichende Abstinenzstabilität nach einer Entgiftungsbehandlung zu erwarten, können ambulante Behandlungsangebote in Betracht gezogen werden. Um das Risiko eines Rückfalls zwischen einer Entgiftungs- und einer anschließenden Entwöhnungsbehandlung zu minimieren und damit verbundene Komplikationen (gesundheitlich wie sozial) zu verhindern, kooperieren wir eng mit Rehabilitationskliniken, die über stationäre Rehabilitationsabklärungsabteilungen verfügen. In diesen Abteilungen wird die Indikation für eine stationäre Rehabilitation gestellt und ein entsprechender Antrag beim Rentenversicherungsträger eingereicht. Im Anschluss an die stationäre Rehabilitationsabklärung wird eine nahtlose Übernahme in eine Rehabilitationsbehandlung angestrebt. Die einzelnen Behandlungsbausteine werden von uns so koordiniert, dass, falls die Gefahr eines erneuten Alkoholkonsums zwischen den Bausteinen zu hoch wäre, der Übergang zwischen Entgiftungsbehandlung und stationärer Rehabilitationsabklärung nahtlos erfolgt.

> Durch die langjährige Kooperation sowohl mit den Entgiftungs- als auch den Rehabilitationseinrichtungen können zeitnah Aufnahmetermine vereinbart werden, was einen Vorteil im Gegensatz zum regulären Zugang in das Behandlungssystem darstellt, der um ein Vielfaches längere Wartezeiten erfordert.

Kontakt aufrechterhalten
Während der Behandlungen wird von unserer Seite der Kontakt zum Klienten aufrechterhalten. Dazu gehören regelmäßige

Sprechstunden in den Rehabilitationskliniken, die von den Klienten, aber auch den behandelnden Therapeuten vor Ort zum Informationsaustausch genutzt werden können, sofern eine schriftliche Entbindung von der Schweigepflicht vorliegt. Zudem koordinieren wir, falls dies erforderlich ist, **Gesprächstermine** mit Vorgesetzten, Vertretern der Personalabteilung und des Betriebsrates in den Rehabilitationskliniken. In diesen Gesprächen können beispielsweise Fragen der Wiedereingliederung nach der Behandlung geklärt werden.

Im Anschluss an die Rehabilitationsbehandlungen haben die Klienten die Möglichkeit, an einer über ein halbes Jahr laufenden **ambulanten Nachsorgegruppe** teilzunehmen, die von uns einmal wöchentlich angeboten wird. Inhalte dieser Gruppe sind beispielsweise die Stabilisierung der Klienten in der Abstinenzentscheidung, die Aufrechterhaltung der erreichten Veränderungen, Rückfallprophylaxe und die Unterstützung in der Bewältigung aktueller Probleme im betrieblichen oder privaten Bereich. Zudem erhalten die Angehörigen der Klienten die Möglichkeit, sich parallel in einer eigenen Gruppe von uns unterstützen zu lassen.

Ambulante Nachbehandlung

Ein Hauptschwerpunkt der Nachsorgegruppe ist die Vermittlung in eine **Selbsthilfegruppe**. Die Klienten erhalten daher im letzten Behandlungsabschnitt die Auflage, Kontakt zu Selbsthilfegruppen aufzubauen. Hierbei hat sich gezeigt, dass sich die Klienten, die gemeinsam in den Rehabilitationskliniken behandelt wurden und auch die Nachsorgegruppe gemeinsam besucht haben, gerne in eigenen Gruppen zusammenschließen. Diese Gruppen werden von uns weiter fachlich unterstützt, indem wir den Organisatoren der Gruppen unser Know-how und unsere Erfahrungen weitergeben und sie in aktuellen Fragestellungen entsprechend beraten.

Selbsthilfegruppen

> **Angststörungen:**
> *Im Betrieb durch den Druck steigend!*

Neben den Suchterkrankungen werden zunehmend auch Depressionen und Angststörungen in der Arbeitswelt zu Herausforderung. Während es beim Problemfall „Alkohol" seit den 1970er-Jahren zum Teil gute tertiärpräventive Versorgungskonzepte in den Betrieben gibt, betreten wir in Sachen Depression und Angststörung weitestgehend Neuland. Was tun, wenn der Mitarbeiter plötzlich anders tickt? Wenn der Kollege sich mehr und mehr zurückzieht, im Gespräch nicht mehr erreichbar ist? Nach Angaben der Weltgesundheitsorganisation liegt die **Lebenszeitprävalenz** für Depressionen bei 17 Prozent, bei spezifischen und generalisierten Angststörungen gemittelt bei 15 Prozent, wobei Frauen jeweils doppelt

Depressionen und Angststörungen

so häufig betroffen sind wie Männer (Kessler et al., 2005). Allerdings wurde der Abstand zwischen den Geschlechtern in den letzten Jahren immer geringer. Viele Erkrankungen aus den Hauptdiagnosegruppen sind in jüngerer Vergangenheit leicht zurückgegangen oder verharren auf einem Niveau, Depressionen und Angststörungen nehmen allerdings kontinuierlich in der Diagnosestellung zu. Gesundheitsberichte der großen Krankenkassen zeigen, dass damit einhergehend auch die Anzahl der krankheitsbedingten Fehltage sprunghaft ansteigt (TK, 2010). Da sich dieser Trend fortzusetzen scheint, werden wir zukünftig mit dadurch steigenden betriebs- und volkswirtschaftlichen Kosten zu rechnen haben.

Es folgt ein betriebliches Fallbeispiel:

Was wir brauchen, sind der betrieblichen Suchtprävention analoge Versorgungswege. In der Primär- und Sekundärprävention bedarf es der Zielgruppensensibilisierung und -qualifizierung für Führungskräfte, Betriebsräte und Mitarbeiter: Verhaltensänderungen verstehen und im Rahmen eines Laien interpretieren, Möglichkeiten der Ansprache, Rollendefinition und Weiterleitung an Experten sind zentrale Bestandteile solcher Präventionsveranstaltungen. Dabei sollten neben Impulsvorträgen v. a. für Führungskräfte entsprechende Gesprächs- und Verhaltenstrainings integriert werden. So erhalten die Seminarteilnehmer Sicherheit im Umgang mit verhaltensveränderten Mitarbeitern und Kollegen, sodass im Fall des Auftretens häufig schnellere Zugangswege in niedrigschwellige Angebote geebnet werden können. Eine weitere Forderung und Notwendigkeit lautet: Wir brauchen vor Ort deutlich mehr klinische Psychologen! So sind nach Diagnosestellung gerichtete Weiterleitungen in ambulante oder stationäre Therapieangebote möglich. Darüber hinaus können Wartezeiten durch psychologisch-betriebliche Angebote überbrückt und Kurz- bzw. Krisenintervention durchgeführt werden. Das reguläre betriebsärztliche Angebot ist hier weder fachlich noch methodisch ausreichend.

Konflikte:
Gift für das psychosoziale Wohlbefinden!

Konflikte

Psychische Erkrankungen sind Regulationsstörungen auf individueller Ebene (Schwarzer, 1997). Handelt es sich um Regulationsstörungen in der Gruppe, sprechen wir von Konflikten. Konflikte in der Arbeitswelt nehmen zu (Regnet, 2000). Gerade in Zeiten der Krise und Unsicherheit rücken die, die sich kennen, verstehen und sich subjektiv ähnlich sind, näher zusammen und schließen andere aus (vgl. Tajfel & Turner, 1986), sowohl im Büro als auch in der Produktion. Gerade im Mehrschichtsystem kommt es dann häufiger zu Konflikten zwischen den Schichten. Die hiermit einhergehenden Kosten sind nur schwer zu beziffern, allerdings werden durch den Konflikt Arbeitszeit und Engagement gebunden sowie Arbeitsabläufe und -beziehungen dauerhaft beeinträchtigt. Bei zu langer Konfliktdauer wird der Boden für weitergehende systematische Konflikthandlungen, d. h. für Mobbing bereitet.

Ähnlich den psychischen Erkrankungen auf der individuellen Ebene bedarf es auch im Konfliktfall auf der Gruppenebene einer guten Diagnose und geeigneter Lösungsmöglichkeiten. In der Arbeitswelt werden immer noch zu oft eskalierende Lösungsstrategien verwandt: Kommt der Abteilungsleiter nicht mit den Kontrahenten zurande, wird oftmals die Personalabteilung zurate gezogen, deren Standardinstrument in vielen Fällen die Versetzung statt der Auseinandersetzung ist. Das geschieht nicht unbedingt aus böser Absicht, vielmehr aus Unsicherheiten heraus. Denn Konflikten liegen komplexe Systemstrukturen zugrunde, die wiederum ein systematisches und ganzheitliches Vorgehen erfordern. Gut ist es, wenn betriebliche Konfliktanlaufstellen wie Sozialberatungen installiert sind. Noch besser ist es, wenn mithilfe der betrieblichen Sozialberatung Konfliktmanagementnetzwerke aufgebaut und gepflegt werden können. Mit anderen Worten muss die Führung eine klare Entscheidung und einen Auftrag zur Konfliktbearbeitung geben, die Umsetzung wird dann von Konfliktmediatoren bewerkstelligt.

Lösungsstrategien

„Konfliktmanagement – das Handbuch für Führungskräfte, Beraterinnen und Berater" von Glasl (2008) bietet eine gute Ausgangsbasis, sich mit diesem wichtigen Thema aus theoretischer Sicht zu befassen. Es hat sich zum fundierten Standardwerk der Konfliktforschung etabliert. V. a. empfehlen wir Ihnen Teil 2 – Die Dynamik der Eskalation – und Teil 3 – Strategie der Konfliktbehandlung. Auf der praktischen Ebene empfehlen wir Ihnen die Toolbox zur Konfliktlösung von Schulz (2010).

Wird beim Fußballspiel der Thomas vom Frank ignoriert und nicht angespielt, obwohl die beiden Mannschaftskameraden und aufgrund ihrer Spielerpositionen zur Interaktion verpflichtet sind, können beide nach dem Spiel ein Bier miteinander trinken und die Sache ist gegessen. Falls aber beim nächsten Spiel Ähnliches zwischen den beiden passiert, kann die Angelegenheit auch in der Kabine mit den Mannschaftskollegen geregelt werden oder der Trainer spricht ein Machtwort. Sollte auch das nicht ausreichen, gibt es immer noch den Vereinsvorstand. Diese Ebenen der Konfliktregelung finden sich auch in der Arbeitswelt: Die Konfliktklärung kann zwischen den beteiligten Mitarbeitern, in der Arbeits-

Konfliktregelung

gruppe oder durch die Führungskraft stattfinden. Voraussetzungen für die Verweisung an die nächsthöhere Ebene sind fehlende Konfliktlösekompetenzen und der Wille zur Konfliktlösung. Lassen sich die Konflikte nicht innerhalb der Abteilung oder Organisationseinheit klären, werden Konfliktanlaufstellen zurate gezogen; wichtig ist, dass diese bekannt sind. Typische Anlaufstellen sind für Führungskräfte die Personalabteilung, für die Mitarbeiter der Betriebsrat. Es kommt so schnell zur Parteienbildung und dem Versuch der präjuristischen Klärung, dem nur allzu oft eine Eskalation mit viel Trara folgt. Am Ende steht dann eine Machtentscheidung durch die obere Unternehmensleitung oder eine juristische Klärung. Das ist ressourcen- und kostenintensiv! Im gut aufgestellten Konfliktmanagement sind Kontrahenten wie Führungsverantwortlichen die Konfliktanlaufstellen bekannt, die idealerweise neutral institutionalisiert sind, beispielsweise in der Sozialberatung. Von hier aus können dann nach Auftragsklärung (Frage zur Sache, zum Ziel, zum Verfahren und zu Wünschen und Befürchtungen) erste Analysegespräche mit allen Beteiligten geführt werden. In Einzelgesprächen erhebt der Interviewer Informationen zum Arbeitsgebiet und der Verortung des Konflikts aus Sicht des Befragten. Weiter wird nach den Ursachen, den Beteiligten und den bisherigen Lösungsversuchen geforscht. Abschließend sollte die Relevanz mit der Frage „Was würde passieren, wenn der Konflikt nicht gelöst würde?" ausgelotet werden.

Mediationsplan

Nachdem mit allen Beteiligten Gespräche stattgefunden haben und die Ergebnisse beispielsweise in Form eines Soziogramms visualisiert wurden, geht es darum, den Mediationsplan zu entwickeln:

- Was ist sofort zu tun? Bedarf es schneller Interventionen?
- Welche Rahmenbedingungen sind zu beachten (Verortung in der Organisation, Konfliktkosten und -umfang)?
- Welche Konfliktlösungsstrukturen und -kulturen gibt es im Unternehmen (typische Konfliktbearbeitungsstrukturen, Führungsstile und -kultur)?
- Wie ist der Konflikt zu definieren und zu spezifizieren (Inhalt, Themen, Transparenz, Sach- vs. Beziehungsebene)?
- Wie verfestigt ist der Konflikt (Eskalationstiefe, -dauer und -wendepunkte)?
- Welche Instrumente der Konfliktbearbeitung dürfen und sollen zum Einsatz kommen (Kosten-Nutzen-Erwägungen)?
- Wie soll es konkret weitergehen (Fahrplan „Konfliktbearbeitung", Zeitrahmen und Termine)?

Werkzeuge für den Körper: Bewegung und Ernährung

Eine **ausführliche Mediationsplanung** versetzt einen in die Lage, zu entscheiden, wie die Konfliktbearbeitung erfolgen soll (O Abbildung 21, unten). Es empfiehlt sich auf jeden Fall, ein Netzwerk mit externen Mediatoren aufzubauen (vgl. Faller, 2006).

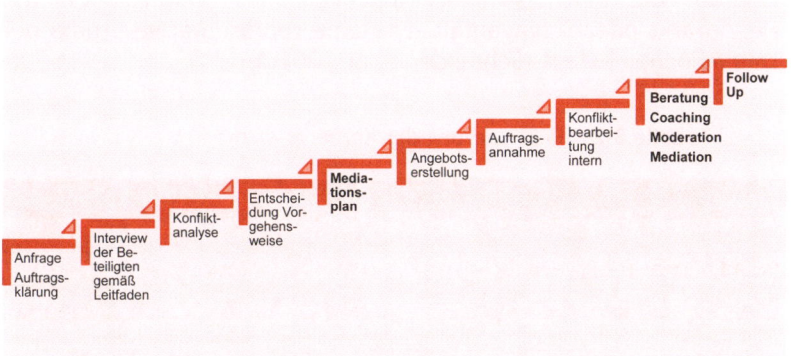

O Abbildung 21: Systematische Konfliktbearbeitung

3.4 Werkzeuge für den Körper: Bewegung und Ernährung

Was reingeht, kommt auch wieder raus – allerdings nicht vollumfänglich, denn ein Teil bleibt auf den Hüften. Ausgestattet mit dem Genpool des Mammutjägers, der seinerzeit dann Nahrung aufnahm, wenn er sie zuvor mehrere Kilometer verfolgt hatte, bewegen wir uns heute in einem deutlich engeren Radius, was räumlich betrachtet die Bewegung und zeitlich betrachtet unsere Nahrungsaufnahme anbelangt. Wenn ein Missverhältnis zwischen Kalorienaufnahme und -verbrauch vorliegt, kommt es auf Dauer zu Problemen: Übergewicht mit entsprechenden gesundheitlichen Beschwerden (z. B. Bluthochdruck, Diabetes, Muskel- und Skeletterkrankungen) und Einschränkungen im Wohl- oder auch Selbstwertempfinden sowie psychische Erkrankungen (z. B. häufiger Depressions- und Angsterkrankungen).

Das Ausgangsproblem

„Nationale Verzehrstudie" ist eine bundesweite und repräsentative Erhebung zur Ernährungssituation von Jugendlichen und Erwachsenen vom Max Rubner-Institut. Auf der Website finden Sie alle relevanten Informationen und Interpretationen.

Die Zahl der Übergewichtigen nimmt weltweit und v. a. in den Industrienationen stetig zu. Man kann schon von einer globalen Epidemie der Adipositas bzw. Fettleibigkeit sprechen (Caballero,

2007). Die Auftretenswahrscheinlichkeit für krankhaftes Übergewicht liegt in Deutschland bei knapp 30 Prozent (Adipositas Grad II und III; WHO, 2000; ☐ Tabelle 3-2). Die Aussagekraft des BMI-Index (☞ Body-Mass-Index) ist jedoch eingeschränkt, wie Studien zeigen. Der WtHR (Waist-to-hight ration) als Index aus Körpergröße zu Taillenweite bietet hier teilweise mehr Aussagekraft in Bezug auf die Eintrittswahrscheinlichkeit von Erkrankungen wie Herzinfarkt oder Schlaganfall, wie eine repräsentative Studie der LMU München belegt (Schneider et al., 2010).

☐ **Tabelle 3-2:** Klassifizierung des Körpergewichts

Klasse	Body-Mass-Index (BMI=kg/m$^{2)}$
Normalgewicht	18,5 bis 24,9
Präadipositas (Übergewicht)	25,0 bis 29,9
Adipositas Grad I	30,0 bis 34,9
Adipositas Grad II	35,0 bis 39,9
Adipositas Grad III	> 39,9

Ursachen des Übergewichts

Gesellschaftliche Normen, die sich im zeitgeistkonformen Schönheitsideal widerspiegeln, die Verfügbarkeit fett- und kohlenhydratreicher Nahrungsmittel rund um die Uhr und die Verlagerung von gemeinsamen sportlichen Aktivitäten ins individualistische Dasein einer „Sofakartoffel" sind verursachungsrelevant, wenn auch nicht vollständig in der Aufzählung. Stress kommt als Ursache für die Entwicklung und Aufrechterhaltung von Übergewicht eine zentrale Rolle zu: Stress ist ein Katalysator, der den Gesamtprozess hinsichtlich Gewichtszunahme, Selbstwertzweifel und gesundheitlichen Beeinträchtigungen beschleunigt. Schaut man in die Bevölkerungs- und Krankheitsstatistiken, angefangen vor 100 Jahren, so werden wir immer älter – allerdings nicht immer gesund älter!

Folgen des Übergewichts

Das zunehmende Übergewicht führt nicht nur zu individuellen und volkswirtschaftlichen Problemen, auch Unternehmen werden vor große Herausforderungen gestellt. Die betriebswirtschaftlichen Kosten aufgrund der ☞ Komorbiditäten in Form krankheitsbedingter Fehltage oder eingeschränkter Leistungsfähigkeit vor Ort steigen. So ist ein Feuerwehrmann, der mit 30 kg Sicherheitsausrüstung in den Einsatz muss, besonders eingeschränkt, wenn er schon selbiges Gewicht zusätzlich auf den Hüften hat. Auch die Einsatzmöglichkeiten eines zu schweren Staplerfahrers oder eines Büromitarbeiters, dessen Bürostuhl nur bis 150 kg zugelassen ist, sind begrenzt.

Was tun als Vorgesetzter, als Personaler, als Kollege? Jeder sieht das Problem, doch häufig weiß man es nicht richtig anzugehen, die richtige Ansprache zu finden. Denn krankhaftes Übergewicht gehört mit zu den Suchterkrankungen, diese gehören zu den psychischen Erkrankungen und darüber wird nicht so gerne gesprochen – zumindest nicht mit den Betroffenen. Diese Unsicherheit hat viel mit fehlendem Wissen oder auch falschen Informationen zu tun. *„Der Dicke soll sich halt zusammenreißen und weniger futtern!"* Das kann er aber nicht so einfach. Wenn es sich um krankhaftes Übergewicht handelt, dann ist das Nicht-Wollen-Können der kognitive Bestandteil des Suchtverhaltens. Das bedeutet, die im Sinne der Nachhaltigkeit erfolgreichen Interventionen müssen unbedingt die Motivationskomponente mit berücksichtigen. Dies gilt nicht nur für Adipositas und Sucht, das bezieht auch andere psychische Erkrankungen und alle Herausforderungen mit ein, bei denen es um Verhaltensänderungen geht. Sich selbst zu motivieren, muss erst wieder gelernt werden.

Was tun?

Die Verortung der Problemlösung im betrieblichen Gesundheitsmanagement ist dann sinnvoll, wenn Psychologen und Ärzte zur Verfügung stehen, die die Art des Übergewichts diagnostizieren und entsprechende therapeutische Zuweisungen durchführen können. Beim Adipositasgrad II und III ist ambulante oder stationäre fachtherapeutische Unterstützung außerhalb der Arbeitswelt indiziert. Die Aufgabe des Arbeitgebers besteht v. a. in der Gestaltung der Wiedereingliederung. Handelt es sich um Zielgruppen mit Präadipositas oder Adipositasgrad I, können innerbetriebliche therapeutische Gruppen installiert werden. Hier geht es dann um Gewichtsabnahme und nicht um Adipositastherapie. Das Ziel der Verhaltensmodifikation besteht darin, mit den geringsten Verhaltensänderungen den ernährungsphysiologisch höchsten Effekt zu erzielen.

Verortung im betrieblichen Gesundheitsmanagement

Die meisten betrieblichen Präventionsprogramme zielen auf Gewichtsreduktion bei bereits adipösen Mitarbeitern ab. Dann werden alle auffällig Übergewichtigen angesprochen, am besten noch in der Gruppe gewogen und bloßgestellt mit dem Anspruch, in sechs Monaten 20 kg abzunehmen – wer das schafft, erhält als Incentive einen Trainingsanzug! Das klingt überzeichnet, gibt es aber tatsächlich. Solche Programme arbeiten mit Stress, der eigentlich vermieden werden sollte. Häufig ist bei derartig konzipieren Programmen der berühmte Jojo-Effekt zu beobachten – d. h. die Teilnehmer nehmen nach Beendigung des Programms wieder zu und legen meist noch etwas drauf. Hier fehlt die Nachhaltigkeit: Es wird Frustration generiert, die wiederum Anlass zum Futtern bietet. Die Kontrolle der aufzunehmenden Nahrung steht klar

Präventionsprogramme

im Fokus vieler Programme, was aufgrund des externalen Zwangs als Verlust an Lebensqualität erlebt und wodurch eine „Schuld" des Adipösen an seinem Gewicht unterstellt wird – das sind keine optimalen Voraussetzungen für ein individuelles Change Management.

> Das Ziel eines betrieblichen Präventionsprogramms zur Gewichtsreduktion liegt in der Stabilisierung oder realistischen Reduktion des Gewichts bei gesteigerter Lebensqualität durch Reduktion des erlebten Stressniveaus und dem Aufbau positiv erlebter sportlicher Freizeitbetätigungen.

Das folgende Praxisbeispiel zeigt, wie ein solches Präventionsprogramm im betrieblichen Kontext aussehen kann:

Praxisbeispiel „Genuss statt Frust"
Gewichtsstabilisierung und Reduktion –
Präventionsprogramm „Genuss statt Frust"
(Jörg Heu, Rolf Janyga & Thorsten Uhle)

Beim Erstkontakt werden unsere Klienten ausführlich von Psychologen und Ärzten anamnestisch und diagnostisch untersucht. Die hier ermittelten psychosozialen ☞ (Belastungen, Ressourcen und Beanspruchungsfolgen) und medizinischen Kennwerte (BMI, Fitnessgrad, Blutbild) liefern Hinweise für die weitere Beratung und stehen auch als Indikatoren für die Erfolgskontrolle zur Verfügung.

In den folgenden drei therapeutischen Sitzungen wird die Motivation zur Veränderung thematisiert und geprüft sowie die Indikation gestellt. Bei Adipositas Grad II und III werden entsprechende ambulante oder stationäre Angebote unterbreitet. Alle anderen erhalten mit ausreichender Motivation Zugang zum Präventionsprogramm *„Genuss statt Frust"* (O Abbildung 22, unten).

Das Programm besteht aus drei Schritten:
- Verhaltensbeobachtung (Selbstbeobachtung) und Festsetzen von individuellen Zielen,
- Verhaltensänderung und ggf. Gewichtsreduktion, Reduktion des Stresserlebens und Förderung der Genussfähigkeit,
- Stabilisierung des neuen Verhaltens und Aufrechterhaltung der Motivation.

Werkzeuge für den Körper: Bewegung und Ernährung

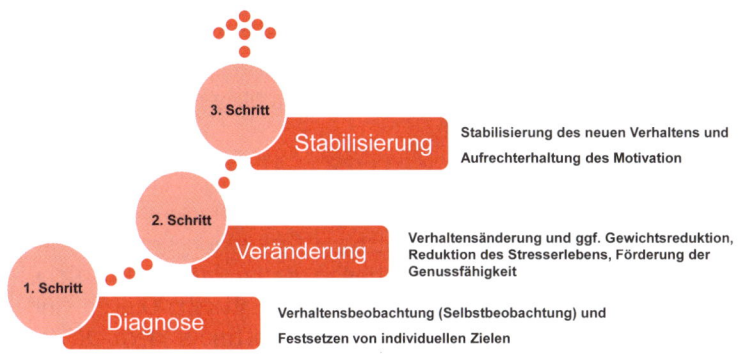

○ **Abbildung 22:** Genuss statt Frust – mit drei Schritten zum Erfolg!

In Schritt 1 wird ein Problembewusstsein entwickelt und eine Veränderungsmotivation aufgebaut, die sich auf das Essverhalten bezieht. Wichtig ist in dieser Startphase das Setzen realistischer, individueller Ziele in Absprache mit einem Sporttherapeuten und Ernährungsberater. Am Ende der ersten Phase werden die nächsten konkreten Schritte zur Umsetzung geplant. Methodisch werden Psychoedukation (Informationen über Adipositas und Folgeerkrankungen, Vermittlung eines Störungsmodells, Einführung in gesunde Ernährung und Sportangebote) und Verhaltensanalyse (Einsatz von Essprotokollen und Reflexion in der Gruppe) eingesetzt.

Schritt 1

Im Schritt 2 geht es um die Umsetzung der in Phase 1 festgelegten Ziele und um das Monitoring. Die auf das Essverhalten bezogene Veränderungsmotivation wird stabilisiert – gleichzeitig erfolgt eine Reduzierung des allgemeinen Stressniveaus sowie die Förderung der Genussfähigkeit. Auch in dieser Phase kommen weiterhin Psychoedukation und Verhaltensanalyse zum Einsatz, ergänzt um EDV-gestütztes Monitoring im Bereich Sport und Ernährung.

Schritt 2

Abschließend geht es in Phase 3 um die Aufrechterhaltung der erreichten Veränderung. Es findet eine Reflexion in der Gruppe über Erfolge und Misserfolge statt. Alternative Strategien der Zielerreichung werden vermittelt und das EDV-gestützte Monitoring wird fortgesetzt.

Schritt 3

Sowohl die Klienten aus dem betrieblichen Programm „Genuss statt Frust" als auch aus der ambulanten oder stationären Therapie werden darauf vorbereitet und qualifiziert, sich einer Selbsthilfegruppe anzuschließen oder selbst eine zu gründen.

Im Idealfall werden solche systematischen Programme (Analyse – Intervention – Evaluation) flankiert von weiteren Maßnahmen, die Akzeptanz steigernd auf die Belegschaft wirken. Auch ist es wichtig, das Nahrungsangebot vor Ort zu prüfen. Was wird in den Kan-

Flankierende Maßnahmen

tinen angeboten und, fast noch wichtiger, was wird wie bepreist? Wenn die Currywurst mit Fritten und Cola 2,30 € und alternativ der Salatteller mit einem Saft 8,70 € kostet, werden relevante unternehmerische Steuerungsfunktionen nicht genutzt.

Welche Ernährungsform ist die richtige?

Diese Frage stellt sich regelmäßig und entflammt eine oftmals nicht wissenschaftlich haltbare Diskussion um das Thema „Gesund abnehmen". Es liegen kaum längsschnittliche Interventionsstudien vor. Was auf jeden Fall gilt: Diäten sind meistens nicht zu empfehlen, da sie oftmals dem Jo-Jo-Effekt anheimfallen. Die Frustration nimmt dann zu, und die Wahrscheinlichkeit für eine Gewichtsabnahme aus psychologischer Sicht nimmt ab. Je einseitiger eine Diät ist, desto schlechter ist sie aus ernährungsphysiologischer Sicht. Der einzige Weg ist eine Ernährungsumstellung mit einer ausgewogenen und kalorienreduzierten Mischkost in Verbindung mit mehr Bewegung. Dies reicht meistens aber auch nicht zur Erzielung einer nachhaltigen Ernährungsumstellung aus, weil die Umgebungsfaktoren und der Arbeits- und Lebensstil nicht einfach aus dem Konzept ausgeklammert werden können und den Menschen immer wieder einholen. Ein wesentlicher Faktor für den Erfolg ist deshalb die zu entwickelnde Körperintelligenz, die wir leider oftmals vernachlässigen. Je bewusster wir uns mit unserer Ernährung auseinandersetzen und je bewusster wir uns mit den Signalen unseres Körpers befassen, desto nachhaltiger wird der Effekt werden, unabhängig von der besonderen Lebenssituation.

☑ **Box 3-2:** Ernährungsmethoden

Ernährungsmodelle

In Deutschland sind die Regeln der Deutschen Gesellschaft für Ernährung seit geraumer Zeit der unangefochtene Maßstab (DGE, 2000), denn diese Regeln sind ausgewogen und distanzieren sich von zum Teil problematischen Lehren wie beispielsweise der „Urkost" (Konz, 2002). Die hier propagierte Beschränkung der Nahrungsaufnahme auf Wurzeln, Blätter und Flechten kann zu gefährlichen Mangelerscheinungen wie Anämie führen – so eine Studie der Universität Gießen (Garcia et al., 2007). Fundiert sind vielmehr die Regeln der Deutschen Gesellschaft für Ernährung.

Die Klassiker Regeln der DGE

- Vielseitig essen: Genießen Sie die Lebensmittelvielfalt. Es gibt keine „gesunden", „ungesunden" oder gar „verbotenen" Lebensmittel. Auf die Menge, Auswahl und Kombination kommt es an.
- Getreideprodukte – mehrmals am Tag und reichlich Kartoffeln: Brot, Nudeln, Reis, Getreideflocken, am besten aus Voll-

korn, sowie Kartoffeln enthalten kaum Fett, aber reichlich Vitamine, Mineralstoffe, Spurenelemente sowie Ballaststoffe und sekundäre Pflanzenstoffe.

- **Gemüse und Obst – nimm 5 am Tag:** Genießen Sie fünf Portionen Gemüse und Obst am Tag, möglichst frisch, nur kurz gegart, oder auch als Saft – idealerweise zu jeder Hauptmahlzeit: Damit werden Sie reichlich mit Vitaminen, Mineralstoffen sowie Ballaststoffen und sekundären Pflanzenstoffen (z. B. Karotinoide, Flavonoide) versorgt. Das Beste, was Sie für Ihre Gesundheit tun können.

- **Täglich Milch und Milchprodukte, einmal in der Woche Fisch, Fleisch, Wurstwaren sowie Eier in Maßen:** Diese Lebensmittel enthalten wertvolle Nährstoffe, wie z. B. Kalzium in Milch, Jod, Selen und Omega-3-Fettsäuren in Seefisch, Fleisch ist wegen des hohen Beitrags an verfügbarem Eisen und an Vitaminen B1, B6 und B12 vorteilhaft. Mengen von 300–600 g Fleisch und Wurst pro Woche reichen hierfür aus. Bevorzugen Sie fettarme Produkte, v. a. bei Fleischerzeugnissen und Milchprodukten!

- **Wenig Fett und fettreiche Lebensmittel:** Fettreiche Speisen schmecken zumeist besonders gut. Zuviel Nahrungsfett fördert langfristig die Entstehung von Herz-Kreislauf-Erkrankungen und Krebs. Halten Sie darum das Nahrungsfett in Grenzen. 70–90 g Fett am Tag, möglichst pflanzlicher Herkunft, liefern ausreichend lebensnotwendige (essenzielle) Fettsäuren und fettlösliche Vitamine und runden den Geschmack der Speisen ab. Achten Sie auf das unsichtbare Fett in manchen Fleischerzeugnissen und Süßwaren, in Milchprodukten und in Gebäck!

- **Zucker und Salz in Maßen:** Genießen Sie Zucker und mit Zuckerzusatz hergestellte Lebensmittel bzw. Getränke nur gelegentlich. Würzen Sie kreativ mit Kräutern und Gewürzen und wenig Salz! Verwenden Sie auf jeden Fall jodiertes Speisesalz!

- **Reichlich Flüssigkeit:** Wasser ist absolut lebensnotwendig. Trinken Sie rund 1,5 Liter Flüssigkeit jeden Tag! Alkoholische Getränke sollen nur gelegentlich und dann in kleinen Mengen konsumiert werden (bei Männern z. B. 0,5 l Bier oder 0,25 l Wein oder 0,06 l Branntwein pro Tag, bei Frauen die Hälfte davon. Dies entspricht etwa 20 g bzw. 25 ml reinem Alkohol).

- **Schmackhaft und schonend zubereiten:** Garen Sie die jeweiligen Speisen bei möglichst niedrigen Temperaturen, soweit es geht kurz, mit wenig Wasser und wenig Fett – das erhält den natürlichen Geschmack, schont die Nährstoffe und verhindert die Bildung schädlicher Verbindungen.

- **Nehmen Sie sich Zeit, genießen Sie Ihr Essen:** Bewusstes Essen hilft, richtig zu essen. Auch das Auge isst mit. Lassen Sie sich

Zeit beim Essen. Das macht Spaß, regt an, vielseitig zuzugreifen, und fördert das Sättigungsempfinden.
- **Achten Sie auf Ihr Wunschgewicht und bleiben Sie in Bewegung:** Mit dem richtigen Gewicht fühlen Sie sich wohl und mit reichlicher Bewegung bleiben Sie in Schwung. Tun Sie etwas für Fitness, Wohlbefinden und Ihre Figur!

Alternativen: LOGI-Methode

In Bezug auf die Forderung nach einer dauerhaften, ausgewogenen und kalorienreduzierten Ernährungsumstellung gibt es aber auch Alternativen zu den Regeln der Deutschen Gesellschaft für Ernährung. Beispielhaft möchten wir Sie auf die LOGI-Methode verweisen (Worm, 2003).

Welche Ernährungsform ist die richtige?

LOGI steht für „Low Glycemic Index". Aus metabolischen Gründen (glykämischer Index und Insulinspiegel) ändert man die Stoßrichtung von der Fett- zur Kohlenhydratreduktion bei gleichzeitiger Optimierung der Kohlenhydratqualität im Sinne eines niedrigen glykämischen Index. Entscheidend ist, dass der Blutzuckerspiegel nicht zu rasant im Blut steigt und Heißhungerattacken nach sich zieht. In gewisser Weise orientiert man sich an den Steinzeitmenschen, die eiweißreiche Nahrung wie Fisch, Fleisch, Eier und Milchprodukte bevorzugt haben. Das Erfolgsprinzip der LOGI-Methode lautet: „Viel Eiweiß und wenig Kohlenhydrate", also viel Gemüse und mageres Fleisch, aber möglichst wenig Brot, Reis und Süßigkeiten. Diese Methode stellt sich auch der empirischen Überprüfung (Heilmeyer, 2008). *Ist diese Methode mit den Regeln der Deutschen Gesellschaft für Ernährung kompatibel?* In den entscheidenden Aspekten der Ausgewogenheit und des Kalorienbewusstseins treffen sich beide Ernährungsempfehlungen – ausreichende Vitalstoffversorgung und keine Mangelerscheinungen sind die Vorteile. Der kritische Punkt betrifft die zu konsumierende Kohlenhydratmenge. Die LOGI-Methode widerspricht der Standardformel "55-60 % Kohlehydrate, 30 % Fett und 10-15 % Eiweiß". Dafür nimmt der Eiweißgehalt zu. Durch den höheren Eiweißgehalt der Nahrung sollten aber Personen beispielsweise mit Nierenschädigungen oder Gicht diese Ernährungsform nicht oder nur in abgewandelter Form wählen.

☑ Box 3-3: LOGI-Methode

Werkzeuge für den Körper: Bewegung und Ernährung

Immer noch halten viele deutsche Ernährungsexperten kohlenhydratreduzierte, eiweißbetonte Kostformen wie die LOGI-Ernährung für nicht empfehlenswert, obwohl es diverse Studien gibt, die die Vorteile einer kohlenhydratreduzierten Diät aufzeigen (Stern et al., 2004). Die Bedeutung der LOGI-Methode wird wachsen, je hoher die Prävalenzrate des metabolischen Syndroms in unserer Gesellschaft sein wird (Alberti et al., 2006). Eine aktuelle Studie – die **SMART-Studie** (Schlank Mit Angewandter Telemedizin) – befasst sich mit dem Vergleich zwischen einer moderat kohlenhydratreduzierten, telemedizinisch unterstützten Abnehmprogramm zu einer fettreduzierten Variante hinsichtlich der Erfolgsparameter Gewichtsabnahme und die positive Beeinflussung der Risikofaktoren für Herz-Kreislauf-Erkrankungen. Dazu wurden 200 gesunde Übergewichtige (BMI über 27) rekrutiert und in zwei Gruppen geteilt: Eine Hälfte wurde nach den Kriterien der LOGI-Ernährung beraten, die anderen nach den Richtlinien der DGE in Bezug die Fettreduktion.

Ergebnis aus dem wissenschaftlichen Bericht:
„Despite favourable effects of both diets on weight loss, the carbohydrate-reduced diet was more beneficial with respect to cardiovascular risk factors compared to the fat-reduced diet. Nevertheless, compliance with a weight loss program appears to be even a more important factor for success in prevention and treatment of obesity than the composition of the diet." (Frisch et al., 2009, Abstract)

Der letzte Punkt, wie eingangs erwähnt, gehört immer dazu: Ernährung und Bewegung sind zwei Seiten einer Medaille. Wichtig ist, sich regelmäßig sportlich zu betätigen. Was man mag, ob einzeln oder in der Gruppe, im Wasser oder auf dem Land, hängt vom persönlichen Gusto ab. Der Wert für die ⌧ Prävention ist unumstritten. Je nach Studie reduziert eine regelmäßige und ausdauernde sportliche Betätigung das koronare Risiko bei gesunden Menschen um das 1,3- bis 2-Fache (Dickhuth & Schlicht, 1999). Allerdings spielen auch immer genetische Prädispositionen eine Rolle, inwieweit man vom Präventionspotenzial sportlicher Aktivitäten partizipieren kann (Singer, 1994). Besonders bei der Implementierung von Sportangeboten im Unternehmen sollte immer im Vorfeld geklärt werden, ob die Teilnehmer den sportlichen ⌧ Belastungen gewachsen sind. Ein sportmedizinisches Check-up sollte Grundvoraussetzung sein, bevor es losgeht. Professionelle Anleitung und Begleitung ist eine weitere Prämisse. Geklärt werden muss im Vorfeld, ob das Angebot in der Arbeitszeit, in der Freizeit oder in einem Mischmodell realisiert werden soll. Gut ist auch, wenn der Chef in seiner Vorbildrolle mitmacht. So hat Betriebs-

Ernährung und Bewegung gehören zusammen!

sport, im Kleinen (z. B. „Bewegte Mittagspause", gemeinsame Kurzspaziergänge nach dem Mittagessen) wie im Großen (z. B. eigene Fußballmannschaft oder ein Betrieb läuft bei einem öffentlichen Wettkampf mit) immer positive Effekte auf die Gesundheit sowie auch auf das soziale Miteinander und somit auf das Betriebsklima!

3.5 Werkzeuge für das Wissen: Gesundheitskommunikation

Interdisziplinäre Querschnittsaufgabe

Gesundheitsförderung und ☞ Gesundheitskommunikation sind zwei Seiten einer Medaille und gleichzeitig eine interdisziplinäre Querschnittsaufgabe mit starker Anwendungsorientierung. Psychologen, Mediziner, Ernährungswissenschaftler, Marketingexperten und Kommunikationswissenschaftler sowie Praktiker mit unterschiedlichen Vorkenntnissen tummeln sich gemeinsam in diesem heterogenen Praxis- und Forschungsfeld (Bernhardt, 2004).

Gesundheitskommunikation

Die ☞ Gesundheitskommunikation ist ein eigenständiges Teilgebiet der Gesundheitswissenschaften, die in den letzten 30 Jahren v. a. in den USA eine starke Beachtung gefunden hat (Hurrelmann & Leppin, 2001). Inhaltlich wird ein breites Forschungsfeld abgedeckt, in dessen Rahmen die unterschiedlichsten Formen der Kommunikation über Gesundheit und Krankheit mithilfe verschiedener Vermittlungskanäle in einer Fülle unterschiedlicher sozialer Kontexte untersucht werden (Kreps et al., 1998).

> Nach Krause et al. (1989, S.13) geht es darum: „Unter Gesundheitskommunikation sollen hier alle kommunikativen Aktivitäten verstanden werden, die im Rahmen von Projekten zur Gesundheitsförderung durchgeführt werden."

Ziele der Gesundheitskommunikation

Der Hauptzweck der Gesundheitskommunikation besteht darin, aufzuklären, zu informieren und darüber hinaus zu überzeugen sowie gesundheitsfördernde Verhaltensweisen anzuregen. Dabei kann Gesundheitskommunikation als Adressaten Gruppen, Organisationen oder auch einzelne Individuen haben und unidirektional (ohne Antwortmöglichkeit) oder interaktiv (mit Antwortmöglichkeit) gestaltet sein (Hurrelmann & Leppin, 2001).

Anwendung

Im BGM gibt es zahlreiche Anwendungsmöglichkeiten – z. B. bei der Erstellung von Strategien und der Implementierung von Maßnahmen zur Steigerung des Gesundheitsbewusstseins, bei der Gestaltung von Seminaren zu ausgewählten Schwerpunktthemen, bei

Werkzeuge für das Wissen: Gesundheitskommunikation

gruppenorientierten Präventionsprogrammen, Kursen, Workshops oder der wirkungsvollen Umsetzung von Printanzeigen oder Intra- bzw. Internetangeboten (Hurrelmann & Leppin, 2001).

Es lassen sich starke Einflüsse von Gesundheitskampagnen auf Veränderungen im Gesundheitsverhalten nachweisen (Hornik, 2002). Auch Bernhardt (2004) kommt zu dem Schluss, dass systematische Programme der Gesundheitskommunikation Veränderungen bei Einzelnen und Gruppen in gesteigertem Bewusstsein, Wissenssteigerung, Veränderung der Einstellung und im Verhalten verursachen können.

Wirkungen

Eine zunehmende Professionalisierung dieses Gebietes zeigt sich in der Gründung eigenständiger Institute wie dem „Center for Health Communication" an der Harvard School of Public Health und der Herausgabe spezieller Fachzeitschriften wie Health Communication, die seit 1989 erscheint, oder dem Journal of Health Communication, das seit 1996 erscheint (Jazbinsek, 2000).

Professionalisierung

Die Kluft zwischen wissenschaftlich orientierten Ansätzen und praktizierbaren Strategien zur Problemlösung ist oftmals groß (Witte, 1995). Der anwendungsorientierte Gesundheitspraktiker ist an einfachen, praktikablen und ökonomisch sinnvollen Strukturen oder Anleitungen zur Erstellung einer Gesundheitskommunikation interessiert, ohne sich zu deren Nutzung in die wissenschaftlichen Hintergründe einarbeiten zu müssen (Chandran et al., 2004), während die Wissenschaft oft Forschung zu Grundlagen betreibt, die nicht zwingend konkrete Umsetzungs- und Anwendungsbereiche findet (Maibach & Parrott, 1995). Hier bedarf es eines engen Austauschs zwischen Wissenschaft und Praxis, um den Transfer in beide Richtungen zu gewährleisten.

Folgende Schritte sind für die Entwicklung eines Kommunikationskonzepts zum betrieblichen Gesundheitsmanagement relevant. Diese Definitionsschritte sollten dann in einer Kommunikationskaskade münden:

- Definition der Dialoggruppen: Mitarbeiter, Kunden, Shareholder, ggf. Medien, Branche und Politik.
- Definition der BGM-Zielgruppen: alle Mitarbeiter, Führungskräfte, Betriebsräte und Vertrauensleute. Darüber hinaus ist es wichtig, das Thema des betrieblichen Gesundheitsmanagements auch extern zu positionieren, um die Attraktivität des Unternehmens zu verdeutlichen (Employer Branding).
- Definition der Kommunikationsziele: Das Unternehmen will den Wandel zur gesunden Organisation vollziehen. Deshalb

müssen alle Mitarbeiter über die Notwendigkeit, Ziele und Inhalte des betrieblichen Gesundheitsmanagements, über Meilensteine und Dauerbrenner informiert werden.

- **Definition der Kommunikationsinhalte:** Die Mitarbeiter müssen für das Thema „Gesundheit" sensibilisiert werden („Gesundheit geht jeden an." „Wie geht es mir heute, wie geht es mit morgen?"). Darüber hinaus gilt es, die Veränderungsbereitschaft der Mitarbeiter zu erhöhen („Ich muss bis mindestens 67 arbeiten – was muss ich tun, damit ich das auch gesundheitlich schaffe?") und deutlich zu machen, wo für den Mitarbeiter und das Unternehmen die Vorteile liegen („Mitarbeiter erhalten Wohlbefinden, Unternehmen leistungsfähige Mitarbeiter – eine Win-win-Situation für alle Beteiligten!"). Schlüsselpersonen sind alle Führungskräfte, diesen kommt eine besondere Verantwortung zu. Die Führungskräfte gilt es zu sensibilisieren und sie in die Lage zu versetzten, Ihre Führungsverantwortung im Sinne eines „gesunden Führens" wahrnehmen zu können (z. B. Arbeitsplatzgestaltung, Information und Kommunikation im Team, „Personalentwicklung am Mann").

- **Definition der Kommunikationskanäle:** Mitarbeiterinformationen über Betriebszeitung, Intranetmeldungen, spezielle Zielgruppeninformationsveranstaltungen, Anschreiben der Geschäftsführung, Vorträge auf Betriebsversammlungen und spezielle Umdrucke. Für Führungskräfte sollten Informationen speziell aufbereitet und mit Umsetzungshinweisen für den Führungsalltag angereichert werden. Es muss jedem klar werden, dass es sich bei der Einführung von betrieblichem Gesundheitsmanagement um ein Change Management handelt, wofür spezielle Ressourcen bereitgestellt werden müssen! Neben Informationen über Gesundheit müssen deshalb auch Trainings mit großem Praxisbezug entwickelt werden.

- **Definition der Kommunikationsphasen:** Die Kernpunkte sind Sensibilisierung, Vertrauensbildung, Bereitschaftserzeugung und die Motivation zum Mitmachen!

- **Definition der Kommunikationsmaßnahmen:** beispielsweise Gestaltung eines Gesundheitsportals im Intranet, Success-Stories und Best Practices („Tue Gutes und sprich darüber!"), Incentives für herausragende Aktionen und Abteilungen.

Wichtig ist an dieser wie an vielen anderen Stellen auch, dass das Thema „Gesundheitskommunikation und Gesundheitsinformation" sorgfältig geplant, durchgeführt und evaluiert wird. Information und Kommunikation sollten das betriebliche Gesundheitsmanagement frühzeitig anbahnen und dauerhaft begleiten – dies ist ein wichtiger Erfolgsgarant!

3.6 Werkzeuge für die Motivation: Empowerment

Unter ↪ Empowerment verstehen wir die Unterstützung des Mitarbeiters durch Strategien und Maßnahmen, die ihn in die Lage versetzen, seine Selbstverantwortung und seine Gesunderhaltung verhaltenswirksam umzusetzen (vgl. u. a. Blanchard et al., 1998).

Empowerment

> Für uns ist die Eigenverantwortung ein **erfolgskritischer Faktor** für nachhaltige BGF. Deshalb widmen wir diesem Thema ein ganzes Kapitel (↪ 6.1, S. 288).

Da es sich bei der Gesunderhaltung um ein basales menschliches Bedürfnis handelt, bedeutet das unter dem Strich, dass man (Führungskräfte) den Mitarbeiter hinterm Ofen hervorholen (Partizipation) und wachrütteln muss (Motivation) – das klingt einfach, ist es aber nicht! V. a. dann wird es schwierig, wenn die Führungskraft selbst nicht als Vorbild fungiert (Stichwort: Gesundes Führen). Das heißt, die Verortung des Empowerment liegt zuerst einmal in der Führungsverantwortung (↪ Kap. 3.1, S. 104), nachgeordnet oder flankierend können externe Trainingsprogramme zum Empowerment durchgeführt werden (Treier, 2009a). Die Führungskräfte:

Führungsverantwortung

- müssen den Mitarbeitern ein Vorbild sein,
- sollten Mitarbeiter befähigen,
- sollten Ressourcen zur Verfügung stellen und
- Eigenverantwortung ermöglichen.

Doch wie kann die Führungskraft, falls sie über die Kompetenz und die Motivation verfügt, die Eigenverantwortung bei den Mitarbeitern aktivieren und das Interesse für betriebliche Gesundheitsmaßnahmen wecken? Grawe (1998; 1999) hat sich in seinen Forschungsarbeiten intensiv mit der Frage auseinandergesetzt: *Was sind die Erfolgsfaktoren eines guten psychotherapeutischen Settings?* Zur Beantwortung dieser Frage hat er internationale Therapiestudien in einer ↪ Metaanalyse vergleichend betrachtet und als Ergebnis ein „1-plus-4-Modell" oder auch „Modell der therapeutischen Wirkfaktoren" erhalten. Dieses Modell ist generalisierbar auf soziale Beziehungen mit dem Ziel, dass der eine Gesprächspartner den anderen zu etwas motivieren möchte. In der Beziehung „Klient – Therapeut" geht es um Einsicht, Reflexion und Verhaltensänderung; beim betrieblichen Gesundheitsmanagement geht es darum, dass die Führungskraft den Mitarbeiter für gesundheitsförderliche Maßnahmen begeistert, verdeckte oder offene Widerstände reflektiert und ressourcenorientiert unter-

1-plus-4-Modell

stützt. Dies gilt für gesundheitsspezifische Themen genauso wie für die Gestaltung des alltäglichen Führungsgeschäfts. In Grawes (ebd.) Modell gibt es neben einem unspezifischen Generalfaktor vier spezifische Faktoren:

- **Zentraler, unspezifischer Faktor:** Es handelt sich um die **Beziehungsqualität**. Ohne eine qualitativ gute, vertrauensvolle Beziehung zwischen Führungskraft und Mitarbeiter sind keine großen Sprünge möglich! Für solch eine Aussage hätte es sicher keiner großen Empirie bedurft, in der Praxis gibt es allerdings genügend Negativbeispiele. Allzu oft werden Führungskräfte in Seminaren geschult, in „schwierigen Situationen" von der Beziehungs- auf die Sachebene zu wechseln (vgl. Neuberger, 1987) und häufig bleiben sie dann auf dieser. Es ist leichter, von der Sachebene aus aufgabenorientiert zu steuern, jedoch ist es nachhaltiger, personenorientiert von der Beziehungsebene zu überzeugen. Und richtig erfolgreich ist die Führungskraft, wenn sie personen- und situationsspezifisch zwischen den Ebenen elegant hin und her wechseln kann!

- **Erster spezifischer Faktor:** Es handelt sich um die **Klärung**. Was möchte die Führungskraft, was der Mitarbeiter? Die häufigste Ursache für die Entstehung und Aufrechterhaltung von Konflikten sind nicht ausgesprochene Erwartungen – dies gilt nicht nur für Beziehungen in der Arbeitswelt. Welche Motivationen gibt es, welche Emotionen spielen eine Rolle?

- **Zweiter spezifischer Faktor:** Die **Bewältigung konkreter Probleme oder Herausforderungen** ist der zweite spezifische Faktor. Warum ist es nicht zur vereinbarten Zielerreichung gekommen? Und v. a.: Was müssen wir tun, damit es zukünftig besser klappt? Stress und Probleme entstehen nicht selten dadurch, dass die eigenen Ressourcen falsch eingeschätzt werden. Morgens denkt man sich, den Papierstapel auf meinem Schreibtisch habe ich bis mittags abgearbeitet, spät am Ende des Arbeitstages ist der Stapel doppelt so hoch. Hier hilft der gezielte Blick auf Zeitfresser und Störquellen, beispielsweise mithilfe eines systematischen Zeitmanagements oder auch durch das Erlernen von Problemlösetechniken (Seiwert, 2001; 2007; ⮕ Kap. 5.2, S. 269). Die ersten beiden spezifischen Faktoren sind hoch miteinander korreliert: Jede motivationale und emotionale Klärung bringt mit großer Wahrscheinlichkeit auch eine Veränderung des nachfolgenden Verhaltens mit sich. Umgekehrt ist zu erwarten, dass der Wechsel von einem dysfunktionalen zu einem funktionalen Verhalten das emotionale Chaos zu ordnen in der Lage ist und somit eine Klärung nach sich zieht.

- **Dritter spezifischer Faktor:** Der dritte spezifische Wirkfaktor ist die **prozessuale Aktivierung**. Diese Form der Aktivierung ist wirklich nur dann möglich, wenn unser Generalfaktor „Beziehungsqualität" stimmt. Ein „darüber Reden" führt nicht wirklich zum Ergebnis. Die Forderung Grawes, dysfunktionale Verhaltensweisen und bremsende Emotionen im therapeutischen Prozess zu wecken und damit in der Reflexion zu arbeiten, ist im Verhältnis zwischen Führungskraft und Mitarbeiter zu ersetzen durch eine ggf. kurzzyklische Kontrolle zwischen Zielvereinbarung und Erreichung. Die prozessuale Aktivierung ist ein Katalysator zwischen den beiden erstgenannten spezifischen Wirkfaktoren.

- **Vierter spezifischer Faktor:** Ein konkretes Problem ist häufig der Anlass für ein Mitarbeitergespräch. Wird der Problemkontext jedoch im Gespräch nicht verlassen, ist dies in den Ohren des Mitarbeiters ein Schrei nach Widerstand. Der vierte spezifische Faktor ist die Ressourcenorientierung. Gespräche werden dann erfolgreich verlaufen, wenn nicht nur Probleme und Defizite betrachtet werden, sondern auch die Stärken und Kompetenzen des Mitarbeiters. Unter bestimmten Umständen kann es auch sinnvoll sein, herausfordernde Persönlichkeitseigenschaften zu instrumentalisieren: Der Pessimist, der eine destruktive Stimmung verbreitet, hat auch ein Talent. Durch eine Art die Welt zu sehen, entdeckt er viel schneller als andere Fehler. Das war die problemorientierte Sichtweise. Drehen wir den Spieß um und schauen aus der ressourcenorientierten Perspektive auf die Sache, dann entdecken wir plötzlich das Talent, Schwachstellen in der Arbeit zu finden. Setzen Sie ihn als Controller ein!

Generell sollte beim ☞ Empowerment im Kontext des betrieblichen Gesundheitsmanagements beachtet werden, dass Gesundheit als etwas sehr Privates verstanden wird, deshalb sollte man das Thema nicht mit der Brechstange sondern behutsam einführen. Nur wenn die Mitarbeiter ausreichend über das betriebliche Gesundheitsmanagement informiert sind (↘ Kap. 3.5, S. 130), kann man sie auch mit auf die Reise nehmen. Die Mitarbeiter sollten so früh wie möglich mit einbezogen werden. Es ergibt keinen Sinn, wenn sich die betriebliche Führungsetage im stillen Kämmerlein mit Gesundheitsexperten zusammensetzt und Fehlzeitenstatistiken sowie Gesundheitsberichte studiert, um daraus dann Maßnahmen abzuleiten und diese der Mitarbeiterschaft überzustülpen. Dieses Vorgehen erzeugt Misstrauen, gerade wenn es um Gesundheit geht und wir auf wenig Resonanz stoßen. Besser ist es, die Mitarbeiter mittels Befragung anzusprechen: „Was brennt Euch auf den Nägeln?" Mithilfe einer Mitarbeiterbefragung „Gesundheit" lassen sich ☞ Belastungen, ☞ Ressourcen und ☞ Beanspruchungsfolgen (↘ Kap. 2.4, S. 98) sowie Ideen und Wünsche zur BGF erheben. Im günstigsten Fall informieren Betriebsleitung und

Partizipation und Vertrauen

Betriebsrat die Mitarbeiter in Kleingruppen über Maßnahmen der betrieblichen Gesundheitsförderung und verteilen anschließend einen Fragebogen, den jeder mit nach Hause und nach Bearbeitung anonym an eine möglichst externe und neutrale Institution zur Auswertung versenden kann. Hier ist es wichtig zu betonen, dass die Anonymität zu jeder Zeit garantiert wird und dass nur Gruppenergebnisse (beispielsweise nur Auswertungseinheiten größer als 50 Teilnehmer) allen Mitarbeitern und der Führungsetage rückgespiegelt werden. Nach Auswertung der Daten sollten in einer paritätisch besetzen Gruppe mit Führung, Betriebsrat, Personalabteilung und Gesundheitsexperten Maßnahmenvorschläge erarbeitet werden, die dann allen Mitarbeitern, möglichst wiederum in Kleingruppen, vorgestellt werden. Um die Partizipation zu erhöhen, empfiehlt es sich, die Mitarbeiter die einzelnen Maßnahmenvorschläge priorisieren zu lassen – beispielsweise mittels Punktabfrage. Als Ergebnis kommt ein demokratisch abgestimmter Fahrplan für die Maßnahmenumsetzung heraus.

Multiplikatoren

Ein weiterer wichtiger Punkt ist die Identifikation von Multiplikatoren. In einem ersten Schritt ist es nicht notwendig, wahrscheinlich sogar illusorisch, die gesamte Belegschaft zu begeistern und zu bewegen. Es geht aber darum, die Multiplikatoren in Aktivitäten mit einzubinden und über diese „die gute Botschaft" kommunikativ zu streuen. Eine dankbare Zielgruppe sind in diesem Zusammenhang Vertrauensleute, die aufgrund Ihrer Funktion und mehrheitlich auch ihrer Persönlichkeit schnell für das betriebliche Gesundheitsmanagement zu begeistern sein sollten. Dann gilt es aber auch, die Mitarbeiter anzusprechen, die eine große Affinität zum Thema „Gesundheit" besitzen, weil sie aktuell oder in der Vergangenheit bestimmte BGF-Felder besetzt haben: Das ist der Kollege, der einen Trainerschein hat, oder die Kollegin, die seit vielen Jahren Yoga macht und die bekannt dafür ist, dass sie nichts aus der Ruhe bringt. Und die „üblichen Verdächtigen" erreicht man über Maßnahmenangebote sowieso. So werden Schritt für Schritt immer mehr Mitarbeiter in die BGF integriert. Eine Starterquote von 15 bis 20 Prozent ist durchaus realistisch – allerdings sollte man nach zwei Jahren die magische 50-Prozent-Quote überschritten haben. Danach sinkt deutlich der Aufwand für die Aktivierung der Mitarbeiter. Allerdings sollten sich die Angebote weiter durch Vielfalt, Kreativität in der Auswahl und Zusammenstellung sowie Angebote für bestimmte Zielgruppen wie Schichtmitarbeiter, Mitarbeiter mit starker körperlicher oder mentaler Belastung, Alleinerziehende, Teilzeitkräfte, ältere und jüngere Mitarbeiter, Frau und Männer etc. auszeichnen.

Werkzeuge für das Verhalten: Umgang mit Risiken   137 3.7

Abschließend noch eine Empfehlungsliste ↻ „Empowerment", die für Führungskräfte konzipiert ist:
- Klären Sie die Zielsetzung und vereinbaren Sie den Weg zur Zielerreichung.
- Beteiligen Sie Ihre Mitarbeiter an Entscheidungsprozessen, die sie betreffen.
- Delegieren Sie Autorität für wichtige Aufgaben.
- Beachten Sie individuelle Unterschiede bezüglich Motivation, Fähigkeiten und Fertigkeiten.
- Ermöglichen Sie den Zugang zu wichtigen Informationen.
- Stellen Sie die Ressourcen bereit, die Ihre Mitarbeiter zur Umsetzung neuer Verantwortlichkeiten benötigen (Zeit, Handlungsspielräume, Entscheidungsspielräume, Materialien etc.).
- Optimieren Sie Ihr persönliches „Führungsmanagement", sodass Empowerment möglich ist und gefördert wird (wie viel Bürokratie und restriktive Kontrolle sind nötig?).
- Betonen Sie Vertrauen und Zuversicht in die Handlungskompetenz Ihrer Mitarbeiter.
- Bieten Sie Ihre Unterstützung aktiv an.
- Ermutigen und unterstützen Sie Eigeninitiative und selbstständige Problemlösung – zeigen Sie Ihre Wertschätzung.

Wie gehen Sie eigentlich mit Risiken um? Manche favorisieren das Motto „No risk, no fun?" Das Risikoverhalten ist eine wichtige präventive Komponente im BGF.

3.7 Werkzeuge für das Verhalten: Umgang mit Risiken

Auf dem Markt gibt es viele Maßnahmen der BGF, um den Umgang mit Risiken aus verhaltensbezogener Sicht zu „optimieren":
- Ernährungskurse und Gewichtskontrolle
- Maßnahmen zur Reduktion des Alkoholkonsums
- Raucherentwöhnung
- Rückenschonendes Arbeiten und Sitzen
- Steigerung der Compliance in Bezug auf Arbeitssicherheit
- ↻ Stressmanagement und ↻ Burn-out-Prophylaxe
- Interventionen im Bereich der körperlichen Aktivität etc.

Das Angebot

Vielfach liegen in der Praxis nicht nur singuläre Programme vor, sondern Multi-Komponenten-Programme (Schwarzer, 2004). Die empirischen Ergebnisse solcher Programme sind zwiespältig. Programme dieser Art sind nicht wirkungslos – das ist die gute Botschaft –, aber die Effekte gehen teilweise im Rauschen der beeinflussenden Faktoren unter und variieren extrem – das ist der Wermutstropfen (Heaney & Goetzel, 1997). Die Empfehlung liegt deshalb oft auf die Individualisierung bzw. individuelle Ansprache der Betroffenen, um die Wirksamkeit zu steigern.

> Im Rahmen dieses Buches können wir nicht alle denkbaren Faktoren auf der personenbezogenen Ebene adressieren. Eine umfassende Übersicht – leider aber relativ wenig auf den betrieblichen Kontext bezogen – bietet das Buch „Psychologische Gesundheitsförderung: Diagnostik und Prävention" von Jerusalem und Weber (2003).

Illusion der eigenen Unverletzbarkeit

Gesundheit ist kein Risiko, Krankheit allerdings schon! Für den, der sich gesund fühlt, ist Krankheit eher etwas Abstraktes, etwas, das – wenn überhaupt – nur anderen passiert. Diese „Illusion der eigenen Unverletzbarkeit" (Janis, 1982) bzw. dieser „Optimistische Fehlschluss" (Weinstein, 1980) ergibt evolutionspsychologisch Sinn: sich selbst etwas zutrauen und Fehler bei anderen verorten – umgekehrt wird eine „Depression" daraus. Das individuelle Risikoverhalten und die Gefahrenexposition hängen ferner davon ab, welche Folgen wir antizipieren. Häufig wird das objektive Risiko, beispielsweise aufgrund des persönlichen Gesundheitsverhaltens an einer koronaren Herzerkrankung wie Herzinfarkt zu erkranken, in der eigenen Bewertung heruntergespielt: Es resultiert das subjektive bzw. wahrgenommene Risiko. *Warum?* Weil das Ergebnis der Erkrankung oft weit in einer ungewissen und fernen Zukunft liegt und diese sich leicht verdrängen lässt – Ähnliches stellen wir auch beim Thema Altersversorgung fest. Unser Risikoverhalten basiert u. a. auf den Arbeits- und Lebensstil, den erlebten Stress, den uns zugeordneten Rollen oder dem eigenen präventiven Umgang mit Gesundheit. Für viele ist dabei die Arbeit wichtiger als ihre Gesundheit, obwohl diese Beziehungsaussage falsch ist, denn Arbeit kann erst durch Gesundheit effizient und effektiv nachhaltig vollzogen werden.

Risikoverhalten

Neben dem Gesundheitsverhalten gibt es auch ein eigenständiges Risikoverhalten. Nach Faltermaier (2005) ist Risikoverhalten ein verhaltensbedingter Faktor, der empirisch nachgewiesen die Anzahl der Neuerkrankungen einer Krankheit (Inzidenz) in der Population erhöht. Das Risikoverhalten lässt sich nach Perrez & Gebert (1994) in sechs Risikocharakteristika aufteilen:

Werkzeuge für das Verhalten: Umgang mit Risiken

- Ort des zu erwartenden Schadens: Gefährdet das Verhalten die Gesundheit?
- Wahrscheinlichkeit des Schadens: Wie wahrscheinlich ist das Auftreten eines Schadens?
- Zeitpunkt des zu erwartenden Schadens: Wann wird der Schaden auftreten?
- Topografie des Verhaltens: Handelt es sich um Bewegungsverhalten oder eine mentale Tätigkeit?
- Quantitative Aspekte des Verhaltens: Wie häufig und in welcher Intensität wird ein Verhalten ausgeführt?
- Zu erwartende Wirkung: Welches Organsystem wird wie betroffen sein?

Die Wahrnehmung des Risikos wird zudem von dem Gesundheitsverhalten der Peergruppe bestimmt. Die Kenntnis über Risiken kann positiven Einfluss auf das Gesundheitsverhalten haben, wenn das Risikoverhalten der Peergroup (z. B. Alter, Geschlecht, sozioökonomischer Status) zum eigenen Verhalten in Relation gesetzt wird. Das Gesundheitsverhalten wird durch die Darbietung von Informationen über das Risikoverhalten der Bezugsgruppe gefördert (Weinstein, 1983; Weinstein & Lachendro, 1982), denn durch diesen Vergleichsprozess ‚eigenes vs. Peer-Gesundheitsverhalten' wird das eigene Risiko realistischer wahrgenommen. Wird dieser Peerbezug bei der Informationsweitergabe vernachlässigt, bleiben die gewünschten Resultate in Form eines gesteigerten Gesundheitsverhaltens häufig aus. Aus der Befundrückmeldung im klassischen Vieraugengespräch zwischen Arzt und Patient folgt patientenseitig eine kurze Risikosensibilisierung, die beim Verlassen der Praxis schon wieder verpufft und schlimmstenfalls dazu führt, dass der Patient zukünftig Arztbesuche vermeidet. Die Verarbeitung individualisierter Risikorückmeldungen ist anscheinend durch systematische Verzerrungen gekennzeichnet. Ditto et al. (1988) konnten in empirischen Untersuchungen zeigen, dass Risikopatienten (erhöhte Cholesterin- oder Blutdrucktestwerte, fiktive Enzymdefizienz) ihre Risikostatus als weniger schwerwiegend für die Gesundheit beurteilten, die allgemeine Prävalenz höher und die Testzuverlässigkeit geringer einschätzten als Personen, die kein Risiko zurückgemeldet bekamen.

Risikoverhalten der Bezugsgruppe

> Schwarzer & Renner (1997) ziehen deshalb das Fazit:
> **Defensive Reinterpretationsstrategien** im Sinne einer mehr oder weniger unbewussten Informationsverzerrung führen dazu, dass die Betroffenen die Risikorückmeldungen bagatellisieren. Damit kommt es häufig nicht zu einer erhöhten Vulnerabilitätseinschätzung.

Typische Risikofaktoren

Typische verhaltensbezogene Risikofaktoren der Lebensweise sind:

- **Der Klassiker:** Tabakkonsum (Zigarettenrauchen).
- **Das Ernährungsdilemma:** Fehlernährung (hyperkalorische Ernährung, hoher Fettkonsum).
- **Die Zivilisationsträgheit:** Bewegungsmangel und körperliche Interaktivität.
- **Der Erfüllungsdrang:** Chronische Stressbelastung und Stressüberlastung.
- **Das Managersyndrom:** Typ-A-Verhaltensmuster (☑ Box 2-2, S. 86) mit erhöhter Kontrollneigung, Daueranspannung, übersteigertes Leistungsstreben, Gehetztheit und Irritierbarkeit.
- **Defizitäre Erholungsfähigkeit:** Keine Erholungszeiten mehr, denn Freizeit entwickelt sich zunehmend zum Stressfaktor.

Vulnerabilität

Ob ein Risikoverhalten auch negative Auswirkungen auf die Gesundheit hat, hängt maßgeblich von der intraindividuellen Vulnerabilität ab – diese kann genetischer, organischer, expositioneller oder psychosozialer Art sein. Der Asthmatiker (organische und psychosoziale Vulnerabilität) sollte nicht unbedingt täglich eine Cohiba rauchen (Risikoverhalten), ebenso wie der Arbeiter, der früher regelmäßig Lösungsmitteln oder Asbest ausgesetzt war (expositionelle Vulnerabilität). Wenn ein bestimmtes Risikoverhalten zur Routine wird, z. B. alkoholisiert Auto fahren, wird die damit verbundene Gefahr geringer eingeschätzt, als wenn diese Situation nie auftritt. Das Gefahrenpotenzial kumulativer Risiken kann also dramatisch unterschätzt werden (Denscombe, 1993). Häufig praktiziertes Risikoverhalten, das Matarazzo (1984) als „Verhaltenspathogene" bezeichnet, ist mit bestimmten Erkrankungen oder Schäden assoziiert. Die folgende ☐ Tabelle 3-3 gibt eine Übersicht (in Anlehnung an Klein, 2007):

☐ **Tabelle 3-3:** Verhaltenspathogene und assoziierte Schäden

Verhaltenspathogene	Assoziierte Schäden
Rauchen	Tumore, chronische Bronchitis, Infektionskrankheiten, kardiovaskuläre Erkrankungen, Apoplex, Arteriosklerose
Übergewicht, falsche Ernährung	Diabetes Typ-II, Hypertonie, Hyperlipidämien, kardiovaskuläre Erkrankungen, Tumore
Alkoholkonsum	Tumore, Autounfall, Leberzirrhose

Verhaltenspathogene	Assoziierte Schäden
Stress, dysfunktionale Belastungsverarbeitung	Kardiovaskuläre Erkrankungen, Tumore, Zuflucht zu direkt gesundheitsschädigenden Substanzen wie Alkohol und Zigaretten
Sexuelles Risikoverhalten	HIV-Infektion, Geschlechtskrankheiten
Sonnenbaden	Tumore der Haut
Zu schnell fahren, keine Sicherheitsgurte benutzen	Autounfall
Bewegungsmangel	Kardiovaskuläre Erkrankungen
Mangelndes Vorsorgeverhalten (z. B. Impfungen, Krebsvorsorge)	Infektionskrankheiten, Tumore
Karzinogene (in der Umwelt oder am Arbeitsplatz)	Tumore

Diese personalen Risikofaktoren auf der Verhaltensebene treffen auf ungünstige strukturelle bzw. situative Risikofaktoren im Betrieb wie Schicht- oder Nachtarbeit oder Mehrfachtätigkeiten. Wenn die verschiedenen Risikokonstellationen mit den entsprechenden persönlichen Faktoren wie Rauchen, Bewegungsmangel usw. zusammentreffen, ist die Wahrscheinlichkeit zu erkranken um ein Vielfaches höher.

Krankheit ist als Gefahrenindikator für ein modernes Risikomanagement und Gesundheitscontrolling im Unternehmen ein Spätindikator. Es ist wichtig, frühzeitig Gefahren zu erkennen. Im Kap. 4.2 (S. 172) befassen wir uns mit der Erfassung von Risiken und betrachten dabei auch das **Gesundheitsverhalten**, denn das Verhalten ist ein Frühindikator. Wir benötigen auch eine Betriebsbegehung für das Gesundheitsverhalten und nicht nur für die Arbeitssicherheit.

Wer ist verantwortlich?

Aus der Sicherheitspsychologie, die sich v. a. mit der Frage befasst, wie Unfälle entstehen und wie diese vermieden werden können, wissen wir aber das diese individuellen Einflussfaktoren in ihrer Ausprägung durch diverse organisationale Faktoren gefördert bzw. gehemmt werden können und dass die „Theorie der Unfallpersönlichkeit" – der Unfaller ist die Bezeichnung für Menschen mit besonderer Disposition für Verhaltensweisen, die relativ leicht zu Unfällen führen – in dieser Ausschließlichkeit nicht verursachungsgerecht ist (vgl. Nerdinger et al., 2008, S. 485-511). Eine zentrale Aufgabenstellung des betrieblichen Gesundheitsmanagements aus dieser Perspektive ist es, die Arbeitswelt menschengerecht zu gestalten helfen (Ulich, 2005). Andersfalls werden wir auch das schwelende Problem des ☞ Präsentismus – also krank zur Arbeit zu gehen, was auch als Risikoverhalten bewertet werden muss – nicht in den Griff bekommen.

Unsere Schritte

Schritte zu einem gesundheitsgerechteren Risikoverhalten (vgl. Norman, 2000; Schwarzer, 2004):
- Wissen über gesundheitsgefährdende Risiken
- Förderung der ☞ Selbstwirksamkeit und Selbstbestimmung
- Anpassung der Umwelt: Ressourcen, soziale Unterstützung etc.

1. Schritt: Wissen über Risiken

Das Problem besteht darin, dass das Wissen über gesundheitsgefährdende Risiken dank der Medien zum gesellschaftlichen Allgemeingut gehört, aber man sich selbst für nicht gefährdet betrachtet oder betrachten möchte. Nach Slovic et al. (1980) können viele Zeitgenossen deshalb die subjektive Gefährlichkeit des eigenen Verhaltens nicht realistisch einschätzen (verzerrte Risikowahrnehmung, optimistischer Fehlschluss). Denn dazugehören neben der Kenntnis die Kontrollierbarkeit und die angenommene Schadenshöhe – an der adäquaten Einschätzung der letzten beiden Punkte hapert es. Hoyos (1987) unterscheidet bei der Gefahreneinschätzung möglicher Risikozustände drei Dimensionen:

- **Sensorisch direkt erkennbare Risiken:** Diese treffen bei der Gesundheit meistens erst sehr spät ein, was zu einer Fehleinschätzung führt (Beispiel: Herzerkrankungen).
- **Durch diagnostische Eingriffe erkennbar:** Wie schwierig es ist, Menschen zu einer vorbeugenden Untersuchung zu bewegen, wissen wir aus den Studien zur Darmkrebsprophylaxe. Unternehmen können hier durch Informationsveranstaltungen die Wahrscheinlichkeit für die Wahrnehmung einer diagnostischen Untersuchung steigern.
- **Aus der Kenntnis allgemeiner Gesetzmäßigkeiten oder Erfahrungen erschließbar:** In der Gesundheit gibt es Erfahrungen und Regelsysteme, leider aber aufgrund der Komplexität (Syndrome) stets auch Ausnahmen. Diese Argumentation finden wir beispielsweise beim Tabakkonsum noch häufig vor: Mein Vater ist als Raucher 90 Jahre alt geworden, dagegen ist mein Onkel als Nichtraucher mit 68 schon verstorben.

Werkzeuge für das Verhalten: Umgang mit Risiken

> **Gesundheitsrisiken** sind leider oft nicht anschaulich, zeitlich verschoben und in ihrer Kausalitätskette nicht eindeutig. Die Vorwarnzeit ist zwar lang, aber wird häufig bagatellisiert. Das Wissen über diese Risiken ist sicherlich der erste Schritt, muss sich aber im Verhalten widerspiegeln. Ansonsten bleibt es träges Wissen. Bewährte Ansätze zur Optimierung des Umgangs mit Risiken in Bezug auf die eigene Gesundheit auf Verhaltensebene sind die **soziale Verpflichtung**, das **persönliche Feedback** auf Basis von Gesundheitszielen und v. a. die **Steigerung der Selbstwirksamkeit**.

2. Schritt: Selbstwirksamkeit

Ob Risiken akzeptiert werden oder nicht, hängt zunächst davon ab, ob sie selbst- oder fremdbestimmt sind. Wer mit 180 km/h über die Autobahn prescht, nimmt selbstbestimmt das Risiko eines Unfalls in Kauf. Für den Beifahrer ist dieselbe Situation allerdings sehr fremdbestimmt – je nach dem Grad der Vertrautheit wird der Beifahrer seine Risikowahrnehmung und -einschätzung auch artikulieren. Bis dato haben sich ca. 1200 Bergsteiger auf den Weg zum Mount Everest gemacht und 400 sind dabei tödlich verunglückt – das ist eine Ausfallquote von 30 Prozent! Im Gegensatz dazu ist das Risiko für den größten annehmbaren Unfall (GAU) eines westlichen Atomkraftwerks á la Tschernobyl geringer als 10^{-9}. Selbstbestimmung setzt auch das Vertrauen in sich selbst voraus, etwas zu verändern. In der sozial-kognitiven Theorie von Bandura (1997) wird das Konstrukt der ☞ Selbstwirksamkeit eingeführt, das wir im ↳ Kap. 2.3 (S. 92) vorgestellt haben. Schwarzer (2002; 2004) zeigt, dass Selbstwirksamkeit in Bezug auf das Gesundheitsverhalten einen wesentlichen Einfluss hat. Menschen mit hoher Kompetenzerwartung sind beispielsweise bei Maßnahmen der Raucherentwöhnung eher geneigt, Risikoverhaltensweisen abzubauen und gesundheitsgerechte Verhaltensweisen über einen längeren Zeitraum aufrechtzuerhalten (Nachhaltigkeit). In Anbetracht der Rückfallraten bei verhaltenstherapeutischen Raucherentwöhnungsprogrammen von bis zu 75 Prozent ist die Suche nach den maßgeblichen personalen Faktoren ein dringendes Anliegen der Forschung und Praxis. Das moderne Verständnis von BGF legt Wert auf Selbstwirksamkeit, Eigenverantwortung und Partizipation als Handlungsvektoren (↳ Kap. 6.2, S. 294; Bandura, 2000). Damit aber die Selbstwirksamkeit in Gesundheitsziele und angemessenes Verhalten übersetzt werden kann, müssen noch weitere Faktoren beachtet werden. In der Motivationspsychologie interessiert man sich v. a. für die Ergebniserwartungen des eigenen Handelns (Heckhausen & Heckhausen, 2006). Wenn ich aufhöre zu rauchen, dann werde ich nicht an einer Lungenerkrankung leiden oder ich höre auf zu husten. Zusätzlich müssen die soziostrukturellen Faktoren, die behindern und fördern können, Beachtung erhalten. Wichtig sind hier v. a. die sozialen Faktoren. Menschen aus Bezugsgruppen (gruppendynamische Effekte) können die soziale Verpflichtung und das ☞ Commitment, sein Handeln zu ändern, maßgeblich beeinflussen. Dazu gehört neben den Arbeitskollegen v. a. auch die Familie.

> Studien zeigen (O´Leary, 1992; Schwarzer, 2004): **Selbstwirksamkeit hat sehr viele positive Einflüsse.** Die Fähigkeit zur Stressbewältigung nimmt zu, das Ertragen von Schmerzen und der Umgang mit chronischen Leiden verbessert sind, die Entwöhnung von Abhängigkeiten fällt leichter etc. Das Ausmaß der Kompetenzerwartung hat einen eindeutig positiven Einfluss auf die **gesundheitsrelevanten Verhaltensweisen.** Möglicherweise ist dieses Konstrukt tatsächlich die gesuchte Wunderwaffe, um das Risikoverhalten gesundheitsgerecht positiv zu beeinflussen. Weitere Studien belegen auch die Folgen, wenn die Selbstwirksamkeitserwartungen steigen (Jex et al., 1999; Grau et al., 2001; Schaubroeck et al., 2000): Der Einfluss auf die Befindlichkeit am Arbeitsplatz ist v. a. bei hoher Arbeitsbelastung nachweisbar. Auch gibt es viele empirische Hinweise auf die **Reduktion von Fehlzeiten und ☞ Präsentismus.**

Zum Schritt 3: Umweltdruck Leistungsdruck

Risikoverhalten in der Arbeitswelt resultiert aber nicht nur aus dem eigenen Risikobewusstsein oder Risikoeinstellung, sondern oft durch den Druck von außen. Psychische und physische Überlastungen, Stress und Konflikte kennzeichnen zunehmend den Berufsalltag. Um es zeitlich zu schaffen, wird man mehr oder weniger gedrungen, Risiken in Kauf zu nehmen: Das Risiko der Gesundheitsschädigung! Beispielhaft sind zu nennen:

- Steigerung der Leistungsfähigkeit: Einnahme von Psychostimulantien und anderen leistungssteigernden Präparaten, um die psychische Ermüdung durch quantitative oder qualitative Überforderung hinaus zu schieben.
- Steigerung des Wohlbefindens: Einnahme von Antidepressiva und anderen dämpfenden Präparaten, um die aufgrund von Zeit- und Leistungsdruck oder sozialen Konflikten entstehenden Stresszustände zu meistern.

Konflikt zwischen Leistung und Gesundheit?

So kann es zu einem Konflikt zwischen Leistungs- und Gesundheitstendenzen kommen. Führungskräfte müssen sich dieser Gefahr bewusst sein, denn was nützen die besten BGF-Maßnahmen, wenn der Leistungs- und Zeitdruck parallel wächst. Es gehört zu ihrer Fürsorgepflicht, schädigende und beeinträchtigende Risikofaktoren zu minimieren. Leistung und Gesundheit müssen aber keine Gegensätze sein. Leistung darf jedenfalls auf Dauer nicht

Gesundheit verbrennen, sondern Gesundheit fördert die Arbeitsfähigkeit (Work Ability) nachhaltig (Hasselhorn & Freude, 2007).

Arbeitssucht als Beispiel für Risikoverhalten

Wenn die Arbeit das Denken, Handeln und Empfinden dominiert, gerät die Gesundheit auf das Abstellgleis. Man nimmt Symptome der Krankheit nicht mehr wahr. Man verliert die Kontrolle über den Arbeitsumfang und die Arbeitsdauer. Man isoliert sich zunehmend sozial. Man erfährt wie bei einer Sucht Entzugserscheinungen bei Nicht-Arbeit. Man muss immer mehr arbeiten, um die Sucht zu befriedigen. Das Auftreten psychosozialer und psychoreaktiver Störungen nimmt zu. Poppelreuter (1997) hat sich mit dieser neuen Form des Risikoverhaltens intensiv befasst, denn der Job kann zur Droge werden. Dann ist auch eine verhaltensbezogene Therapie sinnvoll (Robinson, 2000).

☑ **Box 3-4:** Arbeitssucht oder Workaholism

Das Fazit für die betriebliche Präventionsarbeit muss lauten: Zielgruppenspezifisches Wissen (z. B. Alter, Geschlecht, Tätigkeitsschwerpunkte) über bestimmte Risiken ist expertenseitig aufzubereiten (durch Arbeitspsychologen und -mediziner) und an den Mann und die Frau vor Ort zu bringen. Es empfiehlt sich, die **Risikosensibilisierung** in unterschiedliche Maßnahmen der BGF zu integrieren und in einem Gesamtkonzept zu verbinden.

Unsere Empfehlungsliste auf der verhaltensbezogenen Präventionsebene:

- Informieren Sie über das Risikoverhalten in der jeweiligen Bezugsgruppe und konfrontieren sie so die Betroffenen mit dem eigenen Risikostatus! Dies reicht aber nicht aus! Studien fanden heraus, dass nur ⅓ bis ½ der Herzinfarktpatienten mit dem Rauchen aufhörten oder es reduzierten. Die persönliche Betroffenheit durch eine Krankheit lässt zwar den optimistischen Fehlschluss verringern, aber nicht vermeiden.
- Arbeiten Sie mit Zielen! Die zielgerichtete Verbindung von Arbeit, Gesundheit und Gesundheits- und Risikoverhalten ist Erfolg versprechend, denn sie ermöglicht auch eine Verfolgung des Erfüllungsgrades in Verbindung mit den Anforderungen der Arbeit.
- Wechseln Sie vom pathogenetischen Pfad der Verhaltensprävention zum salutogenetischen Weg! Verhaltensprävention in Bezug auf das Risikoverhalten darf nicht nur den pathogenetischen Pfad zur Verringerung oder Vermeidung ris-

Unsere Empfehlungen

kanten, negativen Gesundheitsverhaltens gehen (z. B. Rauchen, Alkohol- oder Medikamentenmissbrauch). Wichtiger ist der salutogenetische Pfad, also die Förderung gesundheitsgerechten, positiven Verhaltens und die Stärkung personaler ↝ Ressourcen (Bewegung, Entspannung, Vorsorge).

- **Verbessern oder Unterstützen Sie der Erholungsfähigkeit!** Erholung ist nicht einfach die Überwindung von Müdigkeit, die Steigerung der Aufmerksamkeit und Konzentrationsfähigkeit bei steigender Arbeitsdichte. Viele Menschen können sich nicht mehr entspannen, finden keine Zufluchtsorte der Erholung mehr. Das Erholungsverhalten sollte thematisiert werden.

- **Individualisieren Sie Ihre Herangehensweise!** Die individuelle Ansprache ist wichtig, um das ↝ Commitment zu erhöhen und um individuelle Besonderheiten zu berücksichtigen. Daher empfiehlt es sich, einen Gesundheitscoach oder Koordinator der Gesundheit im Betrieb zu installieren.

Unsere Buchempfehlungen

Schwarzer (2004): Dieses Buch stellt sich die Kernfrage unseres Präventionsauftrages. *Welche psychologischen Prozesse sind für eine gesunde Lebensweise oder für riskante Gewohnheiten verantwortlich?* Diese Fragestellung wird auf verschiedene Risikobereiche vom Rauchen über Ernährung bis zur körperlichen Aktivität übertragen und am Ende erfolgt eine Übersicht zu Maßnahmen der Gesundheitsförderung u. a. am Arbeitsplatz.

Norman et al. (2000): Alle relevanten theoretischen Konstrukte von der sozialen Lerntheorie über motivationale Modelle bis zur Selbstregulation werden hier von ausgewählten Experten aufgegriffen und auf ihre Bedeutung für die Erklärung und Modellierung des Gesundheitsverhaltens aus theoretischer und empirischer Sicht überprüft.

3.8 BGF im Dialog: „Welche Bedeutung hat Gesundheitskultur?"

Die in diesem Kapitel erläuterten Werkzeuge wirken allesamt in Richtung Individuum, Gruppe und Organisation. Der Wirkniederschlag entfaltet sich in der ↝ Gesundheitskultur, die Garant für Nachhaltigkeit ist.

BGF im Dialog: „Welche Bedeutung hat Gesundheitskultur?"

Prof. Dr. Gabriele Elke

Frau Prof. Dr. Gabriele Elke von der Ruhr-Universität Bochum beschäftigt sich seit vielen Jahren intensiv mit der Gesundheitskultur in Unternehmen, ihren Ausprägungsgraden, ihren Treibern und ihrer Wirkung. Das Interview fand am 9. März 2010 statt. Als Autoren möchten wir uns an dieser Stelle herzlich für die Unterstützung von Frau Prof. Dr. Elke bedanken.

Als Sie in Ihrer Habilitationsschrift aus dem Jahr 2000 von „Gesundheitskultur" sprachen, war dieser Begriff in der Fachwelt noch nicht weit verbreitet. Heute erhalten Sie bei Google weit mehr als 150000 Treffer. Was verstehen Sie unter Gesundheitskultur und welche Bedeutung kommt ihr im Rahmen der ↻ Prävention zu?

Antwort von Prof. Dr. Elke: In Organisationen haben sich meist über Jahre bestimmte Selbstverständlichkeiten entwickelt, u. a. wie man miteinander zusammenarbeitet, wie man Probleme angeht oder auch wie Menschen zu führen sind. Es gibt in jeder Organisation unausgesprochene Regeln und Normen.

> Die Grundgesamtheit dieser gemeinsamen Wert- und Normvorstellungen in einer Organisation sowie die geteilten Verhaltens-, Denk-und Problemlösungsmuster stellen die Kultur eines Unternehmens dar.

Durch die Kultur wird das Handeln in einem Unternehmen indirekt ausgerichtet und koordiniert. Sie bildet einen impliziten Handlungscode, der von der Mehrheit der Organisationsmitglieder als verpflichtend erlebt und gelebt wird. Im Zentrum stehen grundlegende Werte und Annahmen, die sich auf Grundthemen menschlicher und betrieblicher Existenzbewältigung beziehen und an denen sich das Handeln von und in Organisationen orientiert.

Für eine nachhaltige Gesundheitsförderung und Prävention ist die Frage zentral, welchen Stellenwert der Gesundheit im Handlungskodex einer Organisation zukommt. *Wird z. B. Gesundheit eher als „Privatsache" und im Vergleich zu anderen Zielen als unwichtig angesehen oder wird von einem engen Zusammenhang zwischen der Gesundheit der Beschäftigten und ihrer Leistungsfähigkeit und Zufriedenheit ausgegangen?* In beiden Fällen hat sich eine Gesundheitskultur entwickelt.

Eine auf Nachhaltigkeit und auf Eigenverantwortung ausgerichtete Gesundheitskultur kann eher hinderlich oder förderlich sein, d. h., es liegt eine negative oder positive ↻ Gesundheitskultur vor.

Dementsprechend lassen sich in Unternehmen große Unterschiede im Hinblick auf eine umfassende Verpflichtung zum Schutz und zur Förderung von Gesundheit feststellen. Nicht in jedem Unternehmen ist es „normal", dass Gesundheit einen Wert darstellt, Gesundheit bei der Arbeitsgestaltung mit bedacht wird, sich die Führungskräfte für die Gesundheit ihrer Mitarbeiter verantwortlich fühlen und dass Gesundheit eben nicht als Privatangelegenheit angesehen wird. In vielen Unternehmen ist eher gesundheitsschädigendes Verhalten die Handlungsnorm. Es wird als „normal" erlebt, dass Pausen nicht eingehalten werden und sicherheitswidriges Verhalten nicht geahndet, sondern eher belohnt wird. Gesundheit und Gewinnmaximierung werden als nicht miteinander vereinbar angesehen.

In Unternehmen mit einer gesundheitsförderlichen Kultur wird Gesundheit dagegen gleichrangig mit anderen Leistungszielen umgesetzt. Der Mensch wird als zentrale Ressource für den Erfolg eines Unternehmens angesehen. Leitlinien und Führung unterstreichen, dass die Sicherung und Förderung der Gesundheit der Beschäftigten und Kunden grundlegend für ein hohes individuelles und betriebliches Leistungsniveau und damit den Unternehmenserfolg sind. Die zugrunde liegende Philosophie entspricht den neuen rechtlichen Leitlinien. Während der klassische Arbeitsschutz im Einzelnen Menschen eher jemanden sah, den es zu schützen galt, geht die europäische Gesetzgebung, wie im Arbeitsschutzgesetz in der Fassung von 1996 national umgesetzt, vom Arbeitnehmer als einem Partner aus, der nicht nur in die Entscheidungen und Maßnahmen einzubeziehen ist, sondern der auch in seinem Rahmen Verantwortung trägt. Zugleich korrespondiert der präventive Ansatz des Arbeitsschutzgesetzes mit einem erweiterten Gesundheitsverständnis, das sowohl das physische als auch das psychosoziale Wohlbefinden einschließt und schwerpunktmäßig auf Maßnahmen der Primärprävention setzt. Schutz und Vorbeugung stellen auch im Kontext einer gesundheitsförderlichen Unternehmenskultur wichtige Werte dar, aber vorrangig ist die Förderung von individuellen und betrieblichen Ressourcen. Insofern liegt modernen Konzepten der Personalführung und einer gesundheitsförderlichen Arbeitsgestaltung dieselbe Philosophie zugrunde: Selbstbestimmtes und eigenverantwortliches Handeln bilden gleichermaßen die Grundlage für das psychische und physische Wohlbefinden als auch für die erfolgreiche Zusammenarbeit und Aufgabenbewältigung v. a. in dezentralen Arbeitsstrukturen.

Der Zusammenhang zwischen einer gesundheitsförderlichen Unternehmenskultur und der Umsetzung einer gesundheitsförderlichen Arbeits-/Organisationsgestaltung sowie einem hohen betrieblichen Gesundheits- und Leistungsniveau ist empirisch belegt.

> Eine gesundheitsförderliche Unternehmenskultur unterstützt zum einen die Einführung und Umsetzung gesundheitssichernder und -fördernder Maßnahmen. Sie sorgt dafür, dass Strukturen und Regelungen auch im Alltag gelebt werden. Zum anderen stellt sie, ebenso wie die ☞ soziale Unterstützung und der Handlungsspielraum, am Arbeitsplatz eine wichtige betriebliche Ressource dar.

Beispielsweise zeigte sich in einer Untersuchung im Produktionssektor, dass eine gesundheitsförderliche Kultur die Auswirkungen von Arbeitsbelastungen abpuffert und die Beanspruchungsfolgen reduziert. Bei vergleichbaren Arbeitsbelastungen litten vor allem ältere Beschäftigte in Unternehmen mit einer gesundheitsförderlichen Unternehmenskultur signifikant weniger unter körperlichen Beschwerden als ihre Kollegen, die in Betrieben arbeiteten, in denen Gesundheit keine oder eine untergeordnete Rolle spielt (Zimolong, 2001, S. 141 ff.).

Eine gesundheitsförderliche Unternehmenskultur kann nicht wie eine Vorgehensmethodik eingeführt und durchweg rational gemanagt werden. Die Vermittlung und Entwicklung von Wertorientierungen und Selbstverständlichkeiten können zwar forciert werden, aber sie finden hauptsächlich in Form von sozialen Austauschprozessen und zumeist nicht systematisch geplant im täglichen Umgang miteinander statt. Neben der Beteiligung und Einbindung der Mitarbeiter ist das Wirken einflussreicher Kulturträger entscheidend. Die wichtigsten Promotoren einer gesundheitsförderlichen Unternehmenskultur sind das Management und die Führungskräfte. Ihre Einstellungen, ihr ☞ Commitment in Form von Identifikation und Zielverbundenheit und ihr Verhalten haben für die Beschäftigten Vorbildcharakter. Sie zeigen, was in einem Unternehmen von Wert ist, inwieweit die Gesundheit des Einzelnen wirklich zählt. Gefordert ist von der Führung ein konsequentes und glaubwürdiges Vorgehen, das nicht nur Gesundheit als Hochglanzziel vorgibt, sondern auch eine Arbeitsorganisation schafft, die gesundheitsgerechtes Verhalten zulässt oder sogar fördert.

Sie konnten im Rahmen zahlreicher Untersuchungen die Bedeutung der Führung als externale Präventionsressource identifizieren. Führung und Gesundheitskultur sind zwei nicht zu trennende Faktoren, denn Führung trägt oft die Gesundheitskultur im Sinne des Vorbildcharakters. Was zeichnet gesundheitsförderliche Führung aus und was bewirkt sie?

Antwort von Prof. Dr. Elke: Führungskräfte haben einen entscheidenden Einfluss auf die Gesundheit ihrer Beschäftigten. Zum einen steuern sie das Verhalten ihrer Mitarbeiter im persönlichen

Kontakt (durch Anweisungen, Gespräche etc.). Zum anderen schaffen sie Strukturen und gestalten Bedingungen, wie u. a. die Arbeitsorganisation, Arbeitsplatzgestaltung, Personalsysteme, die eher indirekt das gesundheitsgerechte Verhalten der Beschäftigten entweder fordern und fördern oder auch beeinträchtigen und behindern können. Formen und Ansätze einer gesundheitsförderlichen Führung sind somit sehr vielfältig.

> Die Art und Weise, wie sich Führungskräfte verhalten, kann einen direkten positiven oder negativen Einfluss auf das Wohlbefinden der Beschäftigten und ihre Gesundheit haben.

Vorgesetzte, die mitarbeiterorientiert führen, legen viel Wert auf einen freundlichen und von Vertrauen geprägten Umgang mit ihren Mitarbeitern. Sie unterstützen, fordern Engagement, beteiligen und beziehen die Mitarbeiter bei Entscheidungen mit ein. Ein solcher mitarbeiterorientierter Führungsstil wirkt sich positiv aus und fördert das Wohlbefinden der Beschäftigten. Dagegen kann eine schlechte Beziehung zwischen Führungskraft und Mitarbeitern zu gesundheitlichen Beeinträchtigungen und erhöhtem Stress führen. So konnten u. a. bei Pflegekräften Zusammenhänge zwischen einem feindlichen, stark kontrollierenden und bestrafenden Führungsverhalten und emotionaler Erschöpfung festgestellt werden.

Die erlebte ↪ soziale Unterstützung durch Kollegen und vor allem auch die Vorgesetzten im Arbeitsalltag stellt eine der wichtigsten Ressource im Umgang mit arbeitsbedingtem Stress dar. Sie puffert oder mildert die negativen Folgen von Beanspruchungen ab. Beschäftigte, die wissen, dass ihr Vorgesetzter ihnen auch in schwierigen Situationen wie beispielsweise bei einem Fehler oder einer Kundenbeschwerde zur Seite steht, werden besser mit diesen belastenden Situationen umgehen können bzw. weniger stark in ihrem Wohlbefinden kurz- und mittelfristig beeinträchtigt.

Kernaufgabe aller Führungskräfte ist die Steuerung und Koordination des Verhaltens ihrer Mitarbeiter im Sinne der jeweiligen Unternehmensziele. **Die Sicherung und der Erhalt der Gesundheit der Beschäftigten zählen dazu.** Zu ihrer Erreichung können und sollten dieselben Strategien und Techniken wie zur Sicherung und Förderung jedes anderen Leistungsverhaltens genutzt werden. So ist gesundheitsgerechtes Verhalten oft nicht nur eine Frage der Motivation, sondern auch der Qualifikation. Qualifizierung und Personalentwicklung gehören zum Kern einer gesundheitsförderlichen Führung. Sie unterstützt die Entwicklung der ↪ Gesundheitskompetenz auf allen Ebenen durch entsprechende Anweisungen, Anleitungen, Aus- und Fortbildungen. Die Anwendung des gesundheitsbezogenen Wissens und die Umsetzung der Kompetenzen im Alltag müssen ebenfalls wie jedes Leistungsverhalten gezielt durch die Führung unterstützt werden. Leistungsverhalten wird durch das Setzen oder Vereinbaren von spezifischen, herausfordernden Zielen bedeutsam gesteigert. Das gilt auch, wie vielfach nachgewiesen werden konnte, für die Förderung von sicherheits- und gesundheitsgerechtem Verhalten. Ebenso wird nicht nur Verhalten generell, sondern auch gesundheitsgerechtes Verhalten durch das Setzen von Anreizen im Sinne des operanten Lernens beeinflusst. Gesundheitsförderliche Führung nutzt bzw. sollte alle generell erfolgreichen Führungstechniken auch gezielt zur Verbesserung des Gesundheitsverhaltens in einem Unternehmen nutzen. Gleichzeitig ist es notwendig, das gesundheitsförderliche Führungsverhalten selber u. a. auf den unteren oder mittleren Ebenen entsprechend zu fordern und zu unterstützen. Unternehmen mit einem hohen Sicherheits- und Gesundheitsniveau fordern und fördern ein gesundheitsförderliches Führungsverhalten, wie die GAMAGS-Studie (Ganzheitliches Management des betrieblichen Arbeits- und Gesundheitsschutzes) gezeigt hat, v. a. durch den systematischen Einsatz von Personalsystemen. So gehen in diesen Unternehmen u. a. der Stand und die Leistungen einer Abteilung im Arbeits- und Gesundheitsschutz in die regelmäßige Beurteilung der Führungskräfte und den Erhalt von Bonuszahlungen ein. Der Einsatz von gesundheitsbezogenen Beurteilungs- und Anreizsystemen zählt damit zu den wichtigsten Erfolgsfaktoren (Zimolong & Elke, 2001).

Führungskräften kommt aufgrund ihrer übergeordneten Stellung und Aufgaben eine wichtige Rolle zu, nicht nur offiziell für die Umsetzung der Ziele, sondern auch für die in einem Unternehmen gelebten Werte und Normen. Sie vertreten, repräsentieren und sorgen ebenso für die Umsetzung der Ziele wie für die Förderung einer spezifischen Unternehmenskultur. Ihr Auftreten und Verhalten vermittelt den Mitarbeitern, was im Unternehmen wichtig ist und welche Regeln der inhaltlichen Zusammenarbeit und des sozialen Umgangs „verpflichtend" sind. Führungskräfte sind Vorbilder. An ihrem Verhalten im Umgang mit Fragen der Gesundheit machen die Beschäftigten u. a. den Wert und die Bedeutung, die der Gesundheit im Unternehmen wirklich zukommt, fest. Ihr ↪ Commitment, Vorbild- und Führungsverhalten sind grundlegend für die Entwicklung einer gesundheitsförderlichen Unternehmenskultur, verknüpft mit einer Unternehmenspolitik, die den Menschen nicht vorrangig als Kosten-, sondern als Erfolgsfaktor sieht.

Neben Forschungsprojekten haben Sie auch viele Beratungsprojekte zum betrieblichen Gesundheitsmanagement durchgeführt. Worauf sollte ein Unternehmen achten, wenn es erfolgreich BGM einführen möchte – was sind Treiber, welche Barrieren gibt es?

Antwort von Prof. Dr. Elke: Die Notwendigkeit von betrieblichem Gesundheitsmanagement wird heute nicht mehr infrage gestellt. Ebenso kennen wir die Handlungsfelder, Kernprozesse und Anforderungen an eine langfristig und nachhaltig greifende BGF.

> Wichtige Merkmale eines erfolgreichen betrieblichen Gesundheitsmanagements sind ein ganzheitliches Vorgehen, d. h. eine Ausrichtung auf Abbau von Risiken und Stärkung von ⌐ Ressourcen; Kombination von verhaltens- und verhältnisbezogenen Maßnahmen, Integration der Gesundheitsförderung in den betrieblichen und privaten Alltag sowie in das Management. Zentral ist ein systematisches Controlling aller Maßnahmen, d. h. ihre qualitäts- und bedarfsorientierte Auswahl, Dokumentation und Erfolgskontrolle.

Leitbild einer erfolgreichen Prävention bildet ein ⌐ evidenzbasiertes Gesundheitsmanagement. Vorrangige Gestaltungsfelder sind neben der Schaffung von Strukturen, die die Aufgaben, Zuständigkeiten und Verantwortung sowie Kernprozesse im Betrieb für die Gesundheitsförderung explizit regeln, alle Facetten einer gesundheitsförderlichen Technik- und Arbeitsgestaltung, die Ausrichtung des Personalmanagements (Auswahl, Personal- bzw. Teamentwicklung, Qualifizierung, Führung etc.) auf Gesundheit und Leistungsfähigkeit sowie ein auf Transparenz ausgerichtetes Informations- und Kommunikationsmanagement. Ein weiteres Handlungsfeld stellen spezifische gesundheitsbezogene Einzelinterventionen (Stresstraining, Entspannung, Kurse zur Ernährung, Laufgruppen etc.) und Gesundheitsprogramme dar.

Wir wissen, was zu tun ist, um die Gesundheit und Leistungsfähigkeit der Beschäftigten nachhaltig zu fördern, aber bisher ist das betriebliche Gesundheitsmanagement weder flächendeckend umgesetzt, noch gelingt es in vielen Fällen, die Konzepte im Alltag erfolgreich zu implementieren. Die Einführung einer systematischen betrieblichen Gesundheitsförderung erfordert auf der Ebene der Beschäftigten und v. a. auf der Ebene der Führung und der Organisation Veränderungen. Sie ist ein Change Management Prozess. Solche organisationalen Veränderungsprojekte zeichnen sich in der Praxis generell durch ein relativ hohes Misserfolgsrisiko von 40 bis zu 70 Prozent aus. Der Erfolg von Veränderungen ist in einem hohen Ausmaß abhängig von der Gestaltung ihres Einführungsprozesses. Auch die Einführung eines betrieblichen Gesundheitsmanagements muss gut vorbereitet und unterstützt werden. Das Gesundheitsmanagement gibt vor, welche Regelungen, Strukturen und Kernprozesse einzuführen sind, wenn eine Organisation die Gesundheit und Arbeitsfähigkeit ihrer Beschäftigten nachhaltig fördern will. Ihre Einführung muss so erfolgen, dass die Beschäftigten und vor allem die Führungskräfte mitziehen und überzeugt werden. Nur so kann erreicht werden, dass die Maßnahmen auch im Alltag umgesetzt werden, das Mitdenken von Gesundheit langfristig zur Selbstverständlichkeit wird und sich eine positive ↪ Gesundheitskultur etabliert. Die Entwicklung einer solchen gesundheitsförderlichen Unternehmenskultur kann gezielt durch den Einsatz der A-B-C-Strategie bei der Einführung eines Gesundheitsmanagements vorangetrieben werden (vgl. Elke & Schwennen, 2008).

A wie Austausch: Information und Kommunikation über Ziele, Vorgehen, Maßnahmen, Meinungen, Hintergründe etc. sind die wichtigsten Bedingungen für den Erfolg jeder Veränderung. Sie fördern nicht nur die Akzeptanz für die Neuerungen, sondern erhöhen zugleich auch die Motivation und das Engagement aller, teilzunehmen. Die Beschäftigten müssen nicht nur kontinuierlich informiert, sondern vor allem auch überzeugt werden. Oft mangelt es beispielsweise an einer Vision und der Kommunikation, wo es denn überhaupt hin gehen soll, warum es u. a. wichtig ist, in die Gesundheit zu investieren. Was ist der Nutzen für den Einzelnen und das Unternehmen? Es muss offensichtlich werden, dass BGM notwendig ist für den Erhalt der Leistungsfähigkeit des Einzelnen und des Unternehmens insgesamt und alle davon profitieren. Ein erfolgreiches BGM kommt ohne ein vorbereitendes und begleitendes Marketing nicht aus.

A wie Austausch

B wie Beteiligung der Beschäftigten: Mitarbeiterinnen und Mitarbeiter sind nicht nur bei der Einführung des BGM zu beteiligen, sondern vor allem sind ihre Eigenverantwortung und Eigeninitiative zu unterstützen und zu fördern. Sie wissen als Experten vor Ort am besten, welche gesundheitsbezogenen Herausforderungen mit ihrer Arbeit verbunden sind und wie sie bewältigt werden können. Beteiligung und Einbindung sensibilisieren sie für Fragen der Gesundheit, erhöhen die Akzeptanz und fördern das Engagement und die Übernahme von Verantwortung für die eigene Gesundheit und die Gesundheit im Arbeitsbereich.

B wie Beteiligung

C wie Commitment der Führungsebene: ↪ Commitment meint, dass die Führung sich mit den Zielen identifiziert und hinter ihnen steht. Ohne das Commitment der Leitung und der gesamten Führung, ohne ihre sichtbar gelebte Verpflichtung gegenüber den Zielen und ihre Unterstützung der Maßnahmen hat auch das beste BGM keine Chance. Es ist nicht immer einfach, die Führungskräfte zu gewinnen. Sie müssen von Anfang an eingebunden und unterstützt werden, damit sie ihre Rolle als zentrale Promotoren der Gesundheitsförderung erfüllen können.

C wie Commitment

Der Einsatz der A-B-C-Strategie bei der Einführung und Umsetzung des betrieblichen Gesundheitsmanagements forciert die Entwicklung einer positiven ↪ Gesundheitskultur. Sie ist wiederum notwendig, damit die Maßnahmen des betrieblichen Gesundheitsmanagements auch langfristig als verpflichtend erlebt und im Arbeitsalltag gelebt werden. Die Einführung von gesundheitsförderlichen Strukturen und die Entwicklung einer Gesundheitskultur greifen ineinander, stützen sich wechselseitig und machen so den nachhaltigen Erfolg aus.

Für Sie gelesen – von uns empfohlen:

Lütz, M. (2009). IRRE! Wir behandeln die Falschen. Unser Problem sind die Normalen. Gütersloh: Gütersloher Verlagshaus.

Zum Vertiefen in das Thema „Psyche" mal aus einer ganz anderen Perspektive: Der Psychiater und Kabarettist Manfred Lütz wagt eine kritische und heitere Einführung in die Seelenkunde. Depressionen, Angststörungen & Co. werden unterhaltsam, aber immer fundiert erläutert.

 Zusammenfassung zum Präventionsauftrag:

- **Prävention:** Gesundheitsmanagement ist Präventionsarbeit! Nach der Analyse der Gesundheitssituation im Unternehmen kommt es darauf an, die Präventionsmaßnahmen zu planen. Dabei sollte ein längerfristiger Zeitraum von zwei bis drei Jahren ins Auge gefasst werden. Wichtig ist, dass neben den beliebten und spontan assoziierten Kürmodulen (Verhaltensprävention) auch Pflichtmodule (Verhältnisprävention) eingeplant werden.
- **Gesunde Führung:** Die Führungskräfte müssen zum gesunden Führen befähigt und danach in die Pflicht genommen werden: Sensibilisierung und Empowerment sind die Schlüsselbegriffe. Eine gute Personalentwicklung gestaltet gemeinsam mit den Führungskräften das breit gefächerte Themenfeld und bietet neben Trainings und Workshops auch Instrumente des Leistungsfeedbacks zur Beurteilung der Führungsqualität.
- **Psychische Störungen:** Psychische Störung erfahren zunehmend an Bedeutung, zum einen durch eine Sensibilisierung der Diagnosesteller, aber v. a. auch aufgrund sich ändernder Belastungsmuster. Es ist wichtig, dass Unternehmen entsprechende Antworten im Umgang mit Betroffenen parat haben. Neben einer Enttabuisierung geht es auch um betrieblich begleitete Versorgungswege. Zu den häufigsten psychischen Störungen gehören neben Ängsten und Depressionen v. a. auch Substanzabhängigkeiten.
- **Konflikte:** Konflikte treten überall da auf, wo Menschen miteinander interagieren, so auch im Beruf. Ein gutes Gesundheitsmanagement hält interne oder externe Experten bereit,

die mittels Konfliktmanagement (z. B. Konfliktanalyse, Coaching, Mediation) dyadische oder Gruppenkonflikte mit den Beteiligten bearbeiten und so die Wahrscheinlichkeit für ein zukünftiges Konfliktgeschehen verringern helfen.
- **Bewegung und Ernährung:** Die durch nicht ausreichende Bewegung und defizitäre Ernährung hervorgerufenen Zivilisationskrankheiten sind mannigfaltig. Pausen mit Bewegungsangeboten, Kantinen mit attraktivem, gesundem Ernährungsangebot sind nur zwei von zahlreichen Beispielen, wie dieses Themenfeld umgesetzt und mit Leben gefüllt werden kann.
- **Gesundheitskommunikation:** Das Thema ‚Gesundheit' muss im Unternehmen mit Marketingmaßnahmen bekannt gemacht werden. Die Definition der Dialoggruppen sowie die Definition der Zielgruppen, Kommunikationsziele, -inhalte, -kanäle, -phasen und -maßnahmen sind bei der Kommunikationsplanung zu berücksichtigen.
- **Empowerment:** Empowerment im betrieblichen Gesundheitsmanagement meint die Unterstützung des Mitarbeiters durch Strategien und Maßnahmen, die ihn in die Lage versetzen, seine Selbstverantwortung und sein Gesunderhaltung verhaltenswirksam umzusetzen. Eine zentrale Position kommt auch hier wieder den Führungskräften zu: Zielklärung, Partizipation, Delegation, Beachtung intraindividuell unterschiedlicher Kompetenzen und Bedürfnisse, Ressourcenbereitstellung, Entwicklung einer Vertrauenskultur, ☞ soziale Unterstützung und Motivation durch Wertschätzung.

Check-Liste 6: Präventionsauftrag

4 Gesundheitscontrolling: Steuerung und Qualitätssicherung

Kapitel 4 befasst sich mit der Steuerung und Qualitätssicherungen von Maßnahmen der betrieblichen Gesundheitsförderung. Wir stellen Ihnen Modelle, Kennwerte und Instrumente vor, mit deren Hilfe die Wirksamkeit von BGF-Maßnahmen gesteigert und die Nachhaltigkeit gewährleistet werden kann. **Die Evaluation ist das Rückgrat der betrieblichen Gesundheitsförderung.**

Unsere Leitfragen ...
- ▶ **Kap. 4.1: Erfolgskriterien und Prüfpunkte**
  Seite 157: Welche Erfolgsfaktoren müssen wir beachten?
  Seite 160: Kann das Qualitätsmanagement als Leitkonzept fungieren?
- ▶ **Kap. 4.2: Gesundheitsmonitoring und Risikomanagement**
  Seite 172: Welche Anforderungen muss ein Gesundheitsmonitoring erfüllen?
  Seite 174: Was bedeutet Risikomanagement in diesem Kontext?
  Seite 178: Was ist eine Health Balanced Scorecard?
- ▶ **Kap. 4.3: Baustein 1: Kennzahlen**
  Seite 183: Was muss eine Kennzahl im Bereich BGF leisten?
  Seite 189: Warum ist das Treiber-/Indikatorenmodell eine Ausgangsbasis?
  Seite 195: Wie lässt sich die Aussagekraft der Fehlzeitenquote erhöhen?
- ▶ **Kap. 4.4: Baustein 2: Wirtschaftlichkeitsmessung**
  Seite 211: Macht es Sinn die Wirtschaftlichkeit von BGF zu messen?
  Seite 218: Welche Werkzeuge lassen sich zur Bewertung einsetzen?
- ▶ **Kap. 4.5: Baustein 3: Konzept der Gesundheitsscores**
  Seite 228: Was ist die inhaltliche Grundlage der Gesundheitsscores?
  Seite 230: Wie erfassen wir die Gesundheitsscores?
  Seite 238: Wie sieht ein integratives Konzept der Gesundheitsscores konkret aus?
- ▶ **Kap. 4.6: BGF im Dialog mit Prof. Dr. Rainer Wieland**
  Seite 252: Ist Evaluation nötig?

4.1 Erfolgskriterien und Prüfpunkte

Welche Erfolgsfaktoren müssen wir beachten?

Analog zum Paradigmenwechsel in der Personalentwicklung müssen wir uns von einer administrativen Sicht und Herangehensweise im Bereich BGF verabschieden und nach der Wertschöpfung fragen

Von der Administration zur Wertschöpfung

(Becker, 2009). BGF impliziert nicht mehr eine unsystematische und unkoordinierte Abbildung von personenbezogenen Einzelaktionen im Bereich der Ernährung, Gesundheitsbildung oder Bewegung. Vielmehr beansprucht die ↷ Wertkette, dass die verschiedenen Maßnahmen auf Gesamtziele auszurichten sind und einen messbaren Wertbeitrag zum gesunden Unternehmen leisten sollen. Damit wird auch die Bedeutung des Transfermanagements deutlich. Die O Abbildung 23 (↪ S. 159) illustriert die wichtigsten Erfolgsfaktoren der BGF. Was wir auf jeden Fall benötigen, sind Leitlinien der betrieblichen Gesundheitspolitik. Sie fungieren als Zielfelder, die durch die Akteure und Promotoren vorbildhaft abzubilden sind (Badura & Hehlmann, 2003). Führung nimmt hier eine wesentliche Rolle ein (Stadler & Spieß, 2003). Diese Maßnahmen benötigen ferner korrespondierende Organisationsstrukturen, in denen sie gezielt und systematisch ablaufen, quasi der tragende Unterbau der BGF. Diese Strukturvariablen müssen durch die Prozesse der Kommunikation, Entscheidung und Abstimmung gelebt werden. Bedauerlicherweise stellt man in der Praxis bei den Akteuren bisweilen eine mangelnde Kommunikation und auch das Vorherrschen von Ressortegoismen fest. So befassen sich neben Personalentwicklern und Betriebsräten Akteure aus dem Arbeitsschutz und natürlich aus dem Bereich BGF mit diesen Themen und reklamieren je nach Zielgruppe und Bereich Anspruch auf die Übersetzung von BGF im Unternehmen. Dadurch leidet der Abstimmungsprozess und damit vermindert man die Wertschöpfung im Sinne des Gesamtzieles einer koordinierten BGF. Schließlich gilt es, den Betroffenen in den Vordergrund zu rücken. Durch Partizipation und ↷ Empowerment der Betroffenen erreichen wir auf jeden Fall eine hohe Verarbeitungstiefe. Diese angestrebte personenbezogene Elaborierung und Internalisierung von Gesundheitsthemen bedarf aber eines Umfeldes, dass konsistent das konstruktive Gesundheitsverhalten abruft und verstärkt. Wir benötigen also einen betrieblichen Verstärker für die BGF. Koordination, Steuerung oder Management von BGF-Maßnahmen erfordern ein kontinuierliches Gesundheitsmonitoring (↪ Kap. 4.2, S. 172), denn ohne Evaluation werden wir trotz hehrer Absichten einen Blindflug durchführen und eventuell sogar eine Bruchlandung verursachen.

Dieses Kapitel ist ein entschiedenes **Plädoyer für eine systematische und evaluierte Vorgehensweise im BGF**. Unsere Erfolgsfaktoren auf der individuellen und organisatorischen Ebene können ihr synergetisches Potenzial nur entfalten, wenn betriebliche **Wirksamkeitsforschung** objektiv und transparent für alle Stakeholder betrieben wird.

Erfolgskriterien und Prüfpunkte

Wertschöpfung durch BGF

> Wertschöpfung im Bereich BGF kann nur erzielt werden, wenn die Maßnahmen aufeinander abgestimmt sind und dabei auf eine kongruente und konsistente ☞ **Gesundheitskultur und gesunde Arbeitswelt** stoßen. Zudem müssen die Maßnahmen aus betriebspolitischer Sicht flankiert werden.

☑ Box 4-1: Wertschöpfungsorientierung

○ Abbildung 23: Erfolgsfaktoren der BGF

> *Was benötigen wir?* Welche Erfolgsfaktoren sind aus Ihrer Sicht für Ihre Betriebslandschaft vonnöten, um BGF nachhaltig und wirksam zu implementieren? Um eine Antwort auf diese Frage zu erhalten, ist es sinnvoll, die BGF-Akteure im Betrieb mit dieser Frage zu konfrontieren. Sie werden feststellen, dass die Sicht- und Herangehensweisen vermutlich divergieren. Aber das **Bekenntnis zum gesunden Unternehmen** sollte bei allen Akteuren in etwa gleich klingen.

Fassen wir zusammen! Wir benötigen …

- ein **strategisches Management**, um den Anforderungen einer zielorientierten BGF zu entsprechen,
- einen **datengestützten Lernzyklus**, um einen kontinuierlichen Verbesserungsprozess zu gewährleisten,

- ein **System aus Erfolgsfaktoren und Prüfpunkten**, um angemessen die Effizienz und Effektivität von Interventionen in den diversen Handlungsfeldern der BGF zu evaluieren,
- eine **Verpflichtung zur Kommunikation** über die erfolgten Leistungen innerhalb der einzelnen Handlungsfelder, um eine gemeinsame Koordination BGF wahrzunehmen,
- eine **strukturelle Organisation** der BGF, um eine tragende und nachhaltige Basis zur Umsetzung der BGF zu errichten,
- und eine **Dokumentation** von Projekten und Maßnahmen im Bereich BGF, um das Wissen an andere Beteiligte im Sinne von Wissensmanagement weiterzuleiten.

Kann das Qualitätsmanagement als Leitkonzept fungieren?

Qualitätsmanagement als Modell für BGF

Wer kann uns hier helfen? Diese anspruchsvollen Erfolgsfaktoren ziehen geradezu magnetisch ein Konzept an, das Sie alle unter dem Begriff Qualitätsmanagement kennen. Es geht um die Frage „Wie kann man die Spreu vom Weizen trennen?" (Pfaff & Slesina, 2001). Die Notwendigkeit der Qualitätssicherung ist allgemein anerkannt, jedoch erfolgt die Qualitätssicherung zumeist objektbezogen, d. h., dass konkrete Maßnahmen im Hinblick auf festgelegte Qualitätskriterien kontrolliert werden. Wenn Sie mit Krankenkassen zusammenarbeiten, verlangen diese ebenfalls Strategien zur Qualitätssicherung. Wir vermissen jedoch die System- und Managementperspektive (Zimolong, 2001). Modelle des ☞ Total Quality Managements bieten hier zahlreiche Anknüpfungspunkte zur Integration von Konzepten und Methoden der BGF. Dabei wird Qualität als mehrdimensionales Konstrukt definiert (Zink, 2004). Es geht um folgende Qualitätsattribute in der BGF:

- **Qualitätsvektoren:** Qualität der Produkte bzw. Dienstleistungen, der Arbeitsbedingungen, der Strukturen und der Umfeldbeziehungen;
- **Qualitätsziele:** Abkehr von reaktiven, technologiezentrierten zu präventiven Ansätzen sowie Fokussierung auf die Prozesse der BGF;
- **Qualitätsrichtung:** Ergänzung der vergangenheitsorientierten Ergebnisperspektive wie Gesundheitsquote um eine zukunftsorientierte Potenzialperspektive;
- **Qualitätsüberprüfung:** Datengestützte kontinuierliche Erfassung der Prüfpunkte in Bezug auf die Qualitätskriterien als Gesundheitsmonitoring;
- **Qualitätsadressaten:** Bedeutungszunahme der Kunden- und Stakeholderperspektive im Bereich BGF und verstärkte Einbindung der Betroffenen im Sinne der Partizipation.

Wir unterscheiden in der Praxis zwischen Führungs-, Struktur-, Prozess- und Ergebnisqualität. Die ○ Abbildung 24 (↘ S. 161) illustriert mögliche Inhaltsfelder dieser vier Qualitätsdimensionen. In gewisser Weise sind es Indikatoren für die Qualität, die teilweise direkt messbar, aber größtenteils indirekt durch Feedbacksysteme oder Gesundheitsbefragungen etc. zu eruieren sind.

Erster Baustein: *Qualitätsdimensionen der BGF*

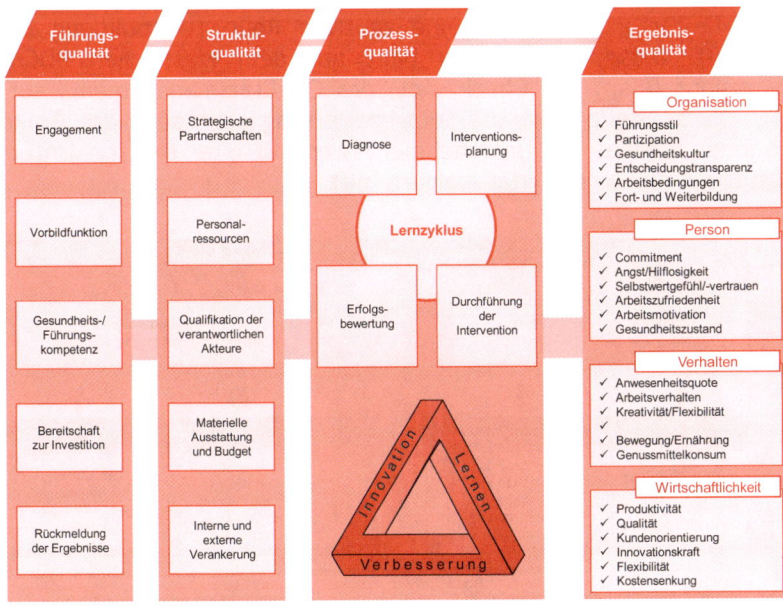

○ Abbildung 24: Qualitätsdimensionen und Indikatoren

Mithilfe des Qualitätsmanagements lässt sich auch der Bogen zwischen wirtschaftlichen und humanen Zielsetzungen aufspannen, indem nicht nur Kosten- und Erlösdimensionen, sondern auch die Befähiger (Mittel und Wege) Berücksichtigung finden. Durch den Bezug der Erfolgskriterien, die monetär und nicht-monetär definiert sind, auf die Befähigerkriterien erfolgt eine systematische Verknüpfung von Leistungserfassung und Verbesserungsmöglichkeiten in Anlehnung an den geforderten Lernzyklus, der durch die ○ Abbildung 25 (↘ S. 162) illustriert wird.

Zweiter Baustein: *Lernzyklus*

Gesunde Mitarbeiter und eine gesunde Arbeitsumwelt sind das Ziel der BGF. Ob Maßnahmen jedoch wirksam sind, lässt sich nur bedingt festmachen. Eine Bewertung der BGF ist daher erforderlich, um die Qualität des Systems zu steigern. In vielen Qualitätsmanagement-Modellen nimmt die Selbstbewertung (Self-Assessment) eine wesentliche Funktion ein. Sie liefert zielführende Aussagen einerseits über den Reifegrad, andererseits über Stärken und Verbesserungspotenziale der Organisation. Dabei wird eine potenzial- und eine ergebnisorientierte Bewertungsperspektive eingenom-

Dritter Baustein: *Selbstbewertung*

men. Daraus lassen sich dann wichtige Verbesserungsprojekte und Aktionsbereiche ableiten. Zudem schafft man Möglichkeiten zum Benchmarking mit „Best Practice". Die besten Vergleiche liefern dabei die auf dieser Methode basierenden Qualitätspreise wie der European Quality Award (EQA) und sein deutsches Pendant, der Ludwig-Erhard Preis. Es existieren für Praktiker eine Vielzahl EDV-basierter Instrumente zur systematischen Selbstbewertung wie Q-Excellence® oder SAB®. Bei der Selbstbewertung spielt die RADAR-Bewertungsmethodik eine zentrale Rolle (O Abbildung 26, S. 163). Diese RADAR-Logik baut auf dem klassischen PDCA-Kreislauf (Plan, Do, Check, Act) des Qualitätsmanagements auf. An dieser Stelle birgt die Selbstbewertung aber auch das Risiko blinder Flecken im Unternehmen, weshalb eine externe Unterstützung die Objektivität steigern hilft.

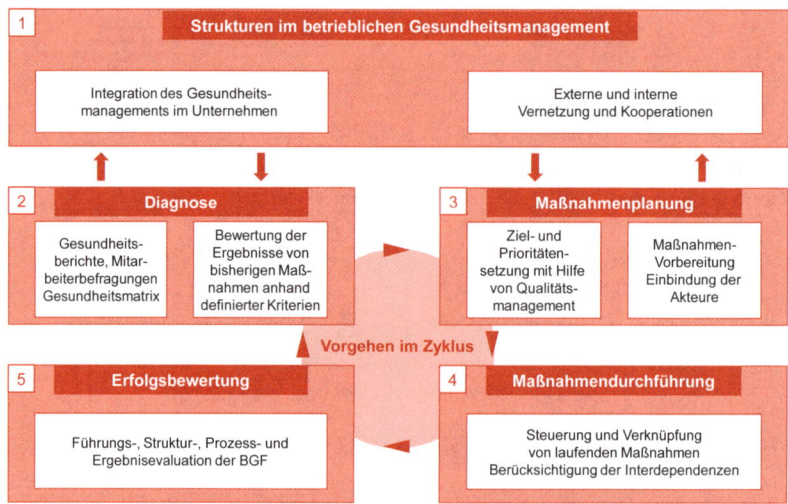

O Abbildung 25: Lernzyklus im Kontext der BGF

Praxistipp: Der Bundesverband der Betriebskrankenkassen hat einen **Fragebogen zur Selbsteinschätzung** entwickelt, der sich konsequent an den Prinzipien des Qualitätsmanagements orientiert (BKK, 2003). Wenn Sie diesen Fragebogen für sich ausfüllen, werden Sie ohne immense theoretische Vor- und Nacharbeit das Prinzip des Qualitätsmanagements im Bereich der BGF praktisch nachvollziehen können.

Von der ISO nach EFQM Ein Reifeprozess

Wir brauchen nicht lange zu suchen, um anerkannte Referenzsysteme im Bereich Qualitätsmanagement zu finden. Die DIN EN ISO 9000 ff. bietet einen Rahmen zur Qualitätssicherung. Wichtig ist an dieser Stelle, dass diese Norm nicht erklärt, was Qualität inhaltlich bedeutet (Qualitätskriterien). Ein zentraler Begriff ist die Kundenzufriedenheit, die es zu verbessern gilt. Dies wird er-

Erfolgskriterien und Prüfpunkte

reicht, indem man den Kundenbedürfnissen und Standardanforderungen entspricht und seine Leistungen in dieser Hinsicht optimiert (O Abbildung 27, S. 164) (Masing et al., 2007, S. 173 ff.).

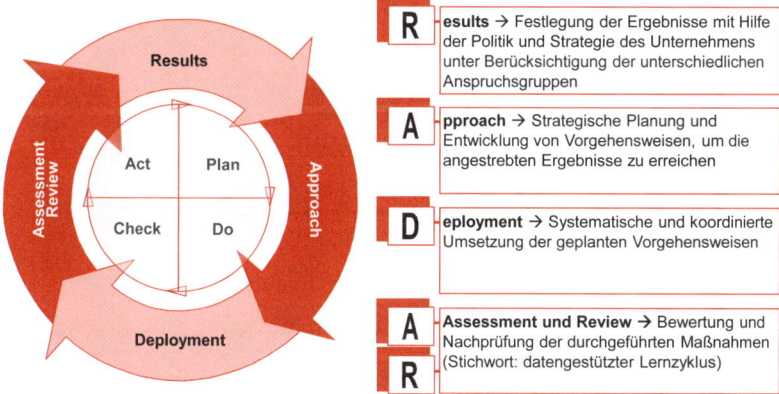

O Abbildung 26: RADAR Bewertungsmethodik

Die folgende Auflistung stellt einige wesentliche Aspekte bzw. Attribute der ISO-Philosophie dar:

Skizze zum ISO-Modell

- **Bedeutung:** Im gewerblichen Bereich hat sich das Qualitätssicherungssystem der Normserie DIN EN ISO 9000 bis 9004 durchgesetzt.
- **Einsetzbarkeit:** Diese Norm bezieht sich auf den Leistungserstellungsprozess, aber nicht auf das einzelne Produkt. Damit ist diese Norm übergreifend einsetzbar.
- **Fokus:** Wesentliches Instrument ist das Qualitätshandbuch, das von den zu zertifizierenden Unternehmen entlang vorgegebener Elemente und Prozesse selbst angelegt wird. Die Angemessenheit und Einhaltung werden in mehrstufigen Audits von unabhängig akkreditierten Zertifizierungsstellen regelmäßig beurteilt.
- **Zertifikat:** Das Zertifikat ist keine einmalige Aktion, sondern verlangt eine kontinuierliche Auseinandersetzung mit Verfahrensweisen des Qualitätsmanagements nach ISO.
- **Qualitätssystem:** Es umfasst alle Prozesse, die zum Erbringen einer wirksamen Dienstleistung vom Marketing bis zur Lieferung erforderlich sind und schließt die Analyse der für den Kunden erbrachten Dienstleistung mit ein.
- **Leitkriterium:** Das Erfolgskriterium ist die Anforderung des Kunden. Diese Anforderungen werden im Qualitätsmanagementhandbuch definiert. Das Handbuch enthält auch die Leitfäden und Anweisungen zu typischen Arbeitsabläufen und Verfahrensschritten.

- **Vorteile:** Die hohe Akzeptanz, die Industriekompatibilität, das Vertrauen beim Kunden, Prozesstransparenz, Marketinggewinn etc. sind nur einige Vorteile, die man durch den Einsatz der ISO erzielt.

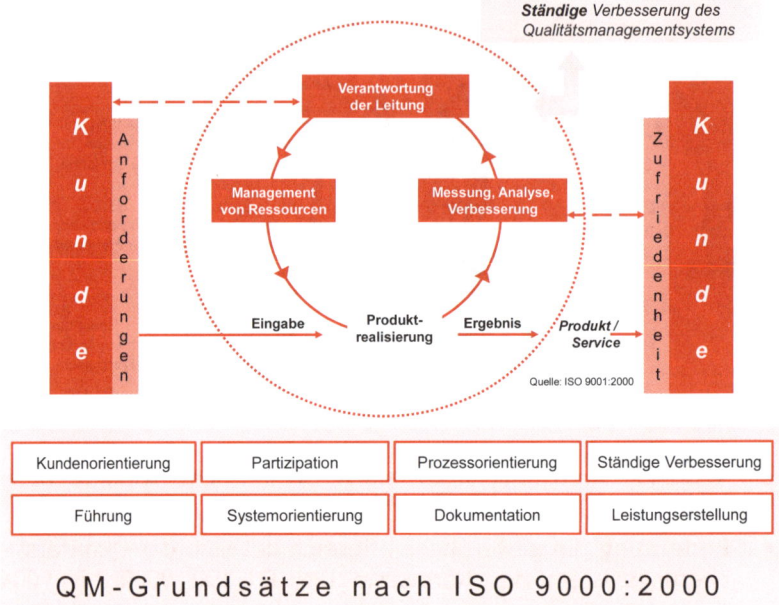

o Abbildung 27: Das Grundmodell des Qualitätsmanagements

Managementsystem für Gesundheit: Das EFQM-Modell

Dieses ISO-geleitete Grundmodell ist für unser Anliegen, BGF-Maßnahmen qualitätsorientiert zu steuern, nicht ausreichend. Um ein effektives Gesundheitsmanagement zu realisieren, benötigt man eine proaktive Steuerungs- und eine differenzierte Informationsebene. Die Steuerungsebene liefert quasi die Stellgrößen und stellt den strategischen Rahmen dar. Als normativer Rahmen eignet sich hier das EFQM-Modell als Modell des Total Quality Managements (Töpfer & Mehdorn, 2008). Es ist ganzheitlich ausgerichtet und berücksichtigt nicht nur Ergebnisse, sondern auch die Voraussetzungen, die zum Ergebnis beitragen, also die Reflexion der Mittel und Wege zum Erfolg bzw. zur anvisierten Exzellenz (Business Excellence). Das Kriteriensystem des EFQM-Modells (9 Haupt-/32 Subkriterien) stellt den Korridor der Steuerungsebene dar und hilft, die Erfolgsgrößen und Prüfpunkte einer qualitätsorientierten BGF zu bestimmen. Dieses Modell unterstützt bei der Zielsetzung, Stärken, Schwächen und Verbesserungspotenziale zu erkennen und die Gesamtstrategie der BGF darauf auszurichten. Die Stellgrößen sind für gesundheitliche Fragestellungen im Unternehmen adaptierbar und befassen sich mit der Organisation von Führung, Zielen und Strategien, mit der Befähigung der Beschäftigten, der Organisation von Partnerschaften, mit den Ressourcen sowie die Gestaltung der Prozesse der Leistungsplanung und -erbringung.

> Das EFQM-Modell als Basis
>
> Durch die ganzheitliche Sicht auf die Organisation ermöglicht das ⌐ EFQM Modell als Modell des ☞ Total Quality Managements eine Art Organisationsdiagnose in Verbindung mit einer gezielten und strategisch ausgerichteten Organisationsentwicklung. Das Modell kann sich den Anforderungen der BGF sehr gut anschmiegen. ☞ Excellence im Bereich BGF in Bezug auf die Ergebniskriterien erreicht das Unternehmen, indem sie ihre BGF-Leistungen in fünf Befähigerkriterien steigert.
> (1) Ergebniskriterien: mitarbeiterbezogene Ergebnisse, kundenbezogene Ergebnisse, gesellschaftsbezogene Ergebnisse, Schlüsselergebnisse.
> (2) Befähigerkriterien: Führung, Politik/Strategie, Mitarbeiterorientierung, Partnerschaften und Ressourcen, Prozesse.

☑ **Box 4-2:** EFQM-Modell für Excellence

Fassen wir zusammen! Wir haben uns für das Managementmodell EFQM entscheiden, weil es:

- eine übergeordnete **Kompassfunktion** realisiert, d. h., es zeigt uns den Weg einer modernen BGF;
- als Basis für einen **Konsensfindungsprozess** und für die Aktionsplanung dient, d. h., es hilft uns bei der Abstimmung zwischen den Akteuren und Ressorts;
- bei der **ergebnisorientierten Steuerung** unterstützt, d. h., es definiert Erfolgsgrößen und Prüfpunkte, die mit den Befähigern bzw. mit den Einflussgrößen in einem „kausalen" Zusammenhang stehen;
- einen anerkannten und international anschlussfähigen **Referenzrahmen** darstellt.

Buchtipp: Wer mit Qualitätsmanagement noch keine Erfahrung gesammelt hat oder kurzfristig ein „Refreshment" benötigt, dem empfehlen wir die Pocket-Power-Reihe mit den folgenden Titeln:

- DIN EN ISO 9000:2000 ff. umsetzen (Brauer, 2009)
- ☞ Quality Management (Hummel & Malorny, 2002)
- European Quality Award (Radtke & Wilmes, 2002)

○ **Abbildung 28:** Das EFQM-Modell in Bezug auf BGF

Analogien zwischen Qualität und Gesundheit

Die Analogien zwischen dem Qualitäts- und dem Gesundheitsmanagement lassen hoffen, dass wir Gesundheit als Element integrierter Managementsysteme im Unternehmen abbilden können. Die Ergebnis- und Potenzialperspektive, der Stakeholderansatz, die systematische Evaluation sind beispielhafte Analogien. Die Vorteile des Qualitätsmanagements liegen auf der Hand: Effizienz- und Effektivitätssteigerung, eindeutige Ziel- und Strategieorientierung sowie Nachhaltigkeit. Zudem ist das Qualitätsmanagement auf Partizipation (Einbindung von Mitarbeitern, Fachexperten und Führungskräften) und kontinuierliche Verbesserung ausgerichtet. Agile BGF benötigt nicht nur die Anwaltschaft durch die Rechtssysteme (↳ Kap. 1.3, S. 49), sondern auch ein unterstützendes Managementsystem.

☑ **Box 4-3:** Qualitätsmanagement und BGF

Konkret: Bezug BGF

Wir sind nicht die Einzigen, die das EFQM-Modell als Grundlage zur Bestimmung der Qualitätskriterien und damit der ableitbaren Prüf- und Erfolgspunkte für eine moderne und qualitätsorientierte BGF verwenden. Der BKK-Bericht zu den Qualitätskriterien für die BGF listet folgende Prüfpunkte auf (BKK, 1999):

1. **BGF und Unternehmenspolitik:** Leitlinien, Integration in Organisationsstrukturen und -prozesse, Gewährleistung ausreichender Ressourcen, Überprüfung des Fortschritts, Aus- und Weiterbildung (v. a. Führung), Zugänglichkeit, Integration in bestehende Managementsysteme;

Erfolgskriterien und Prüfpunkte

2. **Personalwesen und Arbeitsorganisation:** Partizipation der Mitarbeiter in Fragen der Gesundheit am Arbeitsplatz, Gesundheitsbildung, Vermeidung von Über- und Unterforderung, Arbeitsaufgabe und Gesundheitsförderlichkeit, Entwicklungsmöglichkeiten, Vorbildrolle der Vorgesetzten, Wiedereingliederungsmaßnahmen, ☞ Work-Life-Balance;
3. **Planung BGF:** Transparenz und Informationen, Ist-Analyse als Ausgangsbasis → gesundheitsrelevante Informationen (Arbeitsbelastungen, Gesundheitsindikatoren, subjektive Beschwerden, Risikofaktoren, Unfallgeschehen, Berufskrankheiten, Fehlzeiten und Erwartungen)
4. ☞ **Soziale Verantwortung:** Aktive Unterstützung gesundheitsbezogener, sozialer, kultureller und fürsorgerischer Initiativen; Umweltschutz-Managementsystem;
5. **Umsetzung BGF:** Steuerkreis oder Ähnliches, regelmäßiges und systematisches Zusammentragen von Informationen, Zielgruppendefinition, quantifizierbare Ziele, Durchführung von Maßnahmen und Verknüpfung von Verhaltens- und Verhältnisprävention, systematische Auswertung und kontinuierliche Verbesserung (KVP);
6. **Ergebnisse BGF:** Kurz-, mittel- und langfristige Indikatoren, Zufriedenheitsmessungen, Inanspruchnahme der Angebote, Krankenstand, Unfallhäufigkeit, zusätzlich auch Wirtschaftlichkeit (☞ Fluktuation, Produktivität etc.).

Damit ergeben sich folgende Erfolgskriterien als Anforderungen an ein qualitätsorientiertes BGF. Dieser Anforderungskatalog leitet sich u. a. aus den Praxisbeispielen des Sammelwerkes „Erfolgreich durch Gesundheitsmanagement" ab (Craes & Mezger, 2001).

Anforderungskatalog BGF

☐ Tabelle 4-1: Anforderungskatalog BGF aus Qualitätssicht

Hauptanforderungen	Unterpunkte
Verankerung der BGF	• Entwicklung und Optimierung betriebspolitischer Voraussetzungen • Aufbau struktureller Rahmenbedingungen • Diagnose, Durchführung und Optimierung der zugrunde liegenden Kernprozesse
Stärkung des Human- und Sozialkapitals in Bezug auf Gesundheit	• Förderung der persönlichen Gesundheitspotenziale • Verbesserung des physischen und psychischen Gesundheitszustandes • Steigerung des psychosozialen Wohlbefindens und des Vertrauens in der Organisation • Verminderung von Risikofaktoren • Bereitschaft zur Partizipation

Hauptanforderungen	Unterpunkte
Optimierung gesundheitsförderlicher Strukturen	• Gesundheitsförderliche Arbeitsgestaltung und Organisationsgestaltung • Gesundheitskultur und Wertemanagement
Gesundheitsfördernde Führung	• Vorbildrolle Führung und Gesundheit • Frühzeitige Identifikation von Gefahren • Förderung präventiver Konzepte in der Arbeitswelt • Unterstützung der Mitarbeiter in Bezug auf das Gesundheitsverhalten
Steigerung der Produktivität und Wirtschaftlichkeit	• Verbesserung des Arbeitsverhaltens • Reduktion der Fehlzeiten • Zunahme der Qualität der Leistungen und Kundenorientierung • Senkung von Kosten

Als Beispiel stellen wir Ihnen Prüfpunkte der Anforderung „Verankerung des BGF-Systems" vor. Diese verdeutlichen, wie wichtig es ist, dass man sich über bewertbare Kriterien Gedanken macht und sie als Lasten- und Pflichtenheft im Sinne des Projektmanagements abbildet. Diese Prüfpunkte sind sowohl qualitativ als auch quantitativ ausgerichtet, wobei das EFQM-Modell empfiehlt, jeden Prüfpunkt zu bewerten. Bei qualitativen Prüfpunkten kann man ggf. durch ein Expertenrating eine Einstufung vornehmen, um eine quantifizierbare Zielverfolgung zu ermöglichen. Generell hängt die Wahl der Prüfpunkte von den eingesetzten Instrumenten (Kap. 4.5, S. 228) und der Organisation ab. Aus pragmatischer Sicht empfiehlt es sich, möglichst Datensysteme zu verwenden, die im Unternehmen vorliegen. Meistens lassen sich durch Modifikationen wertvolle Informationen für die BGF gewinnen.

- **Vereinbarung schriftlicher Rahmenregelungen:** Hier sind beispielhaft Betriebsvereinbarungen zum Thema BGF und die Integration des Themas Gesundheit im Unternehmensleitbild oder in den Führungsgrundsätzen zu nennen.
- **Schaffung struktureller Rahmenbedingungen:** Arbeitskreise oder Steuergremien sollten in Anbetracht der Komplexität der BGF existieren. Unterstützend sollte ein Kommunikations- und Informationssystem für das Themenfeld Gesundheit vorliegen.
- **Einbindung des Managements:** Entscheidend ist hier, inwieweit die BGF als dauerhafte und festgelegte Führungsaufgabe verstanden wird. Findet es beispielsweise einen Widerhall im Zielvereinbarungs- oder Vergütungssystem? Ein weiterer Indikator ist die Bereitstellung von Ressourcen vonseiten des Top-Managements.
- **Definition der Kernprozesse:** Um einen systematischen Vollzug im Sinne des Qualitätsmanagements zu gewährleisten,

müssen die Kernprozesse der Diagnose, Planung, Intervention und Evaluation in Bezug auf BGF definiert sein. Im Unternehmen müssen Gesamtziele der BGF vorliegen und messbare Ziele abgeleitet sein. Eine zentrale Frage lautet hier: Liegt im Unternehmen ein Evaluationskonzept zur Qualitätssicherung/-verbesserung von BGF-Maßnahmen vor? Wertvoll wäre eine Verpflichtung zur Evaluation von Seiten des Top-Managements. In diesem Kontext sollte man auch einen Blick auf das Gesundheitscontrolling werfen. Liegen geeignete Methoden zur Diagnose vor?

- **Know-how-Sicherung im Bereich BGF:** Hier sind zwei Faktoren von Bedeutung, erstens die Ermöglichung von Fort- und Weiterbildungen der Führungskräfte und Mitarbeiter in Bezug auf Gesundheitsthemen sowie entsprechende Angebote, zweitens die Qualifizierung und Bereitstellung von Ansprechpartnern im Unternehmen zu Gesundheitsfragen.
- **Einbindung der Arbeitnehmervertretung:** Der Betriebsrat ist gerade bei mittelständischen Unternehmen ohne eigene „Gesundheitsexperten" ein wichtiger Ansprechpartner. Er sollte an den Sitzungen der jeweiligen Steuerkreise mitwirken und sich auch in Bezug auf BGF qualifizieren.
- **Aufbau eines Kooperationsnetzwerkes:** Netzwerke mit anderen Unternehmen, Gesundheitseinrichtungen sowie mit Universitäten und anderen Bildungseinrichtungen sind hier beispielhaft zu nennen.
- **Informations- und Kommunikationsplattform:** Der Betroffene muss aktiviert und informiert werden. Hier geht es um internes Marketing BGF bzw. um Öffentlichkeitsarbeit.
- **Vernetzung mit anderen Managementansätzen:** In diesem Kapitel befassen wir uns mit der Verknüpfung mit EFQM bzw. mit dem Qualitätsmanagement. Im nächsten Kapitel werden wir noch die Balanced Scorecard als Verfolgungsinstrument des Controllings berücksichtigen.

Die Abbildung 29 (S. 170) fasst die aus unserer Sicht wichtigsten Erfolgsfaktoren für eine effiziente und effektive BGF zusammen. Dabei unterscheiden wir zwischen Voraussetzungen und Kernprozessen. Bei den Kernprozessen differenzieren wir in Anlehnung an das Qualitätsmanagement zwischen Diagnose, Intervention, Evaluation und Dokumentation.

Prämissen und Kernprozesse

BGF als integrierte Strategie von TQM

Modelle des ☞ Total Quality Managements bieten zahlreiche Anknüpfungspunkte der Integration von Konzepten und Methoden der BGF (BAuA, 1997; Zink, 2004; Zollondz, 2006). Qualität kann als mehrdimensionales Konstrukt der Breite des Gesundheitsverständnisses gerecht werden. Durch die Berücksichtigung von Befähigern befreit man sich von der einseitigen Debatte rund um Kosten- bzw. Erlösdimensionen und bildet den Zusammenhang zwischen Befähigerkriterien (Mitteln und Wegen) und Leistungserfassung (Ergebnissen) ab. Dieser „kausale Bezug" ermöglicht gezielte Verbesserung. Dadurch dass das ☞ Total Quality Management anerkannt ist, kann das BGF auch entsprechend hof- bzw. salonfähig gemacht werden.

○ **Abbildung 29:** Unsere Erfolgsfaktoren und Prüfpunkte

> Das ☞ **Total Quality Management** spannt einen normativen Rahmen auf, der wirtschaftliche und humane Zielsetzungen berücksichtigt. Damit eignet es sich ideal für die BGF.

Präsentation

Auf der CD-ROM befindet sich eine Präsentation zu den Erfolgskriterien in der BGF (Konzept Einführung BGM). Diese Präsentation kann Ihnen behilflich sein, wenn es darum geht, Entscheidungsträger von der Notwendigkeit eines systematischen und kontrollierten Ansatzes im Bereich der BGF zu überzeugen.

Erfolgskriterien und Prüfpunkte

◻ **Zusammenfassung zu den Erfolgskriterien in der BGF:**

- **Wertschöpfungsorientierung:** Die ☞ Wertkette „Gesundheit" erfordert koordinierte Prozesse und die Bereitschaft, den Wertbeitrag von BGF-Maßnahmen zum gesunden Unternehmen zu bestimmen. Die größten Streuverluste erzielt BGF durch mangelnde Kongruenz und Konsistenz im Hinblick auf die Gestaltung der Arbeitswelt und die Authentizität der reklamierten ☞ Gesundheitskultur. Personenbezogene Maßnahmen verflüchtigen sich, wenn keine strukturelle Basis vorliegt.
- **Erfolgsfaktoren der BGF:** Von großer Tragweite ist das Bekenntnis zur Gesundheit, das sich in den Leitlinien ausdrückt. Zudem benötigt BGF eine stabile Verankerung in den organisatorischen Strukturen, um der Kurzatmigkeit entgegenzuwirken. Die Führung muss Gesundheit als Asset begreifen und als Vorbild fungieren. Um die Glaubwürdigkeit dessen zu unterstreichen, sollten flankierend Instrumente des Human Resource Managements wie Feedbacksysteme eingeführt werden. Die Akteure der BGF müssen sich abstimmen und gemeinsam für Gesundheit Verantwortung übernehmen. Die Arbeits- und Umweltbedingungen sind gesundheits- und menschengerecht zu gestalten. Erst dann können Partizipation und ☞ Empowerment als Handlungsvektoren auf der Personenebene zur Geltung kommen. Schließlich ist die kontinuierliche Evaluation nicht Kür, sondern Gebot, um Wertschöpfung, Innovation und Lernen zu gewährleisten.
- **Erfolgskriterien:** Unabhängig von den Inhalten der BGF benötigt eine nachhaltige Umsetzung von BGF im Unternehmen ein strategisches Management, einen datengestützten Lernzyklus, ein System an Erfolgsfaktoren und Prüfpunkten, eine Verpflichtung zur Kommunikation und Transparenz, einen stabilen Sockel im Sinne der strukturellen Organisation sowie eine verständliche Dokumentation als Argumentationsstütze.
- **Qualitätsmanagement als Leitbild:** Die Systemsicht, der Lernzyklus, die Kundenorientierung, die Selbstbewertung und die Wirksamkeitsprüfung sind typische Attribute des ☞ Total Quality Managements. Dabei beschränkt sich das Qualitätsmanagement nicht nur auf die Ergebnisqualität, sondern interessiert sich auch für die Befähiger, also die Führungs-, Struktur- und Prozessqualität von BGF. BGF benötigt also nicht nur die Anwaltschaft durch Rechtssysteme, sondern v. a. auch ein unterstützendes Managementsystem.
- **Referenzsysteme:** Die DIN EN ISO 9000 ff. stellt den Rahmen dar, reicht aber für die Anforderungen der BGF nicht aus; denn wir benötigen ein klares Bekenntnis zur ☞ Exzellenz sowie ein korrespondierendes Kriteriensystem für Befähiger, Ergebnisse und deren „kausale" Verknüpfung. Dies bietet das

EFQM-Modell, das als strategisches Managementmodell für eine qualitätsorientierte BGF fungieren kann.
- **Prüfpunkte:** Typische Qualitätskriterien und damit Prüfpunkte sind in den Rubriken „BGF und Unternehmenspolitik", „Personalwesen und Arbeitsorganisation", „Planung und Steuerung", „soziale Verantwortung", „Umsetzung von BGF" und „Ergebnisse von BGF" zu verorten.

 Check-Liste 7: Erfolgskriterien und Prüfpunkte

4.2 Gesundheitsmonitoring und Risikomanagement

Welche Anforderungen muss ein Gesundheitsmonitoring erfüllen?

Kennzahlenbasiertes Gesundheitsmanagement

Die Notwendigkeit, ein kennzahlenbasiertes Gesundheitsmanagement einzuführen, resultiert aus internen und externen Umfeldfaktoren (↘ Kap. 1.2, S. 27). Die ○ Abbildung 30 (↘ S. 173) verdeutlicht anhand der Problempyramide in Bezug auf BGF, dass das entscheidende Defizit die mangelnde Kennzahlenorientierung darstellt, denn ohne Kennzahlen lässt sich kein systematisches Modell der BGF verfolgen. Vereinzelte BGF-Aktionen werden keine Wertschöpfung erzielen; denn sie verpuffen ohne Nachhaltigkeit.

Die meisten Angebote sind **reaktiv und kostenorientiert** abgebildet und schöpfen damit unzureichend das Potenzial in der BGF aus. Eine kennzahlenorientierte und auf das Qualitätsmanagement aufbauende Abbildung stärkt **antizipative und wertschöpfende Prozesse** in der BGF.

Gesundheitsmonitoring

Welche Anforderungen muss ein kennzahlenbasiertes Gesundheitsmonitoring erfüllen? Diese Frage haben wir uns gestellt und im Rahmen einer kleinen Befragung im Sommer 2008 von betrieblichen Experten beantworten lassen (○ Abbildung 31, S.173). Mit einer standardisierten Erhebung wurden im Juli/August 2008 17 Experten im Gesundheitscontrolling befragt. Die Rücklaufquote betrug 65 Prozent (N=11). Damit wird deutlich, dass eine einseitige Orientierung auf einzelne Parameter des Gesundheitscontrollings wie Kosten oder Fehlzeiten unzureichend ist, um ein effizientes und effektives Management von BGF-Maßnahmen im Sinne der Nachhaltigkeit und Ganzheitlichkeit zu gewährleisten. Wir fordern daher in diesem Kontext:

- eine Bereitschaft zur Verantwortungsübernahme und zum Management-Handeln,
- eine Überprüfung in Bezug auf die Erfolgskriterien nach dem Modell des ☞ Total Quality Managements,
- die Ausdauer, eine ergebnisorientierte Steuerung aus langfristiger Sicht vorzunehmen und
- die Beachtung der Partizipation als Erfolgsparameter für ein modernes Verständnis des Gesundheitscontrollings.

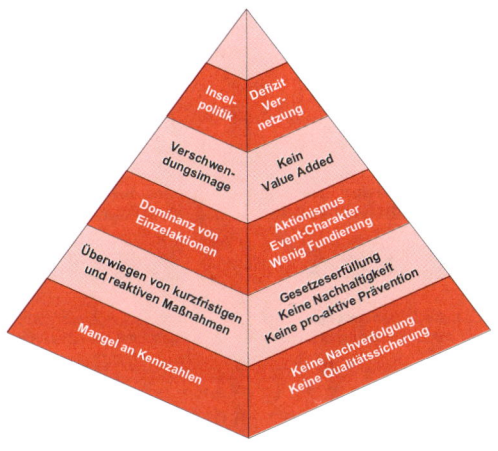

 Kennzahlenorientiertes Management dringend erforderlich!

○ Abbildung 30: Problempyramide BGF in der Praxis

	Gesundheitskosten sind wesentlicher Bestandteil der Arbeitskosten!
Steuerung	• Kostenorientierung bei festgelegtem Budgetdeckel • Angebotsmengen: Fallzahlen, Betriebsbegehungen usw. • Projektorientierte Steuerung von BGF • Rückfinanzierung im Verhältnis zu Kosten (Quote) • Fehlzeiten im Verhältnis zu Finanzkennziffern (EBIT usw.) und zu Strukturvariablen wie Altersklassen oder Organisationseinheiten → meistens jedoch *nur* Durchschnittswerte • Retrospektive Sichtweise (meistens 1 Jahr rückblickend)
Defizite und Bedarf	• Markt- und Außenorientierung (Benchmarking usw.) • Dynamische Verfolgung (z.B. Fehlzeiten betreffend) • Aufwandsparameter (Kosten-Nutzen-Reflexion, ROI) • Kundenorientierung als Steuerungsgröße (Bedarfsmessung) • Parameter, die gestaltungsorientiert sind (Stichwort Gesundheitsbefragung, Arbeits- und Tätigkeitsanalyse) • *Hinweis:* Lediglich zwei der Befragten geben an, regelmäßig Gesundheitsbefragungen im Unternehmen durchzuführen!
	Gesundheitsinvestitionen sind wesentlicher Bestandteil des Humankapitals!

○ Abbildung 31: Ergebnisse einer Befragung bei Controllern

Die ⭕ Abbildung 32 (unten) fasst unsere Anforderungen an das Gesundheitsmonitoring zusammen. Dabei sind zwei Hauptstrategien zu beachten: Zum einen müssen wir die Effizienz und Effektivität der BGF-Maßnahmen nachweisen können. Der Glaube an sich reicht hier nicht aus, auch wenn er intuitiv gut begründet sein mag. Zum anderen müssen die Kennzahlen eine zielgerichtete Steuerung erlauben.

Effektivität und Effizienz nachweisen können!	
1 Sichtbar- und Messbarmachen von intangiblen Treiberfaktoren der Gesundheit	7 Ableitung gezielter Interventionen zur Verbesserung einzelner Gestaltungsdimensionen
2 Routinemäßige und kontinuierliche Erfassung unabhängig von der Lage	8 Dokumentation von Ereignissen im Sinne des Qualitätsmanagements
3 Verknüpfung von diversen Erfassungssystemen (Befragung und Routinedaten)	9 Implementierung eines Frühwarnsystems zur rechtzeitigen Erkenntnis (Präventionsansatz)
4 Erfassung kurz- und langfristiger Parameter unter Berücksichtigung der Nachhaltigkeit	10 Parameterdefinition für körperlichen Zustand, psychischem Befinden und Organisation
5 Aufzeigen von Stellschrauben zur Vermeidung arbeitsbedingter Risiken	11 Benchmarkfähigkeit der Kennzahlen (vor allem interne Vergleichswerte als Maßstab)
6 Aufzeigen von betrieblichen Anhaltspunkten zur Aktivierung von Gesundheitspotentialen	12 Adressatengerechte Abbildungsformen, ggf. standortspezifische Aspekte beachten
BGF-Maßnahmen zielgerichtet steuern können!	

⭕ Abbildung 32: Anforderungen an das Gesundheitsmonitoring

Was bedeutet Risikomanagement in diesem Kontext?

Schritt vom Gesundheitsmonitoring zum Risikomanagement

Aus den Anforderungen wird ersichtlich, dass wir mit unserem Ansatz des Gesundheitsmonitorings auch den Weg für ein Risikomanagement im Bereich des betrieblichen Gesundheitsmanagements eröffnen. Wir benötigen also nicht nur ein Risk-Management in Bezug auf Finanzderivate, sondern ein Health Risk Management im Sinne eines funktionierenden Frühwarnsystems (Crouhy et al., 2006). Einige Case-Studies zum Risikomanagement stellt der Bericht der 🔗 European Agency for Safety and Health at Work zur Verfügung (EU-OSHA, 2009).

> „Risk assessment plays a crucial role in any occupational safety and health policy. It is the basis for successful health and safety management, and the key to reducing workrelated accidents and occupational diseases. If implemented well, it can improve not only workplace safety and health, but business performance in general." (EU-OSHA, 2009, p. 14)

Dies korrespondiert auch mit der RADAR-Bewertungslogik des Qualitätsmanagements (↳ Kap. 4.1, S. 157). Die Risikoursachen sind weitgehend bekannt und auch größtenteils beeinflussbar. Es geht nunmehr darum, auch entsprechende Instrumente der Risikoidentifikation gezielt und systematisch einzusetzen:

- Vorort-Besichtigungen,
- ☞ Gefährdungsanalysen,
- Dokumentenanalysen,
- Organisationsanalysen,
- Mitarbeiterbefragungen etc.

Doch die Ergebnisse werden oft nicht normiert und standardisiert als Kennzahlen abgebildet, sodass es den Entscheider schwerfällt, eine angemessene Risikobewertung vorzunehmen (↳ Kap. 4.2, S. 172). Die ⬤ Abbildung 33 (↳ S. 176) illustriert das klassische Vorgehen im Risikomanagement hinsichtlich der BGF:

Konkretes Vorgehen

1. **Ziele der BGF bestimmen:** Der erste Schritt ist die Bestimmung der Soll-Größen. Leitlinien müssen formuliert und auf Zielebene heruntergebrochen werden. Zudem ist es essenziell, dass unternehmensspezifische Indikatoren entwickelt, erprobt und iterativ bestimmt werden müssen. Dabei sind Lage-, Streuungs- und Zusammenhangsmaße der Indikatoren zu differenzieren. Diese unternehmensspezifischen Indikatoren sind aber stets überbetrieblich auf Angemessenheit zu überprüfen (Public Health).

2. **Risiken und Chancen identifizieren:** Der öffentliche Markt an Informationen im Bereich BGF wird vielfach unterschätzt. Die systematische Beobachtung von Diskursen zu Gesundheitsthemen, wissenschaftliche Literaturanalysen, Reflexion von ☞ Metaanalysen etc. ermöglichen, einen aussagekräftigen Risikokataster für Mitarbeiter im Unternehmen zu erarbeiten. Dabei sollte eine ☞ evidenzbasierte Vorgehensweise vorherrschen.

3. **Risiken analysieren und bewerten:** Letztlich funktioniert das Risikomanagement im Bereich BGF nur längsschnittlich. Kurzfristige Effekte sind meistens verzerrt durch nicht kalkulierbare ☞ Moderatoren und Mediatoren. Hier ist es erforderlich, eine Datenbasis für unternehmensbezogene Epidemiologie zu schaffen, ggf. auch eigene Studien durchzuführen und auf jeden Fall eine Nutzenbewertung zu erproben.

4. **Risiken steuern und bewältigen:** Hier lassen sich verschiedene Aspekte anführen → Stärkung der primären und sekundären Prävention, Einsetzung ☞ evidenzbasierter

Leitlinien in der Diagnostik und Primärversorgung, Identifikation von Best Practice Ansätzen sowie Stärkung der Zusammenarbeit mit kurativen und rehabilitativen Einrichtungen im Gesundheitswesen.

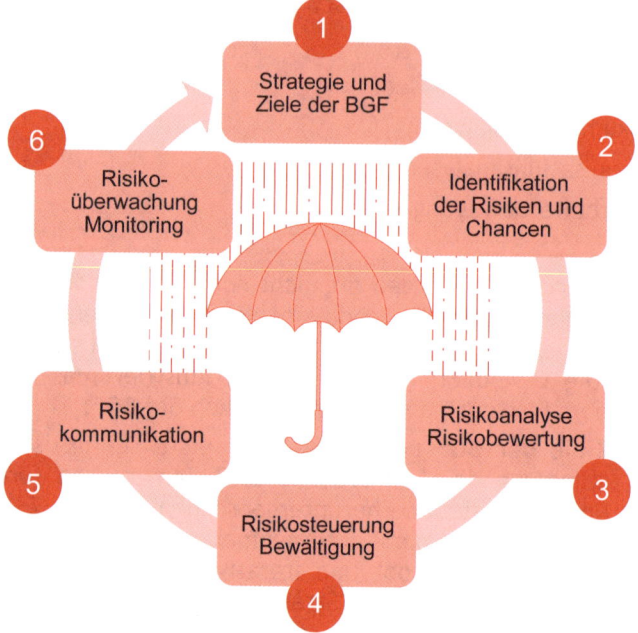

o Abbildung 33: Risikomanagement in BGF

5. **Risiken kommunizieren:** Damit verstehen wir nicht nur die verständliche und transparente Darstellung der Ergebnisse für Entscheidungsträger und für alle anderen Stakeholder im Unternehmen, sondern auch die Förderung der proaktiven Gesundheitsbildung im Unternehmen.

6. **Risiken überwachen:** Alle BGF-Maßnahmen sollten sich einer Evaluation in Bezug auf die vereinbarten Ziele unterziehen. Dies entspricht auch der Erwartung des Qualitätsmanagements im Sinne der kontinuierlichen Verbesserung. Ein durchlaufendes Berichtswesen nebst Kennwerten sollte diesen Prozessschritt flankieren.

Early Pain Reporting

Ein wichtiger Trend des Risikomanagements drückt sich in Bezug auf das frühzeitige Berichten arbeitsbedingter Beschwerden aus, denn es geht darum, rechtzeitig einzugreifen. Diese frühzeitige Erfassung erhöht nicht nur den präventiven und therapeutischen Erfolg, sondern lässt auch die Kausalität zwischen Bedingungen und Auswirkungen auf der Personenebene schneller erfassen. Wir empfehlen für die Praxis nicht das Zuwarten, bis das Kind in den Brunnen gefallen ist, sondern die Implementierung einer „schnellen Eingreiftruppe" im Bereich Gesundheit. Dieser Ansatz ist kompatibel mit der übergreifenden Sichtweise des Gesundheitsmonitorings. Beide Systeme ergänzen sich hervorragend, um kurzfristige Maßnahmen mit langfristig strategischen Ansätzen zu kombinieren. Denn primär geht es um Vermeidung von Risiken und deren Bewältigung am Arbeitsplatz. Das Flow-Chart stellt eine mögliche Prozessbeschreibung für die „schnelle Eingreiftruppe" dar (O Abbildung 34, S. 177).

Sich des Risikos bewusst werden

BGF erfordert eine langfristige Strategie und ständiges Kalibrieren und Anpassen der Maßnahmen. Risikomanagement als systematische Erfassung und Bewertung von Risiken hilft, zeitnah und angemessen auf Risiken zu reagieren. Die Risikokennzahlen können aus dem Gesundheitsmonitoring entnommen werden, wenn sie ausreichend sensitiv konzipiert sind. Leider taucht das Thema „Risikomanagement" in der Praxis meistens erst dann aus der Untiefe auf, wenn Influenzapandemien und dergleichen drohen. Wir empfehlen, das Risikomanagement im BGF-System fest zu verankern!

☒ **Box 4-4:** Risikomanagement im Bereich BGF

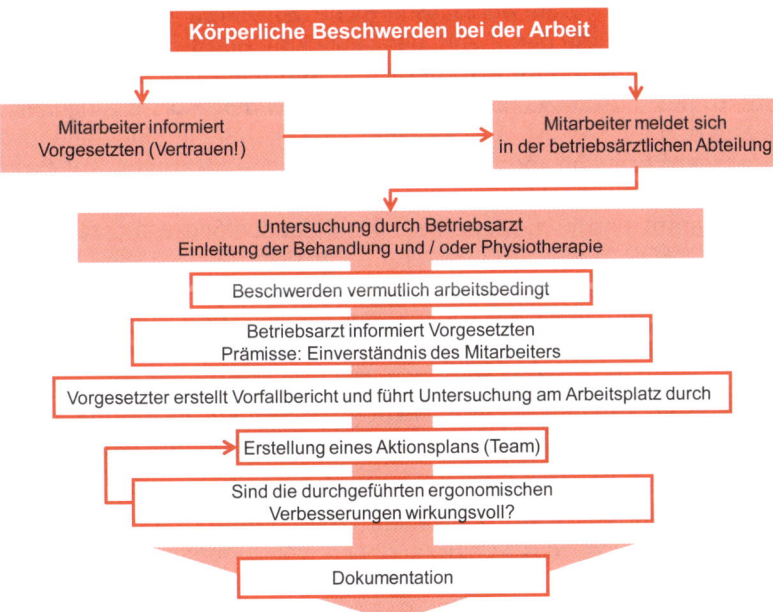

O **Abbildung 34:** Early Pain Reporting → „Eingreiftruppe BGF"

Was ist eine Health Balanced Scorecard?

Health Balanced Scorecard

Wo ist der Seismograf Gesundheit? Früh- bzw. Rechtzeitigkeit der Erfassung ist nicht nur eine Frage von „Eingreiftruppen" und der Bereitstellung von Ansprechpartnern, sondern in Anbetracht der vielfachen Wechselwirkung unterschiedlicher Faktoren der Arbeitswelt zunehmend auch eine Frage der systematischen Erfassung und Kompilation diverser Kennwerte. Mit der Gesundheitsquote allein werden wir weder frühzeitig Risikobereiche identifizieren noch der Komplexität von Gesundheit im Unternehmen gerecht werden können. Das EFQM-Modell des Total Quality Managements (Kap. 4.1, S. 157) offeriert uns einen Strategierahmen und korrespondierende Prüfpunkte und Erfolgskriterien. Doch was uns fehlt, ist die konsequente Verfolgung. Die klassische Balanced Scorecard stellt ein ausbalanciertes Kennzahlensystem dar (Kaplan & Norton, 2001). Es handelt sich um eine Management-Methode, mit der ein Unternehmen mit Hilfe von wenigen, aber entscheidenden Kennzahlen effektiv geführt werden kann. Esslinger (2003) stellt die Funktionalität hinsichtlich einer qualitätsorientierten Planung und Steuerung am Beispiel eines Non-Profit-Unternehmens dar. Ziel der Balanced Scorecard ist es, einen ständigen Überblick über den Kurs des Unternehmens und der einzelnen Verantwortungsbereiche zu bieten (Treier, 2009a, S. 357 f.). Sie ist damit mit dem „Cockpit eines Flugzeugs" vergleichbar, in dem alle erforderlichen Informationen über den Zustand des Flugzeugs und des einzuhaltenden Kurses angezeigt werden. Das Ziel ist das gesunde Unternehmen! Eine Balanced Scorecard braucht aber eine Vision bzw. eine Strategie. Auf Basis kritischer Erfolgsfaktoren wird die „Erfolgsstory BGF" sichtbar, transparent und v. a. steuerbar. Die Balanced Scorecard setzt die vom EFQM-Modell definierten Stellgrößen der Strategie in operative bzw. messbare Größen um (Janssen et al. in Meifert & Kesting, 2004, S. 48 f.) (Abbildung 35, S. 179). Damit ist die Balanced Scorecard ein Instrument zur Strategieumsetzung. Sie berücksichtigt sowohl monetäre als auch nicht-monetäre Kriterien, was im Rahmen der BGF wichtig ist. Der Vorteil der Balanced Scorecard ist ihre Verbreitung, Anpassbarkeit und Anschaulichkeit.

Ein praxisorientierter Leitfaden zum Einsatz der Balanced Scorecard bietet das Praxishandbuch von Friedag und Schmidt (2004). Leider bietet es kaum konkrete Vorlagen in Bezug auf das betriebliche Gesundheitsmanagement. Dafür aber stellt es einige andere Entwicklungsgebiete dar, die mit etwas Phantasie auch auf die Fragestellungen der BGF übertragbar sind. Die Arbeitshilfen sind für den Einstieg lohnenswert.

Gesundheitsmonitoring und Risikomanagement

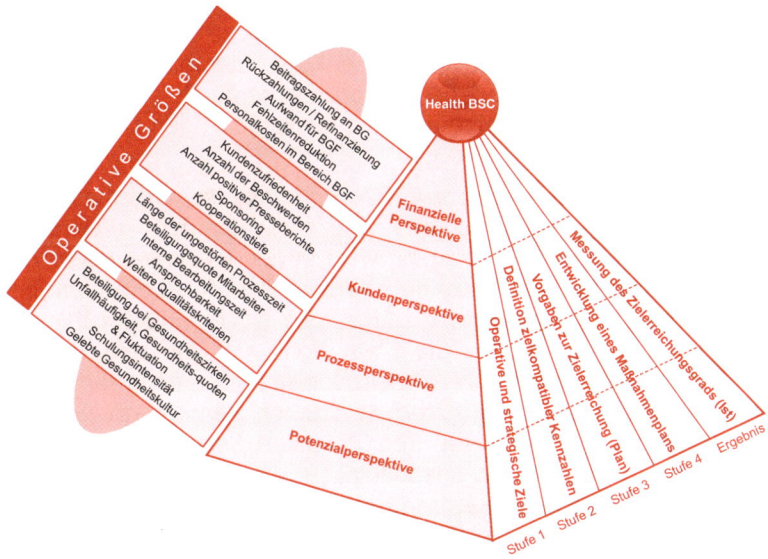

o **Abbildung 35:** Health Balanced Scorecard

Das Zusammenspiel zwischen der Management- (EFQM) und der Informationsebene (Balanced Scorecard) bietet eine gute Basis für das Prozessmanagement der BGF. Dabei wird die Balanced Scorecard auf das Management- als Referenzsystem ausgerichtet und damit in die Steuerung integriert (o Abbildung 36, S. 181).

Zusammenspiel zwischen EFQM und BSC

- Das **EFQM-Modell** gibt die Visionen, Missionen und Ziele sowie die Kriterien vor. Durch die Selbstbewertung erfolgt eine Art Relativmessung auf den Dimensionen „Bedeutung" und „Erfüllungsgrad".
- Die **Balanced Scorecard** ist für die Operationalisierung zuständig (Indikatoren). Hier erfolgt eine Absolutmessung. Damit ist die Balanced Scorecard das geeignete Instrument, das anvisierte Ziel zu verfolgen. Hiermit kann man kontinuierlich die Maßnahmen bewerten und in eine ergebnisorientierte Steuerung gemäß dem PDCA-Zyklus einfließen lassen.

Die Balanced Scorecard ist kein Selbstläufer! Sie müssen Kennwerte definieren und überlegen, welchen Einfluss diese Kennwerte auf Ihre Zielsetzung „Gesundes Unternehmen" haben. Wir werden Ihnen im Kap. 4.5 (S. 228) ein Beispiel vorstellen. Einige Tipps sollen Ihnen den Einstieg in dieses Modell erleichtern ...

Tipps zur Health Balanced Scorecard

- **Verwenden Sie stets Messinstrumente, die im Unternehmen schon existieren!** Vielfach lassen sich diese für den Bereich BGF problemlos erweitern (Beispiel Mitarbeiterbefragung, Fehlzeitenanalyse, Feedbacksysteme).

- **Identifizieren Sie bei der ☞ Health Balanced Scorecard definitiv nicht mehr als 15 Kennwerte!** Diese sollten möglichst eindeutig oder mit einer gewissen „Kausaldominanz" den Kriterien des EFQM-Modells zugeordnet sein. Meistens reichen auch wenige Kennwerte aus, um zu vernünftigen Modellen zu kommen.

- **Nehmen Sie sich Zeit zur Bestimmung der angemessenen Gewichtung!** Der Zusammenhang zwischen den Kennwerten und damit deren Gewichtung wird in der Praxis entweder aus Expertensicht oder aus der Perspektive der Leitlinien bestimmt. Diese Gewichtung sollte auch jährlich überprüft werden. Aus methodischer Sicht empfiehlt sich ein anderes Vorgehen. Mithilfe einer retrospektiven Analyse und zusätzlichen Berücksichtigung von externen Studien kann man eine Art ☞ Regressionsmodell für Ihre Balanced Scorecard erstellen, um die Wirkung der unabhängigen Variablen im Sinne der Kennwerte bzw. Indikatoren auf die abhängigen Variablen (Ergebnisvariablen in Anlehnung an die Leitlinien) zu ermitteln. So könnte der Spätindikator „Fehlzeiten" als abhängige Variable von mehreren unabhängigen Faktoren wie „Arbeitsbedingungen", „Führungskultur" oder ☞ „Commitment" beeinflusst werden. Meistens wird dieser Zusammenhang durch eine lineare Geradengleichung mit Regressionskoeffizienten abgebildet: Fehlzeiten = $\beta_1 \times$ Arbeitsbedingungen + $\beta_2 \times$ Führungskultur + $\beta_3 \times$ Commitment. Problematisch ist hier jedoch, dass sich die Fehlzeiten nicht linear verhalten (✎ Kap. 5.3, S. 109). Hier würde sich die nichtlineare Regression anbieten. Diese stellt eine Methode dar, mit der Sie ein nichtlineares Modell für den Zusammenhang zwischen der abhängigen Variablen und einem Set von unabhängigen Variablen finden können (Bortz, 2005).

- **Versuchen Sie den Kennwerten eine „ähnliche Gestalt" zu geben, indem Sie diese Werte standardisieren!** Aus mathematischer Sicht können Sie durch lineare Transformationen den Wertebereich der Kennzahlen oft von 0 bis 100 festlegen. Damit verdeutlicht man zum einen die Gleichwertigkeit trotz unterschiedlicher Datenlandschaften, zum anderen erleichtert man die Interpretation.

- **Ordnen Sie den Kennzahlen Ampelwerte zu!** Diese können strategisch begründet sein. Besser ist eine aus der retrospektiven Analyse abgeleitete ☞ Terzentilisierung.

- **Kommunizieren Sie Ihre Kennzahlen transparent und selbsterklärend!** „One Page Only-Controlling" ist hier ein bekannter Vertreter für das selbsterklärende Prinzip. Einfache Erklärung und Konzentration auf das Wesentliche fördert die Aktivität der Beteiligten und schafft Vertrauen.

Gesundheitsmonitoring und Risikomanagement

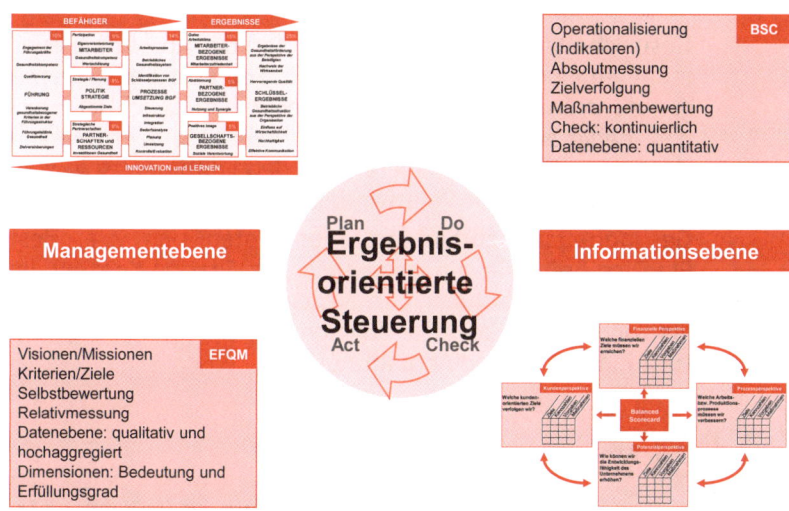

○ Abbildung 36: EFQM-basierte Health Balanced Scorecard

EFQM-basierte Balanced Scorecard

Wir empfehlen eine EFQM-basierte ☞ Health Balanced Scorecard. Das Qualitätsmanagement erlaubt die Definition von Stellgrößen, aber eignet sich nur bedingt für eine ergebnisorientierte Steuerung. Beide Modelle ergänzen sich optimal. In Verbindung mit den Selbstbewertungen des EFQM-Modells können aus der ☞ Balanced Scorecard konkrete Verbesserungsmaßnahmen abgeleitet und deren Erfolge überprüft werden. Das angepasste Kriteriensystem des EFQM-Modells (○ Abbildung 28, S. 166) stellt quasi den Korridor der Steuerungsebene dar. Die konkrete Steuerung einzelner Aktionsfelder erfolgt durch die Balanced Scorecard. Mit dieser EFQM-basierten Health Balanced Scorecard lässt sich ein integrativer Ansatz der BGF ohne einseitige ökonometrische Ausrichtung auf monetäre Kosten-Nutzen-Kalküle ermöglichen. Damit wird Investitionspolitik im Bereich BGF zur kalkulierbaren und steuerbaren Größe.

☒ Box 4-5: Zusammenspiel zwischen EFQM und Balanced Scorecard

Anstelle einer Zusammenfassung soll die ○ Abbildung 37 (↘ S. 182) das Bezugssystem zur Steuerung illustrieren. Die Achsen werden durch drei Bestimmungsvektoren definiert:

Bezugssystem zur Steuerung

1. **Gesundheitsassessment:** Hier geht es um eine bedarfsorientierte Bewertung hinsichtlich der BGF. Es handelt sich um die Selbstbewertung im Sinne des EFQM-Modells als eine Art der Relativmessung.

2. **Gesundheitsmonitoring:** Hier erfolgt die Absolutmessung in Anlehnung an die ↪ Balanced Scorecard als Verfolgungsinstrument. Welche Kennwerte berücksichtigt werden, hängt zum einen von dem Vorhandensein von Messinstrumenten und zum anderen von den Leitlinien bzw. vom Kriteriensystem der Relativmessung ab.
3. **Gesundheitsbenchmarking:** Hier bieten sich v. a. Best Practice-Beispiele an, aber auch das Sharing-Konzept im Sinne des gemeinsamen Lernens und Entwickelns kann hier als wichtiger Katalysator fungieren. Benchmarking garantiert Innovation und Aktualität.

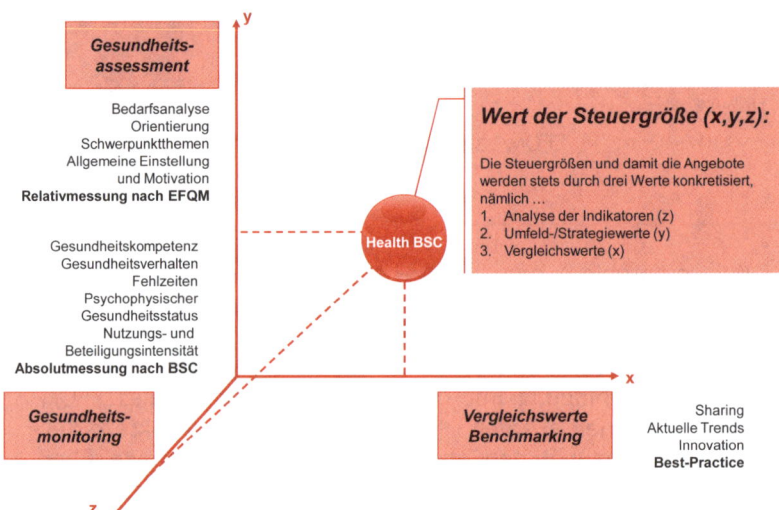

O Abbildung 37: Bezugssystem zur Steuerung der BGF

📝 Zusammenfassung zum Gesundheitsmonitoring:

- **Gesundheitsmonitoring:** Vereinzelte BGF-Maßnahmen werden keine Wertschöpfung erzielen. Mehrkomponentenprogramme und systematisch koordinierte BGF-Maßnahmen auf unterschiedlichen Ansatzpunkten versprechen den gewünschten Effekt. Diese Maßnahmen müssen aber gezielt gesteuert und auf Wirksamkeit kontrolliert werden. Das Gesundheitsmonitoring versteht sich als ein Instrument des kennzahlenbasierten Gesundheitsmanagements und unterstützt im Sinne des Qualitätsmanagements die ergebnisorientierte Steuerung.
- **Risikomanagement:** Mit dem Gesundheitsmonitoring wird der Schritt zu einem Frühwarnsystem im Sinne des Health Risk Managements möglich. Die rechtzeitige Risikoidentifikation, die Analyse und Bewertung von Risiken, das Steuern und Bewältigen derselben, die transparente Kommunikation als Beitrag der Gesundheitsbildung und ↪ Gesundheitskultur sowie

die Überwachung der eingeleiteten Maßnahmen runden das Risikomanagement im Bereich BGF ab. Ein typischer Trendsetter ist hier das Early Pain Reporting, also das frühzeitige Berichten arbeitsbedingter Beschwerden.
- **Health Balanced Scorecard:** Doch stellt sich das Problem, wie man die verschiedenen Kennwerte des Gesundheitsmonitorings und Risikomanagements miteinander verrechnet oder auf die Verfolgung der Leitziele ausrichtet. Hierzu eignet sich der Klassiker der Balanced Scorecard, die als eine Health Balanced Scorecard angepasst werden kann. Die Scorecard ist ein Unterstützungskonzept für das EFQM-Modell (☞ Total Quality Management); denn es ermöglicht durch die Absolutmessung der Indikatoren und deren Gewichtung eine Verfolgung der in den Kriterien des EFQM-Modells vorgegebenen Ziele.
- **EFQM-basierte Balanced Scorecard:** Eine EFQM-basierte Balanced Scorecard ist der von uns präferierte Seismograf im Bereich BGF. Das Kriteriensystem des EFQM-Modells als Managementsystem stellt quasi den Korridor der Steuerungsebene dar. Die konkrete Steuerung einzelner Aktionsfelder erfolgt durch die Balanced Scorecard als Informationssystem.
- **Bezugssystem zur Steuerung:** Neben dem Gesundheitsassessment in Anlehnung an die Selbstbewertung des Qualitätsmanagements benötigen wir ein Gesundheitsmonitoring zur Verfolgung der konkreten Ausprägungen der als wichtig identifizierten Indikatoren. Die Balanced Scorecard ist hier ein wichtiges Instrument. Doch bleibt man bei diesen beiden Bestimmungsvektoren blind, wenn man nicht den Blick über den Tellerrand wagt. Das Gesundheitsbenchmarking ermöglicht das Lernen von anderen und das Normieren der eigenen Leistung.

☐ Check-Liste 8: Gesundheitsmonitoring und Risikomanagement

4.3 Baustein 1: Kennzahlen

Was muss eine Kennzahl im Bereich BGF leisten?

Ob wir über Health and Productivity Management (HPM) oder einfach über ein systematisches und nachhaltiges betriebliches Gesundheitsmanagement sprechen, wir benötigen auf jeden Fall ☞ Key Performances Measures, Benchmarks und Best Practices (Goetzel et al., 2001). Der grundlegende Baustein ist die Kennzahl. Diese Kennwerte müssen:

Kennwertorientierung als Maxime

- belastbar sein,
- nutzwertbezogen sein,
- als Grundlage für Entscheidungsprozesse fungieren und
- die Vielgestaltigkeit von Gesundheit abbilden können.

Argumente gegen das Controlling

Die Nutzung von Kennzahlen wird vielfach mit dem negativ konnotierten Begriff Controlling assoziiert, also mit einseitiger Kostenorientierung und extremem Rechtfertigungsdruck. Viele Tätige im Bereich Gesundheit sehen es auch nicht als ihre genuine Aufgabe an, Gesundheitscontrolling als Zielerfüllungskontrolle zu betreiben und die Wertschöpfung zu belegen. Manche vertreten auch dezidiert die Meinung, dass man das Thema BGF nicht hinsichtlich ihrer Wertschöpfung belegen könne. *Ist dies wirklich so?* Die Studien im Kap. 4.4 (↘ S. 211) zeigen auf, dass der ↷ Return on Investment auch für BGF ermittelbar ist (Chapman, 2005). In Wirklichkeit handelt es sich bei den Einwänden mithin nicht primär um ↷ evidenzbasierte Gründe, sondern eher um latente Ängste im Hinblick auf Budgetfragen und Ressourcenprobleme. Die Auseinandersetzung mit der Kostenfrage wird bewusst gemieden, doch damit boykottiert man die Zukunft der BGF. *Warum?* BGF braucht Investitionen, die ökonomisch zu rechtfertigen sind. Ein weiteres Gegenargument bezieht sich auf das Problem der Instrumente, die zur Erfassung von Effizienz und Effektivität von BGF im Unternehmen existieren. Sowohl die Praxis als auch die Wissenschaft sind sich einig, dass man Gesundheitsfragen im Unternehmen nicht durch einen pauschalen Kennwert wie Fehlzeiten abbilden kann. *Bedeutet dies aber im Umkehrschluss, dass die Kennzahl „Fehlzeiten" unbrauchbar ist?* Wir werden in diesem Kapitel die relevanten Attribute von Kennzahlen darstellen und am Beispiel der Fehlzeiten demonstrieren, dass die Kennzahl „Fehlzeiten" vielleicht doch mehr Aussagekraft besitzt, als ihr gemeinhin zugestanden wird. Fehlzeiten wirken als Kennzahlen grau und stumpf. Würde man sie entstauben, wäre ihr Einsatz aber vielversprechend.

Information durch Kennzahlen

Wir benötigen analog zum Personalcontrolling eine eindeutig stärkere Fokussierung auf Methoden und Instrumente des Gesundheitsmonitorings und Risikomanagements (↘ Kap. 4.2, S. 172) (Schulte, 2002); denn die Gewährleistung einer nachhaltigen und systematischen BGF erfordert die ständige Verfügbarkeit relevanter Informationen. Verfolgbare Informationen müssen den Charakter von Kennzahlen annehmen, damit Performance Management umsetzbar ist (Gladen, 2005)! Wir benötigen ↷ Key Performance Indikatoren, um Erfolge bzw. Misserfolge im Bereich BGF abzubilden (Krause & Arora, 2008). Bedauerlicherweise verfügt der Gesundheitsbereich über relativ wenige aussagekräftige Kennzahlen, die als ↷ Key Performance Indikatoren geeignet sind. Doch bevor wir uns mit diesen befassen, müssen wir uns mit den Attributen der Kennzahl an sich befassen.

Baustein 1: Kennzahlen

Was sind Kennzahlen? Diese Frage wird unterschiedlich beantwortet. Problematisch ist, dass häufig die Frage nach dem Basiskonstrukt der Kennzahl mit umfangreichen Kennzahlensystemen wie der ↻ Balanced Scorecard verknüpft oder beantwortet wird (Kaplan & Norton, 2001). Dieser Schritt ist verständlich, aber verschleiert das Problem, wie eine Kennzahl aussehen muss bzw. was eine gute von einer schlechten Kennzahl unterscheidet. *„Back to the roots"* bedeutet hier, dass wir uns mit der Qualität und mit den Attributen der Kennzahlen auseinandersetzen müssen, bevor wir uns Gedanken über die kombinierte Verrechnung von Kennzahlen machen. Die ❍ Abbildung 38 (✎ S. 186) illustriert diese beiden Perspektiven (Treier, 2009a, S. 363). Um die Qualität der Kennzahl einzuschätzen, müssen wir uns über ihre Funktionen Gedanken machen. *Was wollen wir mit Kennzahlen erreichen?* Die Kennzahlenart ist durch bestimmte Attribute gekennzeichnet, die auf ihre Konsistenz in Bezug auf ihre Funktionen zu überprüfen sind:

- **Modalität:** Wir unterscheiden befragungs- und nichtbefragungsbasierte Kennzahlen. Die Fehlzeiten gehören beispielsweise zu den nichtbefragungsbasierten Kennzahlen. Um das Gesundheitsbewusstsein zu ermitteln, benötigen wir indes Befragungsinstrumente.

- **Beschaffenheit:** Wir differenzieren zwischen harten und weichen Daten. Gesundheitswerte lassen sich beispielsweise meistens nur mit qualitativen Methoden bestimmen. Vielfach müssen wir hier aber auf Indikatoren zurückgreifen, d. h., dass wir die Werte nicht direkt, sondern nur indirekt erfassen können. Diese Indikatoren sollten theoretisch mit den relevanten Konstrukten und Gestaltungsfaktoren verknüpfbar sein.

- **Zahlenart:** In der Praxis stoßen wir auf absolute Maße, Quotenzahlen, Mittelwerte, Streuungsmaße, Verhältnis- und Indexzahlen. Diese Zahlenarten sind aber nicht gleichwertig. So stellen wir bei den Fehlzeiten fest, dass die Reflexion der Streuungsmaße, also der Verteilung der Fehlzeiten bzw. der Streubreite von Fehlzeiten, unzureichend erfolgt, obwohl die Streubreite ein wichtiges Kriterium zur Beurteilung der Angemessenheit des Lageparameters (Mittelwert) ist. Die Variation von Fehlzeiten kann wichtiger sein als das Absolutmaß.

- **Zeitbetrachtung:** Hinsichtlich der Zeitbetrachtung fragen wir uns, auf welchen Zeitraum die Kennzahl zurückgreift. Viele Kennzahlen sind retrospektiv, also rückwärtsgewandt. Gerade im Bereich Gesundheit benötigen wir auch Kennwerte, die nach vorne schauen, um den prospektiven ROI zu berechnen. Auch stellen wir uns hier die Frage, ob wir einen Zeitraum (längsschnittlich) oder einen bestimmten Zeitpunkt (querschnittlich) in Betracht ziehen. Die meisten Kennwerte im Bereich Gesundheitsmonitoring sind querschnittlich organisiert. Um aber den Nachweis einer Veränderung durch BGF im Gesundheitsverhalten zu erbringen, müsste man einen längsschnittlichen Ansatz wählen (↳ Kap. 4.5, S. 228).

Kennzahlen sprechen nicht!

Kennzahlen sind Daten, die relevante Informationen in verdichteter Art und Weise transportieren. Sie aggregieren komplexe Sachverhalte in verfolgbaren Zahlen und eignen sich für quantitative und qualitative Zusammenhänge. Damit stellen sie eine komprimierte Abbildung der Realität dar. Durch die Reduktion der Komplexität eines Sachverhaltes auf wenige aussagekräftige Größen fokussieren wir auf bestimmte steuerbare Aussagen. Im Sinne des Höhlengleichnisses vom griechischen Philosophen Platon (427-347 v. Chr.) verhalten sich die Kennzahlen wie die Schatten als Abbildung des wahren Seienden. Diese Abbildung ist niemals vollständig und bedarf stets einer umsichtigen Interpretation. Kennzahlen sprechen nicht für sich selbst. Dies gilt v. a. für nur indirekt zugängliche qualitative Sachverhalte wie das Gesundheitsbewusstsein/-verhalten. Mit Hilfe von quantifizierbaren Indikatoren können wir latente Konstrukte steuern.

☑ Box 4-6: Kennzahlen

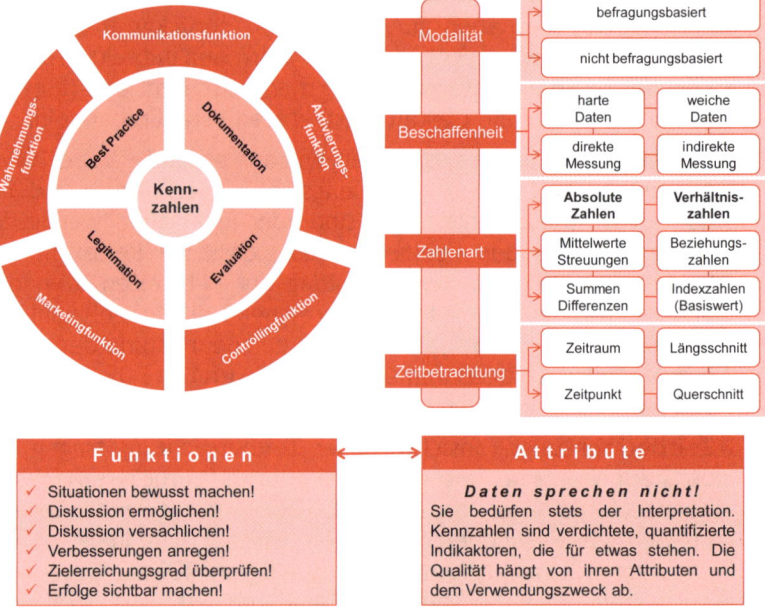

○ Abbildung 38: Attribute der Kennzahlen

Baustein 1: Kennzahlen

Das Controllingportal bietet unter der Rubrik „Kennzahlen" einen Eindruck zu diversen Kennzahlenformen, die wir im betrieblichen Kontext einsetzen, um Rentabilität und Ergebnisse nachweisen zu können. Bei genauerer Betrachtung wird aber auch ein Grundproblem der Kennzahlenphilosophie ersichtlich: Der Anwender kann nach Belieben Kennzahlen auswählen, die seine Interessen unterstützen. Somit muss die Auswahl von Kennzahlen bedachtvoll und zielbezogen erfolgen, um Missbrauch zu reduzieren.

www.controllingportal.de

Wie dürfen Kennzahlen nicht gestaltet sein? Es gibt grundlegende Gebote für Kennzahlen, die bei der Einführung von Kennzahlensystemen auf jeden Fall zu beachten sind (Treier, 2009a, S. 363 f.).

Gebote zu Kennzahlen

> Kennwerte sollten *nicht* ziellos, träge, vergleichslos, übervereinfacht und veraltet sein!

Ihr Bewertungsschema

1. **Keine ziellosen Kennwerte:** Ohne Strategie ist man ohne Kompass. Kennwerte sind nicht selbsterklärend, sondern benötigen als Interpretations- und Bewertungsfolie eine klare Zielsetzung. Ohne die Auseinandersetzung mit den Fragen *Wozu? Was? Womit?* ist jeder Kennzahlenvergleich zum Scheitern verurteilt.

2. **Keine trägen Kennwerte:** Gesundheit ist kein träges Maß, sondern bildet sich dynamisch ab. Viele Kennzahlen sind niveauorientiert und statisch. Wir benötigen Kennzahlen, die schnell auf Veränderungen reagieren und diese auch aufzeigen können (Sensitivität und Diagnostizität).

3. **Keine vergleichslosen Kennwerte:** Ohne Normen oder Standards ist es schwierig, die eigenen Kennwerte zu interpretieren. Wir benötigen den Vergleich. Dieser kann aus internen oder externen Vergleichsgrößen generiert werden (historischer, sozialer, kriteriumsorientierter Vergleich).

4. **Keine übervereinfachten Kennwerte:** In der Praxis sind Mittel- und Prozentwerte präferiert. Sie lassen sich einfach interpretieren. Doch solche „harmlosen" Kennwerte verschleiern den wahren Charakter derselben und verleiten zu Fehlentscheidungen. Vielfach geht man unbekümmert von einem linearen kausalen Zusammenhang aus. Einfachheit ist zwar anstrebenswert, aber nicht der Grund, weshalb wir Kennwerte einführen.

5. **Keine veralteten Kennwerte:** Wer Kennwerte erst dann generiert, wenn der Prozess schon lange vorbei ist, wird stets nur nachzüglerisch und reparaturorientiert im Bereich Gesundheit agieren. Wir benötigen zeitnah die

Kennwerte im Sinne des Risikomanagements (✋ Kap. 4.2, S. 172). Die Aktualität der Kennzahlen ist die Gewähr für die Effektivität der BGF-Maßnahmen.

Zur Kennzahlentypologie

Fassen wir die bisherigen Aussagen für unser Thema zusammen! Bei der Kennzahlentypologie unterscheiden wir befragungs- von nichtbefragungsbasierten Kennzahlen. Kennzahlen wie Arbeitsunfähigkeitsdaten sind nicht befragungsbasiert. Dagegen gehört die Arbeitszufriedenheit zu den befragungsbasierten Kennzahlen. Zudem differenzieren wir v. a. zwischen harten und weichen Kennzahlen. Kennzahlen wie Fehlzeiten oder die ⌒ Fluktuationsquote gehören zu den harten, während biopsychosoziale Sachverhalte eher zu den weichen Kennzahlen gehören (O Abbildung 39, S. 189). Dabei impliziert weich oder hart keine Güte der Kennzahl, sondern lediglich die Modalität der Erfassung. Auch wenn harte Kennzahlen bei den Controllern beliebt sind, erkennen zunehmend die Experten auch die Restriktionen hinsichtlich der Aussagekraft und Steuerungsfähigkeit dieser harten Kennzahlen. Die Güte der Kennzahlen hängt also nicht von der Modalität und Beschaffenheit ab, sondern von der inhaltlichen Passung zu den anvisierten Gestaltungsmaßnahmen und Veränderungsprozessen. Zudem wird die Güte auch durch die theoretische Fundierung begründet. Wir konstatieren im Gesundheitsbereich eindeutig eine Zunahme der befragungsbasierten weichen Kennzahlen. *Warum?* Diese Kennzahlen sind oft kausalitäts-, stakeholder- und interventionsorientierter als harten Kennzahlen. Ihre bedarfsorientierte und realistische Abbildung gewährt ihnen auch eine höhere Legitimation. Zudem verfügen diese Kennzahlen über ein differenzierteres Analysepotenzial. Der Wermutstropfen ist aber der Aufwand hinsichtlich der Erhebung. Eine Gesundheitsbefragung auf Basis einer psychologischen ⌒ Arbeits- und Tätigkeitsanalyse (✋ Kap. 4.5, S. 228) ermöglicht eine vielschichtige Sichtweise auf Gestaltungsfelder in Bezug auf die gesunde Arbeitswelt. Die Fehlzeiten sind indes ein Spätindikator und beantworten nicht die Frage nach dem *Warum?*

Baustein 1: Kennzahlen

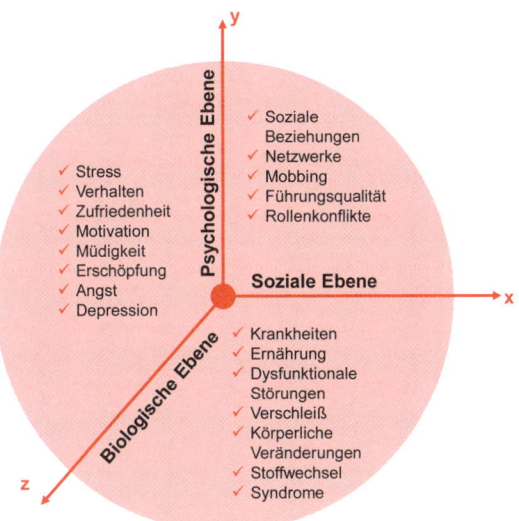

○ Abbildung 39: Biopsychosoziale Sachverhalte

Warum ist das Treiber-/Indikatorenmodell in der BGF eine zentrale Ausgangsbasis?

Gerade die biopsychosozialen Sachverhalte im Bereich BGF unterstreichen die Notwendigkeit, eine theoretisch und empirisch fundierte Basis für die Kennzahlen, die meistens Indikatoren sind, zu bestimmen. Als Ausgangsbasis unserer weiteren Betrachtungen fungiert das Treiber- und Indikatorenmodell (○ Abbildung 40, S. 190), das in diversen Variationen verwendet wird (Treier, 2009a; Ulich & Wülser, 2009). Manche Autoren beschreiben dieses Modell nach der folgenden Kausalsequenz: Arbeits- und Organisationsbedingungen → Gesundheitszustand → Arbeitsverhalten (Craes & Mezger, 2001, S. 25). Theoretisch baut es u. a. auf das ↪ Modell der Arbeitscharakteristika auf, das sich mit dem Motivationspotenzial der Arbeit befasst (○ Abbildung 41, S. 191) (Hackman & Lawler, 1971; Hackman & Oldham, 1976). Die Grundfrage lautet: *Was schädigt und was fördert die Gesundheit?* (↪ Kap. 2, S. 73 & Kap. 3, S. 103; Oesterreich & Volpert, 1999)

Ausgangsbasis: Das Treiber- und Indikatorenmodell

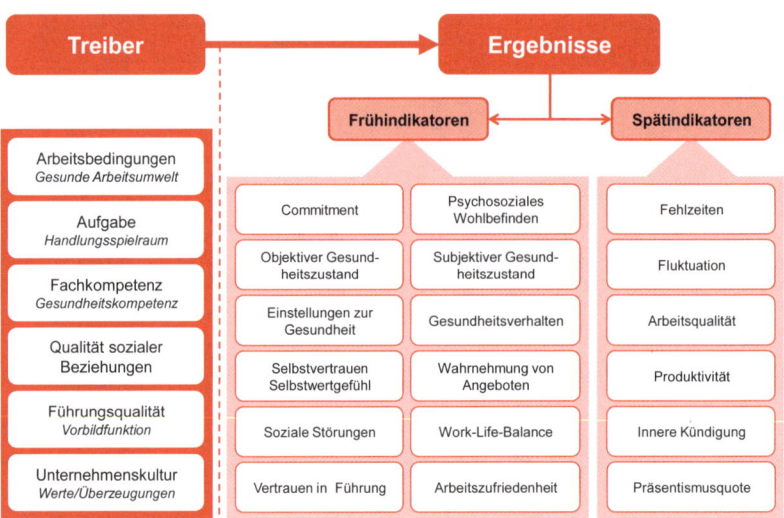

O **Abbildung 40:** Das Treiber- und Indikatorenmodell

Treibervariablen als Stellhebel

Um gesundheitsgerechte Arbeitsbedingungen zu schaffen, kristallisieren sich diese Treiber als wichtige Stellhebel heraus. Investieren wir hier in Gesundheit, können wir auf Dauer auch auf der Ergebnisseite einen Erfolg verbuchen. Damit nähern wir uns wieder dem Qualitätsmanagementmodell EFQM (O Abbildung 28, S. 166), das zwischen Befähigern und Ergebnissen differenziert.

- **Indikatoren** haben Ergebnischarakter. Die Frühindikatoren können aber auch als Treiber für die Spätindikatoren fungieren. Das Gesundheitsverhalten kann im ersten Schritt aufgrund der Gesundheitskompetenz positiv verändert werden. Durch das positive Gesundheitsverhalten können im zweiten Schritt Fehlzeiten reduziert werden.
- **Spätindikatoren** stellen hochverdichtete Informationen multikausaler Prozesse dar. Sie sind deskriptiv, vereinzelt und reaktiv.
- **Frühindikatoren** gehen stärker auf das Individuum ein, v. a. die biopsychosoziale Sichtweise betreffend. Sie sind damit steuerungsrelevanter, aber auch schwerer zugänglich als die Spätindikatoren.
- Die einzelnen Parameter werden durch eine Vielzahl von **Moderatoren** wie Alter, Geschlecht, Bildung, sozialer Status etc. beeinflusst. Deshalb benötigen wir stets auch eine gruppenspezifische Reflexionsweise der Kennwerte.

Baustein 1: Kennzahlen

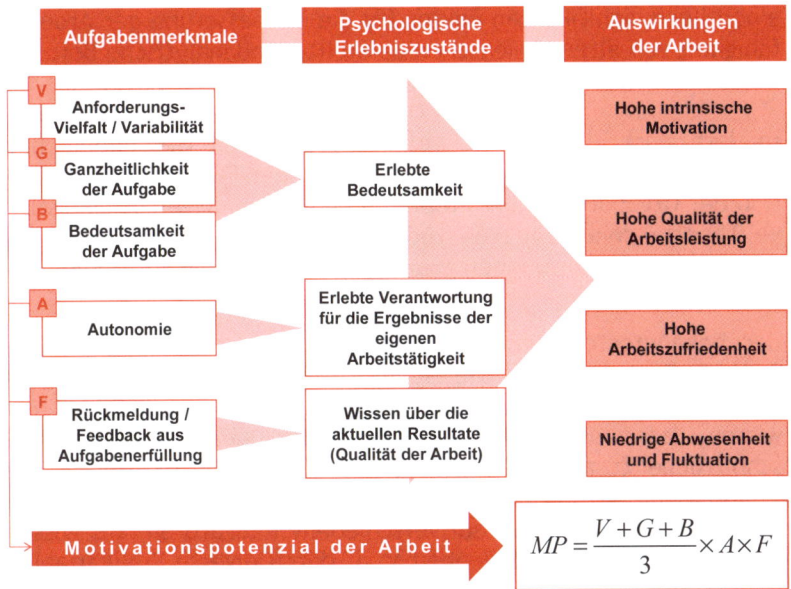

○ Abbildung 41: Das Modell der Arbeitscharakteristika

Das ☞ Modell der Arbeitscharakteristika ist aus empirischer Sicht gut bestätigt (Hackman & Oldham, 1976). Es liegt eine Vielzahl von Studien vor, die einen Zusammenhang zwischen Treibern bzw. Früh- und Spätindikatoren aufzeigen. Oft bedient man sich der ☞ Metaanalyse als Zusammenfassung verschiedener Primärstudien zu einem Themenfeld mit dem erklärten Ziel, die Effektgrößen abzuschätzen (Fricke & Treinies, 1985; Hunter & Schmidt, 1990). Diese Zusammenfassung erfolgt auf statistischer Ebene. Im Bereich Gesundheitsmanagement sind Metaanalysen sehr wichtig, um der Unschärfe von Effekten, bedingt durch Multikausalität und Nichtlinearität, begegnen zu können. An dieser Stelle muss aber eine Metaanalyse stets auch kritisch reflektiert werden; denn methodisch unzulässige Primärstudien oder unzureichende Datenbasen lassen sich nicht durch eine Zusammenfassung inhaltlich verbessern (Garbage-in und Garbage-out-Problem).

Zur empirischen Evidenz
Metaanalysen

Die Wirkung von Treibern und Frühindikatoren auf Spätindikatoren ist vielfach nachgewiesen. So wissen wir, dass bei Steigerung der ☞ Gesundheitskompetenz als Treiber positive Effekte in Bezug auf diverse Beschwerden (Muskel-Skelett-, Herz-Kreislauf-, Magen-Darm-Beschwerden) nachweisbar sind (Wieland & Hammes, 2008). Auch die Forschung rund um Karasek (1979) belegte schon Ende der 70er-Jahre, dass gesundheitsschädigender Stress vom Entscheidungsspielraum in der Arbeit abhängig ist (✎ Kap. 2.3, S. 92). Die Studie von Ilmarinen und Tempel (2002) zeigt ferner, dass Führungsverhalten im Sinne eines kooperativen Führungsstils

Wirkung von Treibern
Einige Beispiele

einen hoch signifikanten Faktor für die Verbesserung der Arbeitsfähigkeit von älteren Menschen darstellt. Pfadanalytische Befunde von Badura (2007) bestätigen nicht nur den positiven Effekt der Arbeitsbedingungen und der Qualität der Arbeit auf Krankheit, sondern auch die Wechselwirkungen zwischen Gesundheit und sozialen Beziehungen, gesundheitsfördernder Führung und Reduktion der Orgapathologien. Studien rund um Banduras sozialkognitive Theorie dokumentieren zudem die Bedeutung der ☞ Selbstwirksamkeit für Gesundheit (Bandura, 1997; Schwarzer, 2004).

Beispiel Arbeitszufriedenheit

Der bekannteste Frühindikator ist die Arbeitszufriedenheit (Fischer & Fischer, 2007). Sie ist im Rahmen von Mitarbeiterbefragungen und Feedbacksystemen auch relativ leicht erhebbar. Wir wissen, dass zwischen Arbeitszufriedenheit und Fehlzeiten durchschnittliche Zusammenhänge von r=.30 bis r=.50 existieren. Die ○ Abbildung 42 (↬ S. 192) illustriert die vermittelnde Wirkung von Arbeitszufriedenheit auf verschiedene Indikatoren. Wir wissen auch, dass Arbeitszufriedenheit v. a. durch diverse Stellvariablen der Arbeits- und Organisationsbedingungen beeinflusst werden kann (Fischer, 2005; Treier, 2009a; Ulich, 2005). Die ☞ Metaanalyse von Kinicki et al. (2002) offenbart die Zusammenhänge zwischen den Antezedenzen (Aufgabenmerkmale) und der Zufriedenheit mit der Arbeit und den sich aus der Zufriedenheit ergebenden positiven Konsequenzen (○ Abbildung 43, S. 193). Die Metaanalyse von Judge et al. (2001) dokumentiert, dass zwischen Arbeitszufriedenheit und Arbeitsleistung ein wesentlicher Zusammenhang besteht, der jedoch durch eine Vielzahl von ☞ Moderatoren beeinflusst wird (○ Abbildung 44, S. 193).

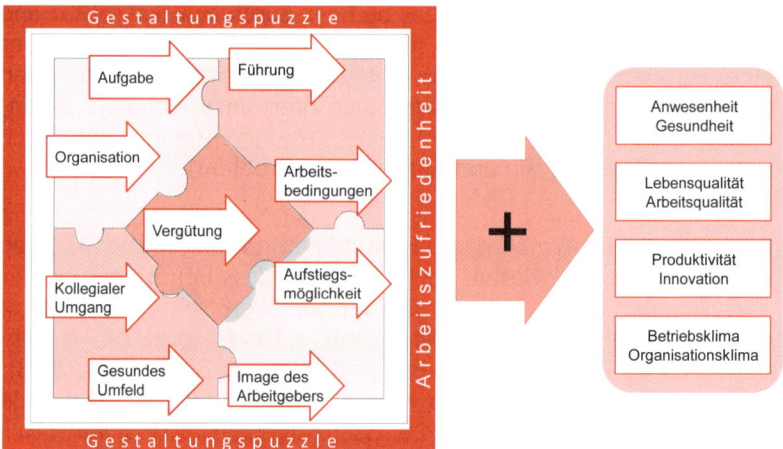

○ Abbildung 42: Wirkung von Arbeitszufriedenheit

Baustein 1: Kennzahlen

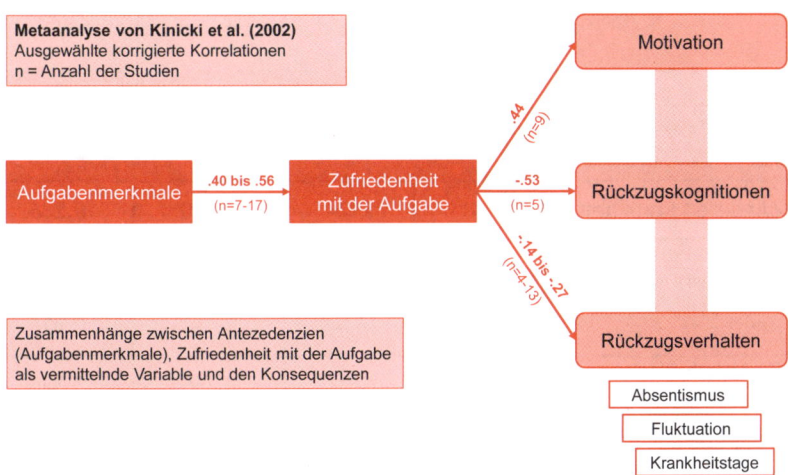

○ **Abbildung 43:** Metaanalyse zur Wirkung von Aufgabenmerkmalen

Bestehen bei Ihnen Zweifel, ob die Arbeitszufriedenheit einen spürbaren Einfluss auf die Gesundheit hinterlässt? Die letzten Zweifel räumt die ☞ Metaanalyse von Faragher et al. (2005, S. 108) aus. In einer Vielzahl von Studien lässt sich ein relevanter Zusammenhang zwischen Arbeitszufriedenheit und diversen Faktoren des Gesundheitszustands nachweisen (☐ Tabelle 4-2, S. 194).

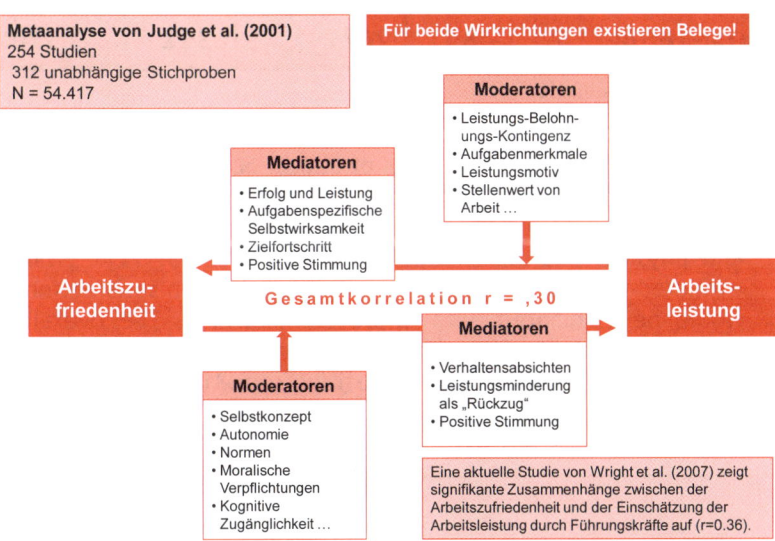

○ **Abbildung 44:** Metaanalyse „Arbeitszufriedenheit und -leistung"

☐ Tabelle 4-2: Zusammenhang zw. Zufriedenheit und Gesundheit

Gesundheits-zustand*	Anzahl Studien	Gesamt-stichprobe	Combined Correlation (95% Konfidenzintervall)	
			Fixed-Effects Modell	Random-Effects Modell
„Andere" Krankheit	3	2124	0,360	0,286
Allgemeine psychische Verfassung	141	95814	0,393	0,376
Angst	60	36443	0,383	0,420
Psychophysische Belastungen	24	5693	0,355	0,341
Burn-out	62	19944	0,463	0,478
Depression	46	38941	0,412	0,428
Herz-Kreislauf-Erkrankung	13	5303	0,163	0,121
Muskelskelettöse Erkrankung	4	2442	0,079	0,079
Selbstwertgefühl	13	2529	0,439	0,429
Subjektiv gefühlte physische Erkrankung	119	58762	0,272	0,287
Gesamteffekt Σ	**485**	**267995**	**0,312**	**0,370**

* Schmidt-Hunter adjusted

„This large scale meta-analysis of almost 500 studies has provided, for the first time, a clear indication of the immensely strong relationship between job satisfaction and both mental and physical health." (Faragher et al., 2005, S. 111) „The expected relationship was that an increase in job satisfaction would be associated with improved health. ... The overall combined studies relationship found between job satisfaction and (good) health was indeed positive (r=0.312, adjusted r = 0.370). (Faragher et al., 2005, S. 107)

Kombination von Indikatoren

Der indikatorenbasierte Ansatz eines Kennzahlensystems ist für das betriebliche Gesundheitsmanagement angemessen. ☞ Metaanalysen dokumentieren die Bedeutung der Treibervariablen und Frühindikatoren für das gesunde Unternehmen. Zwischen Treibern und Indikatoren bestehen relevante Zusammenhänge. Entscheidend ist dabei die gemeinsame Betrachtung der Indikatoren als Herausforderung. Man sollte

Baustein 1: Kennzahlen

> harte, nicht befragungsbasierte mit weichen, befragungsbasierten Kennzahlen kombinieren. Zudem sind klassische Kennzahlen wie die Fehlzeiten in Bezug auf ihre Aussagekraft kritisch zu reflektieren und ggf. zu modifizieren. Erst eine solche Datenerhebung kann Auswirkungen von BGF-Maßnahmen in Bezug auf die individuelle Arbeitsleistung, Gesundheit von Mitarbeitern und den ökonomischen Erfolg von Unternehmen aufzeigen. Eine kombinierte Betrachtung von ausgewählten Früh- und Spätindikatoren unter Beachtung von Niveau- und Dynamikparametern empfiehlt sich als multiple Steuerungsgröße für das Gesundheitsmanagement.

☑ Box 4-7: Der indikatorenbasierte Ansatz

Wie lässt sich die Aussagekraft der Fehlzeitenquote als Kennzahl erhöhen?

Wir möchten Sie an dieser Stelle nicht in der theoretischen Betrachtung hängen lassen! Am Beispiel der Fehlzeiten verdeutlichen wir, was der Spätindikator Fehlzeiten als Kennwert für Vor- und Nachteile hat und welche Potenziale der Kennwert besitzt. Wir zeigen konkret auf, wie Sie diesen präferierten Parameter modifizieren können, um die Aussagekraft zu erhöhen.

Fehlzeiten

Die Ausgangslage rund um die Kennzahl Fehlzeiten ist diffizil; denn sie ist wankelmütig in ihrer Manifestation und teilweise auch widersprüchlich in ihrer Aussagekraft. Einige Statements aus der Süddeutschen Zeitung belegen diese schwierige Ausgangsbasis ...

Ausgangslage

- **Aus Angst gesund** ... Durchschnittlich fehlten die Deutschen nur dreieinhalb Tage im ersten Halbjahr 2009 (13.07.09) → Gefahr der Verschleppung von Krankheiten und Widerspruch zum Präventionsgedanken.
- **Krank, aber im Büro** ... Seit 1980 ist der Krankenstand in deutschen Firmen von 5,5 auf 3,3 Prozent gesunken (21.04.09) → ☞ Präsentismus als neues Phänomen und kaum kalkulierbare Größe ⇔ Beschäftigte gehen krank zur Arbeit. Nach einer Studie der Bertelsmann-Stiftung (Böcken et al., 2007) sind im Jahr 2006 71 Prozent der deutschen Arbeitnehmer mindestens einmal krank zur Arbeit gegangen. Der Gesundheitsmonitor 2009 (Böcken et al., 2009) zeigt, dass v. a. Alleinstehende besonders vom Präsentismus betroffen sind (78 Prozent). 42 Prozent der Beschäftigten geben im Gesundheitsmonitor 2009 an, in den vergangenen 12 Monaten mindestens zweimal oder öfter krank zur Arbeit gegangen zu sein. Gründe dafür sind laut Bertelsmann-Gesundheitsmonitor u. a. Pflichtgefühl, Rücksicht auf Kollegen, Angst vor beruflichen Nachteilen.

- **Chronische Zukunft** ... Die Fehlzeitenstatistik muss sich auf eine Chronifizierung einstellen. Akute Erkrankungen nehmen an Bedeutung ab. Depressive Störungen bedingen beispielsweise im Schnitt 50 Tage Fehlzeiten, bei Zweitmeldung sogar 75 Tage.

> In der Industrie und im Dienstleistungssektor summieren sich die Fehlzeiten derzeit in etwa auf 6 bis 7 Prozent, wenn man die Arbeitgebersicht sieht. Aus Versicherungssicht beträgt der Durchschnitt etwa 3 bis 4 Prozent (Versicherungstage). Wir stellen aber eine ausgeprägte branchenabhängige Varianz fest.

Was sagt überhaupt die Fehlzeitenquote aus? Psychische Erkrankungen sind schwer kalkulierbar und teilweise auch nicht richtig diagnostizierbar. Chronifizierung stellt die Fehlzeitenquote in Frage. Ferner konstatieren wir eine Zunahme „innerer Fehlzeiten" und ⌨ Präsentismus, also ein verlagertes Problem. Hinzu kommt die schwierige Aufgabe, den Korrekturfaktor Konjunkturlage angemessen bei der Interpretation der Fehlzeiten zu berücksichtigen. *Warum?* Nach Schnabel (1997, 1998) erklären allein die Veränderungsrate des realen Bruttoinlandsprodukts bereits 63 Prozent der jährlichen Schwankungen im Krankenstand von 1970 bis 1995. Rechnet man die Arbeitslosenquote mit ein, erklärt das Bruttoinlandsprodukt immer noch 41 Prozent der Krankenstandsentwicklung (O Abbildung 45, unten). Studien weisen zwar auf einen tendenziellen Entkopplungsprozess hin, aber die Zusammenhänge bleiben empirisch evident und sollten Berücksichtigung finden.

Ursachen für Fehlzeiten

Erschwert wird diese missliche Ausgangslage noch durch die ungeklärte Ätiologie der Fehlzeiten. Wir wissen, dass Fehlzeiten viele Ursachen haben können. Ziegler et al. (1996) haben eine Übersicht zu den möglichen Ursachen des ⌨ Absentismus zusammengestellt, die sich grob zwischen motivational- und krankheitsbedingten Fehlzeiten differenzieren lassen (O Abbildung 46, S. 198). In der Praxis werden wir vermutlich mit einer unheilvollen Mischung konfrontiert werden, was uns nur in sehr begrenztem Maß erlaubt, gute von schlechten Fehlzeiten zu erkennen (Identifikationsproblem). Die meisten Verantwortlichen postulieren, dass die Hauptursache in der Arbeitssituation zu sehen ist (Bitzer, 2002). Brandenburg und Nieder (2009, S. 25) sehen vier Grundmodelle zur Erklärung des Krankenstandes:

Baustein 1: Kennzahlen

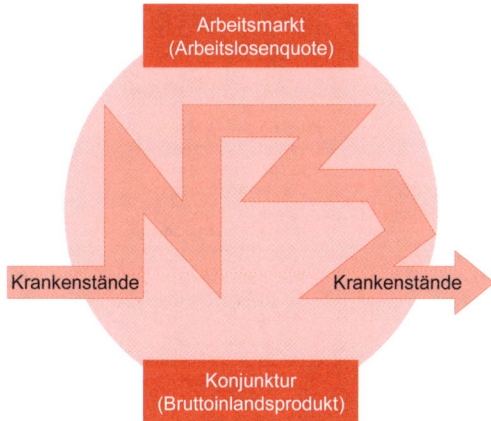

O Abbildung 45: Krankenstand und Konjunkturlage

- **Belastungsmodell:** Es geht von einem Zusammenhang zwischen Arbeitsbedingungen, Erkrankungen und Arbeitsunfähigkeit aus. Es handelt sich um das medizinische Modell.
- **Copingmodell:** Fehlzeiten treten auf, um gezielt den Gesundheitszustand zu verbessern. Man könnte dies als Ausgleich für die Mehrbelastung interpretieren, indem der Beschäftigte bewusst Erholungspausen nimmt.
- **Missbrauchstheorie:** Falls keine ausreichenden Kontrollmöglichkeiten gegeben sind, kann die Arbeitsunfähigkeit als Erweiterung der zeitlichen Spielräume missbraucht werden. Dies ist v. a. bei Mehrfachtätigkeiten zu erwarten (Fragmentierung der Arbeit). In der O Abbildung 46 (↳ S. 198) entspricht dies dem Verhaltensmodell.
- **Selektionstheorie:** Der demografische Wandel ermahnt uns, dass möglicherweise der Anteil von Mitarbeitern mit „Leistungseinschränkungen" zunehmen wird.

Eigentlich müsste die Fehlzeiten- oder Krankenstandquote eindeutig und selbsterklärend sein: Die Anzahl der Krankentage sollte der maßgebliche Faktor sein. Aber genau an dieser Stelle schleichen sich viele offene Punkte ein, wie die O Abbildung 47 (↳ S. 198) illustriert:

Definition von Fehlzeiten

- Welche Zeiten gelten als Fehlzeiten?
- Welche Fehlzeiten werden als Krankheit bezeichnet?
- Wer wird überhaupt berücksichtigt?
- Welcher Zeitraum gilt bei den Soll-Arbeitstagen?

Abbildung 46: Ursachen des Absentismus

Abbildung 47: Die Krankenstandquote

Auch gibt es oft Verwirrung, was unter den Begriffen Krankenstand, Krankenstandquote, Krankenquote etc. zu verstehen ist. Einige typische Kennzahlen illustrieren die Bandbreite der mit Fehlzeiten assoziierten Kennzahlen (Tabelle 4-3).

Baustein 1: Kennzahlen

◻ Tabelle 4-3: Kennzahlen rund um Fehlzeiten

Kennzahl	Kurzbeschreibung
Arbeitsunfähigkeitsanalyse der Krankenkasse	Weitreichende Differenzierungsmöglichkeiten nach ICD-Klassifikation (International Statistical Classification of Diseases and Related Health Problems) Hinweis: mindestens 50% der Belegschaft sollte bei einer Krankenkasse versichert sein
Arbeitsunfähigkeitsquote	Anteil Erwerbspersonen mind. 1 Tag arbeitsunfähig Hinweis: Stundenweise Betrachtung liegt nicht vor.
AU-Fälle je Versicherungsjahr	Durchschnittliche Zahl der gemeldeten AU-Fälle Hinweis: Zeitraum = Versicherungsjahr (365 Tage)
AU-Tage je Fall	Durchschnittliche Dauer einer einzelnen Krankschreibung Hinweis: AU-Tage durch Anzahl der gemeldeten AU-Fälle dividiert.
AU-Tage je Versicherungsjahr	Krankenstand × 365 Tage Hinweis: Arbeitsfreie Zeiten gehen in die Berechnung mit ein!
Fehlzeiten mit AU-Bescheinigung	Fehlzeiten nach GKV in % (Divisor: Arbeitstage × Mitarbeiterzahl) Hinweis: Benchmarking im Branchenvergleich sehr gut möglich!
Fehlzeiten ohne AU-Bescheinigung	Fehlzeiten bis zu drei Tagen in % (Divisor: Arbeitstage × Mitarbeiterzahl) Hinweis: Lohnsteuerrechtlich sinnvoll → 230 Arbeitstage (manche setzen aber auch 220 Tage ein)
Gesundheitsquote	Anwesendes Personal im Vergleich zum Personalbestand Hinweis: Analog wie Fehlzeiten (nur umgedreht)!
Krankenquote	Anzahl kranker Mitarbeiter pro Zeiteinheit im Verhältnis zu Anzahl der Mitarbeiter in Prozent
Optimale Gesundheitsquote	Prozentuale Anwesenheitsquote, bei der weitere Verbesserungen der Anwesenheit des Bestandes höhere Kosten verursachen, als der noch erzielbare betriebswirtschaftliche Nutzen abdeckt.
Unfallquote Fehltage	Anzahl unfallbedingter Fehltage pro Jahr und Beschäftigter in Prozent der Anzahl Solltage
Weitere Zahlen	Berufskrankheiten (prozentual oder absolut) Frühberentungen (prozentual oder absolut)

Ungeachtet dieser Unklarheiten wissen wir aber, dass Fehlzeiten ein signifikanter Stör- und Kostenfaktor im betrieblichen Geschehen darstellt (Brandenburg & Nieder, 2009). Die ◐ Abbildung 48 (↘ S. 200) illustriert einige Kosten- und Störfaktoren, die im Zusammenhang mit Fehlzeiten stehen. Dabei ist zu beachten, dass gerade die indirekten Kosten und die Störfaktoren erhebliche „Transaktionskosten" nach sich ziehen.

Stör- und Kostenfaktor

Schwierige Ausgangsbasis

Die Fehlzeiteninterpretation fällt aufgrund der diffusen Ursachenklärung, der uneinheitlichen Abbildung der Fehlzeitenquote und der Entwicklungstendenzen zu ☞ Präsentismus und Chronifizierung schwer. In Anbetracht der erheblichen (in)direkten Kosten und Störungen von Fehlzeiten ist aber diese Problemlandschaft nicht als Legitimation für eine Beendigung, sondern im Gegenteil als Herausforderung für eine Aktualisierung von Fehlzeitenanalysen zu verstehen.

☑ **Box 4-8:** Ausgangslage rund um Fehlzeiten

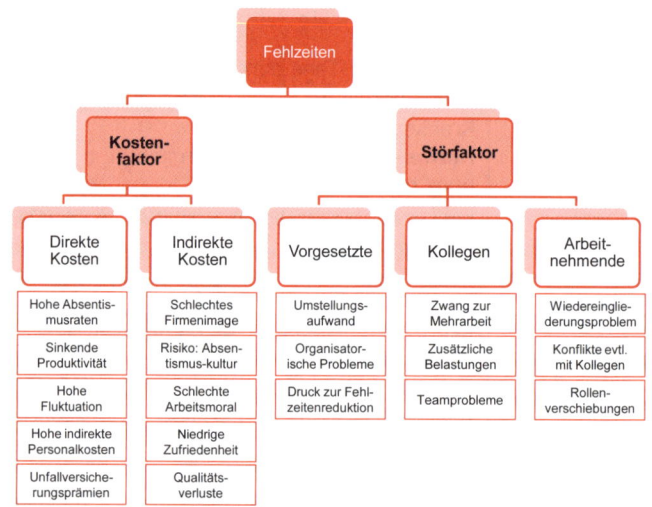

◯ **Abbildung 48:** Fehlzeiten als Stör- und Kostenfaktor

Informationen

http://wido.de/fzreport.html

Der Fehlzeitenreport, der vom WIdO (Wissenschaftliches Institut der AOK) und der Universität Bielefeld herausgegeben wird, liefert jedes Jahr umfassende Daten und Analysen zu krankheitsbedingten Fehlzeiten in der deutschen Wirtschaft. Die Entwicklung in den einzelnen Wirtschaftszweigen wird detailliert beleuchtet. Aktuelle Befunde und Bewertungen zu den Gründen und Verhaltensmustern von Fehlzeiten in Betrieben werden vorgestellt. Interessant ist hier auch die Jahresreihe „Fehlzeiten-Report" im Springer-Verlag. Die elfte Ausgabe 2009 befasst sich mit dem Thema „Psychische Belastungen reduzieren – Wohlbefinden fördern". Der Faktor „psychische Erkrankung" als Ursache für eine Arbeitsunfähigkeit nimmt stetig zu und geht mit langen Fehlzeiten einher.

Baustein 1: Kennzahlen

Aus Fehlzeitenanalysen wissen wir, dass es einige relativ stabile Gesetzmäßigkeiten zum Phänomen Fehlzeiten gibt, die es zu beachten gilt (Brandenburg & Nieder, 2009, S. 25 f.):

- **Regel 1:** Der Krankenstand sinkt mit steigender Qualifikation der Mitarbeiter.
- **Regel 2:** Derzeit dominieren im Krankheitspanorama noch die muskelskelettösen und pulmonalen Erkrankungen, sie werden aber zunehmend von den psychischen Störungen in ihrer Spitzenreiterrolle verdrängt. Außerdem nehmen altersbedingte Krankheitsbilder wie Zuckerkrankheit oder Verschleißerkrankungen zu.
- **Regel 3:** Die Altersvariable beeinflusst v. a. die durchschnittliche Länge der Fehlzeiten (Chronifizierung). Die Datenlage zur absoluten Menge an Fehltagen ist uneindeutig. Manche Studien berichten über eine lineare Zunahme, andere halten diesen Effekt für relativ unbedeutend. Grob könnte man sagen, dass jüngere Mitarbeiter häufiger als ältere, dafür ältere länger als jüngere Mitarbeiter fehlen in Bezug auf die durchschnittliche Dauer.
- **Regel 4:** Die Fehlzeiten werden von einem relativ kleinen Teil der Mitarbeiter verursacht. Bei etwa 20 bis 30 Prozent der Mitarbeiter treten ca. 80 Prozent der Arbeitsunfähigkeit auf.
- **Regel 5:** Eigenverantwortung und Erhöhung des Handlungsspielraums reduzieren Fehlzeiten. Hier liegt auch eine Korrelation mit der Qualifikation vor.
- **Regel 6:** Geschlecht und Alter müssen als interagierende Strukturvariablen betrachtet werden. Männer sind länger krank, Frauen dafür häufiger, wobei hier die Lebensphasen von großer Bedeutung sind.
- **Regel 7:** In wirtschaftlichen Krisenzeiten reduzieren sich meistens die Fehlzeiten (Verschiebungsproblem).
- **Regel 8:** Kurzzeiterkrankungen (ein bis drei Tage) machen derzeit etwa 35 Prozent der Arbeitsunfähigkeitsfälle aus. Sie verursachen im Schnitt zwischen 6 bis 10 Prozent der Krankentage.
- **Regel 9:** Langzeiterkrankte (über 42 Tage) machen derzeit etwa 5 Prozent der Arbeitsunfähigkeitsfälle aus. Durch den demografischen Wandel wird sich dieser Wert aber erhöhen. Sie verursachen aber zwischen 30 und 40 Prozent der Arbeitsunfähigkeitstage.
- **Regel 10:** Mit steigender Organisationsgröße nehmen die Fehlzeiten zu (Anonymitätseffekt).
- **Regel 11:** Statistisch gibt es den blauen Montag nicht. Die Fehlzeiten verteilen sich über alle Wochentage.

Gesetzmäßigkeiten als Hilfestellung zur angemessenen Interpretation

- **Regel 12:** Teilzeitkräfte fehlen vergleichsweise weniger als Vollzeitkräfte.
- **Regel 13:** Zwischen Arbeitszufriedenheit und Fehlzeiten besteht eine negative Korrelation.

Vor- und Nachteile

Fassen wir zusammen! Die ☐ Tabelle 4-4 (✎ unten) stellt die wichtigsten Vor- und Nachteile des Fehlzeitenmaßes gegenüber. Bei der Bewertung müssen folgende Kriterien beachtet werden:

- **Umsetzbarkeit:** Fehlzeiten werden normalerweise systematisch erfasst und sind damit relativ leicht erhebbar.
- **Benchmarking:** Wenn man die Fehlerquellen beachtet, lässt sich ein Benchmarking durchführen.
- **Personaldarstellung:** Die klassische Absolutbetrachtung ignoriert spezifische Besonderheiten der Beschäftigten.
- **Kommunizierbarkeit:** Fehlzeiten sind verständlich und für jeden auch direkt nachvollziehbar.
- **Verfolgung von Veränderungen:** Derzeit wird die Fehlzeitenanalyse meistens retrospektiv und jährlich durchgeführt. Zudem reagiert der Fehlzeitenparameter zu träge, um wirklich als Verfolgungsinstrument zu fungieren.
- **Beeinflussbarkeit:** Der Manipulationsgrad ist relativ gering, wenn man eindeutig festlegt, was zu den Fehlzeiten gehört und welche Soll-Arbeitszeiten verwendet werden.
- **Anpassbarkeit:** Eine Modifikation des Fehlzeitenparameters ist ohne großen Aufwand möglich. Wir werden in diesem Kapitel mehrere Möglichkeiten aufzeigen.

☐ Tabelle 4-4: Vor- und Nachteile der Fehlzeitenanalyse

Ausgewogenes Verhältnis zwischen Vor- und Nachteilen	
☺	+ Einfaches Kennzahlenmaß
	+ Leicht bestimmbar
	+ Flexibilität in Bezug auf Verhältnisbildung (Beispiel: Finanzkennzahlen)
	+ Verknüpfung mit Personalstrukturdaten (Alter, Geschlecht, Berufsgruppe)
	+ Pekuniäre Abbildung (Durchschnittskosten pro Abwesenheitstag in Deutschland wird auf 750 € geschätzt)
	+ Gutes Überzeugungsmaß

Ausgewogenes Verhältnis zwischen Vor- und Nachteilen	
	– Spätindikator – Nicht kausalitätsbezogen – Nicht immer standardisierte Erfassung – Unzureichende Erfassung realer Kosten (Präsentismus-Annahme: 65% der Kosten) – Kaum prospektiver Blick (Investitionsorientierung) – Träges Maß und wenig Information, da oft nur als statische Quote abgebildet – Willkürlicher Einsatz von Relationswerten

Hinweis: Viele Unternehmen experimentieren mit dem Hamburger Modell. Dieses Modell ermöglicht eine stufenweise Wiedereingliederung in das Arbeitsleben, um sich an die volle Arbeitsbelastung wieder zu gewöhnen. Während der Maßnahme erhält der Arbeitnehmer weiterhin Kranken- bzw. Übergangsgeld. Problematisch ist jedoch, dass diese Zeiten im Unternehmen bisweilen als Fehlzeiten definiert sind und entsprechend kategorisiert werden.

Emmermacher (2008) ist in Bezug auf den Einsatz der Kennzahl Fehlzeiten als Indikator für ein gelungenes betriebliches Gesundheitsmanagement kritisch und erklärt dies u. a. in Bezug auf den Zusammenhang mit ☞ Präsentismus. Für ihn ist es wichtig, dass man mit mehr „Inhalt" relevante Fragestellungen des betrieblichen Gesundheitsmanagements erfasst. Dabei empfiehlt er diverse Befragungsinstrumente und als Produktivitätsfaktor neben der Präsentismusquote den sogenannten LPT-Wert (health-related lost productive time) als Parameter für gesundheitsbedingte Leistungseinschränkung während der Arbeitstätigkeit (Emmermacher, 2008, S. 52; Stewart et al., 2003a). Das Ergebnis einer umfangreichen Studie (American Productivity Audit (APA) ist jedenfalls vom Ergebnis erschreckend – v. a., wenn man bedenkt, dass diese Kosten größtenteils für die Arbeitgeber unsichtbar sind.

LPT-Wert als Alternative zu Fehlzeiten

> Das American Productivity Audit (APA) ist eine Telefonumfrage bei 28.902 Arbeitern. Sie soll dabei helfen, die Wirkung von betrieblichen Gesundheitsbedingungen zu quantifizieren. Der LPT-Wert (Lost Productive Time) wird in Stunden und schließlich in Dollars übersetzt. Demnach kostet der Health-related LPT Arbeitgebern **225,8 Milliarden US-Dollar/Jahr** oder 1685 US-Dollar je Angestellter pro Jahr (Stewart et al., 2003a). 76 Prozent dieser Kosten werden durch reduzierte Leistung bei der Arbeit erklärt (Stewart et al., 2003b).

Unsere Meinung!

Dieser LPT-Wert ist nicht einfach zu erheben, und die Qualität dieser Kennzahl wird durch viele Bias-Faktoren reduziert (Stewart et al., 2004). Wir pflichten der Argumentation bei, dass die Fehlzeiten alleine unzureichend sind. Wir müssen Gesundheitsscores erheben, die sinnvolle Einfluss- und Ergebnisgrößen im Sinne von Emmermacher (2008) darstellen (↪ Kap. 4.5, S. 228). Dennoch warnen wir davor, die Kennzahl Fehlzeiten zu verteufeln. Sie enthält wichtige Informationen, wenn man an ihr die richtigen Modifikationen vornimmt, die richtigen Fragen an sie richtet und Zusammenhänge mit Gesundheitsscores usw. aufzeigt.

Modifikationen erforderlich!

Modifikationen sind erforderlich, um eine zeitgemäße und innovative Fehlzeitenanalyse durchzuführen (Treier, 2009b). Folgende Gestaltungsparameter sind sinnvoll (Treier, 2009a, S. 368 ff.):

- **Standardisierung:** Fehlzeitenquote ist nicht Fehlzeitenquote, sondern stets in Abhängigkeit von den Verteilungen der zugrunde liegenden Strukturvariablen zu sehen.
- **Aufwandsbestimmung:** Die klassische Linearitätsannahme ist zu hinterfragen, da sie zu falschen Urteilen führt.
- **Qualität der Fehlzeiten:** Um Fehlzeiten richtig zu verstehen und angemessen zu bewerten, müssen wir uns mit Parametern der Homogenität befassen.
- **Steuerung:** Wir müssen den Wertebereich erhöhen, damit wir Änderungen noch wahrnehmen, die durch das hyperbelähnliche Verhalten im Bereich von 1 bis 10 Prozent der Krankenstandquote verdeckt werden. Es gilt, die Sensitivität und Diskriminationsfähigkeit der Kennzahl zu steigern.

Die hier dargestellten Formeln befinden sich noch im **Versuchsstadium**. Sie sind zwar an Empirie erprobt, weisen aber noch an mehreren Stellen Veränderungsbedarf auf. Sie sind daher nicht ungeprüft für die Praxis umsetzbar!

1. Schritt: Standardisierung

Ist die Fehlzeitenquote von Frauen und Männern oder zwischen verschiedenen Altersstufen vergleichbar? In Anbetracht des unterschiedlichen Verhaltens von Fehlzeiten in den jeweiligen Strukturvariablen ergibt es Sinn, Verteilungen zu standardisieren. Hierzu eignet sich eine in der Statistik bekannte Transformationsregel, die z-Transformation. Durch Letztere können Normalverteilungen auf den Populationsmittelwert $\mu=0$ und der Streuung $\sigma=1$ standardisiert werden (Standardnormalverteilung) (Bortz, 2005, S. 44 f.). Sie lässt sich noch mit einer linearen Transformation erweitern, sodass die Werte besser interpretierbar sind (○ Abbildung 49, unten). Zur Standardisierung benötigen wir den Mittelwert und die Streuung der jeweiligen Verteilung (z. B. Alter).

Baustein 1: Kennzahlen

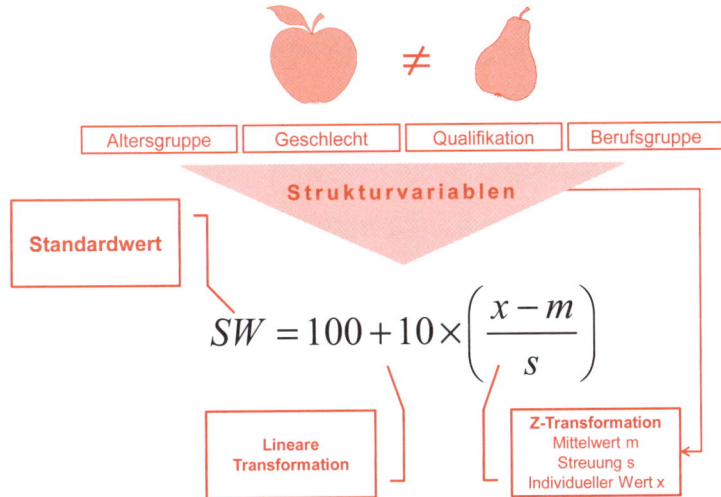

○ Abbildung 49: Standardisierung der Fehlzeiten

Die oft implizit angenommene Linearitätsannahme verführt zu einer falschen Bewertung des Aufwandes. Fehlzeiten verhalten sich faktisch wie eine Hyperbel, wenn es um den Aufwand geht. Dieser Aufwand lässt sich als Fläche unter der Hyperbel beschreiben. Mathematisch ausgedrückt handelt es sich um das Flächenintegral (○ Abbildung 50, unten). Vorliegende Datensätze empfehlen eine Hyperbelfunktion im Bereich 0 bis 25 Prozent und normiert auf 100 (Gesamtfläche) der Art $f(x) = 5/\sqrt{x}$. Diese Formel ist aber noch „versuchsweise" einzusetzen. Bei entsprechender Normierung ergibt sich dann als Stammfunktion $F(x) = 10 \times \sqrt{x}$. Die jeweilige Fläche lässt sich dann als Differenzwert $A = F(x_1) - F(x_2)$ bestimmen. Grob kann man hier als Regel unterstellen: Je geringer die Fehlzeitenquote ausfällt, desto mehr Aufwand muss man investieren, um eine weitere Verringerung zu erzielen. Welche Hyperbel man aber im konkreten Fall einsetzt, wird durch eine retrospektive Analyse bisheriger Fehlzeiten im Unternehmen spezifisch ermittelt. Es genügt vollauf, den Aufwand als Ausgangspunkt für strategische Entscheidungen und Ressourcenallokation einmal jährlich zu bestimmen. Dieser Parameter fungiert als Kommunikationsinstrument in Richtung der verantwortlichen Stakeholder.

2. Schritt: Aufwandsbestimmung

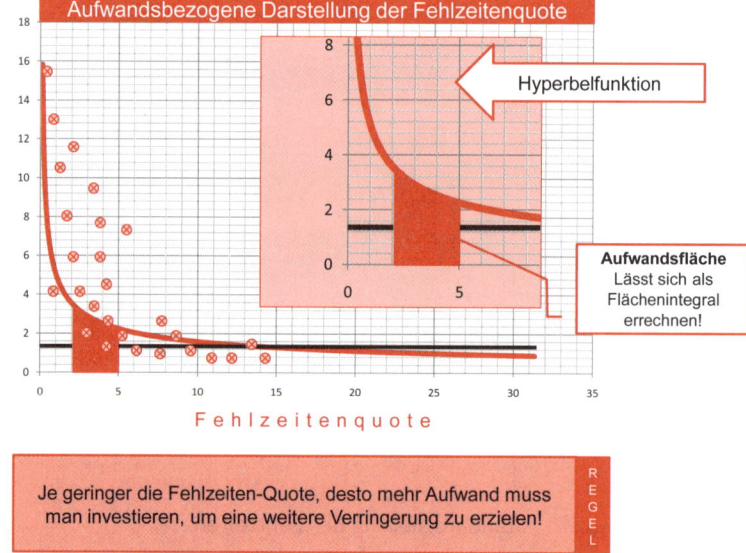

O Abbildung 50: Aufwandsbestimmung bei Fehlzeiten

3. Schritt:
Qualität der Fehlzeiten

Durchschnitts- und Quotenwerte dominieren den Diskurs rund um Fehlzeiten. Dadurch werden die relevanten Streuungs- und Distanzmaße vernachlässigt. Wir empfehlen daher, zusätzlich zur klassischen Quote eine Art Homogenitätsindex zu bestimmen, um die Qualität der Fehlzeiten zu erkennen. Als Parameter verknüpfen wir hier den Fragmentierungsgrad der Fehlzeiten (Zerstückelung der Fehlzeiten pro Individuum), ein Distanzmaß zwischen individuellem Wert und dem Durchschnittswert der zugrunde liegenden Verteilung sowie ein Verhältnismaß zwischen individuellem Fehlzeitenwert und Gesamtfehlzeiten. Dieser Wert wird sodann auf eine Kennzahl von 0 bis 100 transformiert. Auf Basis der Daten erfolgt mittels Perzentilisierung die Zuordnung des Wertebereichs zu einer Ampellogik. Die O Abbildung 51 (✋ unten) zeigt eine Formel im Versuchsstadium, die auf Berechnungen von realen Datensätzen aufbaut. Die Frage der Interpretation der Homogenität ergibt sich nicht aus den Daten selbst, sondern aus dem allgemeinen Diskurs rund um Fehlzeiten und deren Gesetzmäßigkeiten. Wir empfehlen die Erfassung vierteljährlich, mindestens aber halbjährlich durchzuführen. Bei einer roten Ampel ist eine Detailanalyse erforderlich, da oft extreme Einzelfälle diesen Wert bestimmen.

Baustein 1: Kennzahlen

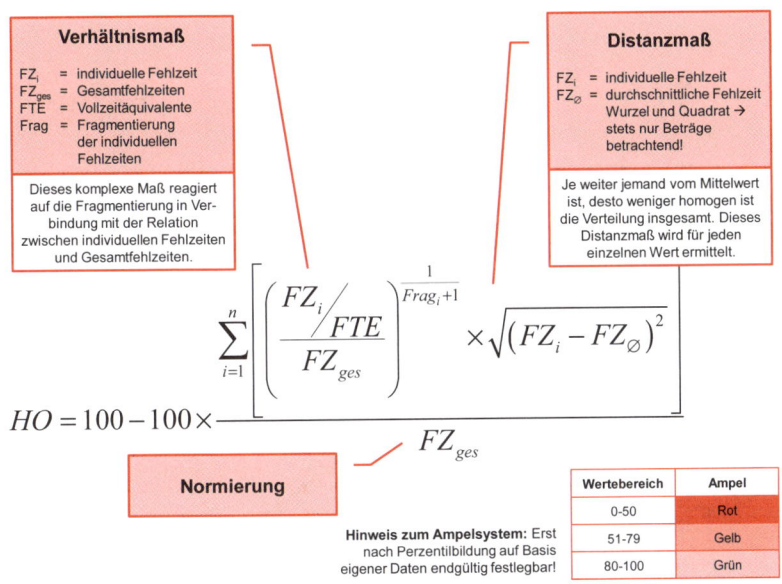

Abbildung 51: Homogenitätswert der Fehlzeiten

Damit kommen wir zum letzten Gestaltungsschritt, was die Modifikationen betrifft: Es geht um das regelmäßige Monitoring. Fehlzeiten werden gerne als statische Quotenwerte abgebildet. Damit eignen sie sich aber nicht zur Steuerung. Entscheidend ist zudem, dass sich Fehlzeiten nicht linear verhalten. Approximativ kann man von einer logarithmischen Abbildung der Steuerungsgröße ausgehen. Diese wird auf 100 normiert, wobei absichtlich 100 als bester Wert gewählt wird, damit keine Verwechslung zwischen Fehlzeitenquote und Steuerungsfunktion erfolgen kann! Die Steuerungsfunktion beschränkt sich auf den Wertebereich von 1 bis 25 Prozent Fehlzeitenquote! Der Wertebereich muss auf Basis der eigenen Daten perzentilisiert werden. Durch den natürlichen Logarithmus wird v. a. der Bereich zwischen 1 und 5 Prozent in seiner Sensitivität erhöht. Viele haben aber kommunikativ Probleme, wenn man Fehlzeiten nichtlinear betrachtet. Sie können ggf. durch das Quadrieren des natürlichen Logarithmus eine Linearisierung bei ausreichender Sensitivität des Steuerungsmaßes erzielen (◉ Abbildung 52, unten). Bei der logarithmischen Abbildung erhält man den Wert 50 bei etwa 5 Prozent Fehlzeitenquote. Auf Basis der Daten erfolgt mittels Perzentilisierung die Zuordnung des Wertebereichs zu einer Ampellogik. Wir empfehlen eine monatliche, mindestens aber vierteljährliche Messung. Als Deltawert eignet sich der historische Wert (individuelle Bezugsnorm), aber auch ein sozialer Vergleichswert (soziale Bezugsnorm). Zur Veranschaulichung ist der ☞ Prozentrang hilfreich. Falls die Ampel rot signalisiert, sind sofortige Maßnahmen erforderlich. Bei orange empfehlen wir ggf. Detailanalysen durchzuführen.

4. Schritt: Steuerung

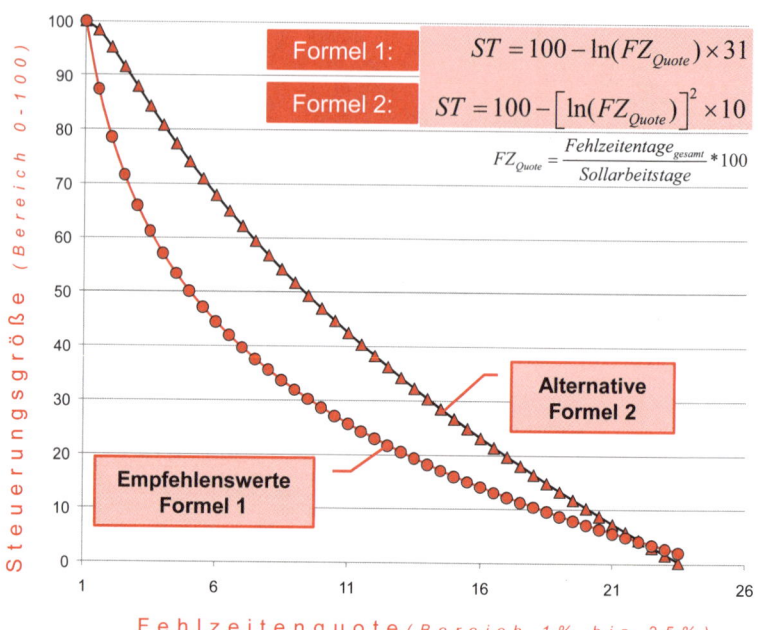

Abbildung 52: Alternative Steuerungsgröße für Fehlzeiten

Notwendigkeit der Modifikation

Die vorgeschlagenen Gestaltungsschritte sind notwendig, wenn man sich die Vor- und Nachteile der klassischen Fehlzeitenquote vor Augen führt und sich mit den nachgewiesenen Gesetzmäßigkeiten beschäftigt. Der Aufwand, Fehlzeiten richtig zu analysieren, ist vergleichsweise gering, denn man benötigt keine neuen Daten. Alle Modifikationen von der Aufwandsbestimmung als Flächengröße, über die Ermittlung der Qualität bzw. Homogenität der Kennzahl bis zur Steuerungsgröße auf Basis einer Hyperbelfunktion und Standardisierung mittels der z-Transformation lassen sich mit den vorhandenen Daten auswerten.

Box 4-9: Modifikationen der klassischen Fehlzeitenanalyse

Fassen wir zusammen! Fehlzeitenanalysen sind sinnvoll:

- wenn Sie nicht nur die statische Quote berücksichtigen,
- wenn Sie die Kennwerte mit anderen Befunden wie Gesundheitsbefragung oder Gefährdungsanalyse kombinieren,
- wenn Sie einen prospektiven Ansatz der Fehlzeiteninterpretation wählen.

Baustein 1: Kennzahlen

Die ☐ Tabelle 4-5 (✋ unten) stellt Parameter der Fehlzeitenanalyse übersichtlich dar. Bei der Fehlzeitenanalyse ist die Erfassung relevanter Strukturvariablen wie Berufsgruppe, Alter oder Geschlecht sowie die richtige Bemessungsgrundlage von großer Bedeutung. Auch müssen standardisierte Regeln entworfen werden, wie man beispielsweise mit Fehlzeiten umgeht, die am Ende eines Jahres auftreten und ins neue Jahr reichen. Diese Regeln sind festzulegen, damit eine Transparenz gewährleistet ist.

Auf der CD-ROM finden Sie eine Präsentation als Argumentationshilfe für eine erweiterte Fehlzeitenanalyse im Unternehmen.

☐ Tabelle 4-5: Fehlzeitenparameter

Parameter	Kurzbeschreibung
FZ-Quote	Klassische Berechnung (entscheidend ist Bemessungsgrundlage)
Mittelwert Organisation	Arithmetischer Mittelwert der Fehlzeiten der zu betrachtenden Organisationseinheit
Mittelwert Unternehmen	Gewichteter Mittelwert (Kollektivgröße beachten)
Streuung Fehlzeiten	Wichtiger Wert zur Beurteilung der Fehlzeitenverteilung als Qualitätsgröße
Abwesenheitslänge (Kohärenzwert)	Arithmetischer Mittelwert der durchschnittlichen Abwesenheitslänge
Fragmentierungsgrad	Anzahl der Einzelfragmente in Bezug auf die Fehlzeiten pro Person oder Durchschnittswert
Aufwandswert	Aufwandskorrelierter Kommunikationswert auf Basis einer Hyperbelfunktion (Fläche)
Steuerungswert	Sensitiver Monitoringwert für die Fehlzeiten auf Basis einer normierten Hyperbelfunktion
Homogenitätswert	Kombinierter Qualitätsindex für Fehlzeiten (Fragmentierung, Verhältnis- und Distanzmaß)

🗒 Zusammenfassung zum Baustein Kennzahlen:

- **Das Rückgrat moderner BGF:** Kennzahlen sind das Rückgrat moderner BGF; denn ohne Kennzahlen ist das BGF verteidigungslos, wenig zielstrebig und kommunikationsarm. Kennzahlen fungieren als Legitimationsbasis.
- **Kennzahlendefinition:** Komplexe Sachverhalte werden in verfolgbare Zahlen im Sinne einer komprimierten Abbildung der Realität verdichtet.
- **Kennzahlengebote:** Kennzahlen dürfen nicht ziellos, träge, vergleichslos, übervereinfacht und veraltet sein.
- **Attribute:** Kennzahlen sind durch folgende Attribute gekennzeichnet: Modalität (befragungs- versus nichtbefragungsba-

siert, Beschaffenheit (hart versus weich; direkt versus indirekt); Zahlenart (Absolut- versus Indexzahlen); Zeitbetrachtung (Zeitpunkt versus Zeitraum; Querschnitt versus Längsschnitt).

- **Indikatoren:** Die meisten Kennzahlen im Bereich BGF sind indikatorenbasiert. Das Treiber-Indikatoren-Modell eignet sich hervorragend für Fragestellungen rund um BGF. Treiber sind beispielsweise Führung, Aufgaben- oder Arbeitsgestaltung. Zu den Frühindikatoren gehören u. a. der subjektive Gesundheitszustand oder das ↪ Commitment. Zu den Spätindikatoren zählen wir Fehlzeiten, ↪ Präsentismus etc. Durch ↪ Metaanalysen liegt ausreichende ↪ Evidenz für den Einsatz dieser Indikatoren vor. Aufgrund der Unterschiedlichkeit der Indikatoren ist es sinnvoll, eine multiple indikatorenbasierte Steuerungsgröße für das betriebliche Gesundheitsmanagement zu implementieren.
- **Fehlzeiten:** Dieser beliebte Spätindikator kämpft mit einigen Einschränkungen hinsichtlich seiner Aussagekraft. So verdrängt er die Sichtweise auf den ↪ Präsentismus (krank, aber am Arbeitsplatz) und wird von ↪ Moderatoren wie Konjunkturlage beeinflusst. Ferner ist seine Ätiologie unklar (Belastung, Missbrauch, Bewältigung). Der schwierigen Ausgangslage in Bezug auf seine Interpretation steht der enorme Stör- und Kostenfaktor gegenüber. Differenzierte Fehlzeitenanalysen zeichnen Gesetzmäßigkeiten im Verhalten der Fehlzeiten auf, die eine Interpretationsfolie für eigene Daten liefern. Zudem lassen sich Modifikationen zur Erhöhung der Aussagekraft vornehmen.
- **Vor- und Nachteile der Fehlzeitenanalyse:** Die Fehlzeiten als Kennzahl lassen sich einfach bestimmen und flexibel anwenden. Zudem stellen sie ein gutes Überzeugungsmaß dar, was auch monetär reflektiert werden kann. Problematisch ist, dass Fehlzeiten erst sehr spät auf Problemlagen reagieren, nicht zukunftsorientiert ausgerichtet sind, reale Kosten verdecken und einige Schwächen hinsichtlich der Standardisierung aufweisen. Dennoch können wir in der Praxis nicht auf diese Kennzahl verzichten.
- **Modifikationen:** Wir empfehlen eine Standardisierung in Bezug auf verschiedene Strukturvariablen wie Altersgruppe oder Geschlecht. Zudem sollte der Aufwand zur Veränderung von Fehlzeitenquoten ermittelt werden. Hierzu gilt es, den hyperbelartigen Charakter von Fehlzeiten zu beachten. Durch einen Qualitätsindex lässt sich die Homogenität als Gütemaß bestimmen. Zuletzt sollte man die Sensitivität und Differenzierungsfähigkeit der Kennzahl erhöhen, indem man Steuerungsmaße im Bereich von 1 bis 25 Prozent Fehlzeitenquote einführt.

Check-Liste 9: **Kennzahlen**

4.4 Baustein 2: Wirtschaftlichkeitsmessung

Macht es Sinn, die Wirtschaftlichkeit von BGF zu messen?

Bevor wir uns weiter mit Instrumenten der Steuerung und Bewertung befassen, müssen wir uns zunächst mit der Frage *„Ist es möglich, Gesundheit im Unternehmen pekuniär zu bewerten bzw. den Wertbeitrag von BGF zu messen?"* auseinandersetzen. Edington und Schultz (2008) reflektieren den ☞ Return on Investment von BGF (ROI) auf der Basis eines umfassenden Reviews von Quellen.

The Total Value of Health

> „This review summarizes the increasing volume of research that demonstrates the relationship of health risk factors with time away from work, presenteeism, and medical and drug expenditures. As the number of health risk factors increase or decrease there is a corresponding change in costs and productivity. Traditionally the value of health promotion and disease management programs has been measured only in their impact on direct medical expenditures. To a lesser extent, reductions in absenteeism and disability-related work loss have been included in ROI studies of health management interventions and recent research has included the cost of presenteeism as well. All of these measures together comprise the total value of health which is likely much larger than previously thought." (Edington & Schultz, S. 16)

Dieser Review demonstriert mit Nachdruck, dass es sinnvoll ist, BGF als Wertschöpfungsfaktor im Unternehmen strategisch zu platzieren und die Wirksamkeit von BGF zu messen (Badura et al., 2009). Weitere Belege sollen etwaige Zweifel ausräumen; denn die positiven Effekte von BGF-Maßnahmen auf Fehlzeiten, Produktivität usw. sind gut belegt. Dabei sind die vermittelnden Variablen des Gesundheitsverhaltens und der Gesundheitseinstellung von großer Bedeutung. Dieser Aussage liegen unveröffentlichte betriebliche Längsschnittstudien des Autors Treier mit Befragungen zum Gesundheitsverhalten und zur Gesundheitseinstellung in Verbindung mit Maßnahmen zur Erhöhung der Eigenverantwortung und ☞ Gesundheitskompetenz zugrunde. An dieser Stelle ist zu betonen, dass sich positive Effekte auf Fehlzeiten meistens erst mit einer Verzögerung im Kontext von Mehrkomponentenprogrammen einstellen. So kann der paradoxe Effekt auftreten, dass im ersten Jahr nach Einführung von BGF sogar eine Fehlzeitenerhöhung feststellbar ist. Einige ☞ metaanalytische Befunde unterstreichen die Bedeutsamkeit von BGF aus wirtschaftlicher Sicht:

Macht es Sinn zu messen?

- Aldana (2001) fasst 14 Studien zusammen, die ☞ Absentismus als eine der Ergebnisvariablen untersucht haben. In allen diesen Studien wird einhellig berichtet, dass die Maßnahmen zur spürbaren Reduktion der Abwesenheit geführt haben. So konnten bei Teilnehmern an Gesundheitsförderungsprogrammen eine Reduktion der Fehlzeiten von 12 bis 36 Prozent und eine Verringerung der mit Fehlzeiten assoziierten Kosten um 34 Prozent konstatiert werden.

- In drei der 14 Studien konnte sogar ein Kosten-Nutzen-Verhältnis (cost-benefit-ratio; ☞ Return on Investment) im Bereich von 1:2,5 und 1:4,85 ermittelt werden.
- Chapman (2003) konkludiert auf Basis von 42 Studien zu den ökonomischen Auswirkungen der BGF, dass empirische Hinweise für die Reduktion von Fehlzeiten vorliegen.
- Gleiches lässt sich bei Golaszewski (2001) feststellen.
- Eine der renommiertesten ☞ Metaanalysen (Chapman, 2005) mit 56 ökonomischen Evaluationsstudien bestätigt den ökonomischen Nutzen von BGF auch aus langfristiger Sicht.
- Die Studien von Pelletier (2005, 2009) konzentrieren sich v. a. auf die multifaktorielle BGF und auf das ☞ Disease Management. Diverse positive Auswirkungen lassen sich feststellen: Verbesserung der Produktivität, Steigerung der Arbeitszufriedenheit, Verbesserung des Betriebsklimas und Reduzierung der krankheitsbedingten Fehlzeiten.

„Insgesamt zehn Übersichtsartikel beschäftigen sich mit dem ökonomischen Nutzen betrieblicher Gesundheitsförderung. Alle kommen zu dem Urteil, dass Unternehmen langfristig auch aus wirtschaftlicher Sicht von den Maßnahmen profitieren. Zur Veranschaulichung der Einsparungen durch betriebliche Gesundheitsförderung werden in der Regel die Zielgrößen ☞ Absentismus und Krankheitskosten herangezogen. Die erzielbaren Kosten-Nutzen-Verhältnisse (☞ Return on Investment, ROI) werden mit Werten zwischen 1:2,5 und 1:10,1 für Absentismus bzw. 1:2,3 und 1:5,9 für medizinische Kosten beziffert." (i.Punkt21, 2008, S. 2)

Investition in BGF lohnt sich!

Die ⬤ Abbildung 53 und ⬤ Abbildung 54 (☞ S. 213) (Chapman, 2005, S. 8 f.) illustrieren diese eindeutige positive Botschaft an die Entscheidungsträger. Investition in BGF lohnt sich nicht nur aus humaner bzw. sozialer, sondern gerade auch aus betriebswirtschaftlicher Sicht (Kirsten, 2006). Die Kosten-Nutzen-Verhältnisse sinken nur marginal, wenn man Studien ausschließt, die nicht mit validen Erhebungsmethoden operieren (O´Donnell, 2005).

Baustein 2: Wirtschaftlichkeitsmessung

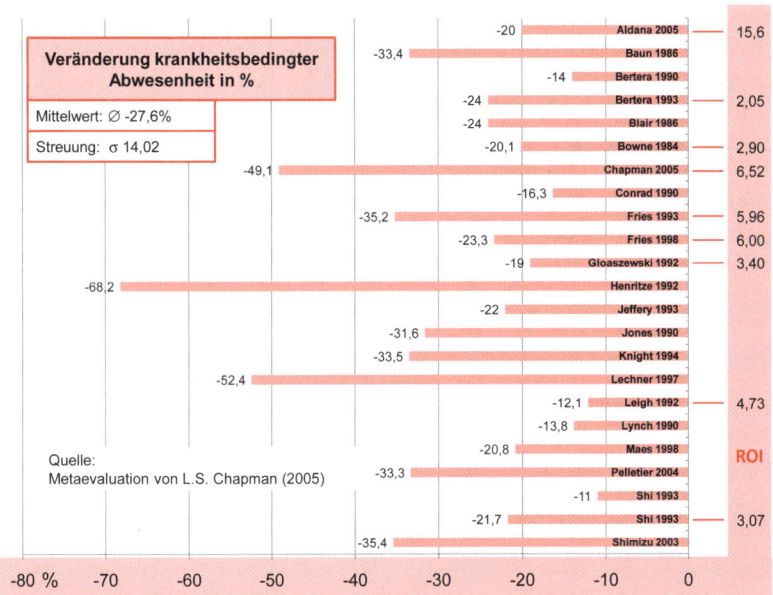

o Abbildung 53: Fehlzeitenreduktion durch BGF

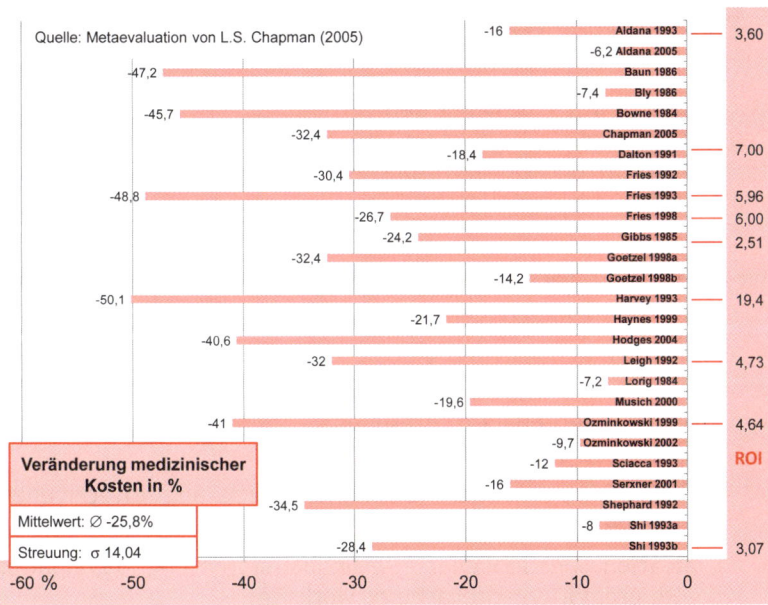

o Abbildung 54: Reduktion medizinischer Kosten durch BGF

Argumentationshilfe für BGF-Investitionen

Das Thema ist relativ schwierig, was die Kommunikation betrifft. Viel zu oft wird man auf ein rudimentäres Kostencontrolling gestutzt. Wir haben Ihnen daher auf der Basis vielfältiger Gespräche mit Entscheidungsträgern auf der CD-ROM eine Präsentation erstellt, die Sie als Argumentationshilfe nutzen können, um die Notwendigkeit von Investitionen in BGF zu unterstreichen. Wir empfehlen als Ergänzung eine Erweiterung durch Ihre eigenen Zahlen, beispielsweise zum Altersdurchschnitt oder zur Fehlzeitenentwicklung Ihres Unternehmens, um die zukünftige Bedeutung zu apostrophieren.

Evidenzbasierung

Dem Thema ☞ Evidenzbasierung im Bereich der Gesundheitsförderung und ☞ Prävention wird von den Praktikern zunehmend ein hoher Stellenwert zugemessen (Bödeker & Kreis, 2006). Die wissenschaftliche Evidenz lässt sich mit Hilfe von ☞ Metaanalysen erschließen. So lautet hier ein interessantes Fazit einer fundierten Metaanalyse von Parks und Steelman (2008) wie folgt:

> „The results of this meta-analysis indicated that participation in an organizational wellness program overall was associated with lower absenteeism rates and higher job satisfaction." (Parks & Steelman, 2008, S. 65)

Wir empfehlen als Ausgang den IGA-Report 3 (Kreis & Bödeker, 2003). Dort wird auf Basis einer Literaturstudie die ☞ Evidenzbasis für verhaltens- und verhältnispräventive Maßnahmen der BGF und ☞ Prävention zusammengestellt.

Wenn Sie selbst nach Studien suchen wollen, empfehlen wir Ihnen folgende Begriffskombinationen als Suchstrategien:
- Metaanalyse Gesundheitsförderung (metaanalysis health promotion),
- Kosten-Nutzen-Analyse Gesundheitsförderung (cost-benefit-analysis worksite (workplace) health promotion),
- Wirksamkeit betriebliche Gesundheitsförderung (effectiveness workplace or worksite health promotion),
- Evaluation betrieblicher Gesundheitsförderung (evaluation health promotion enterprise or worksite).

Die Initiative Gesundheit und Arbeit hat im IGA-Report 13 (Sockoll et al, 2008) für Sie diese Arbeit übernommen. Dort werden alle relevanten Studien im Zeitraum von 2000 bis 2006 berücksichtigt. Sehr wertvoll ist die im Anhang abgedruckte Tabelle, womit die Quellen in Bezug auf diverse Qualitätskriterien wie berücksichtig-

Baustein 2: Wirtschaftlichkeitsmessung

te Datenquellen, Studien, Population, Studiendesign, evaluierte Maßnahmen, methodologische Probleme, berichtete Effekte und Gesamtbewertung eingestuft werden.

Aber es bleiben einige Baustellen zur ☞ Evidenzbasierung, denn einige Studien mühen sich mit folgenden Problemfeldern ab:

- geringe Teilnahme- und Complianceraten,
- zu kurze Interventionszeiten,
- keine Nachhaltigkeitsmessung, sprich Längsschnittstudien,
- verzerrende Selektionen der Stichproben sowie
- kaum Kontrollstudien.

Worauf bezieht sich die Effektivität? Wir registrieren eine positive Auswirkung auf die allgemeine Gesundheit und das Wohlbefinden, auf die psychische oder körperliche Gesundheit. Bewegungsprogramme wirken auf alle Gesundheitsbereiche (Universaleffekt). ☞ Stressmanagement zielt v. a. auf die psychische Gesundheit. Entscheidend sind aus Sicht der Evaluationsstudien koordinierte Mehrkomponentenprogramme (i.Punkt, 2008; Sockoll et al., 2008), die den ganzheitlichen Gesundheitsbegriff beachten. Je ganzheitlicher jedoch der Ansatz wird, desto schwerer ist die ☞ Evidenzbasierung. Daher ist das Gesundheitsmonitoring so wichtig, um nicht in die Komplexitätsfalle zu gelangen und die Antwort nach Effektivität den Entscheidungsträgern schuldig zu bleiben!

Effektivität von Einzelmaßnahmen

Leider sind die als unstrittig geltenden Nachweise eines positiven Kosten-Nutzen-Verhältnisses für BGF-Maßnahmen als Argumentationshilfe im Unternehmen nur begrenzt geeignet, da sie meistens rückwärtsgewandt sind und damit nur bedingt die erforderliche Investitionsneigung fördern. Deshalb bahnt sich eine neue Entwicklung an, um das ökonomische Potenzial von BGF-Maßnahmen nachweisen zu können: Das kennzahlenorientierte Modell des „Prospektiven ☞ Return on Investments" (Kramer & Bödecker, 2008). Hier wird nicht nur im Nachhinein (retrospektiv) geschaut, ob die Maßnahme erfolgreich war, sondern im Vorfeld der Durchführung ermittelt, mit welcher Kosteneffektivität in Bezug auf die BGF-Maßnahme zu kalkulieren ist. Downey und Sharp (2007) verdeutlichen, dass hauptsächlich in die BGF investiert wird, weil man an die Reduktion der Krankheitskosten glaubt. Eine moralische bzw. ☞ soziale Verantwortung allein reicht nicht mehr aus, um umfangreichere Investitionen in die BGF zu legitimieren. Man braucht eine andere Form der Argumentation. Da bietet sich der benchmarkfähige ROI-Wert geradezu an, um die Kosten-

Modell des ROI und Kennzahlen

Effektivität von Präventionsmaßnahmen abzuschätzen (Burdorf, 2007). Die berichteten ROI-Werten stammen meistens aus den USA, wo es aufgrund des Versicherungssystems sinnvoll ist, neben dem Krankenstand auch direkte Krankheitskosten zu berücksichtigen. Für die deutschen Unternehmen hingegen wird aufgrund des Solidarprinzips der gesetzlichen Krankenversicherung der Fokus auf die durch Krankenstand bzw. Fehlzeiten entgangene Produktivität liegen. Die Produktivität ist aber nicht die einzige Kostenebene. Bei Fehlzeiten schleichen sich viele weitere Zusatzkosten ein, die sich als Transaktionskosten verschleiern. So muss man beispielsweise mit diversen Streuverlusten im Bereich von Schnittstellenkommunikation und Qualität rechnen. Diese Kosten werden oft erst dann erkannt, wenn sie sich negativ in der Wertschöpfungskette manifestieren. Im Kap. 4.3 (S. 183) setzen wir uns mit den Fehlzeiten als Kennwert auseinander und fragen, wie wir die Qualität und Aussagekraft dieser präferierten Kennzahl steigern können.

Beispiel: Die HERO-Studie

Die Datenbank ☞ HERO gilt als eine wichtige Quelle hinsichtlich der Ermittlung des prospektiven ROI. Die Kosten der gesundheitlichen Auswirkungen von beeinflussbaren Risikofaktoren über einen dreijährigen Beobachtungszeitraum bei über 46.000 Arbeitnehmern illustrieren nachdrücklich, wie wichtig eine kennzahlenbasierte Diskussion ist; denn Evidenz liegt auf jeden Fall vor (Goetzel et al., 1998; Anderson et al., 2000). Die ⭕ Abbildung 55 (S. 217) zeigt die Kostenunterschiede zwischen Angestellten mit hohem und niedrigem Gesundheitsrisiko. Stress ist ein hoher Kostenfaktor. Immerhin sind die Gesundheitskosten fast 50 Prozent höher bei Angestellten mit hohem Stresslevel im Vergleich zu denjenigen, die einen niedrigen Stresslevel aufweisen. Zwischen depressiven und nicht-depressiven Angestellten liegt der Unterschied sogar bei 70 Prozent. Unverblümt heißt das: Ein Nichtraucher kostet weniger als ein Raucher, ein übergewichtiger wird mehr als ein normalgewichtiger Angestellter kosten etc. (Kirsten, 2006). Bei multiplen Risikoprofilen nehmen diese Zahlen signifikant zu: Bei psychosozialen Problemen steigt der Wert auf 147 Prozent, bei Herzerkrankungen sogar auf 228 Prozent (Goetzel et al., 1998).

Modifizierbare Risikofaktoren tragen beträchtlich zu allgemeinen Gesundheitsausgaben bei. Betriebliche Gesundheitsförderungsprogramme, die diese Risiken reduzieren, können aus Wertschöpfungssicht einen wesentlichen Betrag zur Reduzierung der Gesundheitskosten v. a. auch beim Arbeitgeber leisten. Dieses Ergebnis ist zwar im deutschen solidarisch ausgerichteten Krankenversicherungssystem abgepuffert, wird aber bei den zu erwartenden Veränderungen der Privatisierung ebenfalls von großer Bedeutung sein.

Baustein 2: Wirtschaftlichkeitsmessung

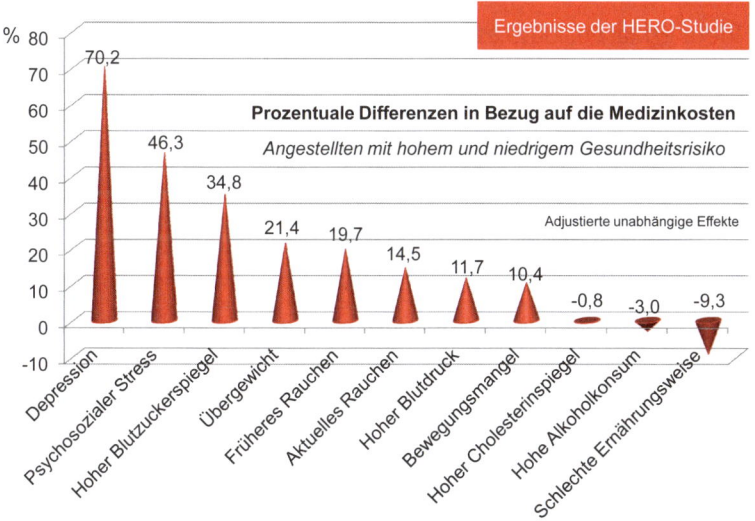

◦ Abbildung 55: Kostenunterschiede (HERO-Studie)

Die Website der ACOEM (American College of Occupational and Environmental Medicine) ist eine gute Ausgangsbasis, wenn es um Studien im Bereich Health and Productivity Management geht. ACOEM ist eine bedeutsame Organisation von Ärzten, die für die Gesundheit und Sicherheit von Mitarbeitern, Arbeitsplätzen und Umwelten eintreten.

Um sich eine Vorstellung von den denkbaren Kosten zu machen, die beispielsweise Alkoholismus verursachen können, gibt es Rechnersysteme im Internet. *Unser Tipp:* Probieren Sie diese als Übung aus! So erhalten Sie ein Gefühl für die Größenordnung.

www.alcoholcostcalculator.org (The Alcohol Cost Calculator for Business von der George Washington University Medical Center) „Problem drinking is the third leading cause of preventable death in the United States, killing 85000 Americans annually. It also drains $185 billion from the nation's economy every year."

http://www.ncqacalculator.com (The NCQA Quality Dividend Calculator[TM] 2009 von National Committee for Quality Assurance) „Use this free, on-line tool to see how health care quality can affect the productivity and absenteeism of your employees - it's probably a lot more than you think."

http://www.ahrq.gov/populations/diabcostcalc/ (Diabetes Cost Calculator for Employers von der Agency for Healthcare Research and Quality). Dort kann man eine Excel-Datei downloaden, mit der man eine evidenzbasierte Berechnung der Kosten von Diabetes vornehmen kann.

> **Der prospektive ROI von BGF**
>
> Viele erklären, dass es schwierig ist, den Value of Health von BGF-Maßnahmen aus Wertschöpfungssicht zu bestimmen. Es ist schwierig, aber nicht unlösbar. Viele Studien, die zwar verstärkt aus dem angloamerikanischen Raum stammen, geben eine eindeutige Botschaft: Es lohnt sich, prospektiv in BGF zu investieren, was diverse Kostenvektoren betrifft. Der Zusammenhang zwischen BGF und Wertschöpfung ist bestimmbar und zeigt auf, dass ein kennzahlenbasierter Ansatz eines erweiterten Gesundheitscontrollings angemessen ist.

☑ **Box 4-10:** Der prospektive ROI von BGF ⇔ Value of Health

Welche Instrumente lassen sich zur Bewertung einsetzen?

Mit diesen Überzeugungsargumenten können Sie an den Start gehen und sich gegen typische Vorurteile wappnen. In den nächsten Abschnitten möchten wir Ihnen Werkzeuge an die Hand geben, mit denen Sie ihre Effektivität und Effizienz im Bereich BGF bewerten können. Als Praktiker ist man hier oft allein gelassen. Man sucht zum Fachbuch „Gesundheitsökonomik" von Breyer et al. (2005), das sich mit mikroökonomischen Analyseinstrumenten der Allokation knapper Ressourcen im Gesundheitswesen widmet, ein Pendant für BGF, um die Wirtschaftlichkeit der eigenen Maßnahmen und die Angemessenheit der Ressourcenzuteilung zu bestimmen.

Wirtschaftlichkeitsmaße

Die ⭕ Abbildung 56 (⮕ unten) stellt einige typische Maße zusammen, die wir in der Praxis einsetzen können, um die Effizienz und Effektivität von BGF zu eruieren. Interessant ist dabei stets der Marktvergleich, um seine eigenen Kostenstrukturen kritisch zu benchmarken. Das veröffentlichte Zahlenmaterial ist aber spärlich und auch fehlerbehaftet. *Warum?* Gerade bei den Kostenstrukturen wird deutlich, dass ein rationales Kostencontrolling auch latente und indirekte Kosten berücksichtigen muss. Denken Sie nur an Service- und Qualitätskosten! Diese sind aber nicht einfach aus vorhandenen Kennzahlen zu generieren. Die nachfolgenden Empfehlungen basieren auf Erkenntnissen des Arbeitssystemcontrollings (Sengotta, 1998), der Kosten-Wirksamkeits-Analyse (Zangemeister & Nolting, 1997) sowie des Kostencontrollings (Fischer, 2000), Personalcontrollings (Schulte, 2002) und Finanzcontrollings (Mensch, 2008). Die Problematik liegt v. a. im Bereich der Zusatzkosten. Die Studien zeigen, dass man hier auch einen prospektiven Ansatz wählen und die Opportunitätskosten für nicht erfolgte BGF zugrunde legen kann. Der Schattenpreis eingesparter BGF kann erhebliche Ausmaße annehmen. Eine gute Übersicht zur Wirtschaftlichkeit bietet der Artikel von Thiehoff (Meifert & Kesting, 2004, S. 57-77).

Baustein 2: Wirtschaftlichkeitsmessung

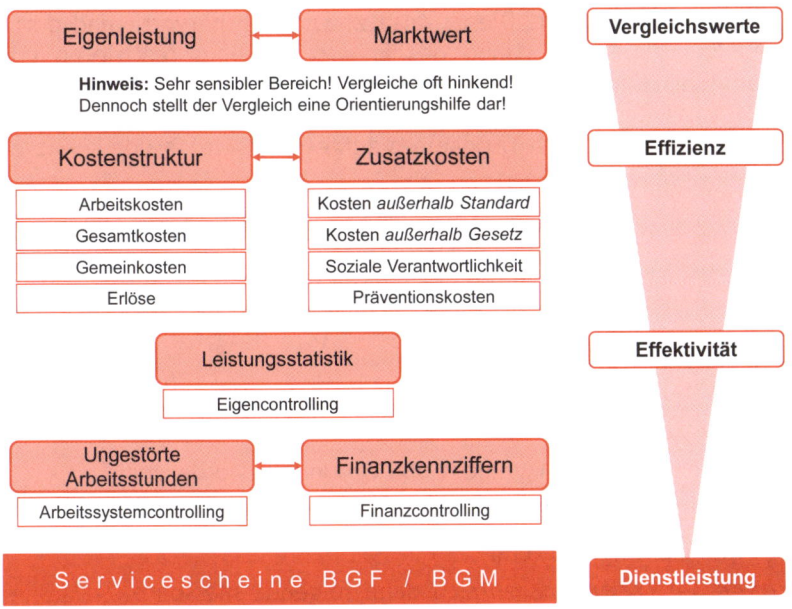

Abbildung 56: Wirtschaftlichkeitsmaße

Eine **Kostenanalyse** ist eine notwendige Bedingung für die Wirtschaftlichkeitsmessung. Je differenzierter die Kostenstellen und Kostenträger abgebildet werden, desto valider kann man auch eine angemessene Abwägung zwischen notwendigen Kosten gegen die erwarteten Erträge im Sinne einer prospektiven Kosten-Nutzen-Analyse vornehmen.

In der Praxis empfehlen sich vier Herangehensweisen, um Wirtschaftlichkeitsmessung durchzuführen.

1. Leistungsstatistik,
2. Kosten ungestörter Arbeitsstunden,
3. Finanzkennziffern und
4. Servicescheine.

Werkzeuge zur Wirtschaftlichkeitsmessung

In der Leistungsstatistik bilden wir die variablen und fixen Kosten auf Strukturvariablen ab. Die Struktur kann beispielsweise bei einem größeren Unternehmen durch die Standorte bestimmt sein. Neben den Kosten (Gesamt-, Fix- und variable Kosten) wie Maßnahmen-, Infrastruktur-, Leasing- verbrauchsabhängige und Personalkosten betrachten wir noch die Betreuungsdichte (Anzahl betreuter interner und externer Mitarbeiter) und die Einsatzstunden sowie die Ressourcen bzw. die Kapazitätsverteilung nach bestimmten Schlüsseln des betrieblichen Gesundheitsmanagements, wobei man v. a. zwischen vorgeschriebenen und freiwilligen Leis-

Zur Leistungsstatistik

tungen differenziert. Dieser Ansatz lässt sich hervorragend durch ein Excel-Sheet im Sinne des Eigencontrollings realisieren und damit als Grundlage für Diskussionen in Bezug auf Investitionen nutzen. Folgende Gruppenschlüssel sind beispielsweise denkbar, die dann weiter nach Tätigkeiten aufgeschlüsselt werden können:

- Administrative Tätigkeiten
- Bereitschaftsdienste
- Betriebliche Veranstaltungen
- Betriebsärztliche Vorsorge nach Gesetz
- Betriebsbegehungen
- Forschung
- Fortbildungen
- Gesundheitsmanagement und Gesundheitsförderung
- Medizinische Betreuung, Primärversorgung und Beratung
- Wiedereingliederung

Diese Tätigkeiten lassen sich dann folgende messbare Parameter im Excel-Sheet zuordnen: Anzahl der Leistungen, Minuten pro Leistung, Gesamtzeit in Stunden, prozentualer Anteil der Jahresarbeitszeit, berufsgenossenschaftliche Jahreseinsatzzeit etc.

Tipp: Man sollte bei der Zuordnung darauf achten, dass möglichst nicht weniger als 0,2 FTE (Vollzeitäquivalente) einer Aktivität zugeordnet werden, um die Übersichtlichkeit zu wahren.

Viele Bereiche im Gesundheitsmanagement fangen mit solchen Statistiken erst an, wenn der Unternehmensberater diese im Sinne eines Rechenschaftsberichts abverlangt. Wir empfehlen dringend, diese Statistik von Anfang an systematisch zu pflegen.

Leistungsstatistik

Auch wenn der Aufwand zunächst eine Hürde darstellt, empfiehlt sich eine Art Eigencontrolling. Letzteres muss systematisch erfolgen sowie Strukturfaktoren und relevante Parameter der Leistungsstatistik berücksichtigen (Kosten, Betreuungsdichte, Einsatzstunden, Ressourcen und Kapazitätsverteilung).

☑ Box 4-11: Leistungsstatistik als Instrument des Eigencontrollings

Kosten ungestörter Arbeitsstunden

Viele Controller berechnen beim Erlös von BGF die eingesparten Lohnfortzahlungen. Diese stellen aber nur die Spitze des Eisberges dar. Die Theorie der Betriebsunterbrechung zeigt auf, dass die Höhe des durch Arbeitsunfähigkeit tatsächlich ausfallenden Umsatzes zuzüglich derjenigen Mehrkosten, die bei ungestörtem Betriebsablauf nicht entstanden wären, beträchtlich höher als die Lohnfortzahlungen ausfallen kann. Ein mögliches Maß zur Bestimmung dieser Kosten stellt der Kennwert „Kosten ungestörter Arbeitsstunden" dar (O Abbildung 57, S. 222). Die Gesamtheit aller ungestörten Arbeitsstunden definiert sich als Differenz aller „eingekauften Arbeitsstunden" (maximale Arbeitskapazität der Mitarbeiter, am besten als FTE abzubilden) und der aufgetretenen Ausfallstunden. Als Ergebnis erhält man die Sicherungs-/Gesundheitsförderungskosten pro ungestörter Arbeitsstunde im betrachteten Zeitraum. Voraussetzung ist aber eine angemessene Erfassung der Kosten (Leistungsstatistik). Je wirkungsvoller die BGF-Maßnahmen sind, desto geringer werden die Ausfallstunden und damit die Kosten der ungestörten Arbeitsstunden ausfallen. Die Kosten liegen durchschnittlich bei 0,20 € bis 0,30 € für die ungestörte Arbeitsstunde. Die Ausfallzeitkosten pro Vollzeitäquivalent und Tag lassen sich flankierend ermitteln (O Abbildung 57, unten) (Klingler, 2005, S. 103). Dass sich oft diese Kosten nicht direkt manifestieren, liegt daran, dass man Produktionspuffer ungeplant oder geplant zur Erhöhung der Flexibilität und Steigerung der Reservekapazitäten einsetzt. Diese werden aber nicht ausreichend in der Kostenanalyse berücksichtigt. Ferner nehmen die weichen Faktoren wie Arbeitszufriedenheit und ↱ Commitment an Bedeutung zu, die sich in verminderter Abwesenheit und ↱ Fluktuation niederschlagen können. Auch Veränderungen wie Arbeitszeitschwankungen und Abweichungen in der Produktionsstruktur sind zu beachten.

Kosten ungestörter Arbeitsstunden

Hier handelt es sich nicht nur um ein Wirksamkeits-, sondern auch um ein Effizienzmaß, da die Kosten für betriebliches Gesundheitsmanagement mit einem Nutzenindikator (Anzahl ungestörter Arbeitsstunden) in Beziehung gebracht werden. Dieser Indikator bezeichnet den Aufwand des Unternehmens zur Gewährleistung einer Stunde ungestörter Arbeit. Investitionen in das betriebliche Gesundheitsmanagement haben sich gerechnet, wenn dieser Indikator im Zeitablauf sinkt. Dafür kann es zwei Ursachen geben: Zum einen können die Kosten für die BGF-Maßnahmen oder die Initialinvestitionen reduziert worden sein, zum anderen kann die Anzahl der ungestörten Arbeitsstunden zugenommen haben.

Box 4-12: Kosten ungestörter Arbeitsstunden als wichtiges Maß

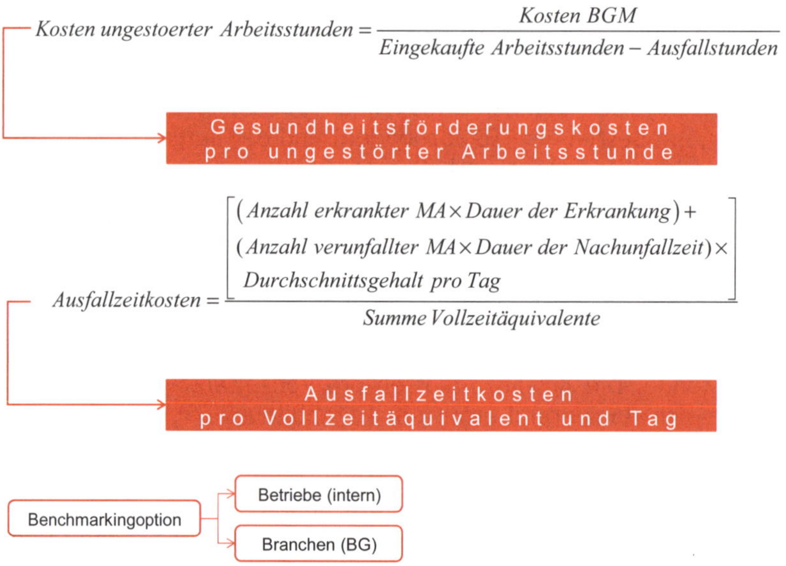

Gesundheitscontrolling: Steuerung und Qualitätssicherung

$$\text{Kosten ungestoerter Arbeitsstunden} = \frac{\text{Kosten BGM}}{\text{Eingekaufte Arbeitsstunden} - \text{Ausfallstunden}}$$

Gesundheitsförderungskosten pro ungestörter Arbeitsstunde

$$\text{Ausfallzeitkosten} = \frac{\begin{bmatrix}(\text{Anzahl erkrankter MA} \times \text{Dauer der Erkrankung}) + \\ (\text{Anzahl verunfallter MA} \times \text{Dauer der Nachunfallzeit}) \times \\ \text{Durchschnittsgehalt pro Tag}\end{bmatrix}}{\text{Summe Vollzeitäquivalente}}$$

Ausfallzeitkosten pro Vollzeitäquivalent und Tag

Benchmarkingoption → Betriebe (intern)
                  → Branchen (BG)

○ **Abbildung 57:** Kosten ungestörter Arbeitsstunden

> „Wie wertvoll der Mensch mit seiner Arbeitskraft ist, wird auch an den anfallenden Kosten deutlich, wenn er nicht mehr arbeiten kann: Allein 2002 betrug der Produktionsausfall in Deutschland durch krankheitsbedingte Arbeitsunfähigkeit 44,15 Mrd. €. Rund ein Drittel dieser Arbeitsunfähigkeit steht dabei im Zusammenhang mit der Arbeit, d. h., sie wird durch die Arbeitsbedingungen verursacht oder in ihrem Verlauf ungünstig beeinflusst. Die eingesparten Mittel für Gesundheit und Sicherheit reduzieren also nicht wirklich die Kosten. Schätzungen gehen davon aus, dass sich 30 bis 40 % dieser krankheitsbedingten Ausfallzeiten durch ein effizientes Management von Gesundheit und Sicherheit vermeiden ließen." (BAuA, 2007, S. 15)

Finanzkennziffern

Im Kontext der Wirtschaftlichkeitsmessung werden Verantwortliche der betrieblichen Gesundheitsmaßnahmen mit diversen Finanzkennziffern konfrontiert. Nicht alle Maße eignen sich hier zur Bestimmung der Wirtschaftlichkeit von BGF-Maßnahmen. Problematisch ist, dass meistens Verhältniszahlen mit Finanzkennziffern gebildet werden, um den Beitrag des Gesundheitsmanagements an der Wertschöpfung zu ermitteln. Die ☐ Tabelle 4-6 stellt die wichtigsten Finanzkennziffern mit einer Bewertung, ob sie sich für Gesundheitsmanagement eignen, dar. Es gibt natürlich noch weitere Controlling-Kennzahlen wie Working Capital (Umlaufvermögen versus kurzfristigem Fremdkapital im Verhältnis 2:1).

Baustein 2: Wirtschaftlichkeitsmessung

Tabelle 4-6: Finanzkennziffern aus Sicht der BGF

Kennzahlen	Beschreibung	Eignung BGF
Kapitalrendite des Humankapitals (HCROI)	$$\frac{[Umsatz - (operative\ Kosten\ Personalaufwand)]}{Personalaufwand}$$ Wie viel Euro wird durch einen Euro Personalaufwand erwirtschaftet?	↔
Wertschöpfung des Humankapitals (HCVA)	$$\frac{[Umsatz - (operative\ Kosten\ Personalaufwand)]}{\sum Vollzeitaequivalente}$$ Durchschnittliche Wertschöpfung Humankapital	↑
Net Operating Profit after Tax (NOPAT)	$$\frac{Netto - Gewinn}{\sum Vollzeitaequivalente}$$ Rechnungslegungsvorschriften nicht eindeutig!	↓
Earnings before Interest and Taxes (EBIT)	$$\frac{EBIT}{\sum Vollzeitaequivalente}$$ Bereinigend von außerordentlichen, oft regional determinierten Positionen und Steuern; überall in Geschäftsberichten ersichtlich. Hier betrachtet man den Gewinn der betrieblichen Tätigkeit.	↔
EBIT-Marge	$$\frac{EBIT}{Umsatz} \times 100\%$$ Aussage zur Rentabilität und Vorteile des EBIT-Maßes berücksichtigend.	↑
Jahresüberschuss	$$\frac{Jahresueberschuss}{\sum Vollzeitaequivalente}$$ Gewinnbeitrag pro Mitarbeiter, jedoch schwierig vergleichbar.	↓
Cash Flow	$$\frac{Cash\ Flow\ (operative\ Taetigkeit)}{\sum Vollzeitaequivalente}$$ Der Cash-Flow ist der Nettozufluss liquider Mittel pro Periode. Er variiert sehr stark (Zahlungsmittelüberschuss). Er ist jedoch unabhängiger von Rechnungslegungsstandards als NOPAT.	↓
Umsatz	$$\frac{Umsatz}{\sum Vollzeitaequivalente}$$ Zu stark schwankend, daher nicht geeignet!	↓
Umsatzrendite	$$\frac{Jahresueberschuss}{Umsatz} \times 100\%$$ Prinzipiell geeignet; EBIT-Marge besser, da der Gewinn schwankungsanfällig ist.	↔

Kennzahlen	Beschreibung	Eignung BGF
Vollkosten des Humankapitals (HCCF)	$$\frac{Kostenfaktoren}{\sum Vollzeitaequivalente}$$ Kostenfaktoren: Personalaufwand + Kosten für Zeitbeschäftigte + Kosten für Abwesenheit + Kosten für Fluktuation Schwierig zu ermitteln (oft Schätzwerte), aber Kostenrelevanz verdeutlichend!	↔

Verhältniszahlen mit Finanzkennziffern

Aus Sicht des betrieblichen Gesundheitsmanagements sind HCVA (Wertschöpfung des Humankapitals) und EBIT-Marge (Gewinn und Umsatz berücksichtigend) sinnvolle Finanzkennzahlen. Man muss jedoch an dieser Stelle betonen, dass das Wesen vom Gesundheitsmanagement langfristig und nachhaltig ausgerichtet und der Beitrag zur finanziellen Wertschöpfung größtenteils indirekt abgebildet ist. Daher empfehlen wir den Fokus auf Leistungskennzahlen; denn nur so laufen wir nicht Gefahr, dass die Bedeutung des Gesundheitsmanagements unerkannt bzw. unterschätzt bleibt.

☑ **Box 4-13:** Finanzkennzahlen zur Wirtschaftlichkeitsmessung

Servicescheine

Es empfiehlt sich, generell mit Servicescheinen (Service-Level-Agreement) zu operieren. Eigentlich sind Servicescheine eine Art Bestandteil von Dienstleistungsverträgen, v. a. bekannt beim IT-Servicemanagement zwischen Providern und deren Kunden. Hier geht es um Verfügbarkeit der Leistung, Bereitschaftszeiten, Eskalationsstufen, Reaktionszeiten, Fehlerbehebungszeiten, Berichterstattung und Sicherheit. Da BGF Dienstleistungscharakter aufweist, ist es wichtig, diese Dienstleistungen angemessen zu dosieren und zu überprüfen. Im Sinne des Qualitätsmanagements werden damit nachvollziehbare Qualitätskriterien definiert (↳ Kap. 4.1, S. 157). Zudem lassen sich Investitionen konkretisieren, wenn man die Qualitätskriterien als Maßstab definiert. In diesen SLA-Scheinen werden folgende Daten abgebildet:

- Produkt bzw. Dienstleistung,
- Produkt- bzw. Leistungsbeschreibung,
- Produkt- bzw. Leistungsbestandteile,
- Verantwortlichkeiten und Kunden, dabei u. a.
  - Verantwortung der Leistungserbringer sowie
  - Verantwortung der Leistungsempfänger,
- Servicelevel, dabei u. a.

Baustein 2: Wirtschaftlichkeitsmessung

- Leistungsstandards (quantifizierbare Parameter),
- Messgrößen (Monitoring und Reporting) sowie
- Zielgrößen und
• Regelungen der Folgen bei Nicht- oder Schlechterfüllung.

Wie sieht ein solcher Servicschein konkret aus? Als Produkt haben wir uns für „Gesundheitspsychologische, wissenschaftliche Begleitung von Gesundheitsprojekten" entschieden. Bei dieser Fragestellung bleibt der Punkt „Regelung der Folgen bei Nicht- oder Schlechterfüllung" unberücksichtigt.

SLA-Scheine

Produkt
- Gesundheitspsychologische, wissenschaftliche Begleitung von Gesundheitsprojekten

Leistungsbestandteile
- Entwicklung
  - Entwicklung und Konzeption von Gesundheitsprojekten im interdisziplinären Austausch mit anderen Fachdisziplinen (Arbeitsmedizin, Sozialmanagement, Personal)
  - wissenschaftliche Literaturrecherche und Bewertung der empirischen Datenbasis
  - Erstellung eines Projektrahmenplans
  - Maßnahmenentwicklung
  - Entwicklung von Kennzahlensystemen
- Evaluation der Projekte und der Maßnahmen
  - Feedbackbefragungen
  - Kennzahlenauswertung
  - Verrechnung qualitativer und quantitativer Parameter
- Beratung und Unterstützung bei der Implementierung
  - Organisations- und Moderationsaufgaben
  - Teilnahme an Informations- und Steuerungsgremien
  - Konzeption und Durchführung von Workshops

Verantwortlichkeiten der Kunden
- Input/Rückmeldung hinsichtlich des Bedarfs in der Praxis
- Teilnahme an Informations- und Steuerungsgremien
- Teilnahme an Gesundheitsmaßnahmen
- Teilnahme an der Evaluation
- Teilbudgetierung von Gesundheitsmaßnahmen (Restbudgetierung durch Krankenkassen)

Servicelevel (Leistungsstandards → Messgröße → Zielwert)

- Literaturübersicht, kundenorientierte Abbildung der zentralen Ergebnisse → erfolgt/nicht erfolgt → erfolgt
- Aussagekräftige Kennzahlen entwickelt → erfolgt/nicht erfolgt → erfolgt
- Konzepte und Maßnahmen sind kundenorientiert → Kundenrückmeldung positiv/negativ → positiv
- Konzepte und Maßnahmen sind wissenschaftlich gesichert → Bewertung in der wissenschaftlichen Öffentlichkeit positiv/negativ → positiv
- Evaluationsbericht zu den Gesundheitsmaßnahmen erstellt → erfolgt/nicht erfolgt → erfolgt

Die Wirtschaftlichkeitsmessung ist sinnvoll. Man sollte v. a. im Sinne des Eigencontrollings eine Leistungsstatistik führen und über Servicescheine entsprechende Qualitätskriterien definieren. Die Abbildung der Wertschöpfung und Wirtschaftlichkeit durch Finanzkennziffern kann flankierend, darf aber nicht isoliert erfolgen, da hier viele wesentliche Erfolgsmaße der BGF unberücksichtigt bleiben. Das Treiber-Indikatorenmodell zeigt uns Stellhebel auf, die auf Frühindikatoren verweisen (☞ Abbildung 40, S. 190). Diese Frühindikatoren sind mit den klassischen Spätindikatoren wie Fehlzeiten zu verknüpfen. Damit wird deutlich, dass eine aussagekräftige Wirtschaftlichkeitsmessung nur über eine ☞ Health Balanced Scorecard abgebildet werden kann. Im Kap. 4.5 (↳ S. 228) stellen wir Ihnen ein praxisnahes Konzept der Gesundheitsscores dar.

☐ **Zusammenfassung zum Baustein Wirtschaftlichkeitsmessung:**

- **Wertschöpfungsfaktor Gesundheit:** Umfangreiche Nachweise v. a. aus der internationalen Fachliteratur belegen den ☞ Return on Investment von BGF-Maßnahmen, der sich durchschnittlich zwischen 1:2 und 1:10 für ☞ Absentismus und zwischen 1:2 und 1:6 für medizinische Kosten bewegt. BGF kann eindeutig eine Fehlzeitenreduktion erreichen, wenn die Maßnahmen nachhaltig und aufeinander abgestimmt sind (koordinierte Mehrkomponenten-Programme).
- **Evidenzbasierung:** Die ☞ Evidenzbasis für verhaltens- und verhältnispräventive Maßnahmen der BGF ist gegeben. Was aber fehlt, sind randomisierte kontrollierte Studien an der Spitze der Evidenzhierarchie im betrieblichen Kontext. Dennoch reicht der Nachweis des beobachteten Ursache-Wirkungs-Zusammenhangs aus, um den BGF-Maßnahmen entsprechende Evidenz zuzuweisen. Damit dürfte eine ausreichende Legitimationsbasis für die Praxis gegeben sein.

Baustein 2: Wirtschaftlichkeitsmessung

- **Prospektiver Return on Investment:** Viel zu oft wird aus kostentechnischer Sicht der Blick ausschließlich retrospektiv gerichtet, wenn es sich um das Verhältnis von Kosten und Gewinn dreht. Wir verfügen über eine Datenlandschaft, die uns für unterschiedliche beeinflussbare Risikofaktoren der BGF, beispielsweise mangelnde Bewegung, Stress, Fehlernährung, Diabetes oder Rauchen, die künftigen Gesundheitskosten errechnen lassen. Diverse "Risiko-Kostenrechner" erlauben eine in die Zukunft gerichtete Kalkulation und verdeutlichen mit Nachdruck, wie wichtig BGF ist.
- **Wirtschaftlichkeitsmaße:** Ein wichtiges Maß für Wirtschaftlichkeit ist und bleibt die Kostenstruktur. Dabei sind v. a. auch diejenigen Kosten zu beachten, die entstehen, wenn man BGF-Maßnahmen nicht durchführt. Die Studien bieten hier ausreichende Berechnungsmöglichkeiten, um den Schattenpreis zuverlässig und gültig zu bestimmen.
- **Leistungsstatistik:** Die Leistungsstatistik ermöglicht Transparenz der Kosten, der Leistung und der Ressourcen. Bestimmende Faktoren wie Standorte oder Kunden geben die Struktur vor. Die Leistungsstatistik ist ein sinnvolles und notwendiges Instrument des Eigencontrollings.
- **Kosten ungestörter Arbeitsstunden:** ☞ Unfallkostenrechnungen und Lohnfortzahlungen fokussieren auf eine klassische Gewinn-und-Verlust-Rechnung. Die Ausfallkostenrechnung muss sich jedoch davon lösen und das Ziel der Minimierung der Betriebsstörungen fokussieren. Das Arbeitsschutzkostencontrolling lässt sich auf das Gesundheitsmanagement erweitern und die Kosten der ungestörten Arbeitsstunde als Wirksamkeits- und Effizienzmaß einsetzen. Hier werden die eingesetzten Ressourcen in Verhältnis zu den ungestörten Arbeitsstunden im Sinne der Minimierung der Betriebsstörungen gesetzt.
- **Finanzkennziffern:** Aus Sicht der BGF sind HCVA (Wertschöpfung des Humankapitals) und EBIT-Marge (Gewinn und Umsatz berücksichtigend) sinnvolle Finanzkennzahlen. Man muss sich aber über die eingeschränkte Aussagekraft von Relationswerten zwischen Gesundheitskosten und Gewinn-/Rentabilitätswerten bei der Anwendung im Klaren sein. Viele Erfolgsfaktoren im Gesundheitsmanagement sind indirekt und sind nachhaltig wirkend. Eine verkürzte Sichtweise durch Finanzkennziffern kann zu falschen Entscheidungen führen.
- **Servicescheine:** Servicescheine im Sinne von Service-Level-Agreements eignen sich hervorragend für das betriebliche Gesundheitsmanagement. Hiermit lassen sich Dienstleistungen exzellent „dosieren" und überprüfen. Damit erzielen wir eine kontinuierliche Qualität und können auch Investitionsbedarf bei den Besitzern der Ressourcen nachdrücklich verdeutlichen.

◌ Check-Liste 10: Wirtschaftlichkeitsmessung

4.5 Baustein 3: Konzept der Gesundheitsscores

Was ist die inhaltliche Grundlage der Gesundheitsscores?

Unser Anspruch

Kennzahlen sind sinnvoll, doch sie sind vereinzelt, versprengt und sporadisch. Natürlich gilt es, vorhandene Kennzahlen wie die Fehlzeiten besser zu nutzen und das Gesundheitsmanagement durch Wirtschaftlichkeitsmessungen und Leistungsstatistiken ausreichend zu flankieren. Um aber einen Quantensprung in der Steuerung und Qualitätssicherung im Bereich des betrieblichen Gesundheitsmanagements zu erzielen, bedarf es einer erweiterten Strategie. Wir benötigen ein Konzept der Gesundheitsscores, das:

- fortschrittlich und investitionsbezogen,
- strategisch und nicht nur retrospektiv,
- integrativ und ganzheitlich sowie
- ursachengerecht und präventionsbezogen ist.

Unsere Arbeitsgrundlage: Der Work Ability Index

Zur Entwicklung solcher Gesundheitsscores muss man nicht das Rad neu erfinden. Die psychologische ☞ Arbeits- und Tätigkeitsanalyse ist unsere bewährte Arbeitsgrundlage für ein Evaluationskonzept, das unserem Anspruch gerecht wird (Hacker, 1995). Ergänzt wird die psychologische Arbeitsanalyse durch die Bedeutungszunahme eines Konstrukts, was die Arbeitsfähigkeit von Erwerbstätigen abbilden soll: der ☞ Work Ability Index (Arbeitsfähigkeits- bzw. Arbeitsbewältigungsindex) (Hasselhorn & Freude, 2007). Die ◯ Abbildung 58 (↪ S. 229) stellt das Modell der Förderung der Arbeitsfähigkeit dar (Ilmarinen & Tempel, 2002). Die Treppenstufen illustrieren, dass wir es nur schaffen, Arbeitsfähigkeit zu erzielen, wenn wir auf mehreren Ebenen gleichzeitig investieren:

- **Stufe 1:** Gesundheit im Sinne einer funktionellen Kapazität → Störungen sind meist irreparabel und irreversibel!
- **Stufe 2:** Kompetenzen im Sinne von Kenntnissen und Fähigkeiten als Querschnittsthema im Unternehmen, da von BGF nicht allein lösbar → Ressourcen können als Kompensationsstrategien fungieren.
- **Stufe 3:** Werte im Sinne von Einstellungen und Motivation → Das individuelle Potenzial zum Selbstmanagement steigern.
- **Stufe 4:** Arbeit mit den Dimensionen Arbeitsumgebung, Inhalte und Anforderungen, soziales Arbeitsumfeld und Arbeitsorganisation sowie Führung und Management → Betriebliche Verantwortung fördern und fordern.

Baustein 3: Konzept der Gesundheitsscores

Der ☞ Work Ability Index (WAI) kann als ein Frühindikator für Lebens- und Arbeitsqualität, Fehlzeiten, Effizienz und Effektivität von Interventionen im Gesundheitsmanagement fungieren. Mit dem WAI können wir die Sinnhaftigkeit von Maßnahmen im Bereich BGF ableiten und damit eine Handlungsaufforderung für Verhaltens- und Verhältnisprävention setzen (✎ Kap. 3, S. 103). Zu betonen ist hier aber, dass das WAI-Instrument keine Aussagen zu Ursachen und Maßnahmen macht. Hierfür benötigt man den theoretischen Unterbau, das WAI-Konzept (O Abbildung 58, unten).

Arbeitsfähigkeit

Dieses Konstrukt stellt einen Meilenstein im Bereich der BGF dar. Wir wollen im Kontext der Veränderung der Arbeitswelt und der demografischen Verschiebung wissen, inwieweit die Erwerbstätigkeiten in der Lage sind, ihre Arbeit angesichts der zunehmenden Anforderungen zu erledigen (Tuomi et al., 1997). Bei der Einschätzung sind die individuellen ☞ Ressourcen (körperliche, mentale, soziale Fähigkeiten, Gesundheit, Kompetenzen etc.) und die Arbeit selbst (Arbeitsinhalt, Organisation, soziales Umfeld, Führung) zu berücksichtigen. Hier gilt es, ein angemessenes „Matching" zu erzielen. Dieses Konstrukt zeigt auf, welche Gesundheitsscores wir benötigen, um ☞ Prävention und Intervention im Bereich BGF ganzheitlich und integrativ zu evaluieren.

☑ Box 4-14: Arbeitsfähigkeit als Basis der Gesundheitsscores

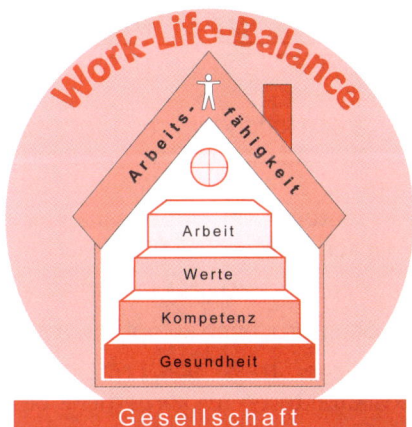

O Abbildung 58: Modell der Förderung der Arbeitsfähigkeit

Das ☝ Deutsche WAI-Netzwerk dient der Förderung der Anwendung des WAI in Deutschland. Sie finden auf der Website nicht nur wichtige Publikationen, sondern auch den Fragebogen als Kurz- und Langversion, der von dem Erwerbstätigen selbst oder von einem professionellen Dritten ausgefüllt werden kann.

Übungsempfehlung: Sie finden auf der oben genannten Website in der Rubrik „Eigener WAI" einen Online-Fragebogen (Kurzversion). Damit Sie das Konstrukt der Arbeitsfähigkeit optimal nachvollziehen können, lohnt es sich, diesen Fragebogen auszufüllen und einen individuellen Report zu erhalten.

Wie erfassen wir die Gesundheitsscores?

Arbeitsanalyse als Basis

Der WAI benötigt als Informationsquelle die ☞ Arbeitsanalyse. Die Analyse als Bewertung von Arbeitstätigkeiten bzw. -inhalten nebst ihren Bedingungen und Auswirkungen (psychologisch, physiologisch, sozial, ökonomisch, ökologisch) stellt eine wesentliche Grundlage zur Erarbeitung von humanen sowie effizienten und effektiven Gestaltungsvorschlägen im Kontext Gesundheits- und Personalmanagement dar (Treier, 2009, S. 67 ff.). Man differenziert zwischen arbeitswissenschaftlichen und psychologischen Verfahren.

- **Psychologische Verfahren:** Sie analysieren das Verhalten der arbeitenden Person und ihr Handeln in dem entsprechenden Umfeld. Man interessiert sich v. a. für die Ermittlung motivationsförderlicher Elemente der Arbeit.
- **Arbeitswissenschaftlichen Verfahren:** Hier werden die objektiven Bedingungen und Anforderungen der Arbeitssituation aus technologischer und organisatorischer Sicht analysiert. Man interessiert sich für die Verbesserung der Arbeitsabläufe und für eine angemessene Arbeitsvereinfachung in Bezug auf Bewegung, Zeit und Anstrengung.

Ziele von Arbeitsanalysen

Wozu mache ich Arbeitsanalysen? Arbeitsanalysen findet man derzeit in vielen Anwendungsfeldern wieder (O Abbildung 59, unten). Schon diese Aufzählung möglicher Anwendungsfelder unterstreicht die Bedeutung der Arbeitsanalyse. Arbeitsanalysen haben zum Ziel (Hacker, 1995, S. 23 ff.),

- die Effektivität und Produktivität der Arbeit zu steigern,
- die psychische Beanspruchung zu optimieren,
- krankheitsförderliche Stress- und Ermüdungszustände zu vermeiden und Risikofaktoren für körperliche Beschwerden zu erkennen,
- den Erhalt und Erwerb von Fähigkeiten zu fördern,
- die Arbeitsmotivation aufrechtzuerhalten und zu steigern,
- die psychische Gesundheit und Entwicklung der Persönlichkeit zu fördern sowie
- Lernangebote zur Qualifizierung zu schaffen.

Baustein 3: Konzept der Gesundheitsscores

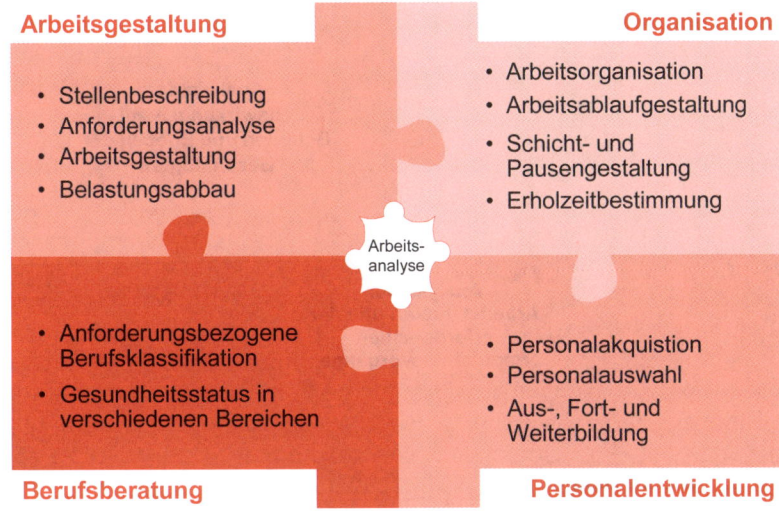

O Abbildung 59: Anwendungsfelder der Arbeitsanalyse

Wo setze ich mit meiner Analyse an? (Ulich, 2005) (O Abbildung 60, S. 232) Aus arbeitswissenschaftlicher Sicht setzt man häufig auf der objektiven Seite an. Diese Auftrags- und Bedingungsanalyse kann aber nicht die Interaktion zwischen Person und Situation gemäß dem WAI-Konzept abbilden. Entscheidend ist das betriebliche Gesundheitsmanagement ist jedoch der Mensch als Herausforderung, denn dieser interpretiert die Arbeitstätigkeit aus subjektiver Sicht. Wir nennen diesen Prozess Redefinition. *Was geschieht im Menschen während des Handlungsvollzugs?* Wir müssen uns mit den für die Tätigkeit erforderlichen psychischen Regulationsvorgängen befassen. Theoretisch wird dieser Ansatz durch die Handlungsregulationstheorie abgebildet (Hacker, 2005). Hier geht es um die Ausführungs- und Antriebsregulation von der Handlungsvorbereitung bis zum Handlungsvollzug. Moderne psychologische Analyseverfahren interessieren sich ferner für die Auswirkungen der Tätigkeit auf das Befinden und Erleben der Beschäftigten. Die Klassiker sind hier Stress und Zufriedenheit. Resch (2003) stellt einige typische Verfahren zur Analyse psychischer Belastungen und ihre Anwendung im Arbeitsgesundheitsschutz dar.

Ebenen der Analyse

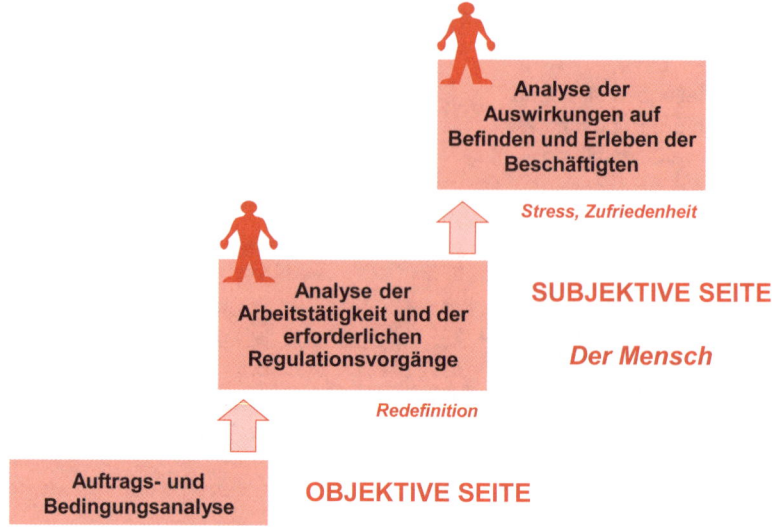

○ Abbildung 60: Ebenen der Analyse

Verfahrenstypen

Wie können wir nun messen? Die ○ Abbildung 61 (👉 unten) illustriert die verschiedenen Verfahrenstypen der Arbeitsanalyse. Wir empfehlen für die Praxis den Einsatz der semi-objektiven Messmethode. Hier setzt man analog zur personenbezogenen Analyse Befragungen ein und analysiert typengleiche Arbeitsplätze. Interessant sind v. a. die Übereinstimmungen zwischen den Beurteilenden. Dieses Verfahren ist effektiv und effizient. Sie sollten für die Befragung möglichst standardisierte Verfahren einsetzen (Dunckel, 1999).

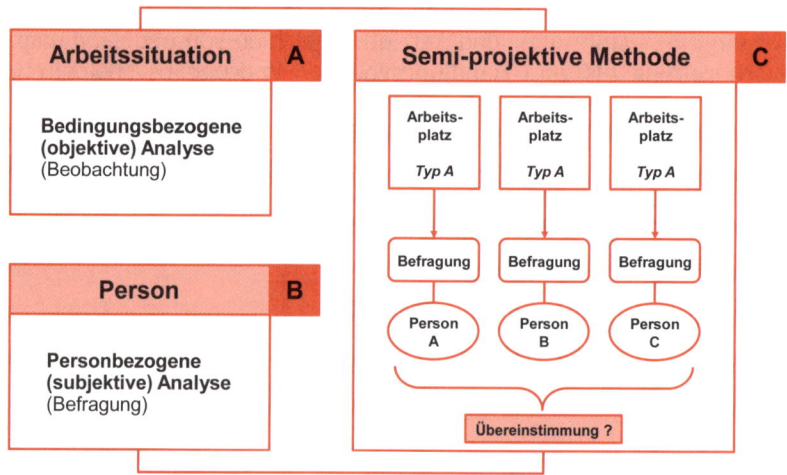

○ Abbildung 61: Verfahrenstypen der Arbeitsanalyse

Baustein 3: Konzept der Gesundheitsscores

Was zeichnet standardisierte Verfahren aus? Aufgrund der subjektiven Brille der Stelleninhaber ist es schwierig, zuverlässig und gültig die Arbeitstätigkeit zu analysieren. Freie unstrukturierte Berichte von Stelleninhabern weisen nicht die notwendige Steuerungsqualität auf. Die ☐ Tabelle 4-7 stellt inhaltliche und methodische Qualitätsanforderungen dar (Treier, 2009, S. 69).

Qualitätsanforderungen

☐ **Tabelle 4-7:** Qualitätsanforderungen an Arbeitsanalysen

Inhaltliche Qualitätsdimensionen	Methodische Qualitätsdimensionen
Humankriterien: Das Instrument hat alle Facetten von der Schädigungslosigkeit bis zur Persönlichkeitsförderlichkeit zu erfassen.	**Objektivität:** Das Instrument sollte unabhängig vom Testleiter sein. Durchführungs-, Interpretations- und Auswertungsobjektivität müssen gewährleistet sein.
Wirtschaftlichkeit: Aus dem Instrument sollen effektivitätssteigernde Maßnahmen abgeleitet werden können.	**Reliabilität:** Das Instrument sollte zuverlässig die Messung abbilden. Die Zuverlässigkeit bezieht sich nicht auf den Inhalt, sondern auf die Qualität der Messung wie Genauigkeit usw. selbst.
Praktikabilität: Das Instrument sollte ein angemessenes Kosten-Nutzen-Verhältnis gewährleisten.	**Validität:** Das Instrument sollte genau das erfassen, was es vorgibt zu bestimmen. Die inhaltliche Gültigkeit muss nachgewiesen werden.
Soziale Akzeptanz: Das Instrument sollte u. a. durch Transparenz, Plausibilität und Partizipation von den Befragten akzeptiert werden.	**Diagnostizität:** Gerade im Bereich der Gesundheit liegen oft subjektive Urteile vor. Die Arbeitsanalyse ist aber ein diagnostisches Werkzeug.
Vorliegen von Kennwerten: Zur Interpretationshilfe ist es wichtig, dass hinreichend große Referenzstichproben zu verschiedenen Funktionsgruppen vorliegen.	**Sensitivität:** Das Instrument sollte empfindsam genug sein, um Problemfelder und Veränderungen aufzuspüren. In Abhängigkeit vom Anwendungsfeld differenziert man Instrumente für das Screening bis zur Detailanalyse.

Die Arbeitsanalyse richtet sich also nach den Humankriterien der Arbeit aus (Ulich, 2005); denn es geht explizit um die Humanisierung der Arbeitswelt (Treier, 2009, S. 383 ff.). Damit sind für die BGF die Humankriterien der Arbeit die Erfolgsmaße, die zu beachten sind. Die ⊙ Abbildung 62 (↴ unten) illustriert die klassischen Humankriterien (Treier, 2009, S. 385). Im Kap. 2 (↴ S. 73) werden einige dieser Humankriterien differenziert reflektiert.

Humankriterien als Erfolgsmaße

Gesundheitscontrolling: Steuerung und Qualitätssicherung

Selbstwerterhöhung durch die Arbeitstätigkeit	Sinn- und Werthaftigkeit	Beitrag zur Gesellschaft
		Moralische Angemessenheit
Arbeit als Instrument zur Formung der Persönlichkeit	Persönlichkeits- förderlichkeit	Persönlichkeitsbildung
		Lernen in und aus der Arbeit
Gesundheitsprävention durch die Arbeitstätigkeit	Gesundheits- förderlichkeit	Präventionsprogramme
		Soziale Netzwerke, Selbstwirksamkeit
Passung zum Qualifikations- und Erwartungsprofil	Zumutbarkeit	Soziale Akzeptanz der Tätigkeit
		Erwartungs-/Leistungskonformität
Fehlbeanspruchung der Leistungsvoraussetzungen	Beeinträchtigungs- freiheit	Stress, Befinden, Kreislauf, Schlaf ...
		Psychosoziale Beeinträchtigungen
Umweltbelastungen aus dem Arbeitssystem	Schädigungslosigkeit	Unfälle, Berufskrankheiten, Schädigungen
		Maximale Arbeitsplatzkonzentration (MAK)
Durchführbarkeit und Realisierbarkeit auf lange Sicht	Ausführbarkeit	Sinnespsychophysiologische Normwerte
		Anthropometrische Normen

Abbildung 62: Humankriterien der Arbeit als Erfolgsmaße

Typische Fragen

Was sind typische Fragen? In der Tabelle 4-8 sind typische Fragen der psychologischen Arbeitsanalyse dargestellt. So wird qualitative Überforderung mit dem Item *„Meine Arbeit wächst mir über den Kopf."* oder Regulationsbehinderungen mit dem Item *„Meine Arbeit wird durch ungünstige Umgebungsbedingungen beeinträchtigt."* erfasst. Meistens werden die einzelnen Dimensionen wie „Qualitative Überforderung" mit mindestens drei Items abgebildet, um eine zuverlässige Skala abzubilden.

Tabelle 4-8: Typische Fragen

Meine Arbeit ... *Empfehlenswert ist eine geradzahlige Skalierung!*	ja	eher ja	eher nein	nein
wächst mir über den Kopf.	☐	☐	☐	☐
kann ich selbst planen und steuern.	☐	☐	☐	☐
bereitet mir häufig Stress (Zeitnot, Hetze usw.).	☐	☐	☐	☐
wird oft unterbrochen bzw. gestört.	☐	☐	☐	☐
wird häufig durch Konflikte emotional belastet.	☐	☐	☐	☐

Baustein 3: Konzept der Gesundheitsscores

Meine Arbeit ...				
Empfehlenswert ist eine geradzahlige Skalierung!	ja	eher ja	eher nein	nein
besteht aus kurzen, sich wiederholenden Tätigkeiten.	☐	☐	☐	☐
verlangt häufig schweres Heben und Tragen.	☐	☐	☐	☐
wird durch ungünstige Umgebungsbedingungen wie Lärm beeinträchtigt.	☐	☐	☐	☐
wird durch einseitige Muskelbeanspruchungen belastet.	☐	☐	☐	☐
erlaubt mir, mich beruflich weiterzuentwickeln.	☐	☐	☐	☐
bietet mir Rückmeldung in Bezug auf meine Leistung.	☐	☐	☐	☐

Welche Instrumente können Sie nun konkret einsetzen? Ohne Rekurs auf die breite theoretische Diskussion, auf die historische Entwicklung und auf die Klassiker wie das Tätigkeitsbewertungssystem (TBS) als bedingungs- und auftragsbezogenes Expertenverfahren zur Verhältnisprävention (Hacker, 1995) möchten wir Ihnen vier Instrumente empfehlen, bei denen Zugänglichkeit und Qualität in Abhängigkeit vom Anwendungsbereich als sehr gut bezeichnet werden können. Informationen zu den Verfahren sind u. a. bei der Bundesanstalt für Arbeitsschutz und Arbeitsmedizin abrufbar. Dort werden diverse Instrumente zur Erfassung psychischer Belastungen in der Toolbox vorgestellt.

Konkrete Instrumente

Auf der CD-ROM liegt eine Tabelle mit den wichtigsten klassischen arbeitsanalytischen Instrumenten und deren Anwendungsbereich vor. Aus der Vielzahl an Instrumenten mit ihren jeweiligen Vor- und Nachteilen möchten wir Ihnen vier Empfehlungen aussprechen, die sich im Praxiseinsatz bewährt haben. Es handelt sich um Instrumente der zweiten bis dritten Generation der psychologischen Arbeitsanalyse.

Klassische Instrumente

- **Erste Empfehlung:** Benötigen Sie ein universales Screening-Instrument, womit Sie reliabel und valide Problemfelder erkennen können, eignet sich der Kurzfragebogen zur Arbeitsanalyse (KFZA) (Prümper et al., 1995). Das Verfahren basiert auf der Auswahl von Items aus bereits vorhandenen Fragebogenverfahren (ISTA, ISTA-C, JDS, SAA etc.). Er ist mit nur 26 Items ökonomisch konzipiert und bezieht sich auf Arbeitsinhalte, ↻ Ressourcen, Stressoren und Organisationsklima. Als Faktoren werden Handlungsspielraum, Vielseitigkeit, Ganzheitlichkeit, soziale Rückendeckung, Zusammenarbeit, qualitative und quantitative Arbeitsbelastung, Arbeitsunterbrechungen, Umgebungsbelastung, Information und Mitsprache, betriebliche Leistungen erfasst. Der Zeitaufwand beträgt bei der anonymen Einzelbefragung etwa 5 bis 10 Minuten. Wenn Problemfelder identifiziert werden, sollte man aber mit einer feineren Methodik den Erkenntnisgewinn erweitern (Beispiel: Workshop-Methode).

- **Zweite Empfehlung:** Ebenfalls als Befragungsinstrument für die an den Arbeitsplätzen tätigen Mitarbeiter ist der BASA II (Bewertung von Arbeitsbedingungen – Screening für Arbeitsplatzinhaber) konzipiert (Richter & Schatte, 2009). Über die Toolbox der BAuA erhalten Sie dieses Instrument unentgeltlich, das die Qualitätskriterien gut erfüllt. Das Verfahren nach ISO 10075 ermittelt förderliche und beeinträchtigende Arbeitsbedingungen und kann damit hervorragend auch im Rahmen der betrieblichen Gefährdungsbeurteilung eingesetzt werden. Es berücksichtigt allgemeine, arbeitsplatz- und arbeitsumweltbezogene sowie organisatorische, soziale, personen- und tätigkeitsbezogene Arbeitsbedingungen. Betriebsspezifische Arbeitsbedingungen wie Fusionen können ergänzt werden. Der Zeitaufwand beträgt bei der anonymen Einzelbefragung etwa 20 Minuten. Wir empfehlen hier v. a. den partizipativen Einsatz im Rahmen von Workshops, da bei Mitarbeitern teilweise Verständnisprobleme bei Einzelfragen auftreten könnten.

- **Dritte Empfehlung:** Ein differenziertes und als Gesundheitsbefragung geeignetes Instrument ist der COPSOQ, ein Screening-Instrument zur Erfassung psychischer Belastungen und Beanspruchungen bei der Arbeit (Nübling et al., 2005). Die deutsche Version des Fragebogens wurde auf Basis des dänischen und englischen Copenhagen Psychosocial Questionnaire entwickelt und hat sich als reliables und valides Instrument herauskristallisiert. In diesem Instrument werden gesundheitsbezogene Fragestellungen erfasst. Wir empfehlen zum Einsatz die Kurzversion, die etwa 20 Minuten Ausfüllzeit benötigt. Auf der Website können Sie diesen Fragebogen online ausfüllen und erhalten einen persönlichen Report. Wir haben diesen Fragebogen als Grundlage für diverse Gesundheitsscores eingesetzt.

- **Vierte Empfehlung:** Der Fragebogen zum Arbeits- und Gesundheitsschutz, Modul BGF (FAGS[BGF]), ist gestaltungsorientiert konzipiert und gehört zur traditionellen FAGS Instrumentenfamilie (Elke, 2002; Stapp et al., 1999; Uhle, 2004). Der FAGS[BGF] als Instrument zur Mitarbeiter- und Vorgesetztenbefragung erlaubt eine systematische Bewertung relevanter Ressourcen in der BGF. Berücksichtigt wird im Gesamtprofil das Anforderungsprofil (Arbeitstätigkeit, -umfeld, -organisation und psychosoziale Belastungen), das Ressourcenprofil (internale Ressourcen wie Gesundheitsbewusstsein, Selbstmanagement und gesundheitsbewusste Lebensführung und externe Ressourcen wie ☞ Gesundheitskultur, Personalführung, soziale Unterstützung) und zuletzt noch das Gesundheitsprofil mit kurz- und langfristigen ☞ Beanspruchungsfolgen sowie Wohlbefinden. Die Bearbeitungszeit beträgt in etwa 20 bis 30 Minuten. Dieser Fragebogen ist auch als Online-Version erhältlich.

Auf der CD-ROM finden Sie einen Film zum FAGS^{BGF}, der aufzeigt, wie das Instrument konzipiert ist und welche Dimensionen dieses Instrument erfasst. Der FAGS^{BGF} als Ressourcenansatz eignet sich prinzipiell für eine Gesundheitsanalyse im Unternehmen. Etwas hinderlich ist möglicherweise der Umfang des Instrumentes und das gehobene Sprachniveau. Im weiteren Verlauf der Darstellung werden wir Ihnen anhand der Gesundheitsscores aufzeigen, welche Themenfelder noch zusätzlich zu erfassen sind.

Film zum FAGS^{BGF}

Arbeitsanalyse

Psychosoziale ☞ Belastungen nehmen zu. Die europäische Richtliniensetzung im Arbeitsschutz berücksichtigt diese Entwicklung und fordert die Vermeidung psychischer Belastungen und eine menschengerechte Gestaltung der Arbeit. Gestaltung ist aber nur zielorientiert denkbar, wenn man analysiert, wo die Problemstellen sind. Mit der psychologischen Arbeitsanalyse können wir systematisch die psychische Regulation menschlicher Arbeitstätigkeit im Kontext ihrer Bedingungen und Auswirkungen erfassen (Dunckel, 1999). Es ist zu betonen, dass die Arbeitstätigkeit stets eine psychisch regulierte Tätigkeit darstellt (Hacker, 2005). Wir empfehlen daher, die bedingungs- und auftragsbezogene Analyse objektiver Rahmenbedingungen durch eine subjektive Erfassung der psychischen Regulationsprozesse und der Auswirkungen der Arbeit zu ergänzen. Psychologische Arbeitsanalysen zielen auf die Gesundheits- und Persönlichkeitsförderung im Zusammenhang mit den Arbeits- und Organisationsbedingungen. Damit eignen sich Arbeitsanalysen als Vorstufe oder Basis einer integrativen Gesundheitsbefragung.

☑ Box 4-15: Arbeitsanalyse als Vorstufe der Gesundheitsbefragung

Letztlich sind Erfolge der BGF nur mit inhaltlich sinnvollen Kennzahlen nachweisbar (Fritz et al., 2007). Neben Effektvariablen auf der körperlichen und Verhaltensebene zählen hierzu insbesondere auch Arbeitsbedingungen und soziale Beziehungen (Bamberg, 2006). Fritz (2006) zeigt auf, welcher ökonomische Nutzen aus weichen Kennzahlen wie Arbeitszufriedenheit und Gesundheit entsteht. Neben Fehlzeiten und Kostenanalysen sind diese Faktoren in einer Gesamtkalkulation zu berücksichtigen. Letztlich wird es eine **Kombination von qualitativen und quantitativen, harten und weichen Kennzahlen** sein, die wir benötigen. Wichtig sind dabei inhaltlich passende Zielkriterien. Die empfohlenen arbeitsanalytischen Instrumente stellen quasi die Vorstufe einer integrativen Gesundheitsbefragung dar, die wir Ihnen im weiteren Verlauf vorstellen wollen.

Wie sieht ein integratives Konzept der Gesundheitsscores konkret aus?

Unser in der Praxis bewährter Vorschlag baut auf eine Art ☞ Health Balanced Scorecard (O Abbildung 35, S. 179). In dieser Balanced Scorecard werden die Dimensionen Arbeit, Mensch, Unternehmen, ☞ Work-Life-Balance und Gesundheitsförderung mithilfe systematisch gewonnener Gesundheitsscores erfasst. Flankiert wird das Konzept durch klassische Kennzahlen aus den Bereichen Business, Gesundheit und Qualität. Bevor wir Ihnen das Gesamtkonzept vorstellen, möchten wir Sie schrittweise an das integrative Konzept der Gesundheitsscores heranführen.

1. Schritt: Themenfelder

Welche Themenbereiche muss ich erfassen? Die klassische Arbeitsanalyse ist etwas einseitig auf die Arbeitsaufgabe und Arbeitsbedingungen fokussiert. Erweiterte Instrumente wie der FAGS^{BGF} zeigen auf, dass wir bei einer Gesundheitsanalyse viele Themenbereiche in ihrer Wechselwirkung berücksichtigen müssen (O Abbildung 63, unten). Diese Themenfelder sind in ☞ Metaanalysen eindeutig als relevante Inhaltsfelder des Gesundheitsmanagements identifiziert worden. Der erste Schritt ist die Festlegung dieser Themenfelder im Rahmen eines Workshops mit den entsprechenden Anspruchsgruppen. Die Mitbestimmung (Betriebsrat) sollte und muss hier vertreten sein.

Baustein 3: Konzept der Gesundheitsscores

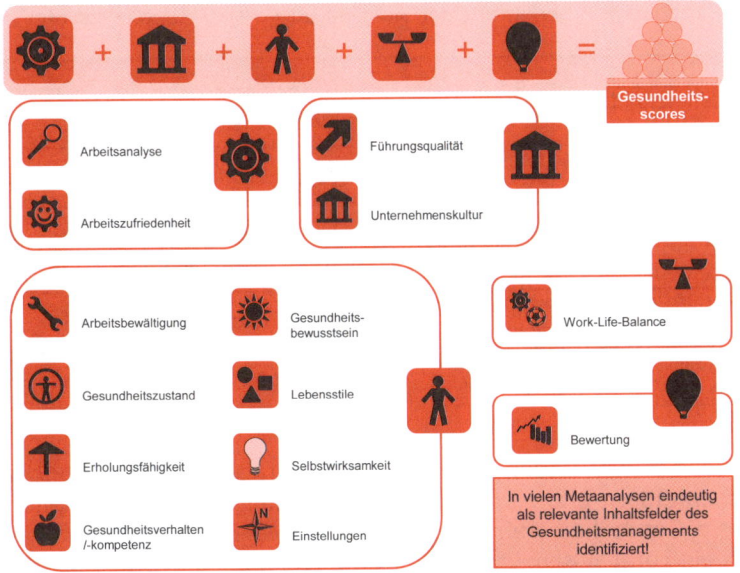

Abbildung 63: Themenfelder der Gesundheitsanalyse

Welche Eigenschaften weisen Gesundheitsscores auf? Im zweiten Schritt benötigen Sie Kennzahlen. Im Gegensatz zu den klassischen Kennzahlen bilden die Gesundheitsscores Kennwerte ab, die gezielt mit eigens dafür entwickelten Instrumenten ermittelt werden müssen. Sie ersetzen nicht Kennzahlen wie Fehlzeiten etc., sondern stellen eine notwendige und sinnvolle Ergänzung dar. Die empirischen Zusammenhänge der Gesundheitsscores sind gemäß dem Treiber-Indikatoren-Modell (Abbildung 40, S. 190) eindeutiger als beispielsweise bei den Fehlzeiten, da es sich größtenteils um Treiber oder Frühindikatoren handelt. Ein modernes Konzept des betrieblichen Gesundheitsmanagements kann auf solche Gesundheitsscores nicht verzichten, denn aus ihnen resultieren direkte Gestaltungshinweise. Sie spiegeln die individuumsbezogene Sichtweise einer gesundheitsbezogenen Handlungskompetenz wieder. Summativ errechnet sich dann ein organisationaler Gesundheitswert. Diese Gesundheitsscores müssen standardisiert erfasst und mit einem festen Algorithmus im Sinne des Controllings errechnet werden. Wir empfehlen, diese Scores auf dem Wertebereich von 1 bis 100 zu transformieren, damit sie später in der Health Scorecard optimal balanciert (Gewichtungen betreffend) und bilanziert werden können. Die Tabelle 4-9 stellt wichtige Aussagen zur Bedeutung und zu den Anforderungen zusammen.

2. Schritt: Gesundheitsscores

Tabelle 4-9: Bedeutung und Anforderungen an Gesundheitsscores

Bedeutung	Anforderungen
Gesundheitspädagogisches Instrument	Kennzahlenbasiert
Pro-aktive und gestaltungsorientierte Abbildung von BGF-Themen	Befragungsbasiert
Kommunikationsmittel und Betroffenheit auslösend (Individuum und Management)	Risiken, aber auch salutogene Faktoren berücksichtigend
Fokus auf Präventionsmaßnahmen, also antizipativ ausgerichtet	Ranking-System ermöglichend
Grundlage für gezielte BGF: Aufzeigen von Stellschrauben	Effizient und effektiv im Einsatz

Fragen für die Gesundheitsscores

Auf der CD-ROM finden Sie beispielhafte Fragen zu den einzelnen Themenfeldern und Hinweise zur Entwicklung eines Instrumentes für die Gesundheitsbefragung. Die psychologische Arbeitsanalyse kann ein guter Ausgangspunkt für eine Gesundheitsbefragung sein. Der Vorteil eines schon standardisierten Instrumentes ist, dass Sie möglicherweise auf Benchmark- bzw. Referenzdaten zurückgreifen können. Nachteilig ist jedoch, dass oft die Sprache und die Themenfelder nicht unternehmensspezifisch abgebildet sind.

3. Schritt: Integration der Gesundheitsscores

Wie kombiniere ich die verschiedenen Gesundheitsscores? Die Abbildung 64 (S. 241) stellt die Gesundheitsscores und deren Inhaltsfelder dar. Dieses Modell ist vom Autor Michael Treier entwickelt und betrieblich umgesetzt worden. Diese Scores erfassen Sie effizient mit einem einzigen Instrument, das individuelle und umfeldbezogene Fragestellungen kombiniert. Dieses Instrument umfasst in etwa 80 bis 120 Items in Abhängigkeit vom Differenzierungsgrad. Die Ausfüllzeit sollte etwa 20 Minuten in Anspruch nehmen. Zur Zielgruppenidentifikation sind demografische Daten wie Altersklasse, Geschlecht, Tätigkeitskategorie und Führungsverantwortung zu erheben. Wir empfehlen, in dieser Gesundheitsbefragung konvergente Items anderer klassischer Instrumente einzubinden (z. B. Work Ability Index oder Selbstwirksamkeitsskala), um das Instrument neben seiner internen Benchmarkfähigkeit mit Referenzdaten standardisierter Instrumente zu verknüpfen.

Baustein 3: Konzept der Gesundheitsscores

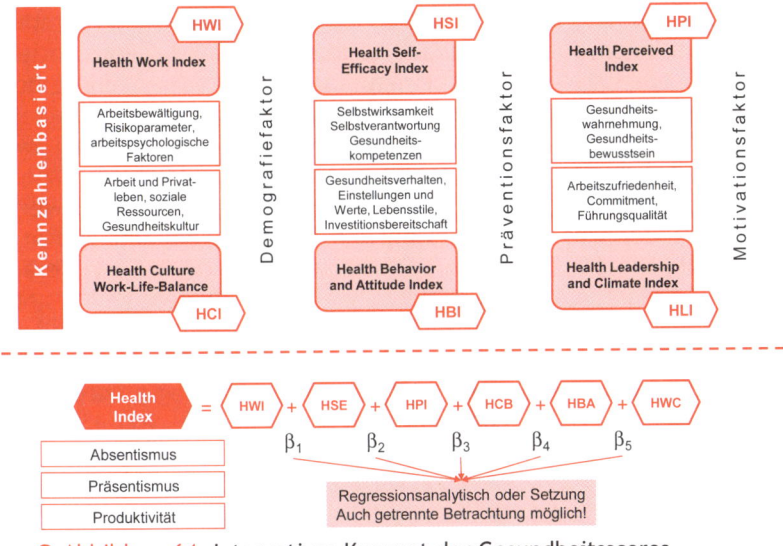

Abbildung 64: Integratives Konzept der Gesundheitsscores

Diese einzelnen Gesundheitsscores lassen sich gemeinsam verrechnen. Dabei sind die Gewichtungen entweder strategisch vorgegeben oder ☞ regressionsanalytisch bestimmt. Der resultierende Health Index sollte dann noch mit einem Nutzungsindex, der die individuellen Erfolgsbilanzen abbildet, verknüpft werden. Nach einer Perzentilisierung der Daten lässt sich ein Ampelschema festlegen zur bewertenden Verfolgung der Gesundheitsscores.

Wie erfasse ich nun konkret die Gesundheitsscores? Die meisten Unternehmen führen Gesundheitsbefragungen einmalig durch. Es handelt sich um Querschnittserhebungen. Sie stellen eine anonymisierte Momentaufnahme dar. Problematisch ist, dass dieses Design keinen Nachweis für die Wirksamkeit ermöglicht. Hierfür muss man quasi längsschnittlich vorgehen, also den Veränderungsprozess bei den Betroffenen nach Intervention aus Sicht der BGF aufzeigen. *Ist das praktisch umsetzbar?* Die ◯ Abbildung 65 (S. 243) illustriert einen solchen Fahrplan, der zurzeit in einem Unternehmen der Energie- und Chemiebranche mit mehreren Standorten umgesetzt wird. Zugegeben ist dies ein Best Practice Fall. Meistens wird man Abstriche vornehmen müssen. Die Instrumente bauen dabei stets auf die Gesundheitsbefragung auf.

4. Schritt: Fahrplan für die Evaluation

- **Baseline-Erhebung I:** Sie erfolgt am Anfang und dann nach etwa drei Jahren. Sie ist anonym und wird logistisch analog wie eine Mitarbeiterbefragung abgewickelt. Wir empfehlen keine Online-Befragung, weil bei Online-Befragungen immer noch Ängste in Bezug auf Anonymität vorliegen, die den Rücklauf und die Qualität der Daten schmälern können. Unser persönlicher Tipp: Investieren Sie in das Design des Fragebogens!

- **Start-up der BGF:** Mitarbeiter, die an einem BGF-Programm teilnehmen, werden am Anfang personengebunden hinsichtlich gesundheitsrelevanter Themenfelder befragt. Dies könnte beispielsweise in der arbeitsmedizinischen Abteilung geschehen. Hierzu wird ein Identity-Code genutzt, der eine Trennung zwischen Echtnamen und Analyse gewährleistet. Die Korrespondenztabelle (Echtname ⇔ Identity-Code) wird beispielsweise beim Betriebsarzt aufbewahrt. Wir benötigen den Identity-Code, um bei den weiteren Erhebungen eindeutig den Veränderungsprozess pro Person nachweisen zu können. Falls es aus betrieblichen Gründen nicht möglich sein sollte, die Eindeutigkeit durch einen Identity-Code zu gewährleisten, muss man auf gruppenbezogene Analysen (Veränderungsprozess pro Gruppe, also alle Mitarbeiter im Alterssegment von 45 bis 55 Jahren) ausweichen, die aber einen signifikanten Konturverlust in Bezug auf den Wirksamkeitsnachweis nach sich ziehen. Nach Beendigung der Evaluationsmaßnahme werden die Korrespondenztabelle und die Identity-Codes vernichtet.
- **Zufriedenheitsbarometer:** Bei größeren BGF-Maßnahmen empfiehlt es sich, diese von den Teilnehmern in Bezug auf Erwartungserfüllung bewerten zu lassen. Der subjektive Zufriedenheitswert kann dann mit dem objektiven Parameter der Nutzungsintensität verknüpft werden.
- **Nachhaltigkeitsbögen:** Wir empfehlen eine einjährige evaluative Begleitung der individuellen Umsetzung. Meistens reichen hierzu zwei Nachhaltigkeitsbögen nach sechs und zwölf Monaten aus. Diese sind mit dem Identity-Code versehen. Dort interessiert man sich v. a. für das Gesundheitsverhalten, die Aufrechterhaltung der Zielbindung und für Faktoren, die die Umsetzung behindern. Hiermit können wir die Wirksamkeit von BGF-Maßnahmen nachweisen.
- **Baseline-Erhebung II:** Nach drei Jahren erfolgt eine erneute Baseline mit dem gleichen Instrument wie am Anfang.

Dieser Prozess kann zu unterschiedlichen Zeitpunkten in den jeweiligen Standorten ausgerollt werden. In diesem Fall empfehlen wir aber eine Logistik-Checkliste, damit die verschiedenen Instrumente zum richtigen Zeitpunkt abgebildet werden. Durch ein intelligentes Stichprobenmanagement ist es auch nicht notwendig, stets eine Vollerhebung durchzuführen. Zu erwägen ist ggf. auch eine ↻ Omnibus-Befragung. Diese wird auch als Mehrthemenumfrage bezeichnet. Hierfür sprechen v. a. Kosten- und Zeitersparnisse. Problematisch ist jedoch, dass der Umfang solcher Mehrthemenumfragen recht hoch ausfällt und es auch zu inhaltlichen Interferenzen kommen kann.

Baustein 3: Konzept der Gesundheitsscores

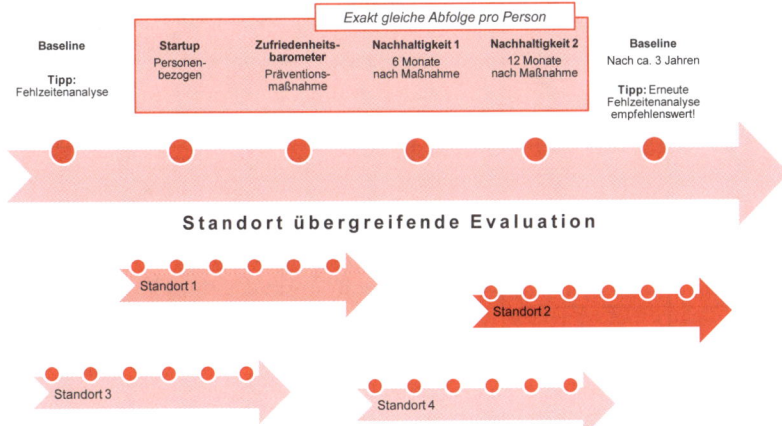

○ Abbildung 65: Fahrplan für eine formative Evaluation

Die ☐ Tabelle 4-10 fasst wichtige Erfolgsfaktoren der Evaluation zusammen. Wenn Sie mit einem externen Dienstleister zusammenarbeiten, sollten Sie diese als Prüfliste verwenden und in den Servicescheinen verankern.

Erfolgsfaktoren der Evaluation

☐ Tabelle 4-10: Erfolgsfaktoren der Evaluation

Erfolgsfaktoren		Erläuterung für die Gesundheitsanalyse
	Berichtend	✓ Regelmäßiges kennzahlenbasiertes Reporting für Entscheidungsträger ✓ Stärken-Schwächen-Analyse in Bezug auf BGF und Erweiterungen wie ☞ Demografiemanagement
	Effizient	✓ Relativ schlankes Kerninstrument ✓ Ein Instrument für verschiedene Themenfelder ✓ Nach einmaliger Gesamterhebung nur noch gruppenbezogene Erfassungen
	Kennzahlenbasiert	✓ Empirisch anerkannte Indikatoren und Treibervariablen der Gesundheit ✓ Beachtung auch demografierelevanter Indikatoren ✓ Bündelung zu pragmatischen Kennwerten (auf höchster Aggregationsebene → Health Index für das Unternehmen)
	Nachhaltig	✓ Stabilität der Kennzahlen zur Nachverfolgung von Interventionen (historischer Vergleich, Trendwerte)

Erfolgsfaktoren		Erläuterung für die Gesundheitsanalyse
		✓ Eindeutigkeit der verwendeten Algorithmen und Berechnungsvorschriften ✓ Instrument des Risikomanagements
	Prozessnah	✓ Berücksichtigung des Arbeits- und Ablaufprozesses (nah am Geschehen) ✓ Kein Störfaktor (Teil der BGF-Maßnahme) ✓ Prozess unterstützend durch Kommunikations- und Sensibilisierungsfunktion
	Zielorientiert	✓ Organisationelle zielgruppenbezogene Rückmeldung ✓ Verknüpfung mit anderen Daten wie Fehlzeiten oder Finanzkennziffern usw. ✓ Abbildung von Ist-Soll-Analysen (internes und externes Benchmarking) ✓ Gestaltungsorientierter Ansatz mit direkter Zuordnung von Maßnahmen auf Basis der Kennwerte

Die Gesundheitsbefragung ist ein wesentliches **Evaluations- und Kommunikationsinstrument** für das Wirkungs- und Interventionsmodell der BGF (Wieland & Hammes, 2008). Mit diesem Ansatz rüsten Sie sich gegen Vorurteile, falsche Annahmen oder ein zu extremes Kostendenken.

5. Schritt: Integratives Datenportfolio

Damit kommen wir zum letzten Schritt. Das integrative Diagnoseportfolio verknüpft die Gesundheitsscores und die flankierenden Kennzahlen aus dem Bereich Business, Gesundheit und Qualität. Die ○ Abbildung 66 (S. 246) illustriert das Grundmodell. Von der Gewichtung empfehlen wir Ihnen, am Anfang den Fokus auf die Gesundheit und Qualität zu setzen. Der Datenpool Gesundheitsmanagement setzt sich aus verschiedenen Datentypen zusammen:

- **Kennzahlen:** Sie stammen aus dem Controlling. Es handelt sich um Betriebskennzahlen (Finanzkennzahlen, Fehlzeiten, ☞ Fluktuationsraten, Personalstruktur). Wir empfehlen eine monatliche Einschätzung. Manche Kennzahlen sind nur jährlich im Rahmen der Geschäftsberichte erfassbar.
- **Daten aus Nutzung:** Diese stammen aus medizinischen Untersuchungen, Beratungen und der Angebotsnutzung. Hier können auch Daten aus der Leistungsstatistik abgebildet werden. Wir empfehlen eine monatliche Einschätzung bzw. eine Zusammenführung der Daten.
- **Dialogdaten:** Die Gesundheitsbefragung gehört zu diesem Datentypus. Hinzu kommen noch Expertenratings oder Ergeb-

Baustein 3: Konzept der Gesundheitsscores

nisse aus anderen Befragungen (Feedbacksysteme, Mitarbeiterbefragungen). Zu den Dialogdaten rechnen wir auch die Befunde aus den ☞ Gefährdungsanalysen. Wir empfehlen eine halbjährliche Bewertung der Kennwerte.

- **Routinedaten:** Hierzu zählen Daten vom Sozialversicherungsträger und von Studien. Sie stellen eine gute Möglichkeit dar, die eigenen Daten an externen Referenzdaten zu kalibrieren. Wir empfehlen eine jährliche Einschätzung.

Diese Daten lassen sich wiederum unterschiedlichen Prüfpunkten in Anlehnung an das ☞ EFQM-Modell (○ Abbildung 28, S. 166) zuordnen und auf Erfüllungsgrad *(vollständig erreicht, beachtliche Fortschritte, gewisse Fortschritte, nicht begonnen)* bewerten …

- **Potenziale/Strukturen:** Als Parameter gelten hier Kompetenzen, Infrastruktur, Vernetzung, Instrumentenqualität, Systematik, soziale Verantwortung etc. Hinweise zu den Strukturen finden Sie u. a. in der Leistungsstatistik.
- **Prozesse:** Als Parameter sind Distanz, Zuverlässigkeit, Schnelligkeit, Adressatenorientierung, Prüfung, Datenerhebung Gesundheit etc. zu nennen. Sie ergeben sich u. a. aus dem Nutzungsindex und den Fallbearbeitungsdaten.
- **Ergebnisse:** Sie resultieren aus den Kennzahlen und Gesundheitsscores. Dabei muss man zwischen kurz-, mittel- und langfristigen Indikatoren differenzieren. Wichtig ist der Ist-Soll-Abgleich, der beispielsweise durch einen Lenkungskreis Gesundheit erfolgen kann. Die Ergebnisse sind die Grundlage für einen qualifizierten Gesundheitsbericht.

Gesundheitsscores

Die Gesundheitsscores mit Kennzahlenqualität sind v. a. für eine proaktive Steuerung der BGF von Bedeutung. Durch die Zielgruppenorientierung lassen sich gruppenspezifische Merkmale entwickeln. Der Aufwand für eine solche Befragung kann durch ein intelligentes Stichprobenmanagement deutlich ohne Verlust der Qualität reduziert werden. Auch eine so genannte ☞ Omnibus-Befragung ist ggf. zu erwägen. Die Nebeneffekte einer systematischen Gesundheitsbefragung wie Partizipation, Auslösung von Betroffenheit und Marketing für BGF sind nicht zu unterschätzen. Es handelt sich neben dem Gesundheitscontrolling auch um ein kommunikatives und pädagogisches Instrument. Ein standardisiertes Vorgehen ist dabei unerlässlich.

☑ Box 4-16: Gesundheitsbefragung durch Gesundheitsscores

○ **Abbildung 66:** Diagnoseportfolio Gesundheitsmanagement

Einige Ergebnisse

Der Aufwand lohnt sich und kristallisiert sich oft auch gar nicht als so gravierend heraus, wie es den ersten Anschein hat. Die Anfangsinvestition ist aus ressourcentechnischer Sicht in Abhängigkeit von der Filigranität hoch. Sobald der Prozess standardisiert abläuft, erhält man jedoch wertvolle Daten mit relativ geringem Aufwand. Aus typischen betrieblichen Studien möchten wir Ihnen einige anonymisierte Daten vorstellen, um Ihnen einen Eindruck von der Bedeutung der Gesundheitsbefragung zu vermitteln.

Fall 1: Gesundheitsbefragung

Bei einem Unternehmen der Chemiebranche wurden 2009 in einer Pilotstudie 142 Personen und später in einer Folgeuntersuchung 600 Personen mit einem Gesundheitsfragebogen mit den Konstrukten Arbeitstätigkeit, Arbeitsfähigkeit, Selbstwirksamkeit, Irritationsskala, Gesundheitszustand, Gesundheitsverhalten, Rahmenbedingungen befragt. Die externe Vergleichsstichprobe enthielt 2342 Datensätze. Es zeichnen sich folgende Ergebnisse ab:

- **Arbeitstätigkeit:** Der Gesamtkennwert kann zuverlässig aus den reliablen Unterskalen „Bedeutung der Arbeit", „körperliche Belastung", „psychosozialer Stress", „Passung zu eigenen Ansprüchen", „emotionale Belastung" und „Handlungsspielraum" generiert werden. ☞ Regressionsanalytisch erreichen wir eine hohe Modellgüte zwischen Gesamtkennwert und Subskalen (korrigierter R^2=0,75). Der Wertebereich liegt zwischen 1 und 100. Der erreichte Wert von 53 signalisiert Gestaltungsbedarf. Unter Berücksichtigung der Referenzdaten (Benchmarkdaten) ergibt sich eine gelbe Ampelschaltung. Als besonders problematisch kristallisiert sich die Nachtschichttätigkeit heraus. Dieser Parameter ist als kritisch zu betrachten; denn einige arbeitsanalytische Indikatoren schalten unter Berücksichtigung der Nachtschicht signifikant ins „Negative" um.

- **Arbeitsfähigkeit:** In der Gesundheitsbefragung ist der ☞ Work Ability Index wichtig und mit externen Benchmarkdaten vergleichbar. Der Wert, der sich zuverlässig aus den Einzelitems ergibt (☞ Cronbachs $\alpha=0{,}82$), fällt in dieser Befragung positiv mit einem Gesamtkennwert von 65 aus. Die Arbeitsfähigkeit ist hier offensichtlich ein Puffer, der aber präventiv weiterhin aufzubauen ist; denn der Zielwert sollte bei der Verrechnung und in Bezug auf die Referenzdaten in etwa bei 75 liegen. Bedeutsam ist hier die systematische Abnahme mit dem Alter. Befragte älter als 55 Jahre schätzen größtenteils ihre Arbeitsfähigkeit signifikant schlechter ein als Beteiligte zwischen 25 und 45 Jahren.

- **Selbstwirksamkeit:** Ähnlich wie die Arbeitsfähigkeit schreibt man der ☞ Selbstwirksamkeit eine Pufferfunktion zu. Der Wert fällt sehr gut aus. Da aber bei den Antwortmustern Inkonsistenzen zwischen Einschätzung der Selbstwirksamkeit und dem Gesundheitsverhalten feststellbar sind, ist hier auf eine differenzierte Analyse verzichtet worden.

- **Irritationsskala:** Diese Skala ist ebenfalls als Puffervariable zu bewerten. Aus den Fragen lässt sich ein zuverlässiger Index für die Irritation bestimmen (Cronbachs $\alpha=0{,}74$). Er liegt bei dieser Studie im mittleren Feld. Das Folgeinstrument erweitert diese Skala in Bezug auf Items, die Indikatoren für Depression sind.

- **Gesundheitszustand:** Aus den Einzelfragen resultiert ein reliabler Index für den Gesundheitszustand (Beschwerdematrix) (Cronbachs $\alpha=0{,}84$). Mithilfe des Ampelschemas lassen sich eindeutige Problemfelder identifizieren. Dazu gehören v. a. Nacken-/Schulterschmerzen (27 Prozent rote Ampelschaltung), Müdigkeit und Zerschlagenheit (23 Prozent rot), schmerzende Gelenke (35 Prozent rot), Rücken- und Kreuzschmerzen (39 Prozent rot) und Schlafstörungen (21 Prozent rot). Erwartungsgemäß treffen wir bei älteren Mitarbeitern häufiger auf typische altersbedingte Probleme. Insgesamt fällt der Gesamtkennwert mit 68 erfreulicherweise positiv aus. Der subjektiv erlebte Gesundheitszustand, der sich reliabel aus den Items ermitteln lässt, ist nach Referenzierung im gelben Bereich. In Anbetracht der demografischen Entwicklung gilt es, diesen Wert positiv weiterzuentwickeln.

- **Gesundheitsverhalten:** Aus den Fragen lässt sich ein reliabler Index für das Gesundheitsverhalten bestimmen (Cronbachs $\alpha = 0{,}76$). Insgesamt resultiert ein unauffälliger Gesamtwert mit Optimierungsbedarf. Aus der individuellen Stärken-

Schwächen-Analyse lassen sich folgende Problemfelder identifizieren: Auf ausgewogene Ernährung achten (25 Prozent rot), regelmäßige Arztbesuche im Sinne der Vorsorge (30 Prozent rot), regelmäßige körperliche Bewegung (23 Prozent rot), gut abschalten können (27 Prozent rot), auf das Gewicht achten (30 Prozent rot), mit Stress umgehen können (22 Prozent rot) und Zeit für sich nehmen (23 Prozent rot). Auffällig ist das relativ starke Vorkommen von Rotschaltungen im Bereich der psychosozialen Faktoren des Gesundheitsverhaltens.

- **Rahmenbedingungen:** Aus den Unterskalen ☞ „Gesundheitskultur", „Fehlerkultur", „Arbeitsplatzgestaltung", „Betriebsklima und Information" sowie „Angst um den Arbeitsplatz" lässt sich ☞ regressionsanalytisch ein aussagekräftiges Modell bestimmen (korrigiertes R^2=0,77). Diese Unterskalen sind quasi die Treiberfaktoren unseres Treiber-Indikatoren-Modells (O Abbildung 67, S. 249). In dieser Befragung ergibt sich ein kritischer Wert von 51, der Handlungsbedarf signalisiert.

Aus den Hauptkennwerten kann ein additiv verrechneter Gesamtkennwert bestimmt werden. Er liegt in diesem Fallbeispiel bei 60 (gelbe Ampelschaltung).

Fall 2: Längsschnittstudie

In einem Konzern der Energiebranche erfolgte 2006 mit Unterstützung der Bundesknappschaft eine Evaluation einer einwöchigen Präventionsmaßnahme, die sich v. a. auf die Eigenverantwortung und auf das Gesundheitsverhalten fokussierte. An dieser Maßnahme nahmen 50 Mitarbeiter teil. Über 75 Prozent der Teilnehmer waren älter als 36 Jahre. Über 60 Prozent der Teilnehmer waren weiblich. Aufgrund der intensiven Begleitung beschränkten wir uns auf eine überschaubare Gruppe, die freiwillig an dieser Maßnahme teilnahm. Die Studie zeichnete sich durch eine intensive Begleitung der Teilnehmer im Kontext einer formativen Evaluation aus. Neben Selbsteinschätzungen wurden stets auch Fremdeinschätzungen durch Fachkräfte erfasst. Zudem berücksichtigte man auch Nutzungsdaten. Die persönlichen Daten wurden in einer individuellen Gesundheitsakte, die ausschließlich dem Teilnehmer zur Verfügung stand, gesammelt. Vier Messzeitpunkte wurden festgelegt:

Baustein 3: Konzept der Gesundheitsscores

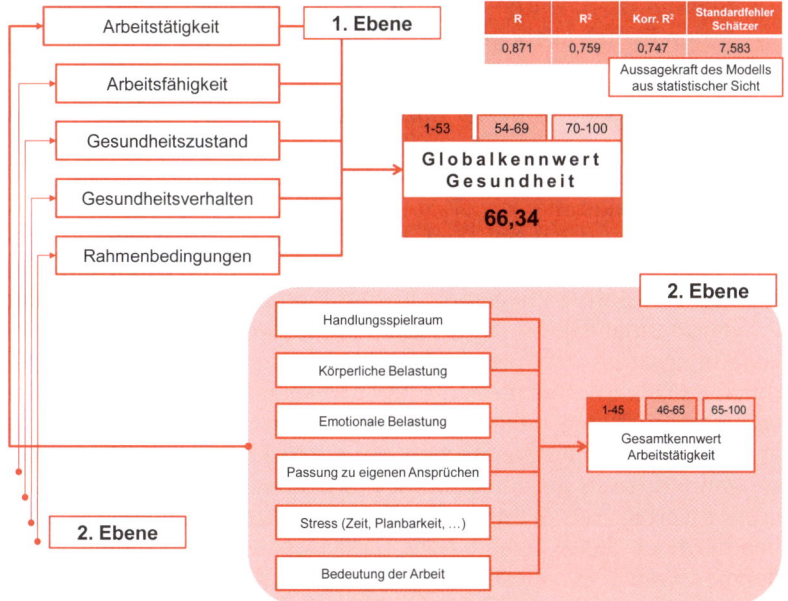

O Abbildung 67: Globalkennwert Gesundheit bei einer Studie

- **Erster Messzeitpunkt:** Vor der Präventionsmaßnahme wurden die Einstellung zur BGF, die Vorerfahrungen, die Erwartungen, die subjektive Gesundheitseinschätzung und die Ergebnisse der medizinischen Untersuchung der Arbeitsmedizin erfasst. *Instrumente*: Gesundheitsfragebogen und arbeitsmedizinische Untersuchung.

- **Zweiter Messzeitpunkt:** Während der Maßnahme wurden die Teilnehmer durch das Gesundheitsteam vor Ort bewertet und die Compliance sowie die Notwendigkeit von Maßnahmen erfasst. Die Leistungs-/Funktionsanalyse bezog sich auf das Herzkreislaufsystem, den Haltungs-/Funktionsapparat, die Regeneration und Belastbarkeit, die Selbstwahrnehmung und das Gesundheitsbewusstsein sowie die Ernährung. *Instrumente*: Handlungsempfehlungen und diagnostische Parameter am Ort der Präventionsmaßnahme.

- **Dritter Messzeitpunkt:** Eine Nachbetreuungsuntersuchung erfolgte in Verbindung mit einer arbeitsmedizinischen Untersuchung. *Instrumente*: Gesundheitsfragebogen und arbeitsmedizinische Besprechung.

- **Vierter Messzeitpunkt:** Nach drei Monaten interessierte man sich v. a. für Veränderungswerte im Gesundheitsbewusstsein und -verhalten. Zudem erfolgte einer Bewertung durch Fachkräfte hinsichtlich der psychischen und physischen Beanspruchung auf einer sechsstufigen Skala. Ferner erfasste man in dieser Nachphase den Zugriff auf Angebote der ärztlichen Abteilung (z. B. Fitness-Forum, Physiotherapie). *Instrumente:* Gesundheitsfragebogen und arbeitsmedizinische Bewertung.

Ergebnisse

Einige Ergebnisse aus dieser umfangreichen Studie: Bei 20 Prozent der Teilnehmer wurde eine mäßige bis hohe physische Beanspruchung festgestellt. Erschreckend hoch war der Anteil der Teilnehmer, die eine mäßige bis sehr hohe psychische Beanspruchung aufwiesen. Diese lag bei über 40 Prozent. Zudem gaben 20 Prozent der Teilnehmer eine auffällig hohe Arbeitsbelastung an. Dieser Wert bildete sich analog in der Fremdeinschätzung ab. Die Präventionsmaßnahme wurde einhellig als wertvoll und nutzbringend eingestuft. Interessant war der Nachhaltigkeitseffekt, der durch das Längsschnittdesign erfasst werden konnte. Aus Sicht der Selbsteinschätzung nahmen die Teilnehmer nach der Maßnahme im Vergleich zur Ausgangserhebung verstärkt Gesundheitsangebote wahr. Kritisch anzumerken ist hier, dass keine echte Kontrollgruppe vorlag. Aus Sicht der Fremdeinschätzung nahmen die Teilnehmer nach der Maßnahme verstärkt interne Angebote im Unternehmen wahr. Es wurden v. a. signifikant bessere Werte in der konstruktiven und positiven kognitiven Auseinandersetzung mit Gesundheitsfragen erzielt. Diese sind Ausdruck für die Verinnerlichung der Thematik und erhöhen damit auch die Wahrscheinlichkeit der Fortführung. Aufgrund der sehr guten Ergebnisse wurde später in diesem Unternehmen das Gesundheitsmanagement-Modell erweitert und fortgeführt.

Die Nutzung von Gesundheitsbefragungen zur Ermittlung entsprechender Gesundheitsscores ist sinnvoll und praxisnah. Wer kein eigenes Instrument konstruieren möchte, kann auf teilweise kostenlose standardisierte Instrumente mit Referenzdaten zurückgreifen. Wir empfehlen aber die Erstellung eines eigenen Instrumentes, das sich an die externen standardisierten Instrumente anlehnt. Mit einem solchen Instrument können Sie die meisten relevanten Gesundheitsscores systematisch erfassen. Diese Gesundheitsscores können Sie mit anderen Kennzahlen aus dem Business-, Qualitäts- und Gesundheitsbereich flankieren. Um einen Wirksamkeitsnachweis zu erzielen, empfiehlt sich ein längsschnittliches Design. Falls Letzteres aus betrieblichen Gründen nicht möglich ist, kann man ein Quasi-Panel definieren, um auf Gruppenebene Veränderungsprozesse nachzuweisen. Dies führt aber zu einer geringeren Kontrastschärfe und zu mehr Rauschen in den Ergebnissen. Derzeit liegen den Autoren insgesamt acht eigene betriebliche Studien mit Einsatz solcher standardisierter Gesundheitsbefragungen vor. In allen Studien zeigt sich, dass die kommunikative Vorarbeit der wesentliche Erfolgsfaktor für die Durchführung der Befragung ist. Ferner kristallisiert sich heraus, dass die Ergebnisse meistens gezielte Gestaltungsmaßnahmen nach sich zogen.

☐ **Zusammenfassung zum Konzept der Gesundheitsscores:**

- **Arbeitsfähigkeit:** Der ☞ Work Ability Index (WAI) ist die Ausgangslage und Arbeitsgrundlage für das integrative Konzept der Gesundheitsscores. Das Haus der Arbeitsfähigkeit als WAI-Konzept bietet sich als theoretische Plattform an. Der demografische Wandel pointiert die Relevanz der Arbeitsfähigkeit als Steuerungsgröße für ein modernes Gesundheitsmanagement und stellt eine generelle Handlungsaufforderung dar, gezielt auf Basis von Kennwerten BGF im Unternehmen umzusetzen.
- **Arbeitsanalyse:** Sie kann als Vorstufe der Gesundheitsbefragung als Evaluations- und Kommunikationsinstrument fungieren. Man differenziert zwischen arbeitswissenschaftlichen und psychologischen Verfahren der ☞ Arbeitsanalyse. Da der Mensch als Herausforderung mit seiner subjektiven Sichtweise in den Vordergrund tritt, empfehlen wir die psychologische Arbeitsanalyse mit standardisierten Instrumenten. Konkret handelt es sich bei den Empfehlungen in Abhängigkeit vom Anwendungsfeld um den KFZA, COPSOQ, BASA II und FAGS^{BGF}.
- **Health Balanced Scorecard:** Unterschiedliche Kennzahlen und Daten müssen auf das gemeinsame Ziel eines effizienten und effektiven Gesundheitsmanagements ausgerichtet werden. Dazu eignet sich als Verfolgungsinstrument die ☞ Balanced Scorecard. Die strategischen Setzungen erfolgen mithilfe von Qualitätsmanagementsystemen wie dem ⚙ EFQM. Als Dimensionen sind die Arbeit, der Mensch, das Unternehmen, die ☞ Work-Life-Balance und die Gesundheitsförderung zu fokussieren. Diese lassen sich durch eine Befragung erfassen. Flankiert werden diese Daten durch Kennzahlen aus den Bereichen Business, Gesundheit und Qualität. Hierzu zählen u. a. die Fehlzeiten, die Gesundheitskosten oder die Nutzungsintensität. Aus den Dimensionen ergeben sich Themenfelder wie Führungsqualität, Unternehmenskultur, Gesundheitszustand, Erholungsfähigkeit, Gesundheitsbewusstsein und -verhalten, Einstellungen oder die Arbeitsbewältigung. Jedes dieser Themenfelder wird mit den kennzahlenbasierten Gesundheitsscores abgebildet, die gemeinsam verrechnet werden.
- **Fahrplan der Evaluation:** Das Evaluationsdesign ist oft in der Praxis die Krux; denn meistens lassen sich nur querschnittliche Momentaufnahmen durchführen. Um aber einen Nachweis der Wirksamkeit der BGF-Maßnahmen zu erzielen und damit nachhaltig zu steuern, bedarf es eines längsschnittlichen Designs mit mehreren Messzeitpunkten. Es lassen sich in der Praxis aber auch Kompromisswege wählen, um den Aufwand auf ein

akzeptables Niveau bei ausreichender Aussagekraft der Evaluation zu reduzieren.
- **Integratives Datenportfolio:** Die verschiedenen Datensätze und Datentypen verlangen ein integratives Portfolio zur Zusammenführung. Letztlich liegen nach einer gewissen Evaluationszeit klassische Kennzahlen, Nutzungsdaten, Dialog- und Routinedaten in Bezug auf Potenziale, Strukturen, Prozesse und Ergebnisse vor.
- **Studien:** Der Aufwand lohnt sich sowohl für mittelständische als auch für große Konzerne. Die Studien zeigen, dass die Ergebnislandschaft oft als Impulsgeber für Weiterentwicklungen und Fortschritt im Gesundheitsmanagement dient. Langfristige Verfolgung gewährleistet eine angemessene Steuerung der Maßnahmen und damit auch den Nachweis der Wirksamkeit.

Check-Liste 11: Konzept der Gesundheitsscores

4.6 BGF im Dialog: „Ist Evaluation nötig?"

Das Kapitel zur Steuerung und Qualitätssicherung hat Ihnen Antworten auf die Frage *„Wie können wir die Wirksamkeit von BGF-Maßnahmen nachweisen und systematisch erweitern?"* gegeben. Auf diese Frage gibt es natürlich unterschiedliche Antworten, wobei sich ein Mainstream zunehmend herauskristallisiert. Wir möchten Sie abschließend mit der Meinung eines im Bereich BGF und Gesundheitsmonitoring ausgewiesenen Experten sowohl aus Praxis- als auch Wissenschaftssicht vertraut machen.

Univ. Prof. Dr. phil. Rainer Wieland

Prof. Wieland ist ein anerkannter Arbeits- und Organisationspsychologe. Er lehrt an der Schumpeter School of Business and Economics an der Bergischen Universität Wuppertal Wirtschaftspsychologie. Zudem ist er Leiter des Kompetenzzentrums für Fortbildung und Arbeitsgestaltung. Innerhalb dieses Kompetenzzentrums wurde 2006 im Rahmen des Forschungsvorhabens INOPE das Gesundheitskompetenz-Center (GKC) gegründet. Das GKC versteht sich als ein Forum für den Erfahrungs- und Wissensaustausch im Bereich der BGF. Zudem engagiert er sich als Fachberater und Autor für die Gesundheitsreports der Barmer Ersatzkasse (BEK).

Das Interview fand am 17. September 2009 statt. Als Autoren möchten wir uns an dieser Stelle herzlich für die Unterstützung von Prof. Wieland bedanken.

 Die Abbildung 68 fasst die wichtigsten Themen- und Fragestellungen des Interviews zusammen. Es handelt sich nur um eine Auswahl der Inhalte des sehr umfangreichen Interviews. Sie sind in dieser *Kurzform* dem Interviewten zur Kontrolle vorgestellt worden. Viele Gedanken von Prof. Dr. Wieland finden sich auch in den einzelnen Kapiteln wieder.

Abbildung 68: Themen des Interviews mit Prof. Wieland

- **Wirkungsmodell:** Alle Daten, die gewonnen werden, sind relativ nutzlos, wenn sie nicht auf ein angemessenes theoretisches Konzept rückgeführt werden können. Dadurch entstehen Datenfriedhöfe. Ein solches Modell ist beispielsweise das Fünfmal-Fünf Wirkungsmodell zur Gestaltung gesunder und effektiver Arbeit (Abbildung 69, S. 255) (Hammes et al., 2009). Dabei ist ein ressourcenorientierter Ansatz unerlässlich, um gezielt und systematisch Gesundheitsmanagement zu gestalten.

- **Bedeutung der Führung:** Viel zu lange ist Führung bei der Fragestellung BGF verschont geblieben. Führungskräfte sind aber empirisch nachgewiesen mitverantwortlich für gesundheitsrelevante Bedingungen der Arbeitssituation. *Warum?* Sie haben Einfluss auf das Ausmaß von Regulationsbehinderungen bei der Arbeit. Zudem wissen wir, dass ein mitarbeiterorientierter Führungsstil gesundheits- und leistungsförderliche Zustände steigern kann und gleichzeitig dysfunktionale Beanspruchungen vermeiden hilft. Führung und Gesundheit wird künftig das zentrale Themenfeld im Gesundheitsmanagement sein. Dabei darf natürlich im Umkehrschluss Führung nicht als ausschließliches Gestaltungskriterium definiert werden; denn gute Führung allein macht nicht gesund. Es gilt vielmehr, die Wechselwirkung zwischen Führungsstil und Arbeitsbedingungen zu beachten (Wieland et al., 2009).

- **Wirkungsnachweis:** Wir brauchen diesen Nachweis, um uns von der reaktiven und bisweilen verzerrten Fehlzeitenphilosophie zu befreien. Dabei sind subjektive und objektive Gesundheitsdaten zu berücksichtigen. Je näher wir den eigentlichen Gestaltungsfaktoren wie Führung, Arbeitsbedingungen, ☞ Gesundheitskultur und Arbeitsaufgabe kommen, desto eher können wir diesen Nachweis führen. Die ☞ Gefährdungsanalyse ist eine gute Eintrittspforte, um solche Daten zu gewinnen. Aber leider zeigt sich in der Praxis, dass diese gesetzlich vorgeschriebene Gefährdungsanalyse keinen Garanten dafür darstellt, dass psychische Beanspruchung als ernsthaftes Thema im Unternehmen etabliert wird. Und genau dieses Thema gewinnt eindeutig an Bedeutung (Wieland, 2009).

Health Balanced Scorecard: Das Statement ist eindeutig: *„Alter Wein in neuen Schläuchen!"* Schon eh und je adressieren wir im Gesundheitsmanagement diverse Merkmalsbereiche. Die ☞ Balanced Scorecard ist ein rationales Instrument. Was aber definitiv fehlt, ist die Rückführung auf ein Wirkungsmodell. Damit schaffen wir erst die Tiefenbohrung, was die Datenlandschaft betrifft, und dümpeln nicht auf der Oberfläche und diskutieren endlos, welche Daten welche Bedeutung haben könnten und wie sie miteinander in Wechselwirkung stehen. Das ☞ EFQM-Modell als Konzept des ☞ Total Quality Managements (◐ Abbildung 28, S. 166) kann hierzu einen positiven Beitrag leisten, aber es gibt wenige empirische Hinweise hinsichtlich der zu wählenden Gewichtungen zwischen Ermöglichern und Ergebnissen. Eine Antwort hierauf liefert das Konstrukt der Beanspruchungsbilanz im Wirkungsmodell. Diese Bilanz ist eine Art Balanced Scorecard der Merkmalsbereiche ☞ Gesundheitskompetenz, Arbeitsgestaltung und Führung. Im Gesundheitsindex für Unternehmen wird diese Bilanz berücksichtigt.

Gesundheitsindex als Kennwert: Auf die Frage, wie wir denn das Gesundheitspotenzial eines Unternehmens erfassen können, gibt es eine konkrete Antwort → Der Wuppertaler Gesundheitsindex für Unternehmen (WGU) (Hammes et al., 2009). Dieser Index ist geeignet, das Gesundheitspotenzial von Unternehmensbereichen abzuschätzen. Es können Aussagen zu den Häufigkeiten von Beschwerden und zum Ausmaß des ☞ Absentismus und Präsentismus getroffen werden. Entscheidend ist, dass diesem Index ein Kennwert-Modell zugrunde liegt. Wir brauchen für das Controlling Kennzahlenqualität! Der Gesundheitsindex berücksichtigt Kennwerte zu den Arbeitsbedingungen und -aufgaben sowie Führungsverhalten und

Eigenschaften der Beschäftigten (z. B. Gesundheitskompetenz) als Inputmerkmale, zu der psychischen Beanspruchung und zum Wohlbefinden als Prozessmerkmale und zu den langfristigen Auswirkungen wie ☞ Absentismus, Präsentismus und Beschwerden als Outputmerkmale. Damit orientiert sich der Index an das Grundkonzept des 🖱 EFQM-Modells. Da es sich um einen ressourcenbezogenen Index handelt, sollten die reale und die optimale Verfügbarkeit relevanter Ressourcen in Form von Kennzahlen berücksichtigt werden. Zudem sollte jede Ressource gemäß ihrem Anteil am Gesundheitspotenzial eines Unternehmens gewichtet werden. Eine Summierung der Produkte von Verfügbarkeit und Anteil der Ressourcen ergibt dann das Gesundheitspotenzial, das auf den Wertebereich zwischen 0 und 1 normiert wird. Die zur Verfügung stehenden Instrumente für die Kennwerte Beanspruchungsbilanz, ☞ Gesundheitskompetenz, Führung und Arbeitsgestaltung sind standardisiert. Die Werte aus den Erhebungen werden dann in Verfügbarkeitsfunktionen modelliert. Zu erweitern wird dieses Modell noch in Bezug auf die ☞ Gesundheitskultur sein, die als Treiberfaktor derzeit noch nicht ausreichend berücksichtigt wird.

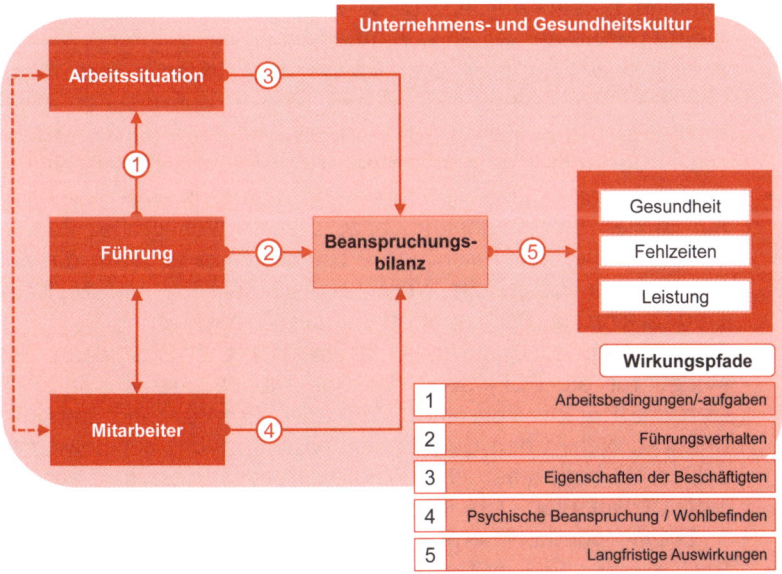

○ Abbildung 69: Wirkungsmodell zur Gestaltung gesunder Arbeit

Herr Prof. Wieland endete das Interview mit einem eindeutigen Statement für Wirksamkeitsmessung. Dabei betonte er, dass wir uns wieder stärker mit dem Menschen als Inputgeber befassen müssen. Der Mensch ist das beste Messinstrument, was wir haben. Die Aussagen von betroffenen Menschen sind valide und reliabel aus Sicht der BGF zu erfassen. Eine Standardisierung der verwendeten Instrumente ist dabei oberste Maxime.

Wir benötigen Messinstrumente. Dabei ist zu beachten, dass der Mensch ein hervorragendes *„Dateninstrument für innere Zustände"* als Indikatoren für erlebte ☞ Belastungen ist. Wir müssen eine **ganzheitliche Diagnose** des Gesundheitspotenzials eines Unternehmens vornehmen. Ohne diese Diagnose wird es schwierig sein, die Beschäftigungsfähigkeit der Mitarbeiter gezielt zu erhalten und zu verbessern. Die Verbesserung der Beschäftigungsfähigkeit als nachhaltiger Ansatz im Kontext des demografischen Wandels ist eine **Gemeinschaftsaufgabe** aller Beteiligten im Unternehmen.

10 Basisaussagen

Wir möchten dieses Kapitel mit den zehn Basisaussagen, die mit empirischer Evidenz belegt sind, beenden.

☐ **Steuerung und Qualitätssicherung in zehn Basisaussagen:**

- **Basisaussage 1:** Gesundheitsmanagement hat keine Zukunft, wenn nicht die Wertschöpfung und die Wirksamkeit im Unternehmen belegt werden. Diese Legitimation benötigt Instrumente der Steuerung und Qualitätssicherung.
- **Basisaussage 2:** Unter dem Schirm BGF finden diverse Maßnahmen statt. Diese Maßnahmen müssen aufeinander abgestimmt sein und sich auf die Referenzgrößen einer konsistenten ☞ Gesundheitskultur und gesunden Arbeitswelt beziehen.
- **Basisaussage 3:** Erfolgsfaktoren und Angriffspunkte sind nicht nur in den Einzelmaßnahmen zu suchen. Von großer Bedeutung sind die Strukturen und Prozesse. Dazu gehören die Akteure, organisatorische Verankerung, Führung, strategische Zielausrichtung, Partizipation und der Lernzyklus.
- **Basisaussage 4:** Qualitätsmanagement eignet sich damit als Modell für die BGF, denn das Qualitätsmanagement interessiert sich für die Führungs-, Struktur-, Prozess- und Ergebnisqualität. Neben den Qualitätsdimensionen wird auf den Lernzyklus als kontinuierlichen Verbesserungsprozess und auf die Selbstbewertung verwiesen. In der Praxis hat sich das ☞ EFQM-Modell als Referenzrahmen bewährt.
- **Basisaussage 5:** Damit wird deutlich, dass nur ein kennzahlenorientiertes Management in Anlehnung an das Gesundheitsmonitoring und Risikomanagement infrage kommt. Wir benötigen den Referenzrahmen des Qualitätsmanagements, aber auch einen Verfolgungsansatz im Sinne der ☞ Balanced Scorecard.

Für die Praxis empfehlen wir eine EFQM-basierte Balanced Scorecard. Mit den Kennzahlen oder ⌕ Key Performance Indikatoren lässt sich nicht nur retrospektiv, sondern auch prospektiv der ⌕ ROI von Gesundheitsmanagement bewerten. Die Strategieorientierung unterstützt die Investitionsbereitschaft.

- **Basisaussage 6:** Das Treiber-Indikatoren-Modell mit seinen Früh- und Spätindikatoren zeigt uns auf, welche Indikatoren zur Messung und Verfolgung geeignet sind. Die metaanalytisch abgesicherte Evidenz unterstützt einen indikatorenbasierten Ansatz mittels multipler Steuerungsgrößen.
- **Basisaussage 7:** Bevor neue Indikatoren erfasst werden, sollte man die Aussagekraft und den Informationsgehalt der vorhandenen Indikatoren erhöhen. Zu den Klassikern zählen hier die Fehlzeiten. Durch Standardisierung der Kennzahl, durch eine angemessene Art der Aufwandsbestimmung, durch Erfassung von Parametern der Qualität der Fehlzeiten wie Homogenität und durch Erhöhung der Diskriminationsfähigkeit kann diese präferierte Kennzahl für das Gesundheitscontrolling ihre zentrale Position auch zukünftig behaupten.
- **Basisaussage 8:** Wirtschaftlichkeitsmessung sollte keinen Verantwortlichen im Gesundheitsmanagement abschrecken, denn die Evidenz zu den Kosten-Nutzen-Relationen fällt positiv aus. Studien zeigen, dass sich der ROI zwischen 1:2 und 1:10 beim ⌕ Absentismus bewegt. Die ⌕ HERO-Studie verknüpft modifizierbare Risikofaktoren und Kosten und kann als Argumentationshilfe verwendet werden. Die Wirtschaftlichkeitsmessung ist durch vier Herangehensweisen im Betrieb abbildbar: Leistungsstatistik, Kosten ungestörter Arbeitsstunden, Verhältniswerte mit Finanzkennziffern und Servicescheine.
- **Basisaussage 9:** Doch reichen diese Parameter nicht aus, um die Bedeutung von BGF aus inhaltlicher Sicht zu unterstreichen. Wir benötigen Gesundheitsscores, die im Sinne des Treiber-Indikatoren-Modells gestaltungsrelevante Aussagen erlauben. Der Work Ability Index (Arbeitsfähigkeit) stellt die Ausgangsbasis für Gesundheitsscores dar. Im Zusammenhang mit dem Wandel der Arbeitswelt wird dieser Indikator eine zentrale Rolle in der Bewertung von BGF-Maßnahmen einnehmen.
- **Basisaussage 10:** Es ist nicht kompliziert, diese Gesundheitsscores zu erfassen. Analog zu einer Mitarbeiterbefragung lassen sich mithilfe einer Gesundheitsanalyse wichtige Scores effizient und effektiv bestimmen. Als Ansatzpunkt dieser Gesundheitsanalyse dient uns die psychologische Arbeitsanalyse. Hier existieren standardisierte Tools, die für die Praxis einsetzbar sind. Entscheidend ist, dass die erfassten Gesundheitsscores gemeinsam im Sinne einer ⌕ Balanced Scorecard verrechnet werden. Das Evaluationsdesign sollte möglichst längsschnittlich ausgebaut werden, um die Wirk-

samkeit nachweisen zu können. Am Ende erhalten wir für das Datenportfolio Kennzahlen aus Potenzialen, Strukturen, Prozessen und Ergebnissen. Mit diesem Datenportfolio wird Gesundheitsmanagement zum schlagkräftigen Instrument des Human Capital Managements.

 Check-Liste 12: Zehn Basisaussagen zur Steuerung

Am Ende des Kapitels 4 möchten wir Ihnen noch vier Bücher zur vertiefenden Auseinandersetzung empfehlen.

 Tabelle 4-11: Buchempfehlung „Steuerung und Qualitätssicherung"

Quelle	Thema	Anmerkungen
Badura & Siegrist (2002)	Evaluation im Gesundheitswesen	Dieses Buch bietet eine gute Übersicht zur Evaluation im Gesundheitswesen. Evaluation wird als ein wertvolles Instrument zur Verbesserung und Sicherung der Qualität präsentiert. Zwar bezieht sich der Text nicht auf das betriebliche Gesundheitswesen, aber die Erkenntnisse zu den Ansätzen lassen sich gut auf das betriebliche Umfeld übertragen.
Badura et al. (2009)	Betriebliches Gesundheitsmanagement: Kosten und Nutzen	Der Fehlzeitenreport befasst sich mit der Rentabilität von Sozialkapital sowie mit der Evidenzbasis der BGF aus Kosten-Nutzen-Sicht. In diesem Buch beziehen renommierte Autoren Stellung zum Kosten-Nutzen-Verhältnis.
Emmermacher (2008)	Gesundheitsmanagement und Weiterbildung	In dieser Dissertation entwickelt der Autor ein Modell eines Gesundheitscontrollings, das bei der systematischen Nutzenbestimmung- und Qualitätssicherung unterstützt. Das Buch weist ein hohes Niveau auf und verlangt eine intensive Einarbeitung in die entsprechende Materie.
Pfaff & Slesina (2001)	Effektive betriebliche Gesundheitsförderung	In diesem Herausgeberband werden v. a. Konzepte der Qualitätssicherung in Anlehnung an die Kriterien des Europäischen Netzwerks für betriebliche Gesundheitsförderung vorgestellt. Das Buch bietet eine gute Übersicht zum Thema Evaluation und ist mit Praxisbeispielen angereichert.

5 Herausforderungen: Aktuelle Problemstellungen

Was betriebliches Gesundheitsmanagement ist, warum man es macht und wie es am besten durchzuführen ist, um erfolgreich zu sein – all das sollte jetzt etwas klarer sein. Neben dem betrieblichen Gesundheitsmanagement gibt es noch zwei „artverwandte" Themen, die im folgenden **Kapitel 5** vorgestellt werden.

Unsere Leitfragen ...

▶ **Kap. 5.1: Alternsgerechtes Arbeiten – Demografiemanagement** (Seite 260)

Worin bestehen die betrieblichen Herausforderungen durch den demografischen Wandel?

Welche Lösungsvorschläge kann das betriebliche Gesundheitsmanagement liefern?

▶ **Kap. 5.2: Gelassen bleiben – Stressmanagement** (Seite 269)

Welche Bestandteile sollte ein individuenzentriertes Stressmanagement haben?

Wie sieht die Umsetzung in der betrieblichen Praxis aus?

Die Arbeitswelt ist im Wandel:

- Immer weniger Menschen müssen immer mehr leisten und dies in kürzerer Zeit. Die Arbeitsdichte aus qualitativer und quantitativer Sicht wird zunehmend zum Problem und viele Erwerbstätige fühlen sich wie der Hamster im Laufrad.
- Die Qualitätsanforderungen an Produkte und Dienstleistungen sind gestiegen, sodass neben einem quantitativen Mehr noch eine qualitative Komponente hinzukommt.
- Jeder einzelne Mitarbeiter empfindet ein gestiegenes Maß an Verantwortungsübernahme. Arbeitsinhalte erhalten eine neue Wertigkeit und eine Balance zwischen Arbeits- und Privatwelt fällt zugunsten der Arbeit immer schwere.
- Neue Formen der Zusammenarbeit und neue Beschäftigungsmodelle sind entstanden (z. B. Telearbeit, Call-Center-Tätigkeiten, Leiharbeit), die häufig eine große Lernbereitschaft und Flexibilität des Einzelnen fordern.
- Zunehmend mehr ist ein kompetenter Umgang mit Emotionen gefragt (Emotionsarbeit) – dies gilt für die Zusammenarbeit mit internen wie externen Kunden. Die Kundenorientierung und die damit einhergehenden Anforderungen an soziale und emotionale Kompetenzen beschränken sich heute nicht allein auf den klassischen Dienstleistungssektor, sondern ziehen sich vielmehr als neuer Primat in der Arbeitswelt durch alle Branchen.

Arbeitswelt im Wandel

- Die beschleunigten Wandelprozesse in der Arbeitswelt und in der Gesellschaft stellen Arbeitnehmer und -geber vor gemeinsame große Herausforderungen. Die Unternehmensentwickler scheinen heute einzig und allein ein großes Change Management bewerkstelligen zu müssen.

Dynaxität

Diese Aufzählung erhebt keinen Anspruch auf Vollständigkeit, zeigt aber den Weg vom ruhigen Fahrwasser in rauere See auf – die heutige Arbeitswelt zeichnet sich mehr und mehr durch Dynamik und Komplexität, kurz „Dynaxität" (Kastner et al., 2001), aus. Antworten hierauf sind beispielsweise Partizipation, Wertschätzung, Prozesstransparenz und prospektive Arbeitsgestaltung und all das darüber hinausgehende, was in den vorherigen Kapiteln zum betrieblichen Gesundheitsmanagement zusammengetragen wurde. Vielleicht ist Gesundheitsmanagement der Königsweg im Fahrwasser des beschleunigten Wandels, sicherlich aber nicht der „one best way". Es gibt weitere große Herausforderungen, die in enger inhaltlicher Verwandtschaft zum Gesundheitsmanagement stehen: der Umgang mit der demografischen Herausforderung und der personenzentrierte Umgang mit Stress. In den beiden Unterkapiteln geht es deshalb jetzt um Demografie- und Stressmanagement.

5.1 Alternsgerechtes Arbeiten: Demografiemanagement

Auf den Punkt gebracht!

Bischof (2010) konstatiert: „Der Blick in die Bevölkerungsstatistik und in die daraus abgeleiteten Extrapolationen zeichnen ein deutliches und ernüchterndes Bild: Wir werden im Durchschnitt alle immer älter! Dies ist aus individueller Sicht wünschens- und erstrebenswert, sofern das Altern beschwerdefrei verläuft. Gesellschaft und Unternehmen sehen sich allerdings vor großen Herausforderungen, wenn aus dem ursprünglichen Tannenbaum der Altersverteilung ein Döner-Spieß wird – diese Entwicklung ist weder im (noch) gültigen Generationenvertrag noch in den klassischen Arbeits-, Organisations- und Personalkonzepten berücksichtigt."

Mit diesem Zitat sind die betrieblichen Herausforderungen durch das gesellschaftliche Phänomen des demografischen Wandels auf den Punkt gebracht (vgl. Brandenburg & Domschke, 2007).

Alternsgerechtes Arbeiten: Demografiemanagement

Zahlen und Fakten

Ein Blick in die 11. Bevölkerungsvorausberechnung des Statistischen Bundesamtes zur Bevölkerungsentwicklung Deutschlands bis 2050 (Ausgabe: November 2006; www.destatis.de) schärft das gezeichnete Bild. Seit dem Jahr 2003 schrumpft aufgrund sinkender Geburtenraten und negativer Wanderungssalden die Bevölkerung in Deutschland kontinuierlich – bis 2050 ist mit einer Reduzierung um 10 bis 17 Prozent von 82,5 Mio. Menschen (2005) auf 69 bis 74 Mio. zu rechnen. Wegen der sinkenden Zahl junger Frauen, dem anhaltenden Trend zu kinderlosen Singlehaushalten, dem Hinausschieben des ersten Kindes und der inzwischen auch rückläufigen Geburtenrate bei Migranten, wird in den kommenden Jahren die Geburtenhäufigkeit, die zwischen 1,2 und 1,6 prognostiziert wird (Geburtenhäufigkeit in 2005: 1,3 Kinder pro Frau), weiter unter der Sterbehäufigkeit liegen: auf eine Geburt kommen im Jahr 2050 zwei Sterbefälle und es wird doppelt so viele 60-Jährige wie Neugeborene geben. Die Herausforderungen für das deutsche Rentensystem werden dadurch nicht entschärft, dass aufgrund verbesserter Lebensumstände sowie kontinuierlicher Optimierungen in der medizinischen und sozialen Versorgung der Bevölkerung die Lebenserwartungen weiter steigen werden. Betrug die Lebenserwartung bei der Geburt im Jahre 2004 75,9 Jahre bei Männern und 81,5 Jahre bei Frauen wird für das Jahr 2050 ein „Lebenserwartungsgewinn" von bis zu 9,5 Jahren extrapoliert, sodass der Anteil der 80-Jährigen von 4 auf 10 Mio. Menschen steigen wird. Ein beschleunigter Abfluss der monetären Mittel aus den sozialen Sicherungssystemen (Kranken-, Pflege- und Rentenversicherung) wird durch den rückläufigen Anteil Erwerbstätiger an der Gesamtbevölkerung von 61 auf unter 50 Prozent begünstigt (Anstieg des Durchschnittsalters von heute 42 auf ca. 50 Jahre in 2050). Bis 2015 wird die Anzahl von 55 Mio. Erwerbstätigen wohl stabil bleiben, dann wird bis 2050 ein Rückgang von 11 bis 15 Mio. Erwerbstätigen erwartet.

Folgen

Für die Arbeitswelt resultieren aus diesen Prognosen weitreichende Folgen. So wird die Zahl der Erwerbsfähigen (15- bis 64-Jährige) um 20 Prozent von heute 55 Mio. auf 44 Mio. zurückgehen – die Erhöhung des gesetzlichen Rentenalters auf 67 Jahre konnte aufgrund fehlender Daten nicht berücksichtigt werden. Der „War for Talents" steht aufgrund des absehbaren Arbeitskräftemangels ins Haus – kurzfristig in den Branchen, die hoch qualifizierte Fachkräfte benötigen, nachgelagert auch in anderen Branchen. Gerade in der Großindustrie gibt es aufgrund der älter werdenden Belegschaft große Aufgaben zu lösen: Häufig fehlen schlicht die Erfahrungen mit älteren Mitarbeitern, da durch die bis in die jüngere Vergangenheit gültigen Altersteilzeitregelungen große Kohorten der über 55-Jährigen aus der Erwerbstätigkeit verbannt wurden. Unser Auftrag: Schonen wir die heute stärkste Altersgruppe der 35- bis 49-Jährigen – diese „Babyboomer" werden langfristig wegen ihrer altersgeschuldeten Möglichkeiten in der Verantwortung sein, die Folgen des demografischen Wandels zu kompensieren, zumindest es längere Zeit zu versuchen.

Altersflexibles Führen

Es geht primär um Beschäftigungsfähigkeit (☞ Employability) und Arbeitsfähigkeit (☞ Work Ability) in Verbindung mit altersflexiblem Führen. Richenhagen (2007b) versteht unter dem altersflexiblen Führen v. a. das realistische und vorurteilsfreie Einschätzen von Fähigkeiten älterer Mitarbeiter, die angemessene Anerkennung von Leistungen auch unter Berücksichtigung altersbedingter Einschränkungen, das Praktizieren eines kooperativen Führungsstils, das Fördern des Dialogs und Meinungsaustauschs zwischen älteren und jüngeren Mitarbeitern, die Gestaltung alternsgerechter Erwerbsverläufe (Tätigkeitswechsel, Job Rotation) und die Unterstützung bei der Personalentwicklung bzw. Qualifizierung.

Weitere Handlungsfelder

Das Demografieproblem hat jedoch mehr Facetten als nur die Führung aus personal- und gesundheitspolitischer betrieblicher Sicht, um den demografiefesten Betrieb zu installieren (Adenauer & Stowasser, 2009). Die Handlungsfelder reichen von der klassischen Arbeitsgestaltung über die betriebliche Gesundheitsförderung bis zur Wissens-, Führungs- und Unternehmenskultur. Immer wichtiger werden auch Kernprozesse des Personalmanagements wie Personalentwicklung, -einsatz und -gewinnung. Wir benötigen also eine konzertierte Aktion: Das Demografiemanagement!

Demografiemanagement

Beim ☞ Demografiemanagement ist der Fokus nicht allein auf die älteren Mitarbeiter gerichtet. Vielmehr geht es um eine ausführliche Analyse der aktuellen Altersstruktur und den daraus abgeleiteten Prognosen für die kommenden Jahre (Berufsgenossenschaften können entsprechende Analysetools zur Verfügung stellen oder entsprechende Anfragen weiterleiten) sowie den Aufbau von demografiezentrierten Strukturen und die Einleitung von altersgerechten Maßnahmen. Wichtig bei der Demografieanalyse ist die Einschätzung der Geschäftsführung, ob mit einer wachsenden, gleichbleibenden oder schrumpfenden Belegschaftsstärke zu rechnen ist – daraus resultieren unterschiedliche Modelle mit spezifischen Personalbedarfen. Es geht also eher um eine alterns- denn um eine altersgerechte Planung und Gestaltung. Wie muss sich in ein paar Jahren der junge Kollege fühlen, der frisch eingestellt in ein Team mit lauter Ü-50-Jährigen kommt? Interessen, Werte, Einstellungen und Arbeitsweisen differieren im Mittel zwischen den Generationen. Es geht also nicht nur um monetäre betriebs- und volkswirtschaftliche Aspekte im demografischen Wandel, sondern ganz konkret auch um die Folgen für das Miteinander im Arbeitsalltag. Eine vom Gedanken des Diversity geprägte Unternehmenskultur ist hier förderlich, in der die Unterschiede zwischen Alt und Jung als Chance für die Generierung von Innovation und Bereicherung für den Einzelnen, das Team und das gesamte Unternehmen gesehen und genutzt werden (Becker & Seidel, 2006).

Nach Ries und Sauer (1991) verstärken den demografischen Wandel zwei Alterungsvorgänge: das wenig beeinflussbare endogen bedingte Altern (genetische Prädispositionen) auf der einen Seite und das menschengemachte, darunter das arbeitsinduzierte Altern mit seiner Abhängigkeit von exogenen Faktoren. Die Arbeits- und Lebensbedingungen können das Altern beschleunigen (z. B. gesundheitsgefährdende Arbeitsbedingungen wie die Exponiertheit durch neurotoxische Gefahrstoffe), aber unter alternsgerechten Bedingungen auch verzögern. Eine Verzögerung ist durch verhaltens- und verhältnispräventive BGF möglich (Tuomi & Ilmarinen, 1999). Neben allen schädigenden Einflüssen, die die Arbeit auf den Beschäftigten haben kann, wohnt dem Nichtarbeiten, aber auch der antizipierten Arbeitslosigkeit eine vielfach schädlichere Wirkung inne (Psychopathologie der Arbeitslosigkeit), wie die Arbeitslosigkeitsforschung nachdrücklich belegt (Moser & Paul, 2001; Treier, 2009). Langzeitarbeitslose zwischen 45 und 65 Jahren, denen durch die Arbeitsaufgabe trainierende und lernanregende Reize fehlen, werden über die Zeit nach der Disuse-Hypothese auch Einschränkungen in der Leistungsbereitschaft/-fähigkeit erfahren (Warr, 2001). Gerade die Erkenntnisse der psychologischen Alternsforschung sind wichtig, um sich von den Vorurteilen in Bezug auf die Abbauhypothese der mentalen Fitness zu distanzieren (Lehr, 2007). Der zweite Alterungsmechanismus wird durch die Alternsrevolution der Massenmedien befeuert: hier werden Jugendideale vorgegeben und das Alter an sich negativ mit Mythen und Vorurteilen konnotiert. Selbsterfüllende Prophezeiungen (Merton, 1948) werden hier zum Katalysator im Alterungsprozess.

Alterung

Aus Sicht der Praxis muss sich das Demografiemanagement mit folgenden **Themenfeldern** befassen (Treier, 2009): Leistungsfähigkeit (nicht nur defizitorientiert, sondern gerade aktivitäts- und kompensationsbezogen), Gesundheit (nicht nur Fehlzeiten, sondern gerade das Gesundheitsverhalten als präventive Funktion im Kontext der Chronifizierung von Krankheitsbildern), Qualifikation (nicht nur altersspezifischer Leistungswandel, sondern das Lernen lernen unter altersspezifischen Voraussetzungen), Motivation (nicht nur Bezahlung, sondern gerade die soziale Motivation betreffend) und gruppendynamische Themen wie Generationskonflikt oder Konflikt zwischen erfahrenen Mitarbeitern und jüngeren Führungskräften.

Erfassbarkeit alternskritischer Belastungen

In einem systematischen Demografiemanagement müssen zunächst alternskritische ↱ Belastungen in der Arbeitswelt identifiziert werden. Dies ist nicht aufwendiger als die Gefährdungsbeurteilung, denn alternskritische Belastungen können mit einer den Anforderungen entsprechenden und um psychomentale Belastungen geschärften Gefährdungsbeurteilung erhoben werden (z. B. BASA II, Richter & Schatte, 2009; ↱ Tool-Box BAuA). Auch Beschäftigtenbefragungen können ergänzende Hinweise liefern (z. B. FAGS-BGF → Uhle et al., 2010; Gesundheitsbefragung → Treier, 2010a) (↱ Kap. 4.5, S. 228).

Ressourcen

Den alternskritischen Belastungen sind internale, personeigene und externale, organisationseigene ↱ Ressourcen gegenüberzustellen (↱ Kap. 2.3, S. 92). Zu den externalen oder personeigenen Ressourcen gehören Persönlichkeitseigenschaften, Wertvorstellungen und Kompetenzen wie Leistungs- und Lernbereitschaft oder auch eine alternssensible ↱ Hardiness, nämlich nicht anfällig für gesellschaftliche und medial gestreute Altersmythen zu sein. Das Unternehmen kann flankierend mittels externaler oder organisationseigener Ressourcen dazu beitragen, dass die Beschäftigten von einer ihren alternsgerechten Bedürfnissen entsprechenden Arbeitsgestaltung profitieren und die gesamte Arbeitsorganisation sich den Prinzipien der „Lernenden Organisation" nach Senge (1990) und Senge et al. (1996) verpflichtet fühlt.

Lernende Organisation

Nach Senge (1990) sind die Voraussetzung zur Entwicklung einer Lernenden Organisation fünf Disziplinen:

- **Individuelle Reife:** Durch Persönlichkeitsentwicklung der Beschäftigten werden individuelle Kompetenzen verbreitert und die Fähigkeit zur eigenen Standortbestimmung im Unternehmen und der Karriere entwickelt.
- **Mentale Modelle:** Hier geht es um die expliziten und impliziten Grundannahmen, mit denen man sich die Welt erklärt – diese Grundannahmen sollen reflektiert und im gesamten Entwicklungsprozess hin zu Lernenden Organisation Berücksichtigung finden.
- **Gemeinsame Vision:** Wenn alle Mitarbeiter über die Ziele des Unternehmens informiert sind ist dies die notwendige Voraussetzung Gestaltung einer gemeinsamen Vision, eines Leitbildes.
- **Lernen im Team:** Neben individuenzentrierten Lernstrategien ermöglicht das Lernen im Team nicht nur eine Vermittlung von fachlichen Kompetenzen, sondern darüber hinaus werden methodische, soziale und Persönlichkeitskompetenzen trainiert.

- **Denken in Systemen:** Durch eine ganzheitliche Betrachtung des Arbeits- und Organisationssystems werden die Wirkmechanismen und das zu erwartende Verhalten in einer symbolischen und formalen Sprache beschrieben. Dadurch können typische Verhaltensmuster (Systemarchetypen) erkannt und bearbeitet werden. Mit den Methoden der System Dynamics können die Systeme dann simuliert und mögliches Verhalten vorhergesagt werden.

Aus alternskritischen Belastungen und den zur Verfügung stehenden Ressourcen resultieren die ☞ Beanspruchungsfolgen, die in erster Linie auf Arbeitsfähigkeit, Wohlbefinden und Zufriedenheit ausstrahlen. Sozialmedizinische und gerontologische Studien weisen in der Zusammenschau darauf hin, dass ältere Menschen – unabhängig von Drittvariablen wie Geschlecht oder ethnische Gruppenzugehörigkeit – mit höherem Bildungsniveau ein geringeres ☞ Morbiditäts- und Mortalitätsrisiko aufweisen, als ältere Menschen mit niedrigerem Bildungsniveau (Christenson & Johnson, 1995). Kruse (2006) fordert deshalb: „[...] Aus diesem Grunde ist Bildung als zentrales Konzept der Gesundheitsförderung und Primärprävention anzusehen – eine Aussage, die die Forderung nahelegt, Bildungsmaßnahmen im gesamten Lebenslauf bei der Ausarbeitung des Präventionsgesetztes stärker zu berücksichtigen." Kruse konnte 2006 noch nicht wissen, dass sich die Bundesregierung im Jahr 2010 von dem Entwurf des Präventionsgesetzes und seiner Verabschiedung distanziert hat (www.bundestag.de; 15.08.2010). Hier ist zu berücksichtigen, dass auch ältere Arbeitnehmer neue Inhalte lernen können. Jüngere lernen v. a. formale Kenntnisse schneller und erzielen höhere Lerngewinne, aber auch Ältere erzielen klare Lernfortschritte. Das Matthäusprinzip *„Wer hat, dem wird gegeben!"* (gemeint ist der Apostel und nicht der ehemalige Fußballer) sieht Ältere sogar hinsichtlich eines Lernaspektes im Vorteil: Ihre umfassenderen Erfahrungen bieten auch Einordnungsmöglichkeiten für neues Wissen (Hacker, 1996).

Beanspruchungsfolgen

In ⬤ Abbildung 70 (unten) sind die alternsrelevanten Belastungen, Ressourcen und Beanspruchungsfolgen in einem Modell integriert.

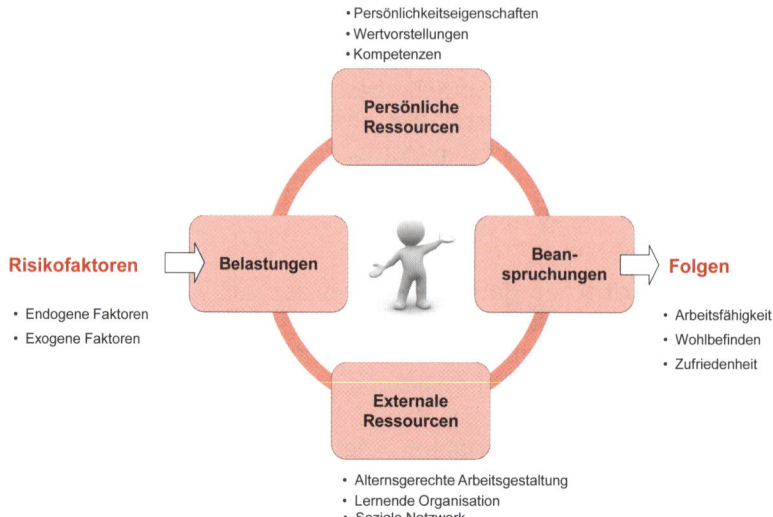

Abbildung 70: Altersrelevante Belastungen, Ressourcen und Folgen

Dornröschenschlaf

Viele Unternehmen erwachen zur Zeit aus einem Dornröschenschlaf, wach geküsst durch den Demografen. Obgleich das Wissen um den demografischen Wandel und seinen Konsequenzen für die Gesellschaft, die Arbeitswelt und den Einzelnen seit Langem bekannt sind und seit den frühen 1990-er Jahren auch aus einer konstruktiven Auseinandersetzungen in der Fachwelt mit der Gesamtthematik Lösungsansätze vorliegen (beispielsweise „Faktor vier – Bericht an den Club of Rome" von Weizsäcker et al., 1995), wurden diese wohl von politischen und unternehmerischen Entscheidern in den Schubladen archiviert und vergessen. Als Reaktion auf dieses unsanfte Erwachen tritt häufig ein Aktionismus zutage, der manchmal etwas kopflos wirkt. Wie beim betrieblichen Gesundheitsmanagement ist es auch beim Demografiemanagement wichtig, einen systematischen Prozess zu implementieren, mit den dazugehörigen Strukturen, Maßnahmen und regelmäßiger Evaluation. Hierbei werden die Verantwortlichen schnell merken, dass ein Großteil der notwendigen Voraussetzungen für ein erfolgreiches Demografiemanagement schon gelebt, allerdings häufig anders deklariert werden, oder zumindest rudimentär vorhanden sind. So dürfte es beispielsweise kein Problem darstellen, mit altersbezogenen Arbeitsaufgabentypen, die mit einer Verschlechterung mit dem Lebensalter einhergehen, klarzukommen, wenn die EU-Anforderungen an Arbeitsplätzen für alle Altersgruppen bekannt und umgesetzt wären. So wird z. B. in der Maschinenrichtlinie Ziffer 108a der EU auf die Belastungsmomente durch Zeitdruck, fehlenden Tätigkeitsspielraum oder defizitäre Lernangebote hingewiesen. Probleme wären hier also nicht dem biologischen Alter, sondern eher einer unzureichenden Arbeits- und Organisationsgestaltung geschuldet. Darüber hinaus lassen sich individuelle, altersbezogene Einschränkungen größten Teils kompensieren: schlechtere Sehleistung durch Brillen, eingeschränkte Hörleistung durch Hörgeräte und ein verlangsamtes Reaktionstempo durch vorausschauendes Arbeiten oder verringerte Kurzzeitbehaltensspannen durch externes Speichern. Unterm Strich: Packen wir es an – aber mit Köpfchen!

Konkrete Entwicklungsmöglichkeiten für ältere Arbeitnehmer hinsichtlich ihrer Qualifikationspotenziale zählt Hacker (2003) auf:

Entwicklungsmöglichkeiten

- Relativierung der Alternsmythen und Berücksichtigung der wissenschaftlichen Befundlage.
- Frühzeitig lehren, wie man lernt – gerade dann, wenn Lernen nicht mehr kindgemäß spielend und von selbst erfolgt, sondern zielgerichtete Lernarbeit ist.
- Arbeitsinduziertes Voraltern durch gesundheitsbeeinträchtigende Arbeitsinhalte und Bedingungen muss vermieden werden.
- Qualifizierung vor allem älterer Arbeitnehmer sollte systematischer als arbeitsimmanentes Lernen „on the job" und „by doing" konzipiert werden.
- Lernförderliche Arbeitsgestaltung durch vollständige Arbeitstätig-keiten. Diese Arbeitsprozesse mit Lernpotenzial sind weitestgehend identisch mit den Merkmalen motivations- und gesundheitsförderlicher Arbeitsprozesse.
- Zur lernförderlichen Arbeitsgestaltung gehört auch die lernförderliche Arbeitsmittelgestaltung (beispielsweise durch die Integration von Lernsoftware an Maschinen- oder Bildschirmarbeitsplätzen).
- In der Führungskräfteausbildung ist sowohl auf das menschengerechte und dadurch lernförderliche Gestalten von Arbeitsprozessen, als auch auf die qualifikatorische Aufgabe der Vorgesetzten, die Mitarbeiter weiterzubilden, zu achten.
- Es bedarf anderer Formen der Lernunterstützung: Beispielsweise dürfte das formal die deutlichere Sichtbarkeit und Hörbarkeit der Informationen oder bewussteres Pausieren, stärker inhaltsbezogen das Einbauen in vorhandenes Vorwissen oder das Beachten von Interferenzen mit Vorwissen betreffen.

Abschließend folgen *praktische Hinweise* für das Demografiemanagement für Verantwortungsträger:

Ein Demografiemanagement folgt der analogen Systematik eines BGM, nämlich *Analyse – Intervention – Evaluation*, wobei Analyse und Evaluation sich gleicher Methodiken bedienen. Auch von den Strukturen her sollte ähnlich verfahren werden: Der zentrale Steuerungskreis, dem der Geschäftsführer vorsitzt, lenkt und beschließt die einzuschlagende Richtung. Auf der Eben darunter wird gearbeitet – der Arbeitskreis ‚Demografie' mit Experten und Arbeitgebervertretern und Arbeitnehmervertretern setzt die Beschlüsse des zentralen Steuerungskreises durch. Je nach Komplexitätsgrad können noch zusätzliche Expertenteams als Subteams gebildet werden.

Analyse Evaluation

- Erhebung des interner Personalbestands und -bedarfs mit der Erfassung der Sollqualifikation und des aktuellen Personalbestands.
- Scannen des externen Arbeitsmarktes mit Analyse des externen Personalangebots und einer Markteinschätzung bzgl. Wettbewerb und Trends.
- Analyse unterschiedlicher Szenarien, projiziert auf einen mittel- und langfristigen Zeitraum, was die Personalentwicklung anbelangt.

Intervention

- Entwicklung von Leitlinien und Maßnahmen, die aus der Analyse abgeleitet und durch die regelmäßigen Evaluationen im Prozess angepasst werden – Beispiele für Maßnahmenkategorien sind ‚Lernende Organisation', ‚Alternsgerechte Arbeitsgestaltung', ‚Personalrekrutierung und -bindung', ‚Empowerment der Führungskräfte', ‚Mentoringprogramme im Sinne einer Wissensstafette' sowie natürlich ‚Betriebliches Gesundheitsmanagement; das Gesundheitsmanagement tangiert als Querschnittsaufgabe alle Maßnahmenkategorien außer ‚Personalrekrutierung und -bindung'.
- Sicherung der Nachhaltigkeit durch die Entwicklung eines Maßnahmenkatalogs ‚Demografie' und die Verankerung geprüfter, ggf. pilotierter Maßnahmen in den Strukturen.

> Die Steigerung der demografischen Fitness muss als eine **konzertierte Aktion zwischen Personal- und Gesundheitsmanagement** betrachtet werden (Treier, 2009). Man sollte daher beim Steuerungskreis und bei den Arbeitsgruppen darauf achten, dass beide Perspektiven im Unternehmen auch personell zusammengeführt werden. Gefährlich wird es, wenn es zu einem kompetitiven Ansatz zwischen Personal- und Gesundheitsmanagement kommt.

Unsere Website-Empfehlungen:

⌁ **RESPECT** (Research Action For Improving Elderly Workers Safety, Productivity, Efficiency and Competence Towards the New Working Environment. Das Hauptziel von RESPECT ist die Förderung der Gesundheit und Arbeitsfähigkeit von älteren Arbeitnehmern.

⌁ **Tools für Demografiemanagement:** Auf dieser Website finden sie alle relevanten betrieblichen Werkzeuge für die Personalarbeit, angefangen von Self-Checks über Altersstrukturanalysen bis zu Checklisten zum Erkennen altersstruktureller Problemlagen im Betrieb.

Für Sie gelesen – von uns empfohlen:

Schirrmacher, F. (2004). Das Methusalem-Komplott. München: Karl Blessing Verlag.

Frank Schirrmacher fasst in „Das Methusalem-Komplott" die vorliegenden demografischen Fakten zusammen. Er provoziert, indem er auf eine Vergreisung der Gesellschaft aufgrund niedriger Geburtenraten hinweist und zu einem „Aufstand der Alten" aufruft. Das Buch sorgte für internationales Interesse und der Autor wurde mit der Goldenen Feder und dem Corine Sachbuchpreis ausgezeichnet.

5.2 Gelassen bleiben: Stressmanagement

Das Thema ‚Stress' ist in aller Munde und wer was auf sich hält, der hat Stress! Eine ausführliche Information über Risiken und Nebenwirkungen wurde bereits in Kap. 2 (↳ S. 73) dargestellt. Udris und Frese (1999) zeigen die kurzfristigen, aktuellen und mittel- bis langfristigen, chronischen Folgen von Stress auf:

Stressfolgen

- Verhaltensebene: kurzfristig → Leistungsschwankungen, verringerte Konzentration, erhöhte Reizbarkeit, Ungeduld, Rückzug; langfristig → vermehrter Nikotin-, Alkohol- und Tablettenkonsum, Fehlzeiten und innere Kündigung.

- Emotionale Ebene: kurzfristig → Anspannung, Nervosität, Frustration, Ärger; langfristig → Ermüdungs- und Sättigungsgefühle, psychosomatische Erkrankungen, Depressivität.

- Physiologische und somatische Ebene: kurzfristig → erhöhte Herzfrequenz und steigender Blutdruck, Ausschüttung von Cortisol und Adrenalin; langfristig → psychosomatische Erkrankungen und Beschwerden, Infektanfälligkeit, Depressivität, Verspannungen, Schlafstörungen, ↷ Burn-out.

Stress-bewältigung

Was hält Menschen trotz Stress gesund? Folgend werden wir ausführlicher auf die individuellen Präventionsressourcen im Umgang mit Stress eingehen (Litzcke & Schuh, 2010). Die Stressbewältigung kann verschiedene Ansatzpunkte und Techniken aufweisen:

- Gedanken: Positives Denken, Selbstinstruktionstechnik, kognitive Umstrukturierung etc.
- Emotionen: Entspannungstechniken, Umgang mit Ärger, Erholungsfähigkeit etc.
- Verhalten: Problemlösungstechniken, lösungsorientierte Gesprächsführung, Techniken des Selbstmanagements etc.

In der betrieblichen Praxis dominieren Entspannungstechniken und verhaltensbezogene Ansätze des Ressourcenmanagements. Viele dieser Herangehensweisen zur Optimierung der Bewältigungskompetenz (Coping) bauen auf den ressourcenorientierten Ansatz der ↳ transaktionalen Stresstheorie (Lazarus & Folkman, 1984). Die Gruppe um Lazarus geht davon aus, dass nicht die Charakteristika der Reize oder Situationen für die Stressreaktion von Bedeutung sind, sondern die individuelle kognitive Verarbeitung des Betroffenen. Eine Person nimmt die Situation wahr und interpretiert sie in Bezug auf die Frage: Kann ich mit meinen Ressourcen diesen Stressor bewältigen? Sagt sie „Ja", geht man von einem adäquaten Coping aus; sagt sie „Nein", dann folgt Stress gemäß Sprachgebrauch. Nach seinem Stressmodell wird jede neue oder unbekannte Situation in zwei Phasen kognitiv bewertet:

- Primary appraisal: Bewertung, ob die Situation eine Bedrohung enthält.
- Secondary appraisal: Bewertung, ob die Situation mit den verfügbaren Ressourcen bewältigt werden kann.

Nur wenn die ↳ Ressourcen nicht ausreichend sind, wird eine Stressreaktion ausgelöst! In der ◉ Abbildung 71 (unten) wird das Schema des ↳ transaktionalen Stressmodells veranschaulicht.

Stressimpfung

Viele Trainingssysteme versuchen, diese Bewältigungskompetenz zu steigern – beispielsweise das Stressimpfungstraining (SIT = Stress Inoculation Training) von Meichenbaum (2003).

Stressimpfungstraining

Das Stressimpfungstraining ist ein halb strukturiertes und flexibles Trainingsprogramm. Die Idee klingt einfach, ist aber schwierig in der Umsetzung: Bildung von „psychologischen" oder besser „psychischen Antikörpern" soll die Widerstandskraft gegenüber Stress vergrößern. Dabei zielt das System v. a. auf die Bewältigungsstrategien, genauer gesagt auf die Entwicklung von „gelernter Bewältigungskompetenz" und der

> Erwartungshaltung, künftig Stressoren gleich welcher Art erfolgreich begegnen zu können (☞ Selbstwirksamkeit). Um zum Erfolg zu kommen, benötigt man etwa 12 bis 15 Sitzungen. Nach einer Information des Klienten über Stress und Stressbewältigung wird versucht, die angemessene Wahrnehmung von dysfunktionalen Gedanken, Gefühlen und Verhaltensweisen zu verbessern. Flankiert werden Übungen zum Training von Strategien der Selbst- und Emotionskontrolle. Damit der Klient auch erkennt, wann Bewältigungsstrategien aktiviert werden müssen, wird auch seine Beobachtungsfähigkeit in Bezug auf unadaptive Reaktionen trainiert. Der Klient wird nach dem Selbstwirksamkeitskonzept schrittweise und abgestuft mit Stress im Training und Realität konfrontiert, um das Vertrauen des Klienten in seine Kompetenzen zu stärken. Generell wird in dem Training auch das Wissen über effektive Stressbewältigung in unterschiedlichen Ansätzen vermittelt.

☑ Box 5-1: Stressimpfung nach Donald Meichenbaum

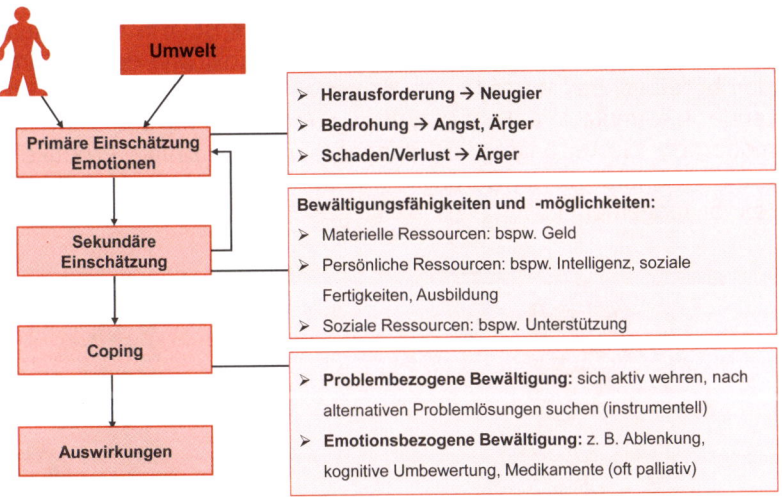

○ Abbildung 71: Transaktionale Stresstheorie

Unser Praxisbeispiel:

Die Autoren des vorliegenden Buches haben von 2004 bis 2006 im Auftrag der GAAS (Gemeinschaftsaufgabe Arbeits- und Gesundheitsschutz) mit Hilfe von betrieblichen Paten ein interaktives Stressmedium als E-Learning-Konzept mit entwickelt (Treier & Holobar, 2006/2007). Da dieses Medium die aktuellen Themenfelder aufgreift, möchten wir Ihnen anhand dieses Werkzeuges praxisnah das individuenzentrierten ☞ Stressmanagement veranschaulichen (Treier, 2006; Treier & Uhle, 2007; Uhle & Treier, 2006; Uhle et al., 2007).

Interaktives Stressmedium

Hinweis auf eine multimediale Darstellung auf der CD-ROM:

Sie finden auf der CD-ROM eine PDF mit integrierten Multimedia-Elementen (u. a. Filmen) in einer normal- und hochauflösenden Version. Dort stellen wir Ihnen den Weg vom erfolgreichen Stressmanager (bis heute etwa 12.000 verteilte Exemplare) zum neuen gamebasierten Konzept vor. Wir bedanken uns für die Bereitstellung der Unterlagen von der Agentur virtualform aus Köln. Die Abbildung ⭕ Abbildung 72 bis ⭕ Abbildung 75 (unten) vermitteln ein paar Eindrücke von den Konzepten.

Das neue Tool zum Stressmanagement unterscheidet sich gravierend vom alten Konzept in Bezug auf die Didaktik und auch hinsichtlich der Priorisierung und Darstellung der Themenfelder (Treier, 2010b). Das neue Instrument nutzt die Möglichkeiten von gamebasierten Systemen in Bezug auf Interaktivität, Visualität und Handlungsorientierung (Games Based Learning) und greift die Ergebnisse einer umfassenden Evaluation des Stressmanagers auf (Treier, 2006; Uhle et al., 2007). Der Schlüssel heißt 3D-Simulation oder virtuelle Realität. Hier kann sich ein Benutzer als Personaldummy in einer am Bildschirm simulierten Welt frei bewegen und diese in Echtzeit beeinflussen. Er ist also nicht mehr „nur" Zuhörer, sondern aktiv an dem Fortschritt und der Exploration beteiligt. Das Motto lautet: Stressfrei durch spielerisch anmutende 3D-Simulation. Funktionalität und Spiel sind aus Sicht der modernen Gestaltungsanforderungen von E-Learning Produkten zur Handlungsorientierung kein Widerspruch mehr (eKnowledgement).

Burnie begleitet und informiert im Stressmanager.

Der Lernende selbst wird zum Personaldummy im gamebasierten Instrument.

⭕ **Abbildung 72:** Die Protagonisten als Stressmanager

Gelassen bleiben: Stressmanagement

○ Abbildung 73: Betriebsgelände im alten Stressmanager

○ Abbildung 74: Setting „Problemlösung" im neuen Stressmanager

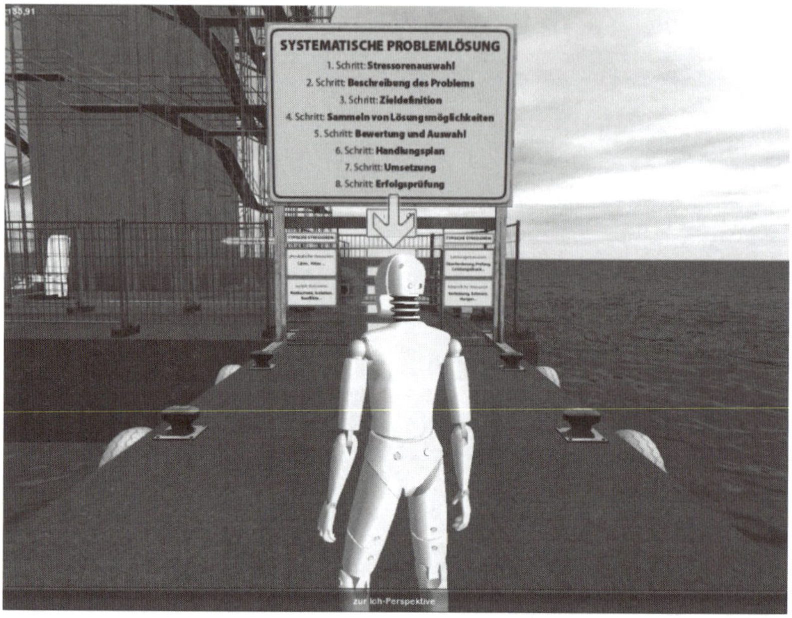

○ **Abbildung 75:** Aktive Exploration im neuen Stressmanager

Zur Entstehung

In diesem Medium werden Module wie Entspannungstechniken in einer virtuellen Industrielandschaft der „Stress-im-Griff-AG" behandelt. Die Module enthalten nicht nur fundierte Informationen und Self-Assessment-Tools, sondern viele Übungsmöglichkeiten. Für die aufwendigen 3D-Animationen konnte ein anerkannter zweiter Preis im animago-Wettbewerb verbucht werden. Die Verwirklichung eines solchen Vorhabens benötigt viele Beteiligte. Die ○ Abbildung 76 (unten) zeigt die Aufgabenteilung und Projektorganisation. Die GAAS als Steuerkreis ist der Auftraggeber. Das Institut für Arbeitswissenschaften der RAG, Dortmund, koordinierte die Prozesse und fungierte als Inputgeber (Treier & Holobar et al., 2006/2007). Im Sinne eines Patenmodells wurden gezielt Fachleute aus den Betrieben den Modulen zugeordnet. Sie wirkten bei der Inhaltserstellung mit. Diese Inhalte wurden einer wissenschaftlichen Qualitätssicherung unterzogen und „multimedial" aufbereitet. Das Projekt erstreckte sich zeitlich von Mitte 2004 bis Ende 2006. Nach der Konzeptphase wurde zunächst das Stressinventar entwickelt und überprüft. Sodann schloss sich die parallele Konzeption der Module an. In dieser Entwicklungsphase lag eine enge Abstimmung zwischen den Beteiligten vor, um die wissenschaftlichen, mediengestalterischen und betrieblichen Ansprüche zu integrieren. Mitte 2006 wurde der Stressmanager in einer Vorfassung mit über 200 Teilnehmern betrieblich evaluiert.

Gelassen bleiben: Stressmanagement

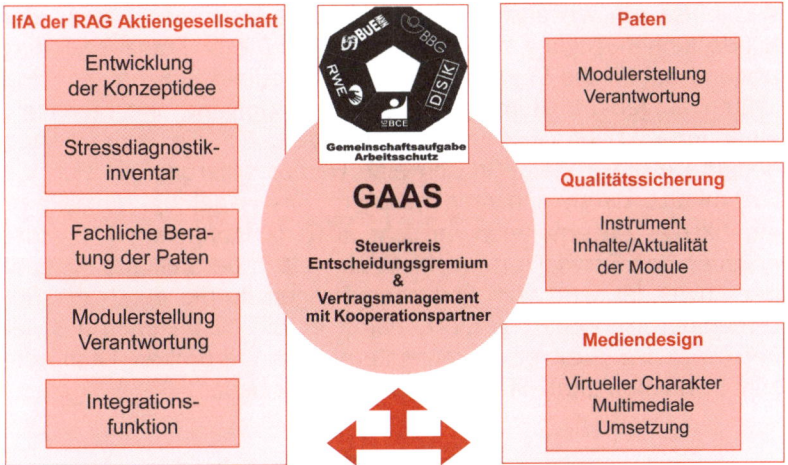

○ **Abbildung 76:** Projektorganisation beim Stressmanager

Der Stressmanager fokussiert nicht die verhältnisorientierte Fragestellung hinsichtlich der beanspruchungsoptimalen Gestaltung von Arbeits- und Umfeldbedingungen, sondern zielt auf eine Stärkung persönlicher Ressourcen im Umgang mit Stresssituationen und ist damit dem salutogenetischen Ansatz Antonovskys (1979; 1987) verpflichtet. Dabei sind folgende Zielsetzungen maßgebend:

Zielsetzungen

- Selbstmanagement und Selbstregulation im Sinne der Selbststeuerung
- Entwicklung von handlungsorientierten Bewältigungskompetenzen
- Kanalisierte und anregende Informationen zur Stressentstehung und -bewältigung
- Individuelle Gesundheitsförderung (Genuss, Ernährung, Sport)
- Diagnostik zu Bewältigungsreaktionen und -strategien als valides Feedback, wie man auf typische Stresssituationen reagiert und welche Bewältigungsstrategien man einsetzt

Trotz dieser hochgesteckten Ziele versteht sich der Stressmanager ausdrücklich nur als ein Hilfsmittel im Zusammenhang mit Präventionskonzepten. Er versucht, durch seine inhaltliche Breite die intraindividuelle Multikausalität von Stress durch einen modularen Zugang zu berücksichtigen. Das Gesamtziel ist die Schaffung eines Referenzproduktes in der Stressprävention im Themenfeld Gesundheitskompetenzentwicklung. Kurzum soll der Stressmanager wissenschaftlich fundiert, motivierend, selbsterklärend und feedbackgebend auf Basis eines handlungsorientierten Ressourcenansatzes gestaltet sein.

Handlungsszenario

Was nützt ein wissenschaftlich fundiertes Instrument, wenn der Kunde keinen Zugang zum Thema findet? Dieser Frage Rechnung tragend haben die Entwickler das multimediale Konzept auf drei Säulen aufgebaut: Humor, spielerischem Umgang und Erzählung einer interaktiven Geschichte als Rahmen. Für die Fachexperten bedeutete diese Zieldefinition eine Herausforderung, da sich die Fachinhalte daran anpassen mussten. Das Handlungsszenario ist ein fiktives Unternehmen im Jahr 2010 (O Abbildung 77) – das erschien den Entwicklern als nicht zu weit in der Zukunft liegend! Der Anwender wird vom Stressbeauftragen Burnie durch die Unternehmenslandschaft geführt, damit er die Maßnahmen aus der Retrospektive (Zeitreise) kennenlernen und erproben kann, die zum optimalen „Anti-Stress-Status" geführt haben.

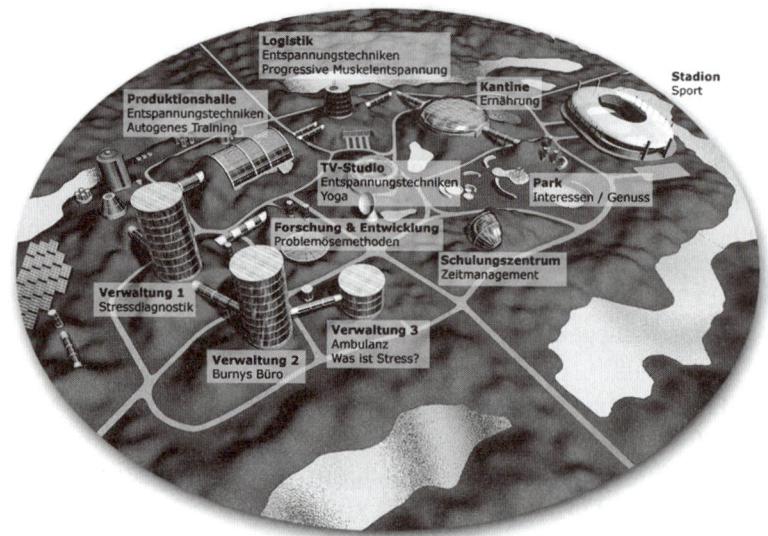

O Abbildung 77: Unternehmenslandschaft „Stress im Griff AG"

Darstellungsmodell

Als Darstellungsmodell für die Charaktere wird eine Erdmännchen-Typologie verwendet (O Abbildung 72, S. 272). Neben Sympathie wird dadurch gewährleistet, dass keine Assoziationen mit realen Menschen beim Anwender erzeugt werden, die die Zielsetzung des Stressmanagers, ein „stressfreies und motiviertes Arbeiten mit dem Medium" zu ermöglichen, konterkarieren könnten.

Modularer Aufbau

Das modulare Konzept bietet die Möglichkeit, individualisiert und mit tutorieller Begleitung seinen Weg durch die Unternehmenslandschaft zu wählen. Viele Module enthalten Fragebögen zur Standortbestimmung und verfügen über die Option, Inhalte auszudrucken. Das zentrale Modul ist das Stressinventar. Dieser stan-

Gelassen bleiben: Stressmanagement

dardisierte, auf bebilderte Kurzgeschichten basierende Fragebogen ermöglicht eine Art Profiling in Bezug auf die Bewältigungsstrategien, die man in diversen stresskorrelierten Situationen einsetzt. Die Resultate zeigen dem Anwender, welche Module für die eigene Auseinandersetzung infrage kommen (Navigation). Das Modul ‚Was ist Stress?' bietet eine unterhaltsame Einführung in das Thema ‚Stress'. Das Modul ‚Entspannungstechniken' vereint handlungsorientiert Methoden der progressiven Muskelentspannung, des autogenen Trainings, Yoga und Fantasiereisen. Weitere Module sind ‚Problemlösemethoden', ‚Zeitmanagement', ‚Genuss, Freizeit und Interessen' sowie ‚Ernährung und Sport'.

> Wir beschreiben im weiteren Verlauf die einzelnen Module, die sich aus wissenschaftlicher Sicht als vernünftige Strategie eines individuenzentrierten Gesundheitsmanagement herauskristallisiert haben (Kaluza, 2007; Kaluza, 2010) (O Abbildung 78).

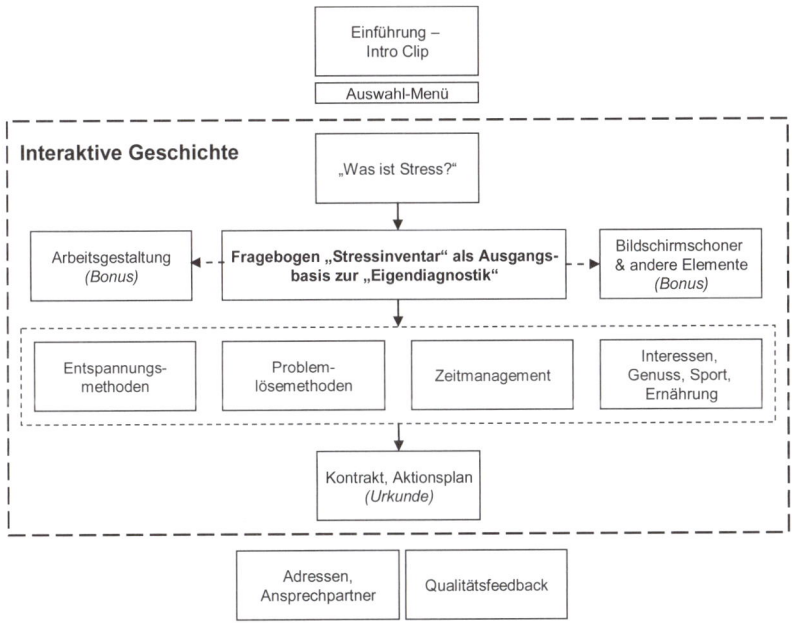

O **Abbildung 78:** Strukturbild der Module

Im Gesundheitszentrum der Stress-im-Griff-AG wird der Anwender nach einem stressbedingten Sturz von Burnie und Schwester Ester erstversorgt. Im Sinne der tertiären Prävention erhält der Anwender eine Unterweisung zum Thema ‚Was ist Stress?' mit den vier Schwerpunkten (1) Belastung und Beanspruchung, (2) Physiologie, (3) Erklärungsmodell und (4) Stressfolgen.

Modul „Was ist Stress?"

Belastungen	Burnie präsentiert mittels Flipchart und verbalen Informationen folgende Inhalte: Differenzierung ‚Belastung und Beanspruchung, physikalische ⌨ Belastungen, Belastungen aus der Arbeitsorganisation und aus der Arbeitsaufgabe, psychosoziale Belastungen und eine Zusammenfassung. Mit einem Beispiel verdeutlicht Burnie abschließend noch einmal die vermittelten Lerninhalte und arbeitet besonders die interindividuellen Unterschiede zwischen einzelnen Menschen heraus.
Physiologie	Nach einem Feueralarm im Gesundheitszentrum ist Schwester Ester recht nervös, ängstlich und gestresst – Burnie nutzt die Gelegenheit und stellt Schwester Ester hinter einen Röntgenschirm, sodass die physiologischen Prozesse in einem gestressten Organismus visualisiert werden können. Anhand des dreiphasigen Stressmodells von Selye (1956) werden v. a. die hormonellen Prozesse beschrieben: Vorphase, Alarmreaktion und Erholungs-/Erschöpfungsphase. Es folgt weiter eine Differenzierung der zwei physiologischen Stresstypen „Sympathikusorientierter" vs. „Parasympathikusorientierter" und die jeweils typischen Reaktionen auf die Organe resp. Organsysteme während des Stressprozesses: Adern, Herz, Lunge, Magen/Darm, Harnblase, Bauchspeicheldrüse und Speicheldrüse, Augen, Tränendrüse, Haare und Schweißdrüsen.
Erklärungsmodell	Burnie greift erneut zum Flipchart und erläutert dort das ⌨ transaktionale Stressmodell der Lazarus-Gruppe (Lazarus & Folkmann, 1984) als Erklärungsmodell. Im Mittelpunkt stehen hier die wechselseitigen Verarbeitungsprozesse im Stressgeschehen mit den Schwerpunkten Anforderungen, Kompetenzen/Strategien und Ressourcen. Anhand von zwei Beispielen macht Burnie das theoretische Modell anschaulich: Er präsentiert zwei Briefe seiner Söhne Erdi und Manni. Der eine verwendet ineffektive Bewältigungsstrategien, der andere effektive.
Stressfolgen	Burnie fährt am Flipchart fort und erläutert die Stressfolgen, differenziert nach kurz- und langfristigen Folgen. Schwester Ester dient erneut als Anschauungsobjekt: Sie lässt sich von dem Stress-Folgen-Scanner (SFS) durchleuchten und der Anwender kann die unterschiedlichen ⌨ Beanspruchungsfolgen auf dem Display betrachten. Unterschieden werden (1) Körper und Psyche, (2) Gedanken, (3) Emotionen und (4) Verhalten.
Modul Stressinventar	Im Mittelpunkt des Stressmanagers steht das interaktive Stressinventar im Self-Assessment-Design. 13 typische Stresssituationen aus dem betrieblichen Umfeld wurden mithilfe qualitativer und quantitativer Analysen an studentischen und betrieblichen Zielgruppen identifiziert. Der Anwender sucht sich aus dem Pool von unterschiedlichen Situationen eine oder mehrere Stresssituationen aus, die für ihn die größten Beanspruchungspotenziale besitzen.

Die ausgewählten Stresssituationen werden dem Anwender durch Bewegtbilddarstellungen und Texte präsentiert. Auf dieser Grundlage werden in Anlehnung an ein semiprojektives Vorgehen Stressreaktionen und Bewältigungsstrategien erfragt.

> Das zugrunde liegende **Stressinventar** ist durch eine Validierungsstudie hinsichtlich seiner Gütekriterien überprüft worden. 211 studentische und betriebliche TeilnehmerInnen haben das Stressinventar und weitere standardisierte Fragebögen (FABA von Richter, Rudolf & Schmidt; SVF120 von Janke, Erdmann, Kallus & Boucsein) im Jahre 2005 ausgefüllt. Neben einer Itembereinigung, um einen schlankeren Screening-Fragebogen zu erzielen (Endfassung: 43 Items), sind Faktorenanalysen durchgeführt worden, um die Bewältigungsstrategien zu „clustern". Die acht extrahierten Faktoren klären immerhin 88,47 Prozent der Varianz auf (Hauptkomponentenanalyse / Varimax mir Kaisernormalisierung). Die Korrelationen der Hauptskalen mit den standardisierten Instrumenten (FABA und SVF) sind erwartungskonform.

Das Stressinventar besteht aus folgenden Skalen:
- Situationsbewertung,
- Stresserleben in vorgegebener Situation,
- Effektive kognitive Reaktionen,
- Orientierung an anderen, um das Problem zu lösen,
- Freisein von unangenehmen körperlichen Reaktionen,
- Entlastungsstrategien,
- Freisein von negativen Emotionen,
- Selbstmotivation nach Misserfolg,
- Lernfähigkeit und
- Ursachenzuschreibung nach Misserfolg.

Die Skalenmittelwerte werden als Profile ausgegeben. Darüber hinaus findet eine Bewertung der Strategien und Kompetenzen über das Ampelschema statt (grün: alles in Ordnung; gelb: Obacht; rot: dringender Handlungsbedarf). Mit Hilfe von Textbausteinen werden dem Anwender seine Ergebnisse erläutert und Handlungsempfehlungen ausgesprochen.

Das Modul ‚Entspannungstechniken' besteht aus den Untermodulen ‚Progressive Muskelrelaxation', ‚Autogenes Training' und ‚Yoga'. Die Auswahl dieser drei Verfahren berücksichtigt die wissenschaftliche Absicherung und die Praxistauglichkeit oder -anwendbarkeit hinsichtlich der Rahmenbedingungen eines elekt-

Modul Entspannungstechniken

ronischen Mediums. Sowohl die Psychologische Fachgruppe Entspannungstechniken des Berufsverbands Deutscher Psychologinnen und Psychologen als auch zahlreiche Evaluationsstudien (vgl. Linden et al., 1994; Dusseldorp et al., 1999) belegen die Wirksamkeit der drei ausgewählten Verfahren. Hohe Wirksamkeit entfalten die Entspannungstechniken, wenn sie mit kognitiven Verfahren wie Problemlösetechnik und Zeitmanagement kombiniert werden (Klink et al., 2001). Die Entspannungstechniken sind den Gebäuden ‚Produktion', ‚Logistik' und ‚Studio' zugeordnet. Am Anfang erfolgt ein Hinweis auf Kontraindikationen.

Muskelentspannung

Burnie nimmt den Anwender mit in das Gebäude ‚Produktion' in die Versandabteilung. Hier wird die ‚Entspannungshaube 68' zum Versand vorbereitet. Das Retroprodukt erinnert stark an eine Trockenhaube beim Friseur. Der Anwender wird aufgefordert, das Produkt auszuprobieren und zwischen sieben unterschiedlichen Übungen der progressiven Muskelrelaxation zu wählen. Eine Individualisierung der Sitzungen erfolgt über die Wahl der Optionen ‚Stimme männlich vs. weiblich', ‚Musikuntermalung an vs. aus', ‚Naturgeräusche an vs. aus' und ‚Ruhebilder an vs. aus'.

Muskelentspannung

Die Progressive Muskelrelaxation oder Tiefmuskelentspannung bzw. das Progressive Entspannungstraining wurde von Edmund Jacobson um 1928 als Entspannungsmethode entwickelt und baut auf der Kultivierung der Muskelsinne (Körperintelligenz). Ähnlich wie bei anderen Verfahren (Autogenes Training, Yoga) lernt der Übende, einen als angenehm erlebten physiologischen Entspannungszustand hervorzurufen. Das Prinzip der Progressiven Entspannung liegt im systematischen Wechsel von Anspannung und Entspannung einzelner Muskelgruppen. Dies ermöglicht es, ein genaues Gefühl für körperliche An- und Entspannung zu erreichen. Grundverfahren: einzelne Muskelgruppen für 1 bis 2 Minuten anspannen, sich auf die entsprechenden Empfindungen konzentrieren, anschließend diese Muskelgruppen 3-4 Minuten maximal entspannen. Jacobson nannte die Methode fortschreitend (progressiv), weil man mit der Zeit eine immer tiefere Entspannung erreichen kann und weil die Entspannung, die zunächst nur im muskulären Bereich vorherrscht, sich auf das vegetative Nervensystem und das Herzkreislaufsystem überträgt und zur inneren Stabilisierung sowie einem Abbau übermäßiger Anspannung und Erregung führt. Nach einigen Monaten kann die Entspannung auch ohne vorherige Anspannung erreicht werden. Hierbei handelt es sich um ein Verfahren, bei dem die Muskeln als Ausgangspunkt für die Entspannung gewählt werden. Durch willkürliche Anspannung und nachfolgende Lockerung von Muskelpartien kommt es wegen des provozierten Kontrastes zu sofortigen und intensiven Entspannungsempfindungen. Die Entspannung wird als Schwere-, Wärme-, Prickel- oder Trägheitsgefühl wahrgenommen. Diese Empfindungen zeigen, dass nicht nur muskuläre, sondern auch psychovegetative Entspannungen stattfinden. (Vgl. Bernstein, 1995; Brenner, 2002).

☑ **Box 5-2:** Progressive Muskelrelaxation

Im Gebäude ‚Logistik' befindet sich eine Produktionsstraße mit Fließband – hier wird das ‚Relaxegg 700' zusammengebaut. Der Anwender wird von Burnie aufgefordert, das Produkt auszuprobieren. Der Anwender kann zwischen drei unterschiedlichen Übungen des Autogenen Trainings wählen. Eine Individualisierung der Sitzungen erfolgt über die Optionen ‚männliche vs. weibliche Stimme', ‚Musikuntermalung', ‚Naturgeräusche' und ‚Ruhebilder'.

Autogenes Training

Autogenes Training

Das Autogene Training ist das bekannteste Entspannungsverfahren. Die Entspannung entsteht autogen in der eigenen Person und führt zum Abbau von Überspannungen und zum Aufbau von Gleichgewicht zwischen Spannung und Entspannung. Im Autogenen Training werden die geistige, gefühlsmäßige und körperliche Ebene mit autosuggestiver Selbstbeeinflussung verbunden, die sich mittels Körperwahrnehmung auf Zustandsveränderungen in den Organfunktionen richtet. Mit dem von Schultz (1884-1970) entwickelten Autogenen Training ist es möglich, selbst gesteuert Entspannung zu erzeugen. Empfindungen, die beim Autogenen Training auftreten, lassen sich mit Vorgängen im Organismus erklären. Die Übungen des Autogenen Trainings bewirken nachweisbare Entspannung im Körper. Suggeriert sich der Anwender z. B. eine Wärmeempfindung im Autogenen Training, kommt die Wärmewahrnehmung dadurch zustande, dass sich Blutgefäße in den angesprochenen Körperbereichen weiten. Das Autogene Training hat ein allgemeines und ein spezielles Ziel. Zum einen werden eine umfassende Entspannung sowie eine dauerhaft bessere Regulation der Körpersysteme gefördert; dies entspricht einer umfassenden Änderung des Erregungsniveaus. Zum anderen lässt sich die eingeübte Entspannungsfertigkeit nutzen, um sich in jeder belastenden Situation sofort durch Einsatz des Erlernten helfen zu können. Auch bei ursprünglich körperlichen Leiden ist das Autogene Training hilfreich. (Vgl. Brenner, 2004)

☑ **Box 5-3:** Autogenes Training

Yoga

Im werkseigenen TV-Studio wurde gerade das Produkt ‚Body & Soul – Your personal Yoga!' fertiggestellt und soll nun vom Anwender getestet werden. Der Anwender kann zwischen vier unterschiedlichen Übungsblöcken mit insgesamt 26 Einzelübungen auswählen. Die einzelnen Übungen sind Realvideoclips, in denen eine Yogalehrerin die Übungen vormacht und zum Mitmachen animiert. Alle Übungen sind für den „ungeübten" Anwender konzipiert. Ein Trainingseffekt ist durch eine ansteigende Übungsschwierigkeit gewährleistet.

Yoga

Yoga ist eine Methode zur Entspannung und Beherrschung des Körpers und des Geistes, die auf eine etwa 5000 Jahre alte Tradition zurückgeht. Ihr Ursprung liegt in der fernöstlichen Philosophie. Diese betrachtet Körper und Geist als Einheit. Körperliche Übung und geistige Entwicklung gehören hier zusammen. Auch in der westlichen Medizin ist die positive Wirkung der Körperübungen anerkannt und mit Studien belegt. Viele gymnastische Übungen, die von Sportlern (z. B. bei ihrem Aufwärmprogramm) angewandt werden, sind aus dem Yoga bekannt. Auch die Progressive Muskelentspannung nutzt zum Teil Übungselemente aus dem Yoga. (Vgl. Stück, 1998)

☑ Box 5-4: Yoga

Modul Problemlösetechniken

Stress entsteht häufig durch schlecht strukturierte Problemlandschaften, sodass nicht alle Problemelemente und Gesetzmäßigkeiten bekannt sind. Es lassen sich verschiedene Problemgruppen identifizieren: Analyse-, Such- und Entscheidungsprobleme. Im Gebäude ‚Forschung und Entwicklung' ist das Modul ‚Problemlösetechniken' verortet. Hier wird der Roboter ‚Noprob 2' entwickelt. Dieser Roboter besitzt Sprachausgabe und kann über einen großen Monitor, der sich über Brust- und Bauchbereich erstreckt, relevante Inhalte visualisieren. Nach einem animierten Einleitungsfilm hat der Anwender die Gelegenheit, einen Fragebogen zum Thema auszufüllen. Anhand der Ergebnisse können Defizitbereiche identifiziert werden.

Die einzelnen Inhalte:
- Einführung in die Problemlösemethode
- Beispiele
- Mindmapping
- Brainstorming
- Formblätter zum Ausfüllen

Nach der Einführung in die Methode werden die einzelnen Schwerpunkte exemplarisch verdeutlicht. Die Anwendungstechniken ‚Mindmapping' und ‚Brainstorming' werden ausführlich vorgestellt. Mithilfe der Formblätter wird der Anwender in die Lage versetzt, die zuvor präsentierten Techniken im Alltag einzusetzen.

Folgende Formblätter liegen vor: ‚Problem-/Konfliktanalyse', ‚Ursachenanalyse', ‚Maßnahmenplanung / Folgenanalyse', ‚Aktionsplan' und Umsetzungsbewertung'.

Die Anwendungstechniken ermöglichen neue Sichtweisen und schaffen Raum für ein neues Problem- und Lösungsbewusstsein.

Mindmapping und Brainstorming

Beim Mindmapping geht es darum, etwas auf- und mitzuschreiben. Das können die eigenen Gedanken sein, Ideen, die eine Gruppe produziert, aber genauso Diskussionen und Vorträge. Das Grundprinzip ist die Überwindung des traditionellen ‚Schön-geordnet-und-untereinander' -Aufschreibens. Der Entwickler wollte das Notieren den Vorgängen im Gehirn anpassen – Verbindung zwischen der logisch denkenden linke und der bildhaft denkenden rechten Gehirnhälfte (Buzan, 2005). Trotzdem sollte diese ‚Gedankenlandkarte' ein geordnetes, übersichtliches und wieder erkennbares Ganzes ergeben – vergleichbar mit einer echten Landkarte. Beim Brainstorming gilt es, Assoziationen zu einem Begriff oder Thema zunächst ungeordnet und ohne Kommentierung zu sammeln. Danach wird das Aufgeschriebene geordnet, strukturiert und zusammengefasst. Das Zulassen aller Gedanken ermöglicht, dass mehr Ideen gesammelt und ungewöhnlichere Lösungswege beschritten werden.

☑ Box 5-5: Problemlösungstechniken

Zeitmanagement gehört zu den beliebtesten Themen im Bereich Stressmanagement (Seiwert, 2007). Die Arbeitsdichte erfordert einen ressourcenschonenden Umgang mit dem Nadelöhrfaktor Zeit. Viele zu erlernende Strategien beziehen sich aber nur indirekt auf den Zeitfaktor. Wer seine Zeit in Griff bekommen möchte, muss beispielsweise lernen zu delegieren oder bestimmte Aufgaben an andere abzugeben. Außerdem ist es auch wichtig, die Motivation zu steigern und Erfolgskontrollen einzuführen. Letztlich geht es aber nicht nur um Effizienzsteigerung (also mehr Arbeit in der Zeiteinheit), sondern um Effektivitätssteigerung (Covey, 2005). Zeitmanagement ist ein Querschnittsthema, das von vielen Faktoren beeinflusst wird. In dem Modul des Stressmanagers werden v. a. Methoden zur Zeitplanung, zur Priorisierung von Tätigkeiten und zur Erfassung von zeitraubenden Tätigkeiten abgebildet.

Modul Zeitmanagement

Das Modul ‚Zeitmanagement' ist dem Schulungszentrum zugeordnet. Hier findet gerade eine Verkaufspräsentation für das neue Produkt ‚Time Communicator' statt. Burnie und der Anwender platzen in die Veranstaltung herein, werden vom Marketing Chef freundlich begrüßt und sind sofort mit eingebunden.

Der Time Communicator ist in der Lage, ähnlich wie der Noprob 2, relevante Inhalte zu visualisieren. Nach einer Einleitung kann der Anwender auch hier einen Fragebogen ausfüllen, um die eigenen Verbesserungspotenziale identifizieren zu können. In Abhängigkeit vom Ergebnis wird der Anwender entweder als erfolgreicher Zeitmanager begrüßt und kann das Modul verlassen oder als noch nicht so erfolgreicher Zeitmanager aufgefordert, mithilfe der unterschiedlichen Tools zu trainieren, um besser zu werden. Die zentralen Inhalte werden über das Programm ‚Zeitmanagement in wenigen Schritten' vermittelt: Zeitplanungsregeln, persönliche Zeitinventur, Systematik der Zeitplanung, Tagesplan, Aktivitätencheck, ABC-Analyse, Eisenhowermethode, Leistungskurve und Leistungseffekte durch Pausen (Erholungsfähigkeit).

Modul Freizeit- und Alltagsplanung

Das Modul ‚Freizeit- und Alltagsgestaltung' vermittelt konkrete Empfehlungen, neben den Entspannungstechniken und den systematischen kognitiven Strategien auch die einzelnen Lebensbereiche so zu gestalten, dass ein ‚gesundes Leben' im Sinne eines stressoptimierten Verhaltens mit Nachhaltigkeit abgesichert wird (Work-Life-Balance). Neben Genuss sind es v. a. Ernährung und Sport, die diese Effekte gewährleisten sollen. Vor dem Komplex ‚Park, Kantine und Stadion' fordert Burnie den Anwender auf, sich für ein Untermodul zu entscheiden.

Im werkseigenen Park hat der Anwender die Möglichkeit, mehr über seine Interessen und die Dinge zu erfahren, die er mit Genuss verbindet. In unterschiedlichen Kategorien werden die Vorlieben abgefragt, die später selbstverstärkend im Sinne der intrinsischen Motivation eingesetzt werden sollen. Der ‚Pfad des Genusses' führt durch eine Galerie im Innenraum eines Pavillons im Park. Hier sind unterschiedliche Fotos mit Texten zur Selbstreflexion ausgestellt.

Im Bereich der Kantine kann der Anwender viele Details zum Thema ‚Gesunde Ernährung' erfahren. An den Tischen befinden sich digitale Lexika, mit deren Hilfe man unterschiedliche Informationen abrufen kann. Folgende Bereiche stehen hier zur Verfügung:

- „Was unser Körper so braucht": Eiweiß, Fett, Kohlenhydrate, Flüssigkeit, Vitamine, Mineralstoffe und Spurenelemente.
- „Die kleine Lebensmittelkunde": Hier werden alphabetisch geordnet einzelne Lebensmittel beschrieben.

- „Tipps für eine gesunde Ernährung": Eine Sammlung von zahlreichen Rezepten fürs Frühstück, Mittagessen, Abendessen oder für Zwischendurch.

Das Untermodul ‚Sport' ist dem Stadion zugeordnet. Hier erhält der Anwender sowohl allgemeine Informationen zum Thema ‚Sport und Gesundheit' als auch spezifische Informationen zu den Ausdauersportarten Jogging und Nordic Walking. Burnie vermittelt relevante Informationen zu den Themen ‚Was bewirkt Sport?' und ‚Trainingsstunde Sporttheorie': Blutdruck, vegetative Funktionen, Kapillarisierung, Immunsystem, Endorphine, Osteoporose, Herz-Kreislauf-Kapazität, Gewichtskontrolle, Körperintelligenz, Cholesterinspiegel und Diabetes. Die Trendsportarten Jogging und Nordic Walking werden mit Trainingsplänen präsentiert.

Darüber hinaus beinhaltet der Stressmanager noch zwei Zusatzmodule: Im Zusatzmodul ‚Arbeitsplatzgestaltung' führt Burnie den Anwender in dessen neues Büro. Dieses wurde vom Vorgänger nicht aufgeräumt und soll nun vom Anwender in einen ordentlichen Zustand gebracht werden. Als Hilfestellung händigt Burnie eine Fibel mit Tipps und Empfehlungen zur Gestaltung des Bildschirmarbeitsplatzes aus. Im Zusatzmodul ‚Bildschirmschoner' händigt Burnie dem Anwender drei Bildschirmschoner mit bewegungsintensivierenden Inhalten aus. Diese Bildschirmschoner sollen zu gymnastischen Übungen in den Arbeitspausen animieren.

Zusatzmodule

> Dieser Ausflug durch das interaktive Stressmedium verdeutlicht, wie **komplex Stressmanagement** ist. Letztlich wird nur ein ganzheitlicher Ansatz erfolgreich sein. So benötigt man Methoden, um seine emotionale Anspannung in den Griff zu bekommen, damit die instrumentellen Techniken der kognitiven Ansätze angemessen greifen können. Wer nervös und angespannt ist, wird nicht die nötige kognitive Schärfe zur Problemlösung mitbringen.

 Zusammenfassung zu aktuellen Problemstellungen:

- **Demografiemanagement:** Durch den demografischen Wandel werden auch die Beschäftigten im Mittel immer älter. Damit einhergehend nimmt die Wahrscheinlichkeit für krankheitsbedingte Ausfallzeiten zu. Das betriebliche Gesundheitsmanagement zeigt Wege auf, diese ‚natürliche Entwicklung' zu entschleunigen. Die Aufgaben des Demografiemanagements gehen jedoch über die gesundheitszentrierten Zielsetzungen hinaus, gerade was Personalrekrutierung und -bindung anbelangt.

- **Stressmanagement:** Der Umgang mit Stress ist im Privaten wie im Beruflichen oftmals optimierbar. Ein umfassendes Stressmanagement befähigt den Einzelnen, seinen individuellen Umgang mit Stress zu reflektieren und daraus Schlüsse zu ziehen. Unternehmen sollten Mitarbeitern die Möglichkeit bieten, sich dem Themenfeld ‚Stress' prospektiv zu nähern und entsprechende Angebote wie Entspannungstechniken oder systematische Techniken parat zu haben. Methodisch darf man dabei ruhig auf die Selbstverantwortung des Betroffenen setzen und eLearning oder Web-Based-Trainings einsetzen.

 Check-Liste 13: Herausforderungen – aktuelle Problemstellungen

6 Am Ziel: Der gesunde Mensch

Das **Kapitel 6** soll keine Zusammenfassung darstellen. Hierzu empfehlen wir die Check-Listen. Vielmehr möchten wir mit diesem Kapitel unser Motto für mehr **Eigenverantwortung** im Gesundheitsmanagement lancieren und einen Ausblick auf die zukünftigen Herausforderungen wagen.

Anstelle der Leitfragen möchten wir Ihnen an dieser Stelle die empirische Evidenz zur BGF in zehn Basisaussagen vorstellen (Check-Liste 14). In Verbindung mit der Problempyramide in Bezug auf BGF (O Abbildung 30, S. 173) möchten wir vor einem Angebotsmarathon, ausgelöst durch den demografischen Wandel, warnen! Es handelt sich meistens nur um Blitzlichter ohne nachhaltigen Effekt und ohne einen messbaren Wertschöpfungsbeitrag.

Allgemeine Basisaussagen zur BGF:

- **Basisaussage 1:** Immer mehr Unternehmen setzen Maßnahmen zur BGF im Betrieb um. Es lässt sich derzeit aufgrund des demografischen Wandels sogar geradezu ein Boom an Angeboten konstatieren.
- **Basisaussage 2:** Immer mehr Unternehmen treten mit ihren Erfolgen im Bereich Gesundheit an die Öffentlichkeit. Damit wird Gesundheit zu einem relevanten Imagefaktor!
- **Basisaussage 3:** „Wertschöpfung durch gesunde Mitarbeiter" hat sich vom Slogan-Charakter befreit und kristallisiert sich zur Notwendigkeit heraus, um Wettbewerbsfähigkeit zu gewährleisten. Der Nutzen überwiegt eindeutig die Kosten.
- **Basisaussage 4:** Gesundheitsmanagement ist derzeit noch in vielen Unternehmen aktionistisch geprägt, in sporadische Angebote übersetzt sowie durch die Erfüllung von Gesetzen determiniert. Wir müssen jedoch zum ganzheitlichen und nachhaltigen Gesundheitsmanagement kommen, um das Wertschöpfungspotenzial rund um Gesundheit auszuschöpfen.
- **Basisaussage 5:** Was fehlt, ist eine Gesundheitskultur, die als Führungsaufgabe verstanden wird! Trotz vieler Bekenntnisse gibt es kaum bewertbare Führungsziele zum Themenfeld Gesundheit. Damit verliert die BGF an Ernsthaftigkeit und Umsetzungswillen.
- **Basisaussage 6:** Die nachträgliche Bewältigung gesundheitlicher Probleme und ihrer negativen Konsequenzen stellt das

reaktive Moment der BGF dar. Es überwiegt in der Praxis und wird häufig mit der Kennzahl der Fehlzeiten verknüpft.
- **Basisaussage 7:** Die prospektive Gestaltung gesundheitsförderlicher Arbeit und die Befähigung der Mitarbeiter zum gesunden Verhalten sowie präventive Maßnahmen zur Erhaltung der Beschäftigungsfähigkeit bilden das antizipative Moment. Leider ist dieses häufig nur torsohaft realisiert.
- **Basisaussage 8:** Nachhaltigkeit, systematische Vernetzung, Qualitätssicherung und konsequente Verwirklichung des Präventionsgedankens beschränken sich in der Empirie vergleichsweise auf wenige Best Practice Fälle. Der Mittelstand holt in Bezug auf das ganzheitliche Gesundheitsmanagement auf. Hier sind v. a. die Netzwerke mit Sozialversicherungsträgern von Bedeutung. Ein Zukunftsszenario muss auf jeden Fall den Mittelstand und dessen Anforderungen stärker als bisher berücksichtigen.
- **Basisaussage 9:** ☞ Salutogenese, das Zauberwort der BGF, hat sich nicht vom Experten- zum Laienbegriff transformiert. Damit bleibt aber der Betroffene außen vor.
- **Basisaussage 10:** Viele Verantwortliche erkennen die Notwendigkeit zur Steuerung und Qualitätssicherung von Gesundheitsmanagement mithilfe eines kennzahlenbasierten Managements. Gerade der Mangel an zuverlässigen und gültigen Kennzahlen erschwert das Vorwärtskommen im Bereich BGF. Die zwingende Investition in das Humankapital im Bereich Gesundheit erfordert ein erweitertes und kausalitätsbezogenes Gesundheitscontrolling. Fehlzeitenanalysen etc. reichen hier definitiv nicht mehr aus.

Check-Liste 14: Zehn Basisaussagen zur BGF

6.1 Eigenverantwortung: Unsere Leitsätze

Unsere Ausgangsbasis

Alle wollen Gesundheit, alle wollen Gesundheitsförderung, aber nur wenige nehmen hierfür Verantwortung wahr und kaum einer kann seine eigene Gesundheit managen. Dieses Buch verdeutlicht mithilfe von Theorien, empirischen Daten und Werkzeugen, was Leistung für den Menschen impliziert:
- Abstimmung von Aktivitäten rund um Gesundheit,
- ☞ Empowerment zum gesunden Verhalten,
- Systematische und frühzeitige Erfassung von Risiken,
- Integration von Gesundheit als wertschöpfenden Faktor
- sowie Betroffene zu Beteiligten machen.

Eigenverantwortung: Unsere Leitsätze

Nichts dem Zufall überlassen! → Wir gestalten, wir reagieren nicht nur! Entscheidend für den Erfolg von BGF sind v. a. zwei Vektoren der Selbstverantwortung (Kaschube, 2006): Empowerment und Partizipation! Damit wird deutlich, dass hier das klassische Prinzip des Förderns und Forderns gilt (Koch et al., 2003). Wir dürfen die Eigenverantwortung im Bereich Gesundheit nicht durch vorgeschriebene Maßnahmen ohne Beteiligung erdrücken. Wir wissen aus den Studien, dass Nachhaltigkeit im Bereich Gesundheitsverhalten v. a. durch Beteiligung und soziale Akzeptanz erzielt wird.

Fördern und Fordern

> *„Eigenverantwortung ist sympathisch."* (Kaschube, 2006, S. 13) Die Hochkonjunktur dieses Begriffs verschleiert die facettenreiche Darstellung und die vielen Implikationen, die mit Eigenverantwortung einhergehen. Jedenfalls ist Eigenverantwortung ein im westlichen Kulturkreis wichtiger ethisch-normativer Standard. Wir werden uns in diesem Praxisbuch nicht der wissenschaftliche Baustelle des Konstrukts Eigenverantwortung widmen (Kaschube, 2006), sondern uns auf die funktionale Betrachtung beschränken.

Eigenverantwortung ist keine Flucht aus der Verantwortung. Das Unternehmen hat eine Pflicht, die Rahmenbedingungen zur Entfaltung von Eigenverantwortung zu schaffen und auch fördernde Impulse zu geben. Das Unternehmen kann aber das Gesundheitsverhalten und die Einstellung zur Gesundheit nicht vorschreiben und maßregeln. Wir forcieren in unserer Betrachtung einen individuumsbezogenen Ansatz:

Unsere Sichtweise

- **Menschen unterscheiden sich in der Art und Weise, wie sie mit Gesundheit umgehen.** Das Präventionsverhalten, die Strategien im Umgang mit belastenden Situationen, die emotionale Kontrolle, die Ausdauer und die Bereitschaft zur Überwindung des „inneren Schweinehundes" sind nicht als organisationale Ziele vorzugeben, sondern müssen auf individueller Ebene erkämpft und gestärkt werden.
- **Dabei spielen gesundheitsbezogene Werte, Einstellungen und Gewohnheiten eine zentrale Rolle.** Bei den Gewohnheiten kristallisieren sich v. a. Bewegungs- und Ernährungsgewohnheiten als manifeste Problemfelder heraus. Aufgrund der Zunahme psychosozial bedingter Krankheiten muss aber auch der Umgang mit emotional und sozial beanspruchenden Faktoren in den Fokus rücken.
- **Zunehmend wird auf die Eigenverantwortung in der BGF aufmerksam gemacht.** Es handelt sich aber nicht um ein Feigenblatt. ☞ Selbstwirksamkeit im Sinne des Vertrauens in die Wirksamkeit eigenen Handelns sowie Selbstverantwortung und

Verantwortung für andere (Bezugspersonen) stehen in Anlehnung an das salutogenetische Konzept der ☞ Kohärenz im Vordergrund.

- **Auf der theoretischen Ebene hilft uns hier das Konstrukt der ☞ Selbstwirksamkeit.** „Selbstwirksamkeit ist die subjektive Gewissheit, neue oder schwierige Anforderungssituationen aufgrund eigener Kompetenz bewältigen zu können." (Schwarzer, 2002, S. 521) Kompetenz ist ein vielschichtiger Begriff. Er enthält eine Wissens-, Handlungs- und Einstellungskomponente. Wir müssen das Gesundheitsbewusstsein stärken, aber gleichzeitig auch die Fertigkeiten im Umgang mit der eigenen Gesundheit erweitern. Die Wahrnehmung von Gesundheit und das Verständnis für Gesundheit sind unsere Zielgrößen.

- Aufgrund der Bedeutungszunahme individuumsbezogener Perspektiven empfehlen wir eine Erweiterung der ☞ „Gefährdungsanalyse" auf diese individuumsbezogene Sichtweise. Die Gesundheitsscores betrachten Letztere unter dem Begriff der gesundheitsbezogenen Handlungskompetenz. Summativ betrachtet stellen dann diese Werte einen organisationalen Gesundheitsindex dar.

Unsere Leitsätze

Wir verpflichten uns der Gesundheit. Wir verstehen uns als Dienstleister für die Gesundheit und für die Leistungs- und Arbeitsfähigkeit der Mitarbeiterinnen und Mitarbeiter im Unternehmen. Unser Gesundheitskonzept stellt die Summe aller im Wirkungsverbund bewusst gestalteter und aufeinander abgestimmter Angebote im Bereich BGF dar. Wir wollen gesundheitsbewusste Verhaltensweisen auslösen oder verstärken. Dabei greifen wir auf ein Ressourcenmodell zurück. Damit gewährleisten wir eine zukunftsorientierte und moderne BGF, die den veränderten Rahmenbedingungen wie dem demografischen Wandel gerecht wird.

- Unser Gesundheitskonzept ist gekennzeichnet durch organisationale Maßnahmen der BGF wie Arbeits- und Organisationsgestaltung, durch individuelle Betreuung sowie durch zukunftsorientierte und innovative Vorgehensweisen im Präventionsbereich.

- Wir stellen uns die Aufgabe, alle Bereiche bei der Verfolgung des Unternehmensziels „Gesundes Unternehmen mit gesunden Mitarbeitern" partnerschaftlich zu unterstützen und Gestaltungsprozesse aktiv zu begleiten. Gesundheitsmanagement ist keine Insellösung!

- In dem Verantwortungsbereich BGF streben wir an, die Anforderungen unserer Kunden, also der Mitarbeiter, optimal zu erfüllen. Wir leisten Hilfe in schwierigen Situationen und tragen durch eine angemessene und qualitätsgesicherte BGF zur Si-

Eigenverantwortung: Unsere Leitsätze

cherung des Unternehmenserfolges bei. Dabei fokussieren wir v. a. auf nachhaltige und systematisch kombinierte Gesundheitsprogramme.
- Gesundheitliches Handeln kann nicht verordnet werden, sondern muss gelebt werden, deshalb schaffen wir die Rahmenbedingungen zur Selbstbeteiligung und zum Aufbau einer gelebten ↩ Gesundheitskultur.

Für uns beginnt Gesundheit, lange bevor Krankheit eintritt!

Um diesem Motto gerecht zu werden, fokussieren wir uns auf drei Handlungsvektoren (⊙ Abbildung 79, unten). Die Aktivierung steht dabei im Sinne der Eigenverantwortung im Vordergrund. Die eingesetzten Maßnahmen müssen in Bezug auf ihr Aktivierungspotenzial beurteilt werden. Zudem setzen wir auf die gezielte Lenkung und Steuerung durch Kennzahlen. Mithilfe der Bindung wollen wir Nachhaltigkeit im Gesundheitsmanagement und Umsetzung langfristiger präventiver Maßnahmen gewährleisten.

- ✓ Steuerung durch Kennzahlen
- ✓ Koordination von Maßnahmen
- ✓ Integration medizinischer und psychosozialer Betreuung

- ✓ Betroffenheit auslösen
- ✓ Motivation erhöhen
- ✓ Bewusstsein steigern
- ✓ Eigenkompetenz fördern

- ✓ Langfristige Bindung
- ✓ Umsetzung langfristiger und präventiver Maßnahmen
- ✓ Bindung durch Kundenzufriedenheit und Qualität

Lenkung / **Aktivierung** / **Bindung**

⊙ Abbildung 79: Handlungsvektoren

Im Kapitel 1 haben wir die Eckpfeiler diskutiert. An dieser Stelle illustriert die ⊙ Abbildung 80 (↯ unten) die wichtigsten Säulen eines modernen Konzepts des Gesundheitsmanagements:

Unsere Eckpfeiler

- **Prävention:** Nachträgliche Reparaturarbeiten und Bewältigungsprozesse reichen nicht aus. Wir müssen die Leistungsfähigkeit erhalten und fördern. Der strategische Fokus wird der entscheidende Wettbewerbsfaktor im Kontext Gesundheitsmanagement.

- **Ganzheitlichkeit:** Neben der körperlichen Ebene gilt es, die psychosozialen Faktoren als Themenfelder der BGF hervorzuheben. Auch müssen zunehmend aufgrund der Fragmentierung der Arbeit und des Wertewandels Einflussfaktoren des Lebensraums berücksichtigt werden.
- **Kundenorientierung:** Wir sind Ansprechpartner für alle Interessengruppen. Der wichtigste Kunde ist aber der Mitarbeiter.
- **Bedarfsorientierung:** Wer Aktivität steigern möchte, der muss die Wünsche und Bedürfnisse der Kunden erfassen. Gesundheitsförderung ist kein Medikament, sondern eine Aktivität mit und für den Kunden.
- **Aktivierung:** Wir müssen Selbstkompetenz und Selbstregulation fördern. Dies kann aber nur geschehen, wenn wir unsere Kunden bei der Umsetzung einbinden und, psychologisch betrachtet, vertraglich zur Gegenleistung binden.
- **Qualitätssicherung:** Verantwortliches Handeln setzt kritische Reflexion voraus. Um qualitätsbezogen im sensiblen Bereich der Gesundheit zu agieren, benötigen wir Prüffaktoren für unser Handeln.
- **Integration:** BGF kann nicht aus einer Insellösung entstehen. Führungskräfte müssen eingebunden werden und als Multiplikatoren fungieren. Damit wird die Vernetzung mit internen und externen Partnern ein wesentlicher Erfolgsparameter für die Umsetzung der BGF. Wir verstehen Gesundheit als eine gemeinsame Aufgabe.
- **Kennzahlenbasierung:** Wer transparent, effizient und effektiv sowie systematisch arbeiten möchte, benötigt Kennzahlen als Indikatoren für den Erfolg des Tuns.
- **Wirtschaftlichkeitsorientierung:** Gesundheitsmanagement trägt zur Wertschöpfung des Unternehmens bei. Damit darf sie sich einer Wirtschaftlichkeitsbetrachtung nicht entziehen, sondern sollte sich selbstbewusst als herausragender Bereich aus Sicht der Wertschöpfung ins Rampenlicht stellen. Wir benötigen zukünftig eine hohe Investitionsbereitschaft in Bezug auf BGF, die wir gewiss nicht erzielen, wenn wir uns ängstlich zurückziehen.
- **Imageförderung:** Ein modernes Gesundheitsmanagement macht das Unternehmen attraktiv. Gesundheit wird zum Imagefaktor, den man nicht unterschätzen sollte.

Eigenverantwortung: Unsere Leitsätze

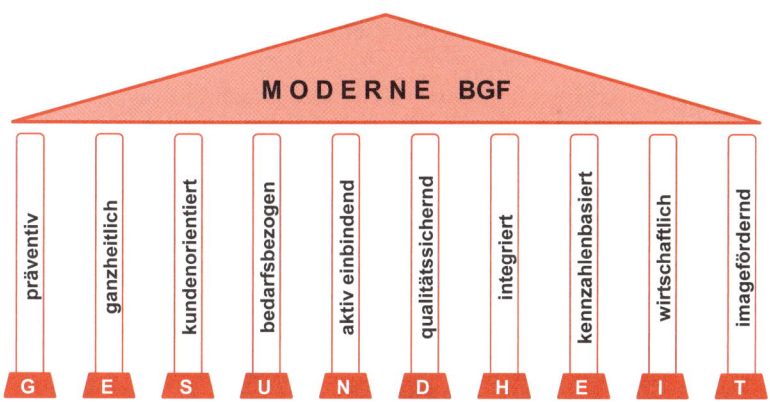

Abbildung 80: Eckpfeiler einer modernen BGF

Im Kap. 2 (S. 73) und 3 (S. 103) wird deutlich, dass wir die partizipative Verhaltensprävention für sehr wichtig erachten (Abbildung 81, unten). Zu den Verhaltensfaktoren zählen Selbstregulation, Gesundheitsbewusstsein, Gesundheitsverhalten, Erfahrung und Wissen sowie Einstellungen. Aber diese Verhaltensprävention ist frucht- und bodenlos, wenn sie nicht durch Maßnahmen der Verhältnisprävention flankiert wird. Die Verhältnisprävention stellt quasi das Grundgerüst dar. Zu den Verhältnisfaktoren zählen Arbeitsorganisation, Arbeitsbedingungen, Arbeitsaufgaben, physikalische Umwelt, aber auch die kulturelle Prävention, also Werte, Leitbilder, Führungs- und Unternehmenskultur. Stellen sich die Verhältnisse als instabil, inkonsistent oder unauthentisch heraus, wird man gewiss keine Erfolge in der Verhaltensprävention erzielen. Unabhängig von der Verhaltens- oder Verhältnisprävention und deren Zusammenspiel ist die aktive Einbindung bzw. Partizipation.

Unser Gestaltungsansatz

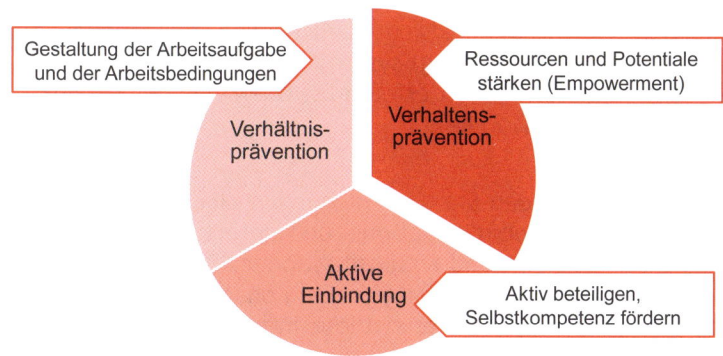

Abbildung 81: Partizipative Prävention

Die O Abbildung 82 stellt die Anforderungen und Ziele gegenüber.

O Abbildung 82: Ziele und Anforderungen an die BGF

6.2 BGF im Dialog: „Warum ist Selbstbestimmung so wichtig?"

Das Buch hat viele Facetten der BGF aufgeführt und diskutiert. In diesem Kapitel haben wir betont, dass für uns der bindende Faktor der diversen Gestaltungsmaßnahmen nur die Eigenverantwortung sein kann. Wir möchten Sie abschließend mit der Meinung eines im Bereich BGF ausgewiesenen Praktikers vertraut machen, der das Eigenverantwortungskonzept und die Achtsamkeit sich selbst gegenüber in seinem LIFE-Konzept (Langfristige Individuelle Förderung der Eigenverantwortung) systematisch und konsequent abgebildet und in Unternehmen erfolgreich übersetzt hat (☑ Box 0-3, S. 7; O Abbildung 11, S. 44).

Auf der CD-ROM finden Sie Unterlagen zum LIFE-Konzept. LIFE ist ein Informations-, Kommunikations- und Unterstützungssystem für menschliche Problem- und Krisensituationen. Die Unterlagen stellen die Grundideen und das allgemeine Konzept von LIFE dar. Wir bedanken uns für die Freigabe, diese Informationen auf der CD-ROM veröffentlichen zu dürfen.

BGF im Dialog: „Warum ist Selbstbestimmung so wichtig?" 6.2

Dr. phil. Stephan Gronwald

Dr. Gronwald ist Experte und Visionär für innovative Systeme des Gesundheitsmanagements. Er hat das TerraSana Institut mit Sitz am Tegernsee 1995 gegründet. Diese Gesellschaft wurde 2008 in die TerraSana LIFE AG überführt. Dr. Gronwald ist Vorstand dieser Gesellschaft zur Entwicklung, Implementierung und operativen Umsetzung von Konzepten zur Lebensstilveränderung im Rahmen der BGF und im Tourismus. Sein Hauptaugenmerk gilt der systematischen und konstruktiven Vernetzung von Gesundheitspartnern, um den Menschen in seiner Ganzheitlichkeit auf der körperlichen, geistigen, seelischen und sozialen Ebene in Bezug auf Gesundheit gerecht werden zu können. Dabei fordert er konsequent die wissenschaftliche Absicherung und Qualitätssicherung der eingesetzten Maßnahmen. Am Tegernsee ist er maßgeblich für das Projekt „Gesundes Land" verantwortlich, was die Bedeutung von Gesundheit als Wirtschaftsfaktor für diese Region unterstreicht.

Das Interview fand am 24. September 2008 statt. Als Autoren möchten wir uns an dieser Stelle herzlich für die Unterstützung von Dr. Gronwald bedanken.

Die O Abbildung 83 fasst die wichtigsten Themen- und Fragestellungen des Interviews zusammen. Es handelt sich nur um eine Auswahl der Inhalte des sehr umfangreichen Interviews. Sie sind in dieser *Kurzform* dem Interviewten zur Kontrolle vorgestellt worden. Viele Gedanken von Dr. Gronwald finden sich auch in den einzelnen Kapiteln wieder.

O Abbildung 83: Themen des Interviews mit Dr. Gronwald

Personenbezogene Sicht: Gesundheit ist etwas Persönliches und sollte nicht anonymisiert abgewickelt werden. Wir müssen Mitarbeiter sensibilisieren und betroffen machen. Wir müssen sie motivieren, ihre Achtsamkeit wieder auf sich selbst zu richten. Wir müssen sie auf dem Weg von der erlernten Hilflosigkeit zur Eigenverantwortung begleiten. Wir sind aber nur das Navigationssystem. Wir können nur die Hand reichen. *Was* *sind unsere Erfolgsfaktoren?* Dialog, Feedback, Vertrauen, vernetzte Expertise und eine ↪ Gesundheitskultur bilden die Grundfesten eines Gesundheitskonzepts, das den Menschen in den Mittelpunkt rückt und individuelle Lösungen auf Basis eines einheitlichen wissenschaftlichen Ansatzes entwickelt. Letztlich können wir aber nur vermitteln und koordinieren. Gesundheit muss vom Einzelnen gelebt und erlebt werden! Wir können zum Mitmachen motivieren und bei der persönlichen Stärken-Schwächen-Analyse unterstützen. Diese persönliche Lebensampel dient zur Festlegung individueller Ziele und zur Kontrolle des richtigen Weges. Ohne Gesundheitsziele und deren Überprüfung fehlt der Impuls zur systematischen Veränderung.

- **Gesunder Lebensstil:** Wir zielen auf einen gesunden Lebensstil als nachhaltiges Vorgehen im Bereich der BGF. Das Lebensstilkonzept ist ein komplexer Ansatz zur Entwicklung einer ↪ Gesundheitskultur im Unternehmen. *Warum so komplex?* Die moderne Arbeitswelt fordert Maximierung auf körperlicher, kognitiver und emotionaler Ebene und schafft damit viele menschliche Problem- und Krisensituationen. Mit eindimensionalen und kurzlebigen Konzepten werden wir dieser Anforderung nicht gewachsen sein. Höchstform und Höchstwert sind gefordert. Das Individuum braucht Kraft, um diesen Herausforderungen gerecht zu werden. *Was kann ich tun, um gesund zu bleiben? Wie kann ich frühzeitig Krankheiten und Probleme erkennen?* Wenn der Einzelne bei diesen Fragen nicht die Verantwortung für sein Leben übernimmt und auch seine eigene Gesundheit nicht selbst in die Hand nimmt, dann bleiben diese Fragen unbeantwortet und auch ungelöst. Von ↪ Prävention ist dann aber keine Rede mehr. Gesunder Lebensstil bedeutet nicht einfach ein Mehr an Bewegung oder ein Mehr an Gesundheit in Bezug auf Ernährung etc. Es bedeutet es primär, sich seiner selbst bewusst zu werden und überzeugt zu sein, selbstwirksam und selbstverantwortlich mit seiner Gesundheit als knappe Ressource umzugehen.

- **Partizipationsansatz:** Um einen gesunden Lebensstil zu entwickeln, braucht man Kompetenz und Unterstützung, was häufig unter dem Stichwort ↪ Empowerment subsumiert wird. Man benötigt das Wissen über Zusammenhänge und Methoden zur Handhabbarkeit und Umsetzbarkeit des Wissens. Wir können den Mitarbeiter begleitend unterstützen und Instrumente zur Verfügung stellen. Wir können gesundheitsförderliche Rahmenbedingungen schaffen. Der Mitarbeiter muss aber aktiv eingebunden sein und das Angebot aus Freiwilligkeit und Überzeugung wahrnehmen. Diesem individuellen Anspruch kann durch Coaching und Case-Management entsprochen werden. Für die betriebliche Praxis sind hier aber v. a. auch die Führungskräfte als Promotoren und Multiplikatoren angesprochen. *Warum?* Gesundheit ist Führungsverantwortung!

Qualitätssicherung: Unsere Verantwortung ist die Qualität unserer Angebote. Wir evaluieren unsere Arbeit und wir gewährleisten die Qualität der Maßnahmen aus wissenschaftlicher Sicht. Der Nachweis der Wirksamkeit von Systemen zur BGF wird leider oft vernachlässigt oder beschränkt sich auf eindimensionale Beweisführungen oder eine verzerrte Fehlzeiteninterpretation. Wir sehen in der Evaluation einen Prozessbegleiter, der uns aufzeigt, ob wir in der Umsetzung unseren eigenen Standards gerecht werden. Nur eine begleitende Evaluation kann der Komplexität der Fragestellung entsprechen und den Nachweis erbringen, den wir dringend in der Kommunikation und Argumentation für eine gesunde Arbeits- und Lebenswelt benötigen. Die Evaluation hat damit auch eine Marketingfunktion im weiteren Sinne.

Humanistisches Konzept: *Gibt es eine Weltanschauung, auf der das Gesundheitskonzept LIFE fußt?* Die Antwort kommt spontan: Ein humanistischer Ansatz! Ein Humanist zu sein, klingt oft so, als sei man weltfremd. Wer jedoch den Faktor Gesundheit außer Acht lässt, zeigt Weltfremdheit; denn die empirischen Ergebnisse von Studien belegen nachdrücklich, wie wichtig der Gesundheitsfaktor im Kontext des Wandels der Arbeit ist und sein wird (Kap. 1.2, S. 27) (Tabelle 6-1, unten). Man muss sich nur nüchtern die Veränderung der Krankheitsbilder vor Augen führen. Die Zunahme der psychischen Erkrankungen, das grassierende metabolische Syndrom, der unaufhaltsame Diabetes mellitus, der um sich greifende Bluthochdruck oder die ausweitenden Gehirnleistungsstörungen sind nur einige Fanalen am Horizont, die das Krankheitspanorama der Zukunft kennzeichnen. Diese Volkskrankheiten werden in die Arbeitswelt hineinreichen und enorme Kosten und Ausfallzeiten verursachen. Die Humanisierung der Arbeitswelt (Abbildung 2, S. 13) ist also kein Sozialklimbim, sondern wirtschaftlich unausweichlich und unverzichtbar. Aus humanistischer Sicht ist aber nicht nur der volks- und betriebswirtschaftliche Aspekt von Bedeutung, sondern v. a. auch das individuelle Schicksal. Wir müssen hier Aufklärungs- und Sensibilisierungsarbeit leisten und damit dem Appell zu Vorsorge und ↱ Prävention der gesetzlichen Krankenkassen Leben einhauchen. Wir müssen uns dabei an den Werten und der Würde des einzelnen Menschen orientieren. Es geht um Vertrauen und Glaubhaftigkeit. Ein nicht humanistisches, fremdgesteuertes und aufgestülptes sowie technizistisches Gesundheitskonzept wird gewiss nicht dem salutogenetischen Ansatz und damit der ↱ WHO-Definition (☑ Box 0-1, S. 3) gerecht werden können.

☐ **Tabelle 6-1:** Vorteile von BGF für Unternehmen und Mitarbeiter

Für das Unternehmen	Für die Mitarbeiter
Erhalt der Leistungsfähigkeit der Mitarbeiter und Sicherung von Fach- und Führungskompetenz im Kontext des demografischen Wandels und des Fachkräftemangels	**Erhalt der Arbeits- und Beschäftigungsfähigkeit** durch Steigerung der psychischen und physischen Leistungsfähigkeit und durch einen gesunden Lebensstil im Kontext des Anforderungswandels in der Arbeitswelt
Abbau, Verkürzung und Verhinderung von Fehlzeiten durch Reintegrations-Modelle und durch Entwicklung von effektiven Behandlungsabläufen sowie durch nachhaltige Lebensstilkonzepte im Kontext der Chronifizierung des Krankheitspanoramas und der Zunahme von Lifestyle-Erkrankungen	**Abbau von Risikofaktoren** und dadurch Erhalt der Lebensqualität und Agilität durch kombinierte BGF-Programme auf der Ebene der Verhältnis- und Verhaltensprävention
Steigerung der Personalbindung, Reduktion der Fluktuation und Steigerung des Images durch Förderung von Identifikation, Motivation und Klima. Durch Zufriedenheit und Commitment nimmt auch die Produktivität zu.	**Stärkung von sozialen Ressourcen** als Entlastung und Unterstützung durch kompetente Hilfe und praktizierte ↱ Work-Life-Balance
Kostenreduktion durch Einbindung der sozialen Sicherungssysteme und Refinanzierung durch Bezug auf das Sozialgesetzbuch.	**Akutunterstützung** in Not- und Krisensituationen zur Sicherung der Arbeitskraft und Verhinderung einer Verschleppung.

Herr Dr. Gronwald beendete das Interview mit einem Bekenntnis zur Förderung der Eigenverantwortung. Darunter versteht man die Verpflichtung des Einzelnen, für die Folgen seines Handelns selbst einzustehen und sich der Aufgabe der Optimierung zu widmen. Diese Verantwortungsethik, die Freiheit und Vernunft als humanistische Größen anerkennt, bedeutet aber nicht im Umkehrschluss, dass sich das Unternehmen oder auch die Gesellschaft seiner bzw. ihrer Verantwortung entziehen kann. Im Gegenteil müssen wir durch BGF-Maßnahmen erst den Boden bzw. die Ressourcen schaffen, damit Eigenverantwortung durch Kompetenz und durch gesundheitsförderliche Arbeits- und Umfeldbedingungen im Sinne von Fördern und Fordern angemessen abbildbar ist. Die zugrunde liegende Gesundheitsdidaktik (☑ Box 1-10, S. 41) baut auf die ☞ Subsidiarität.

Arbeitsdirektor Alfred Geißler

Was sagt dazu der Kunde? Wir freuen uns, Ihnen das Statement des Arbeitsdirektors Alfred Geißler, Mitglied der Geschäftsführung Evonik Steag GmbH, zum Thema Eigenverantwortung vorstellen zu dürfen (30.10.2009). Im Portfolio bildet Steag das Geschäftsfeld Energie im Evonik-Konzern mit derzeit rund 41.000 Mitarbeitern ab. Als fünftgrößter Stromerzeuger in Deutschland sichert die Steag die Energieversorgung mit modernen Kraftwerken im In- und Ausland und mit einem Spektrum vielfältiger Dienstleistungen.

„Gesunde, motivierte und zufriedene Mitarbeiterinnen und Mitarbeiter sind die wichtigste Ressource eines Unternehmens: Eine aktive betriebliche Gesundheitsförderung, vom klassischen Gesundheitsprogramm über das Sozialmanagement bis hin zu Führungsverantwortung auch für Gesundheitsfragen, zusammengefasst in einem **integrierten Konzept** ist unser Weg dahin. Daher haben wir unser Gesundheitsprogramm LIFE (Langfristige Individuelle Förderung der Eigenverantwortung) initiiert, das als **ganzheitliches Lebensstilkonzept** ausgerichtet ist. Oberstes Ziel ist es, Führungskräfte und Mitarbeiterinnen und Mitarbeiter durch Sportangebote, Sensibilisierungswochen und Vorträge, v. a. aber durch **Eigeninitiative zu einer gesünderen Lebensweise** zu veranlassen. Eine langfristige Verringerung krankheitsbedingter Ausfallzeiten und mehr Zufriedenheit und Motivation sind die **doppelte Rendite**, die wir davon erwarten. Auf diese Weise leistet unser (neues) Gesundheitsprogramm einen wichtigen Beitrag zur Erhöhung der Qualität und Produktivität im Unternehmen, um im harten, globalen Wettbewerb weiter gut bestehen zu können."

> Gesundheit ist ein Kapital mit beständig hohen Renditen und ein Garant für engagierte Mitarbeiter – so lautet das Motto von LIFE. *„Fit for Business"* ist mehr als nur das bloße Funktionieren und auch mehr als das kurzfristige Überleben. Dieses Buch soll einen Beitrag zu mehr Eigenverantwortung und Qualität im Bereich der BGF leisten, damit Gesundheit als Wertschöpfungsfaktor nachhaltig und strukturell im Unternehmen verankert wird. Der wichtigste Akteur ist dabei der Mitarbeiter selbst. **Das Ziel ist der gesunde Mensch.** *Sind wir am Ziel?* Wir sind am Ziel, wenn es uns gelungen ist, den Mitarbeiter für seine Gesundheit zu sensibilisieren. Aber Gesundheit allein ist nicht ausreichend, da dieser Begriff „angestaubt" und rückwärtsgewandt ist. Letztlich geht der Weg der Zukunft vom **statischen Gesundheits- zum dynamischen Vitalitätsmanagement**.

Unsere Autorenmeinung

Um ein vitales Unternehmen zu schaffen, benötigen wir systematische und evaluierte Vitalitätssteigerungsprogramme. Unterziehen Sie sich einem kritischen Vitalitätsaudit, um festzustellen, ob Ihr Unternehmen in Zeiten des demografischen Wandels den Anforderungen ausreichend gewappnet ist! Unsere Anforderungen sind Verlängerung der Lebensarbeitszeit, Erhöhung des Anteils älterer Mitarbeiter in den Betrieben im Kontext des sich abzeichnenden Fachkräftemangels und Zunahme des Arbeitsdrucks. Allein diese Gründe verdeutlichen mit Nachdruck, dass gesunde Arbeitswelten und vitale Mitarbeiter ein Asset sind, das niemand mehr vernachlässigen darf. Die gewünschte Fitness erreichen Sie aber nicht nur durch Altersstrukturanalysen, sondern durch ein integriertes Portfolio an Maßnahmen (Kap. 3, S. 103) und deren Evaluation (Kap. 4, S. 157). Wir empfehlen Ihnen frühzeitig Ihre organisationalen Prozesse und Strukturen auf den Prüfstand zu stellen, um die für Ihr Unternehmen passenden Maßnahmen abzuleiten und so dauerhafte Leistungs- und Innovationsfähigkeit zu gewährleisten.

Ein paar Worte zum Schluss

TU: „So Michael, jetzt haben wir es geschafft!"

MT: „Und ich bin auch ganz schön geschafft. War ein gutes Stück Arbeit, v. a. die aufwendige Layoutierung des Buches mit den Verzeichnissen und den Grafiken. Aber es hat sich gelohnt."

TU: „Ich habe ein nicht leicht zu klassifizierendes Gefühl. Wir haben an dem Buchprojekt jetzt über zwei Jahre gearbeitet: recherchiert, diskutiert und geschrieben. *Sind wir jetzt wirklich fertig?* Können wir es dem Verlag Springer zum Drucken übergeben? Ich glaube mein Gefühl heißt ‚Unsicherheit'."

MT: „Das ist schon okay, das muss der Psychologe einem Psychologen nicht erklären. Hast Du denn Dein Hauptziel mit dem Buch erreicht, und was war das noch mal?"

TU: „Anlass für mich, dieses Projekt anzugehen, war seinerzeit die Aussage eines Kunden nach einem zweistündigen Vortrag zum betrieblichen Gesundheitsmanagement: Das ist ja doch deutlich komplexer als er dachte. Mein Hauptziel für dieses Buch sehe ich darin, diese augenscheinliche Komplexität etwas verständlicher zu machen und den Anwender dahin gehend zu sensibilisieren, dass er vor dem Start ausführlich plant. Ich erlebe es in der Praxis immer wieder, dass für ein paar zehntausend Euro Lauf- und Bewegungstrainings eingekauft werden. Das Ganze erhält dann das Etikett ‚Betriebliches Gesundheitsmanagement' und nach einem halben Jahr ist das Geld versenkt und alle Beteiligten sind nachhaltig frustriert. Gesundheitsmanagement ist weder Nordic Walking, die Massage am Arbeitsplatz oder eine ärztliche Vorsorgeuntersuchung, noch ist Gesundheitsmanagement ein zeitlich begrenztes Projekt. Es ist vielmehr ein komplexer Prozess der Organisationsentwicklung, der dauerhaft ins Unternehmen implementiert wird. Und so ein Vorhaben sollte durchaus geplant werden. *Was ist Dein Hauptziel, Michael?*"

MT: „Genau so sehe ich das auch. Nachdem mit der Unternehmensleitung Visionen und Ziele erarbeitet wurden und ein klarer Auftrag für die Gestaltung einer ‚gesunden Arbeitsorganisation' vorliegt, müssen finanzielle und personelle Ressourcen bereitgestellt werden, müssen betriebliche und außerbetriebliche Akteure und Multiplikatoren identifiziert und eingebunden werden – Ziel ist der Aufbau klar geregelter Strukturen im betrieblichen Gesundheitsmanagement. Aber ohne Evaluation der Maßnahmen werden wir den Erfolg des betrieblichen Gesundheitsmanagements nicht nachweisen können. Wir müssen den ROI der BGF belegen, damit man künftig erkennt, dass die Gesundheit im Unternehmen ein Asset ist. Darauf habe ich mich u. a. bei der Darstellung konzentriert. Es ist aber eine komplexe Materie – ich hoffe, dass ich nicht unsere Leser damit abschrecke."

TU: „Glaube ich definitiv nicht, denn ohne diesen Nachweis verpuffen alle Maßnahmen! Dann haben wir ja beide unsere Hauptziele umsetzen können. Wenn es jetzt auch noch dem Leser gefällt, dann dürfen wir auch zufrieden sein. *Was gibt es zum Schluss noch zu sagen?*"

MT: „Ich möchte die Gelegenheit nutzen und meiner Familie danken, denn ohne sie hätte ich es wirklich nicht schaffen können. Meinen Kollegen, Herrn Michell und Herrn Schmilgeit, danke ich v. a. für die spannende und gemeinsame Entwicklung des neuen Stressmanagers – meines Erachtens ein signifikanter Schritt im Hinblick auf die moderne Gesundheitsbildung."

TU: „Und ich danke Dir für die gute Zusammenarbeit. Es hat mir Spaß gemacht und ich habe viele neue Dinge lernen dürfen, aus den Gesprächen mit Dir und den Interviewpartnern sowie aus den Literaturrecherchen. Danken möchte ich meinem früheren Chef, Bernhard Zimolong, und meiner ehemaligen Chefin, Gabriele Elke, – beide haben mich für das Thema Gesundheitsmanagement begeistert und den Grundstein für mein weiteres Interesse in diesem Feld gelegt. Ich danke meinem heutigen Chef, Harald Bischof, der mir und den Kollegen das Vertrauen und die Möglichkeit gibt, betriebliches Gesundheitsmanagement nach den in diesem Buch dargelegten Vorstellungen in der Praxis zu gestalten. Und natürlich danke ich auch meinem Team ‚Gesunde Arbeitswelt' für zahlreiche Diskussionen und Inspirationen: Ute Binaté-Johann, Oskar Blumauer, Steffi Burkhart, Wilfried Hesse, Jörg Heu, Rolf Janyga, Christian Schwennen und Elisabeth Zilles."

Sunny: „Und wer dankt mir?"

TU: „Ups, da hätten wir doch fast unseren wichtigsten Akteur vergessen. Dir, liebe Sunny, gilt unser ganz besonderer Dank! Du warst immer zur richtigen Zeit am richtigen Ort – für uns und natürlich auch für den Leser."

Verzeichnisse

Verzeichnisse	Seite
Abbildungen	305
Tabellen	309
Infoboxen	311
Checklisten	312
Sachindex	313
Literatur	327
Internetquellen	348
Glossar	357

Abbildungsverzeichnis

- Abbildung 1: Unser Weg zur Gesunden Arbeitswelt 10
- Abbildung 2: Der Weg zum humanen Arbeitsplatz............................... 13
- Abbildung 3: Gesundheit in der Arbeit 14
- Abbildung 4: Infografik zu den Einflussfaktoren 17
- Abbildung 5: Infografik zum Portfolio der Maßnahmen 18
- Abbildung 6: Thematisch strukturiertes Angebotsportfolio 19
- Abbildung 7: Infografik zu den Akteuren der BGF 20
- Abbildung 8: Perspektiven der BGF im Unternehmen........................... 28
- Abbildung 9: Trends aus Sicht der Praktiker.. 39
- Abbildung 10: Konstruktivistische Gesundheitsdidaktik der BGF............. 42
- Abbildung 11: Life Cycle oder S-I-N-E-Prinzip 44
- Abbildung 12: Unsere Ansatzpunkte einer modernen BGF 47
- Abbildung 13: Wirkungsebenen der BGF 52
- Abbildung 14: Von der Leitlinie zur Gestaltungsvorschrift 55
- Abbildung 15: Gesetzgebung am Beispiel der Bildschirmarbeit 60
- Abbildung 16: Themen des Interviews mit Prof. Piekarski 68
- Abbildung 17: Radmodell der Arbeitswissenschaften 70
- Abbildung 18: Doppelrolle der Beanspruchung..................................... 81
- Abbildung 19: Grundmodell – von den Belastungen zu den Folgen 83
- Abbildung 20: Verlauf der Leistungsfähigkeit 105
- Abbildung 21: Systematische Konfliktbearbeitung............................... 121
- Abbildung 22: Genuss statt Frust – mit drei Schritten zum Erfolg!.......... 125
- Abbildung 23: Erfolgsfaktoren der BGF.. 159
- Abbildung 24: Qualitätsdimensionen und Indikatoren 161
- Abbildung 25: Lernzyklus im Kontext der BGF 162
- Abbildung 26: RADAR Bewertungsmethodik 163
- Abbildung 27: Das Grundmodell des Qualitätsmanagements 164
- Abbildung 28: Das EFQM-Modell in Bezug auf BGF............................. 166
- Abbildung 29: Unsere Erfolgsfaktoren und Prüfpunkte 170
- Abbildung 30: Problempyramide BGF in der Praxis............................. 173
- Abbildung 31: Ergebnisse einer Befragung bei Controllern................... 173
- Abbildung 32: Anforderungen an das Gesundheitsmonitoring 174
- Abbildung 33: Risikomanagement in BGF 176
- Abbildung 34: Early Pain Reporting → „Eingreiftruppe BGF"................ 177

- Abbildung 35: Health Balanced Scorecard 179
- Abbildung 36: EFQM-basierte Health Balanced Scorecard 181
- Abbildung 37: Bezugssystem zur Steuerung der BGF 182
- Abbildung 38: Attribute der Kennzahlen 186
- Abbildung 39: Biopsychosoziale Sachverhalte 189
- Abbildung 40: Das Treiber- und Indikatorenmodell 190
- Abbildung 41: Das Modell der Arbeitscharakteristika 191
- Abbildung 42: Wirkung von Arbeitszufriedenheit 192
- Abbildung 43: Metaanalyse zur Wirkung von Aufgabenmerkmalen 193
- Abbildung 44: Metaanalyse „Arbeitszufriedenheit und -leistung" 193
- Abbildung 45: Krankenstand und Konjunkturlage 197
- Abbildung 46: Ursachen des Absentismus 198
- Abbildung 47: Die Krankenstandquote 198
- Abbildung 48: Fehlzeiten als Stör- und Kostenfaktor 200
- Abbildung 49: Standardisierung der Fehlzeiten 205
- Abbildung 50: Aufwandsbestimmung bei Fehlzeiten 206
- Abbildung 51: Homogenitätswert der Fehlzeiten 207
- Abbildung 52: Alternative Steuerungsgröße für Fehlzeiten 208
- Abbildung 53: Fehlzeitenreduktion durch BGF 213
- Abbildung 54: Reduktion medizinischer Kosten durch BGF 213
- Abbildung 55: Kostenunterschiede (HERO-Studie) 217
- Abbildung 56: Wirtschaftlichkeitsmaße 219
- Abbildung 57: Kosten ungestörter Arbeitsstunden 222
- Abbildung 58: Modell der Förderung der Arbeitsfähigkeit 229
- Abbildung 59: Anwendungsfelder der Arbeitsanalyse 231
- Abbildung 60: Ebenen der Analyse 232
- Abbildung 61: Verfahrenstypen der Arbeitsanalyse 232
- Abbildung 62: Humankriterien der Arbeit als Erfolgsmaße 234
- Abbildung 63: Themenfelder der Gesundheitsanalyse 239
- Abbildung 64: Integratives Konzept der Gesundheitsscores 241
- Abbildung 65: Fahrplan für eine formative Evaluation 243
- Abbildung 66: Diagnoseportfolio Gesundheitsmanagement 246
- Abbildung 67: Globalkennwert Gesundheit bei einer Studie 249
- Abbildung 68: Themen des Interviews mit Prof. Wieland 253
- Abbildung 69: Wirkungsmodell zur Gestaltung gesunder Arbeit 255
- Abbildung 70: Altersrelevante Belastungen, Ressourcen und Folgen 266
- Abbildung 71: Transaktionale Stresstheorie 271
- Abbildung 72: Die Protagonisten als Stressmanager 272

- Abbildung 73: Betriebsgelände im alten Stressmanager 273
- Abbildung 74: Setting „Problemlösung" im neuen Stressmanager 273
- Abbildung 75: Aktive Exploration im neuen Stressmanager 274
- Abbildung 76: Projektorganisation beim Stressmanager 275
- Abbildung 77: Unternehmenslandschaft „Stress im Griff AG" 276
- Abbildung 78: Strukturbild der Module 277
- Abbildung 79: Handlungsvektoren 291
- Abbildung 80: Eckpfeiler einer modernen BGF 293
- Abbildung 81: Partizipative Prävention 293
- Abbildung 82: Ziele und Anforderungen an die BGF 294
- Abbildung 83: Themen des Interviews mit Dr. Gronwald 295

Tabellenverzeichnis

- Tabelle 1-1: Veränderungen in der Arbeits- und Lebenswelt 31
- Tabelle 1-2: Bestimmungsmomente der Trends 35
- Tabelle 1-3: Trends aus der Organisationsperspektive 39
- Tabelle 1-4: Übersicht zu den Rechtsgrundlagen 61
- Tabelle 1-5: Buchempfehlungen „Eckpfeiler der BGF" 71
- Tabelle 2-1: Grundbegriffe 78
- Tabelle 2-2: Schallpegel mit exemplarischen Quellen 88
- Tabelle 2-3: Frageliste Fehlbelastungen 90
- Tabelle 2-4: Frageliste Ressourcen 97
- Tabelle 3-1: Toolbox BGF 110
- Tabelle 3-2: Klassifizierung des Körpergewichts 122
- Tabelle 3-3: Verhaltenspathogene und assoziierte Schäden 140
- Tabelle 4-1: Anforderungskatalog BGF aus Qualitätssicht 167
- Tabelle 4-2: Zusammenhang zw. Zufriedenheit und Gesundheit 194
- Tabelle 4-3: Kennzahlen rund um Fehlzeiten 199
- Tabelle 4-4: Vor- und Nachteile der Fehlzeitenanalyse 202
- Tabelle 4-5: Fehlzeitenparameter 209
- Tabelle 4-6: Finanzkennziffern aus Sicht der BGF 223
- Tabelle 4-7: Qualitätsanforderungen an Arbeitsanalysen 233
- Tabelle 4-8: Typische Fragen 234
- Tabelle 4-9: Bedeutung und Anforderungen an Gesundheitsscores 240
- Tabelle 4-10: Erfolgsfaktoren der Evaluation 243
- Tabelle 4-11: Buchempfehlung „Steuerung und Qualitätssicherung" 258
- Tabelle 6-1: Vorteile von BGF für Unternehmen und Mitarbeiter 298

Info-Boxen/Checklisten

☑ Box 0-1: WHO-Definition von 1946 3
☑ Box 0-2: Gesundheitsverständnis der Ottawa Charta von 1986 6
☑ Box 0-3: Das System LIFE vom Institut der TerraSana LIFE AG 7
☑ Box 0-4: Gesundheitsbegriff als Regulationskompetenz 8
☑ Box 1-1: Menschlichkeit und Wertschätzung als Grundpfeiler 14
☑ Box 1-2: Aktivierung positiver Kräfte als Auftrag der BGF 15
☑ Box 1-3: Lernen durch andere 21
☑ Box 1-4: Gesundheitszustand und Auftrag an die Arbeitswelt 25
☑ Box 1-5: Psychosozialer Gesundheitsbegriff 26
☑ Box 1-6: Chronische Zukunft der BGF und Prävention 29
☑ Box 1-7: Visionäre Konzepte als Bilanz 31
☑ Box 1-8: Gesundheitskultur.. 34
☑ Box 1-9: Reformrichtung „Systemdenken".. 40
☑ Box 1-10: Konstruktivistische Gesundheitsdidaktik................................. 41
☑ Box 1-11: Gesundheitskompetenz 46
☑ Box 1-12: Luxemburger Deklaration in der Fassung von 2007 49
☑ Box 1-13: Klarheit durch rechtlichen Rahmen.. 52
☑ Box 1-14: Gesetzliche Grundlagen und das duale System 53
☑ Box 1-15: Wissenschaft als Basis... 54
☑ Box 1-16: Europäisierung als Chance und Risiko 58
☑ Box 1-17: Anwaltschaft für Gesundheit 61
☑ Box 2-1: Zusammenfassung zu den Grundbegriffen 80
☑ Box 2-2: Typ-A-Persönlichkeit 86
☑ Box 2-3: Hintergrund zum Konzept der Salutogenese 94
☑ Box 3-1: Kür- und Pflichtmodule in Präventionsprogrammen................ 107
☑ Box 3-2: Ernährungsmethoden 126
☑ Box 3-3: LOGI-Methode 128
☑ Box 3-4: Arbeitssucht oder Workaholism.. 145
☑ Box 4-1: Wertschöpfungsorientierung 159
☑ Box 4-2: EFQM-Modell für Excellence... 165
☑ Box 4-3: Qualitätsmanagement und BGF.. 166
☑ Box 4-4: Risikomanagement im Bereich BGF 177

☑ Box 4-5: Zusammenspiel zwischen EFQM und Balanced Scorecard 181
☑ Box 4-6: Kennzahlen 186
☑ Box 4-7: Der indikatorenbasierte Ansatz 195
☑ Box 4-8: Ausgangslage rund um Fehlzeiten 200
☑ Box 4-9: Modifikationen der klassischen Fehlzeitenanalyse 208
☑ Box 4-10: Der prospektive ROI von BGF ⇔ Value of Health 218
☑ Box 4-11: Leistungsstatistik als Instrument des Eigencontrollings 220
☑ Box 4-12: Kosten ungestörter Arbeitsstunden als wichtiges Maß 221
☑ Box 4-13: Finanzkennzahlen zur Wirtschaftlichkeitsmessung 224
☑ Box 4-14: Arbeitsfähigkeit als Basis der Gesundheitsscores 229
☑ Box 4-15: Arbeitsanalyse als Vorstufe der Gesundheitsbefragung 237
☑ Box 4-16: Gesundheitsbefragung durch Gesundheitsscores 245
☑ Box 5-1: Stressimpfung nach Donald Meichenbaum 271
☑ Box 5-2: Progressive Muskelrelaxation 281
☑ Box 5-3: Autogenes Training 281
☑ Box 5-4: Yoga 282
☑ Box 5-5: Problemlösungstechniken 283

☐ Check-Liste 1: Grundverständnis BGF 27
☐ Check-Liste 2: Trends und Entwicklungen 48
☐ Check-Liste 3: Rechtsgrundlagen... 67
☐ Check-Liste 4: Zehn Basisaussagen zur BGF 71
☐ Check-Liste 5: Risiken bestimmen und Ressourcen fördern 101
☐ Check-Liste 6: Präventionsauftrag 155
☐ Check-Liste 7: Erfolgskriterien und Prüfpunkte 172
☐ Check-Liste 8: Gesundheitsmonitoring und Risikomanagement 183
☐ Check-Liste 9: Kennzahlen 210
☐ Check-Liste 10: Wirtschaftlichkeitsmessung......................................227
☐ Check-Liste 11: Konzept der Gesundheitsscores 252
☐ Check-Liste 12: Zehn Basisaussagen zur Steuerung 258
☐ Check-Liste 13: Herausforderungen – aktuelle Problemstellungen 286
☐ Check-Liste 14: Zehn Basisaussagen zur BGF 288

Sachverzeichnis

Das Sachverzeichnis enthält Suchbegriffe, die nach unserer Ansicht relevant sind. Ein solches Verzeichnis kann nicht alle Begriffe aufnehmen und auf alle Seiten verweisen, wo diese Begriffe auftreten. Glossarbegriffe sind mit dem Zeichen ☞ versehen. Manche Sachbegriffe beziehen sich auf andere. Wo ein solcher Zusammenhang besteht, haben wir auf den entsprechenden Begriff im Sachverzeichnis verwiesen. Fettgedrucke Seitenzahlen bzw. Seitenzahlbereiche weisen auf Seiten übergreifende Schwerpunktbereiche oder bedeutsame Stellen des Stichwortes hin.

1

1-plus-4-Modell	133

A

A-B-C-Strategie (BGM)	153
Absentismus ☞	32, 196, 198, 211, 212, 226, 254, 257 *(siehe Fehlzeiten)*
Adipositas	**121-125**
Alkoholabhängigkeit	112
Allgemeines Gleichbehandlungsgesetz	61
Alternsgerechte Arbeitsgestaltung	16, 35, **260 ff.**
Altersflexibilität	262
Alterungsvorgänge	263
American Productivity Audit	203, 339
Anforderungen (unterschiedliche Bedeutungen)	7, 8, 12, 29, 32, 57, 62, 64, **76-82**, 84, 89, 103, 145, 152, 157, 159, 163, 165, 167, 171-174, 228-230, 239, 240, 259, 264, 266, 278, 288, 290, 294, 300
Arbeitgeberimage	35
Arbeitsanalyse	2, 228, **230-238**, 240, 251, 257
Arbeitsdichte	85, 146, 259, 283
Arbeits-Erholungs-Zyklus ☞	12
Arbeitsfähigkeit	104, 145, 152, 192, **228-230**, 246, 247, 251, 257, 262, 265, 269, 290 *(siehe Work Ability)*
Arbeitsgestaltung	5, 15, 23, 32, 40, 46, 63, 68, 73, 74, 104, 148, 152, 168, 210, 252-255, 260, 262, 264, 267, 268
Arbeitsgesundheitsschutz	**33-39**, 40, 43, 48, 52, 56-58, 61, 64-68, 151, 231, 236, 271
Arbeitsinhalt	53, **54**, 229 *(siehe Arbeitsgestaltung)*

Arbeitskräfteerhebung	22
Arbeitslosigkeit	263
Arbeitsmedizin	9, 51, 56, 87, 98, 99, 225, 235, 249
Arbeitsorganisation	26, 33, 49, 55, 57, 63, 76, 84, 87, 91, 106, 110, 149, 150, 167, 172, 228, 264, 278, 293
Arbeitsorientiertes Lernen ☞	13
Arbeitsqualität	15, 101, 229
Arbeitsschutzausschuss	19, 62, 63
Arbeitsschutzgesetz	4, 37, 50, 51-53, 56, 62, 64, 66, 148 *(siehe Rechtsfragen)*
Arbeitsschutzstrategie	61
Arbeitssicherheitsgesetz	4, 62 *(siehe Rechtsfragen)*
Arbeitsstättenverordnung	62 *(siehe Rechtsfragen)*
Arbeitssucht	145
Arbeitsumgebung	53, 56, 76, 84, 87, 91, 228
Arbeits-/Beschäftigungsverhältnisse	30
Arbeitswelt	5, **7-12**, 15, 23, 25, 30, 31, 32, 35, 36, 46, 47, 53, 62, 65, 74, 76, 80, 81, 83, 85, 89, 90, 91, 106-109, 117-119, 123, 134, 142, 144, 168, 171, 178, 229, 233, 256, 257, **259- 261**, 264, 266, 296, 297, 298
Arbeitswissenschaft	36, 56, 67, 69, 70, 274
Arbeitszeitgesetz	56, 62 *(siehe Rechtsfragen)*
Arbeitszeitgestaltung	26, 32, 53, 76, 87
Asset Gesundheit	9, 171
Attribution	83
Autogenes Training	281
Autotelische Aktivität	12 *(siehe Flow)*

B

Balanced Scorecard ☞	100, 169, **178-183**, 185, 238, 251, 254, 256, 257 *(siehe Health Balanced Scorecard)*
Bangkok Charta	36, 55
BASA II (Arbeitsanalyse)	236, 251, 264
Beanspruchungen	32, 36, **77-81**, 87, 89, 150, 236, 254, 255, 277
Beanspruchungsfolgen ☞	75-78, 80, 82, 83, 93, 98, 101, 106, 124, 135, 149, 237, 265, 278 *(siehe Beanspruchungen)*
Beanspruchungsoptimalität ☞	46
Belastungen ☞	8, 32, 35, 38, 51, 54, 59, 63, **73-83**, 89, 93, 94, 99, 100, 101, 106, 110, 124, 129, 135, 194, 231, 235-237, 256, 264-266, 278

Sachbegriffe

Belastungs- und Beanspruchungsmodell	74, 79
Beschäftigungsfähigkeit	5, 29, 70, 256, 262, 288, 298 *(siehe Employability)*
Best Practice	7, 21, 29, 30, 47, 71, 74, 98, 107, 132, 162, 176, 182, 183, 241, 288
Betriebliches Eingliederungsmanagement (BEM) ☞	106
Betriebsverfassungsgesetz	4, 56, 63 *(siehe Rechtsfragen)*
Bewältigungsverhalten	12, 17, 27, 45 *(siehe Coping)*
Bewegung	1, 41, 103-106, 110, 121, 126, **128-130**, 146, 155, 158, 227, 230, 248, 289, 296
Bildschirmarbeitsverordnung	37, 60, 63, 73
Biopsychosoziales Modell	24, 36, **188-190**
Body-Mass-Index ☞	22, **121-122**
Brainstorming	282, 283
Bürgerliches Gesetzbuch	63 *(siehe Rechtsfragen)*
Burn-out ☞	2, 23, 32, 37, 46, 54, 74, 89, 137, 194, 269

C

Change Management	123, 124, 132, 152, 260
Chronifizierung und chronische Erkrankungen	15, 23, 24, 27, **29-30**, 37, 38, 47, 104, 113, 196, 200, 201, 263, 298
Commitment ☞	46, 144, 146, 149, 151, **153**, 180, 210, 221, 298
Compliance	129, 137, 249
Controlling	14, 21, 152, 180, 184, 222, 244, 254 *(siehe Gesundheitscontrolling: 157-258)*
Coping	17, 86, 197, 270 *(siehe Bewältigungsverhalten)*
COPSOQ (Arbeitsanalyse)	236, 251
Corporate Governance Kodex ☞	51
Corporate Health Kodex	50, 51
Corporate Social Responsibility ☞	29 *(siehe soziale Verantwortung)*

D

Datenbank	21, 25, **58-60**, 216
Deklaration	9, 49, 50, 52, 55, 63, 65
Demand/Control-Modell	79
Demografie-Fitness	4, 9, 16-18, 38, 106, 128, 250, **262-263**, 268, 300
Demografiefond	16, 66
Demografiemanagement ☞	2, 21, 38, 39, 40, 48, 50, 243, **259-269**, 285
Demografische Wandel	24, 35, 197, 251

Depression	46, 104, **117-118**, 194, 247
Deregulierung	35, 48
Deutsche Gesellschaft für Ernährung	**126-129**
Deutsche WAI-Netzwerk	229
Deutsches Netzwerk für Betriebliche Gesundheitsförderung	8
Diagnoseportfolio	244-246
DIN EN ISO 10075	58, 66
DIN EN ISO 9000 ff.	**162-165**, 171
DIN EN ISO 9241	54, 58
Disability Management ☞	65, 71
Disease Management ☞	15, 212
Disuse-Hypothese	263
Diversity	35, 61, 263
Doppelrolle der Beanspruchung	75, **80-81** *(siehe Beanspruchung)*
Dynaxität	85, 260

E

Early Pain Reporting	177, 183
Eckpfeiler des Gesundheitsmanagements	50, 51, 53, 70, 71, **291-293** *(siehe Gesundheitsmaangement)*
EFQM	**162-169**, 171, 178, 179, 180, 181, 183, 190, 245, 251, 254-257 *(siehe Total Quality Management)*
EFQM-basierte Health Balanced Scorecard	181 *(siehe Health Balanced Scorecard)*
Eigenverantwortung	5, 6, 15, 26, 27, 31, 38-48, 133, 143, 147, 153, 201, 211, 248, **288-299**
Emotionsregulation	35, 259
Employability ☞	5, 29, 74, 105, 262 *(siehe Beschäftigungsfähigkeit)*
Employer Branding	131 *(siehe Arbeitgeberimage)*
Empowerment ☞	6, 46, 101, **133-137**, 154, 155, 158, 171, 268, 288, 289, 296 *(siehe Eigenverantwortung)*
Enterprise for Health	21, 50
Entspannung	146, 152, **280-282**, 284, 286
Erfolgsfaktoren	133, 151, **157-160**, 169-171, 178, 227, 243, 256, 295
Ergonomie	23, 26, 58, 87, 99
Erholung	7, 12, 73, 146
Erholungsfähigkeit	106, 140, 146, 251, 270, 284
Ermöglichungsdidaktik ☞	41, 48 *(siehe Gesundheitsdidaktik)*

Sachbegriffe

Ernährung	1, 41, 99, 103-107, 110, **121-129**, 140, 146, 152, 155, 158, 248, 249, 275, 277, 284, 285, 296
Ernährungsform	126, 128 *(siehe Ernährung)*
Europäische Rahmenrichtlinie Arbeitsschutz	57, 66
Europäisierung	35, 37, 48, 51, **57-58**, 65, 66, 68 *(siehe Rechtsfragen)*
Evaluation	18, 32, 42, 68, 69, 99, 104, 125, 157, 158, 166, 169, 171, 176, 214, 225, 241, 243, 248, **251-258**, 266, 268, 272, 297, 300
Evidenz ☞	54, 66, 70, 152, 175, 184, 191, 210, 214, 216, 226, 256, 257, 287
Externale Ressourcen	15, 77, **93-97**, 101, 264 *(siehe Ressourcen)*
Exzellenz ☞	164, 171

F

FAGS (Arbeitsanalyse)	236, 264
Fehlbelastung	73-78, 80, 89-91, 93, 94, 100 *(siehe Belastungen)*
Fehlzeiten	23, 40, 43, 46, 77, 98, 101, 104, 144, 167, 168, 172, 180, 184, 185, 188, 190-194, **195-210**, 211, 212, 216, 226, 228, 229, 238, 239, 244, 251, 257, 263, 269, 288, 298 *(siehe Absentismus)*
Fehlzeitenanalyse	37, 179, 202, 204, **208-210**
Fehlzeitenmanagement	40
Finanzkennziffern	219, **222-227**, 244, 257
Flow ☞	**12-13**, 177, 223 *(siehe Autotelische Aktivität)*
Fluktuation ☞	46, 101, 167, 221, 224, 298
Frühindikatoren	101, **190-191**, 194, 210, 226, 239 *(siehe Indikatoren)*
Führung	15, 26, 32-34, 35, 37, 40, 43, 46, 77, 87, 88, 92, **95-96**, 99, 101, 103, 104, 107-109, 113, 118, 119, 131-137, 144, 148, **149-154**, 158, 165, 166, 168, 169, 171, 191, 210, 228, 229, **253**, 254, 256, 262, 268, 292, 297, 299
Führungsverantwortung	132, 133, 240, 297, 299 *(siehe Führung)*
Fünf-mal-Fünf Wirkungsmodell	253

G

GAMAGS-Studie	151
Gefährdungsanalyse ☞	34, 51, 89, 175, 208, 245, 254, 290
Gefährdungsbereiche	53, 54
Gefahrstoffverordnung	52, 64 *(siehe Rechtsfragen)*
Geräte- und Produktsicherheitsgesetz	64 *(siehe Rechtsfragen)*
Gestaltungsvorschriften	53-60 *(siehe Rechtsfragen)*
Gesunde Arbeitswelt	9, 159, 188

Gesunde Führung ☞	107, 154 *(siehe Führung)*
Gesundheitsangebote	6, 16, **19**, 70, 106, 107, 115, 118, 124, 136, 167, 169, 172, 249, 250, 286, 287, 290, 297
Gesundheitsassessment	181, 183 *(siehe Controlling)*
Gesundheitsbefragung	45, 98, 135, 161, 179, 188, 208, **235-251**, 257, 264
Gesundheitsbegriff	3, 4, 8, 22, **25-27**, 57, 215
Gesundheitsbenchmarking	182, 183, 240
Gesundheitsbewusstsein	15, 36, 185, 186, 237, 249, 251, 290, 293
Gesundheitscoaching	40, 146
Gesundheitscrash	43
Gesundheitsdidaktik	11, **41-42**, 44, 48, 299
Gesundheitsförderung *(Kernbegriff, daher häufig genutzt!)*	3-9, **11-38**, **41-52**, 55, 58-61, **64-77**, 80-82, 89, 91, 95, 97-99, 103, 104, 107-112, 130, 133, 135-138, 143-147, 152, 153, 157-162, 164-189, 195, 209-215, 218, 220, 221-224, 226-229, 233, 236, 237, 238, 240-245, 249, 251-258, 262-265, 275, 287-290, 292-296, 297-299
Gesundheitsindikatoren	4, 100, 167 *(siehe Indikatoren)*
Gesundheitskommunikation ☞	1, **130-132**, 155
Gesundheitskompetenz ☞	11, 34, 42, **43-46**, 48, 150, 190, 191, 211, 252, 254
Gesundheitskultur ☞	34, 38, 43, 48, 70, 77, 95, 96, 99, 103, 107, 109, **146-154**, 159, 168, 171, 182, 237, 248, 254, 255, 256, 287, 291, 296
Gesundheitskybernetik	8 *(siehe Regulationskompetenz)*
Gesundheitsmanagement *(Kernbegriff, daher häufig genutzt!)*	16, 21, 27, 70-73, 95, 98, 100, 101, 103, 123, 131-136, 151-155, 164, 166, 167, 172, 178, 183, 191, 194, 203, 210, 220-224, 227-229, 231, 244, 246, 250-260, 266, 268, 277, 285, 287, 288, 290-292
Gesundheitsmarketing	153, 163, 169, 245, 284 *(siehe Gesundheitskommunikation)*
Gesundheitsmonitoring	157-160, **172-174**, 177, 182-185, 215, 252, 256 *(siehe Gesundheitsassessment, Evaluation, Controlling)*
Gesundheitspolitik	5, 6, 14, 26, 29, 30, 33, 34, 37, 47, 48, 61, 65-67, 71, 158
Gesundheitsquote	40, 100, 160, 178, 199
Gesundheitsreport	23, 118, 135, 252
Gesundheitsscores	157, 204, 226, **228-252**, 257, 290
Gesundheitstarifvertrag	60, 66
Gesundheitsverhalten	36, 45, 69, 101, 107, 131, **137-143**, 158, 168, 186, 190, 211, 242, 246-249, 263, 289, 293 *(siehe Risikoverhalten)*
Gesundheitsverständnis	6, 24, 26, 36, 48, 65, 71, 148 *(siehe Gesundheitsbegriff)*

Sachbegriffe

Gesundheitszirkel ☞	34, 106
Gesundheitszustand	**22-26**, 29, 101, 189, 194, 197, 210, 246, 247, 251
Gewichtsreduktion	123, 124 *(siehe Adipositas)*
Gleichbehandlungsgesetz	61 *(siehe Rechtsfragen)*

H

Hamburger Modell	203
Handlungsfelder	6, 26-29, 63, 99, 100, 152, 160, 262
Handlungsregulationstheorie ☞	85, 231
Handlungsvektoren BGF	143, 171, **291**
Hardiness ☞	94, 264
Health and Productivity Management	183, 217
Health Balanced Scorecard ☞	18, 100, 157, **178-182**, 226, 238, 251, 254 *(siehe Balanced Scorecard)*
HERO-Studie ☞	23, **216-217**, 257
Humanisierung	**11-13**, 14, 25, 26, 32, 74, 233, 297
Humankapital	46, 223, 224, 227, 288
Humankriterien	**233-234**

I

Indikatoren	4, 23, 74, 99-101, 124, 161, 167, 175, 179, 180, 183-186, **189-192**, 194, 210, 239, 243, 245, 247, 248, 256, 257, 292 *(siehe Gesundheitsindikatoren, Früh- und Spätindikatoren)*
Individualisierung	138, 280, 281
Informationssystem Gesundheitsbericht	25, 168, 183
Initiative Neue Qualität der Arbeit	12, 21, 35, 50
Internale Ressourcen	84, **93-97**, 237, 264 *(siehe Ressourcen)*
Internationale Arbeitsorganisation	56, 57
Internationalisierung	57 *(siehe Europäisierung)*
Investition	9, 16, 212, 288
ISO-Philosophie	163 *(siehe DIN EN ISO 9000 ff.)*

J

Jojo-Effekt	123
Jugendarbeitsschutzgesetz	64 *(siehe Rechtsfragen)*

K

Kennzahlen	40, 157, **183-210**, 216, 257, 288
Key Performance Indikatoren ☞	184, 257
Ko-/Multimorbidität ☞	24, 27, 29

Kohärenz ☞	8, 15, 36, **92-94**, 290 (siehe Salutogenese)
Kondratieff-Zyklus ☞	28
Konfliktbearbeitung	**118-121**
Konfliktmanagement	76, 84, 89, 91, 103, 112, **118-120**, 144, 154, 234
Konstruktivismus ☞	41 (siehe Gesundheitsdidaktik, Ermöglichungsdidaktik)
Kontrollüberzeugung ☞	94
Konzertierte Aktion	24, 262, 268
Körperintelligenz	126, 280, 285
Kosten ungestörter Arbeitsstunden	**220-222**
Kostencontrolling	214, 218 (siehe Controlling)
Krankheitspanorama	48, 201, 297 (siehe Gesundheitszustand, Chronifizierung)
Kundenorientierung	31, 51, 168, 171, 259, 292 (siehe ISO-Philosophie)
Kundenzufriedenheit	163
Kurzfragebogen zur Arbeitsanalyse	235

L

Längsschnittstudie	104, 105, 175, 211, 241, **248-250**, 257
Leistungsstatistik	219, 220, 257
Leitlinien	11, 28, 49, 50, 52, 55, 65, 66, 148, 158, 166, 171, 175, 176, 180, 182, 268
Leitsätze BGF	**288-293**
Lernende Organisation	**264-265**, 268
Lernzyklus	159, **161-162**, 171, 256
Liberalisierung	50, 65 (siehe Rechtsfragen)
Life Cycle	42, 44 (siehe S-I-N-E-Prinzip)
Life-Event-Forschung	82
Life-Leadership	90
LOGI-Methode	**128-129**
Lost Productive Time	203, 204
Luxemburger Deklaration	**49**, 50, 55, 65, 66 (siehe Deklarationen)

M

Managed Care System ☞	16, 27
Mediation	120, 154 (siehe Konfliktbearbeitung)
Mediationsplan	120
Mehrkomponentenprogramme	138, 182, 215
Metaanalyse ☞	76, 86, 87, 133, 191, 192, 193, 214
Metabolisches Syndrom ☞	24, 120, 297

Mindmapping	282, 283
Mittelstand	21, 30, 31, 38, 39, 47, 288
Mobbing	26, 35, 43, 89, 119 *(siehe Konfliktbearbeitung)*
Modell der Arbeitscharakteristika ☞	189, **191**
Monotonie ☞	54
Morbidität ☞	*siehe Ko- und Multimorbidität*
Morbiditätsstatistiken	22
Move europe	50
Multiple Chemical Sensitivity ☞	37
Multiplikatoren	107, **136**, 292, 297
Muskelentspannung	277, **280-282**
Muskel-Skelett-Erkrankungen	23, 54, 201
Mutterschutzgesetz	64 *(siehe Rechtsfragen)*

N

Nachhaltigkeit	18, 27, 31, 33, 38, 39, 40-42, 46, 48, 71, 77, 95, 96, 103, 105, 107, 114, 123, 143, 146, 147, 157, 166, 172, 268, 284, 288-291 *(siehe Sustainable Human Resource Management)*
Nachsorgegruppe	117
Normen	50, 58, 60, 66, 89, 122, 147, 151, 162, 163, 187

O

Optimistische Fehlschluss	138
Orgapathologien	192
Ottawa Charta	**6**, 36, 49, 55, 66

P

Paradigmenwechsel	12, **14-15**, 26, 33, 41, 47, 48, 157
Partizipatives Produktivitätsmanagement ☞	37
Partizipaton	37, 49, 106, 293
PDCA	162, 179
Person-Environment-Fit	82
Präsentismus ☞	35, 142, 144, **195-196**, 200, 203, 210, 254
Prävention ☞ *(Kernbegriff, daher häufig genutzt!)*	5, 7, 17, 18, 21, 24, 25, 29, 60, 65, 66, 69, 73, 99, 101, 106-107, 113, 129, 138, 147, 152, 154, 175, 214, 229, 277, 291, 293, 296, 298 *(siehe Verhaltens- und Verhältnisprävention, Primär-, Sekundär- und Tertiärprävention)*
Primärprävention	7, 25, 65, 113, 114, 118, 148, 265

Problembewusstsein	125
Problemlösetechniken	134, **282**
Problempyramide BGF	**172-173**, 287
Prospektiver ROI	218, 227, 257, 286
Prozessmanagement	179
Psychische Beanspruchung	230, 250, 254
Psychische Belastung	23, 40, 51, 62, 200 *(siehe psychosoziale Belastung)*
Psychische Gesundheit	**7-8**, 23, 167, 215, 230
Psychische Störung ☞	23, 25, 112, 154
Psychosoziale Belastung	27, 32, 35, **54**, 65, 89, 106, 216, 237, 248, 278

Q

Qualitätskriterien	49, 55, 65, 66, **160-163**, 166, 172, 214, 224, 226, 236
Qualitätsmanagement	157, **160-162**, 165, 166, 169, 171, 172, 181, 256 (siehe Total Quality Management, Exzellenz, EFQM)
Qualitätssicherung	37, 42, 71, 157, 160, 162, 169, 228, 252, 256, 258, 274, 288, 292, 295, 297

R

RADAR-Bewertungsmethodik	**162-163**, 175 *(siehe PDCA)*
Rechtsfragen	4, 11, 37, **49-65**
Refinanzierung	20, 298
Regulationsbehinderungen	85, 86, 234, 253
Regulationskompetenz ☞	**8-9**, 85 *(siehe Selbstregulation)*
Regulationsstörungen	118
Rehabilitation	15, 17, 18, 64, 65, 116
Repetitive Strain Injury ☞	37
RESPECT	269
Ressourcen ☞ *(Kernbegriff, daher häufig genutzt!)*	12, 15-17, 26, 30, 31, 33, 41, 71, **73-83**, 86, 89, 91-95, 97, 100, 101, 106, 111, 124, 132-135, 137, 142, 146, 148, 152, 165, 166, 168, 218-220, 227-229, 235, 236, 255, 264-266, 270, 275, 278, 298, 299 *(siehe internale und externale Ressourcen)*
Return on Investment ☞	69, 184, 185, **211-218**, 226, 227, 257
Risiken Risikofaktoren	53, 57, 73, 74, 82-90, 101, 106, 111, 129, **137-145**, 152, 167, 175-177, 182, 216, 227, 230, 240, 257, 269, 288, 298
Risikomanagement	141, 157, 172-173, **174-177**, 182, 183, 256
Risikosensibilisierung	139, 145 *(siehe Sensibilisierung)*
Risikoverhalten	**137-145**
Rubikon-Modell der Motivation ☞	115, 116

Rückkehrgespräche	40, 106

S

Salutogenese ☞	25, 27, 36, 44, 71, **93-94**, 288 (siehe Kohärenz)
Sekundärprävention	7, 118
Selbstbestimmung	2, 6, 142, 143, 148, 294 (siehe Eigenverantwortung)
Selbstbewertung	**161-162**, 171, 179, 181, 183, 256, 274, 278
Selbsthilfegruppe	117, 125
Selbstmanagement	8, 90, 228, 237, 275
Selbstregulation	12, 27, 42, 45, 80, 146, 275, 292, 293
Selbstwirksamkeit ☞	7, 15, **45-46**, 48, 93-95, 116, 142, **143-144**, 192, 246, 247, 271, 289, 290
Sensibilisierung	18, 41-46, 110, 132, 139, 145, 154 (siehe Risikosensibilisierung)
Servicescheine	219, **224-226**, 227, 257
S-I-N-E-Prinzip	**42**, 44 (siehe Life-Cycle)
SMART-Studie	129
Solidarsystem	16, 30
Soziale Verantwortung ☞	29, 30, 47, 55, 65, 167 (siehe Corporate Social Responsibility)
Sozialgesetzbuch	4, 50, 52, 53, 59, **64-65**, 106, 113, 298 (siehe Rechtsfragen)
Sozialkapital	46, 167, 258
Spätindikatoren	101, **190-191**, 195, 210, 226, 257 (siehe Indikatoren)
Stakeholder	**19-20**, 27, 158, 176, 205
Standardisierung	204, 205, 208, 210, 256, 257
Stress (Kernbegriff, daher häufig genutzt!)	1, 22, 23, 45, 54, 74-76, 80, 82, 85, 86, 99, 100, 103-105, 111, 112, 122, 123, 134, 138, 141, 144, 150, 191, 216, 227, 230, 231, 234, 246, 248, 260, **269-286** (siehe Belastungen)
Stressbewältigung	144, 270, 271
Stress-im-Griff-AG	**271-285**
Stressimpfung	**270-271**
Stressinventar	274, 276, 278, 279
Stressmanagement ☞	99, 137, 215, 259, 260, **269-286** (siehe Stress)
Stresstheorie	17, 270, 271 (siehe transaktionale Stresstheorie)
Subsidiarität ☞	33, 41, 48, 299
Sucht	19, 26, 106, **112-117**, 123, 145
Suchtberatung / -prävention	19, 112-117

Sustainable Human Resource Management ☞	27
System LIFE	**6-7**, 42, 46, **294-299**
Systemischer Ansatz ☞	42 *(siehe Konstruktivismus)*

T

Tätigkeitsanalyse ☞	188, 228 *(siehe Arbeitsanalyse)*
Telearbeit	36, 259
Tertiärprävention	7, 113, 115 *(siehe Prävention)*
Terzentilisierung ☞	180
Toolbox BGF	91, 103, **109-111**
Toolbox Arbeitsanalyse	98, 235, 236
Total Quality Management ☞	160, 164, 165, **170-171**, 173, 178, 183, 254 *(siehe Qualitätsmanagement)*
Transaktionale Stresstheorie	**270-271**, 278, *(siehe Stresstheorie)*
Treiber- und Indikatorenmodell	189, 190
Treiberfaktoren	151, 157, 189, **190-191**, 210, 226, 239, 248, 257
Trends	11, 15, 27, **32-41**, 43, 46, 47, 48, 65, 183, 268
Typ-A-Persönlichkeit	86

U

Übergewicht	**121-123**, 140 *(siehe Adipositas)*
Unfallkostenrechnungen ☞	227
Unfallpersönlichkeit	141
Unfallverhütungsvorschrift	60 *(siehe Rechtsfragen)*
UN-Menschenrechts-Charta	63

V

Value of Health	211, 218
Veränderungen in der Arbeits- und Lebenswelt	27, 31, 35-37, **259-260** *(siehe Trends)*
Verhaltenspathogene	140
Verhaltensprävention	**104-108**, 110, 145, 154, 293, 298 *(siehe Prävention)*
Verhältnisprävention	**104-108**, 110, 154, 167, 229, 235, 293 *(siehe Prävention)*
Vertrauen	7, 8, 14, 15, 26, 36, 44, 46, 93, 101, 135, 137, 143, 150, 164, 180, 271, 295, 298 *(siehe Kohärenz, Selbstwirksamkeit)*
Verzehrstudie	22, 121
Visionen	9, 11, **31-34**, 50, 71, 91, 153, 178, 179, 264 *(siehe Trends)*

Sachbegriffe

Vitalitätsaudit	300
Volkskrankheiten	23, 104, 297 *(siehe Krankheitspanorama)*
Vollständigkeit	79, 85, 260, 267 *(siehe Handlungsregulationstheorie, Arbeitsinhalt)*
Vulnerabilität	140

W

Waist-to-hight ration	122
Wertkette ☞	158, 171
Wertschätzung	12-14, 18, 25, 26, 96, 137, 155, 260 *(siehe Führung, gesunde Führung)*
Wertschöpfung	37, 70, 157, 159, 171, 172, 182, 184, 218, **222-227**, 256, 287, 292 *(siehe Value of Health, Wirtschaftlichkeit)*
WHO Definition	**3**, 55, 65, 66, 298
Wirksamkeit	18, 19, 37, 47, 95, 138, 157, 182, 211, 214, **241-242**, 251, 252, **255-256**, 258, 280, 289, 297
Wirkungsebenen BGF	51, 52, 58
Wirkungsmodell zur Gestaltung gesunder Arbeit	19, **253-255** *(siehe Wirksamkeit)*
Wirtschaftlichkeit	71, 100, 107, 157, 167, 168, **211-227**, 233 *(siehe Finanzkennziffern, Wertschöpfung)*
Wirtschaftlichkeitsmaße	218, 219, 227
Wirtschaftlichkeitsmessung	157, **211-227**, 257 *(siehe Wirtschaftlichkeit)*
Wohlbefinden	3, 7, 26, 29, 32, 33, 49, 51, 71, 74, 77, 89, 96, 101, 104, 118, 128, 132, 144, 148, 150, 167, 200, 215, 237, 255, 265 *(siehe WHO-Definition)*
Work Ability Index ☞	**228-229**, 240, 247, 251, 257 *(siehe Arbeitsfähigkeit)*
Workaholism	145 *(siehe Arbeitssucht)*
Work-Life-Balance ☞	6, 25, 26, 35, 40, 74, 89, 90, 167, 238, 251, 284, 298
World Health Organization (WHO)	**3-5**, 26, 49, 55, 57, 65, 66, 113, 122, 298
Wuppertaler Gesundheitsindex	254

Y

Yoga	136, 277, 279, **280-282**

Z

Zeitmanagement	277, 280, **283-284**

Quellenverzeichnis

Literatur

📖 Buch
📁 Buchbeitrag
💻 Elektronisches Medium
📰 Zeitschriftenbeitrag

A

Adenauer, S. & Stowasser, S. (2009). Der demografiefeste Betrieb. *Angewandte Arbeitswissenschaft*, 199, 2-14.

Alberti, K. G., Zimmer, P. & Shaw, J. (2006). Metabolic syndrome – a new world-wide definition. A Consensus Statement from the International Diabetes Federation. *Diabetic medicine: A Journal of the British Diabetic Association*, 23 (5), 469-480.

Albus, M. & Wandl, U. (2007). Psychische Erkrankungen im Kontext von Berufsunfähigkeits- bzw. Rentenversicherung: Daten zur Epidemiologie. *Bayerisches Ärzteblatt*, 11, S. 606-608.

Aldana, St. G. (2001). Financial Impact of Health Promotion Programs: A Comprehensive Review of the Literature. *American Journal of Health Promotion*, V 15 (5), pp.296-320.

Amelung, V. E. (2007). Managed Care: Neue Wege im Gesundheitsmanagement. 4. Auflage. Wiesbaden: Gabler.

Anderson, D. R, Whitmer, R. W., Goetzel, R. Z., Ozminkowski, R. J., Dunn, R. L., Wasserman, J. & Serxner, S. (2000). The relationship between modifiable health risks and group-level health care expenditures. Health Enhancement Research Organization (HERO) Research Committee. *American Journal of Health Promotion*, 15 (1), pp. 45-52.

Antoni, C. H. (1996). Teilautonome Arbeitsgruppen: Ein Königsweg zu mehr Produktivität und einer menschengerechten Arbeit? In Serie *Arbeits- und Organisationspsychologie in Forschung und Praxis*; Bd. 7. Weinheim: Psychologie Verlags Union, Beltz.

Antonovsky, A. & Franke, A. (1997). Salutogenese. Zur Entmystifizierung der Gesundheit. Tübingen: Dgvt-Verlag.

Antonovsky, A. (1979). Health, stress, and coping: New perspectives on mental and physical well-being. San Francisco: Jossey-Bass.

Antonovsky, A. (1987). Unraveling the Mystery of Health: How People manage Stress and stay well. San Francisco: Jossey-Bass.

Arnold, R. & Tutor, C. G. (2007). Grundlagen einer Ermöglichungsdidaktik: Bildung ermöglichen – Vielfalt gestalten. Augsburg: Ziel-Verlag.

Arnold, R. (2007). Ich lerne, also bin ich: Eine systemisch-konstruktivistische Didaktik. Heidelberg: Carl-Auer-Systeme.

B

Badura, B. & Hehlmann, Th. (2003). Betriebliche Gesundheitspolitik – Der Weg zur gesunden Organisation. Berlin, Heidelberg: Springer.

Badura, B. & Siegrist, J. (2002). (Hg.). Evaluation im Gesundheitswesen: Ansätze und Ergebnisse. 2. Auflage. Weinheim: Juventa.

Badura, B. (2007). Kennzahlen im Betrieblichen Gesundheitsmanagement. Vortrag in der Konferenz „Qualität der Arbeit – Schlüssel für mehr und bessere Arbeitsplätze" vom 02.-03. Mai 2007. (Download Präsentation unter URL http://toolbox.age-management.net/data/kennz_bgm_badura.pdf; Stand 09. 11.09)

Badura, B., Greiner, W., Rixgens, P., Ueberle, M. & Behr, M. (2008). Sozialkapital: Grundlagen von Gesundheit und Unternehmenserfolg. Heidelberg: Springer.

Badura, B., Schellschmidt, H. & Vetter, Chr. (2007). Fehlzeiten Report 2006: Chronische Krankheiten – Betriebliche Strategien zur Gesundheitsförderung, Prävention und Wiedereingliederung. Heidelberg: Springer.

Badura, B., Schröder, H. & Vetter, Chr. (2009). Fehlzeiten-Report 2008: Betriebliches Gesundheitsmanagement – Kosten und Nutzen. Heidelberg: Springer.

Bamberg, E. (2006). Die Effektivität betrieblicher Gesundheitsförderung – eine Frage der Untersuchungsmethode? *Wirtschaftspsychologie*, 8 (2/3), 40-46.

Bamberg, E., Ducki, A. & Metz, A.-M. (1998). (Hg.). Handbuch Betriebliche Gesundheitsförderung: Arbeits- und organisationspsychologische Methoden und Konzepte. In Schriftenreihe *Psychologie und innovatives Management*, hrsg. von S. Greif und H.J. Kurtz. Göttingen: Verlag für Angewandte Psychologie, Hogrefe.

Bandura, A. (1977). Self-efficacy: Toward an unifying theory of behavioral change. *Psychological Review*, 84, 191-215.

Bandura, A. (1997). Self-efficacy: The exercise of control. New York: Freeman.

Bandura, A. (2000). Health Promotion from the Perspective of Social Cognitive Theory. In P. Norman, C. Abraham and M. Conner (Eds.), Unstanding und changing Health Behavior: From Health Beliefs to Selb-Regulation. Amsterdam: Harwood Academic Publishers, pp. 299-339.

BAuA. (1997). (Hrsg.). Quality Management in Workplace Health Promotion. In Schriftenreihe der Bundesanstalt für Arbeitsschutz und Arbeitsmedizin, TB 81 (Tagung). Bremerhaven: Wirtschaftsverlag NW.

BAuA. (2007). (Hrsg.). Mit Sicherheit mehr Gewinn: Wirtschaftlichkeit von Gesundheit und Sicherheit bei der Arbeit. 3. Auflage. Berlin, Dortmund: Bundesanstalt für Arbeitsschutz und Arbeitsmedizin.

Baumann, U., Humer, K., Lettner, K. & Thiele, C. (1998). Die Vielschichtigkeit von sozialer Unterstützung. In S. Margraf, J. Siegrist und S. Neumer (Hg.), Gesundheits- oder Krankheitstheorie? Saluto- versus pathogenetische Ansätze im Gesundheitswesen. Berlin [u. a.]: Springer.

Becker, M. & Seidel, A. (2006). (Hg.). Diversity Management: Unternehmens- und Personalpolitik der Vielfalt. Stuttgart: Schäffer-Poeschel.

Becker, M. (2008). Messung und Bewertung von Humanressourcen. Konzepte und Instrumente für die betriebliche Praxis. Stuttgart: Schäffer-Poeschel.

Becker, M. (2009). Personalentwicklung: Bildung, Förderung und Organisationsentwicklung. 5. Auflage. Stuttgart: Schäffer-Poeschel.

Bernard, L.C. & Krupat, E. (1994). Health Psychology - Biopsychosocial Factors in Health and Illness. Fort Worth, New York [i. a.]: Harcourt Brace College Publishers.

Bernhardt, J. M. (2004). Communication at the core of effective public health. *American Journal of Public Health*, 94 (12), 2051-2053.

Bernstein, D. & Berkovec, T. (1995). Entspannungstraining. München: Pfeiffer.

Bertelsmann Stiftung & Hans-Böckler-Stiftung. (2004). (Hrsg.). Zukunftsfähige betriebliche Gesundheitspolitik: Vorschläge der Expertenkommission. 2. Auflage. Gütersloh: Verlag Bertelsmann-Stiftung.

Bischof, H. (2010). Das CURRENTA BGM-Konzept – eine Antwort auf die demografische Herausforderung. In: Trimpop, R., Gericke, G. & Lau, J. (Hrsg.). Psychologie der Arbeitssicherheit und Gesundheit. Sicher bei der Arbeit und unterwegs – wirksame Ansätze und neue Wege. Heidelberg: Asanger, S. 135–138.

BKK. (1999). (Hrsg.). Qualitätskriterien für die betriebliche Gesundheitsförderung. In Reihe „Gesunde Mitarbeiter in gesunden Unternehmen – Erfolgreiche Praxis betrieblicher Gesundheitsförderung in Europa. Essen: Bundesverband der Betriebskrankenkassen.

BKK. (2003). (Hrsg.). Fragebogen zur Selbsteinschätzung. In Reihe „Gesunde Mitarbeiter in gesunden Unternehmen – Erfolgreiche Praxis betrieblicher Gesundheitsförderung in Europa. 4. Auflage. Essen: Bundesverband der Betriebskrankenkassen.

Blanchard, K., Carlos, J.P. & Randolph, A. (1998). Das neue Führungskonzept: Mitarbeiter bringen mehr, wenn sie mehr dürfen. Hamburg: Rowohlt Verlag.

BMAS. (2009). (Hrsg.). Klare Sache - Informationen zum Jugendarbeitsschutz und zur Kinderarbeitsschutzverordnung. Bonn: Bundesministerium für Arbeit und Soziales, Referat Information, Publikation, Redaktion.

Böcken, J., Braun, B. & Amhof, R. (2007). (Hg.). Gesundheitsmonitor 2007 – Gesundheitsversorgung und Gestaltungsoptionen aus der Perspektive von Bevölkerung und Ärzten. Gütersloh: Bertelsmann Stiftung.

Böcken, J., Braun, B. & Landmann, J. (2009). (Hg.). Gesundheitsmonitor 2009 – Gesundheitsversorgung und Gestaltungsoptionen aus der Perspektive von Bevölkerung. Gütersloh: Bertelsmann Stiftung.

Bödeker, W. & Kreis, J. (2006). (Hg.). Evidenzbasierung in Gesundheitsförderung und Prävention. Bremerhaven: Wirtschaftsverlag NW.

Böhne, A. & Breutmann, N. (2009). Beschäftfähigkeit erhalten – Eigenverantwortung stärken. *Zeitschrift für Arbeitswissenschaften*, 63 (4), S. 291-292.

Bortz, J. (2005). Statistik für Human- und Sozialwissenschaftler. 6. Auflage. Heidelberg: Springer.

Boucsein, W. (1991). Arbeitspsychologische Beanspruchungsforschung heute – eine Herausforderung an die Psychophysiologie. *Psychologische Rundschau*, 42 (3), 129-144.

Brandenburg, U. & Domschke, J.-P. (2007). Die Zukunft sieht alt aus – Herausforderungen des demografischen Wandels für das Personalmanagement. Wiesbaden: Gabler.

Brandenburg, U. & Nieder, P. (2009). Betriebliches Fehlzeiten-Management: Instrumente und Praxisbeispiele für erfolgreiches Anwesenheits- und Vertrauensmanagement. 2. Auflage. Wiesbaden: Gabler.

Brandenburg, U., Nieder, P. & Susen, B. (2000). (Hg.). Gesundheitsmanagement im Unternehmen: Grundlagen, Konzepte und Evaluation. Weinheim, München: Juventa.

Brauer, J.-P. (2009). DIN EN ISO 9000:2000 ff. umsetzen – Gestaltungshilfen zum Aufbau Ihres Qualitätsmanagementsystems. Reihe Pocker Power. 5. Auflage. München: Hanser.

Brenner, H. (2002). Progressives Entspannungstraining. Lengerich: Pabst Publishers.

Brenner, H. (2004). Progressives Entspannungstraining, Praxis der Tiefmuskelentspannung in Wort und Bild. Lengerich: Pabst Publishers.

Breyer, F., Zweifel, P. & Kifmann, M. (2005). Gesundheitsökonomik. Berlin [u. a.]: Springer.

Burdorf, A. (2007). Economic Evaluation in Occupational Health – its goals, challenges, and opportunities. *Scandinavian Journal of Environmental Health*, 33, pp. 161-164.

Buzan, T. & Buzan, B. (2005). Das Mind-Map-Buch – Die beste Methode zur Steigerung Ihres geistigen Potenzials. Landsberg am Lech: mvg Verlag.

C

Caballero, B. (2007). The Global Epidemic of Obesity: An Overview. *Epidemiologic Reviews*, 29, 1-5.

Chandran, U., Thesenvitz, J. & Hershfield, L. (2004). Changing Behaviours: A Practical Framework. The Health Communication Unit. Center for Health Promotion. University of Toronto.

Chapman, L.S. (2003). Meta-Evaluation of Worksite Health Promotion Economic Return Studies. *American Journal of Health Promotion, The Art of Health Promotion*, V 6 (6), pp.1-10.

Chapman, L.S. (2005). Meta-Evaluation of Worksite Health Promotion Economic Return Studies: 2005 Update . *American Journal of Health Promotion, The Art of Health Promotion*, V 19 (6), pp.1-11.

Christenson, B. A. & Johnson, N. E. (1995). Educational inequality in adult mortality: an assessment with death certificate from Michigan. *Demography*, 32, 215-229.

Covey, S. R. (2005). Die 7 Wege zur Effektivität: Prinzipien für privaten und beruflichen Erfolg. Offenbach: Gabal.

Craes, U. & Mezger, E. (2001). (Hg.). Erfolgreich durch Gesundheitsmanagement: Beispiele aus der Arbeitswelt. Hrsg. von der Bertelsmann Stiftung und der Hans-Böckler-Stiftung unter wissenschaftlicher Leitung von Bernhard Badura. Gütersloh: Verlag Bertelsmann Stiftung.

Crouhy, M., Galai, D. & Mark, R. (2006). The essentials of risk management. New York: McGraw-Hill Professional.

Csikszentmihalyi, M. (1991). Flow: The Psychology of Optimal Experience. New York: Harper Perennial.

D

Demmer, H. (1995). Betriebliche Gesundheitsförderung – von der Idee zur Tat. Europäische Serie zur Gesundheitsförderung, Nr. 4, WHO-Europa, hrsg. Bundesverband der Betriebskrankenkassen (BKK BV). Kopenhagen, Essen: BKK BV.

Denscombe, M. (1993). Personal health and the social psychology of risk taking. *Health Education Research*, 8, 505-517.

Destatis. (2009). Niedrigeinkommen und Erwerbstätigkeit – Begleitmaterial zum Pressegespräch am 19. August 2009 in Frankfurt am Main. Hrsg. vom Statistischen Bundesamt, Gruppe ID, Pressestelle, in Zusammenarbeit mit den Gruppen III D „Arbeitsmarkt" und V D „Verdienste und Arbeitskosten". Wiesbaden

DGE – Deutsche Gesellschaft für Ernährung. (2000). (Hrsg.). Ernährungsbericht 2000. Frankfurt am Main: Druckerei Henrich.

DGFP e.V. (2004). (Hrsg.). Unternehmenserfolg durch Gesundheitsmanagement: Grundlagen, Handlungshilfen, Praxisbeispiele. In der Schriftenreihe der *Deutschen Gesellschaft für Personalführung* e.V., Bd. 71. Bielefeld: Bertelsmann.

Dickhuth, H.-H. & Schlicht, W. (1999). Körperliche Aktivität in der Prävention von Herz-Kreislauf-Erkrankungen. *Sportwissenschaft*, 27, 9-22.

Dilling, H., Mombour, W. & Schmidt, M. H. (2004). Internationale Klassifikation psychischer Störungen, ICD 10 Kapitel V (F). Klinisch-diagnostische Leitlinien. Bern: Verlag Hans Huber.

Ditto, P. H., Jemmott, J. B. III. & Darley, J. M. (1988). Appraising the threat of illness: A mental representational approach. *Health Psychology*, 7, 183-201.

Dlugosch, G. E. & Krieger, W. (1995). Fragebogen zur Erfassung des Gesundheitsverhaltens. Frankfurt: Swets Test Services.

Dörner, D. (2003). Die Logik des Misslingens. Strategisches Denken in komplexen Situationen. Hamburg: Rowohlt.

Downey, A. M. & Sharp, D. J. (2007). Why do managers allocate resources to workplace health promotion programmes in countries with national health coverage? *Health Promotion International*, 22 (2), pp. 102-111.

Dunckel, H. (1999). (Hrsg.). Handbuch psychologischer Arbeitsanalyseverfahren. In Schriftenreihe *Mensch-Technik-Organisation*, hrsg. von E. Ulich, Bd. 14. Zürich: vdf Hochschulverlag.

Dusseldorp, E., van Elderen, T., Maes, S., Meulmann, J. & Kraaij, V. (1999). A meta-analysis of psychoeducational programs for coronary heart disease patients. *Health Psychology*, 18, 506-519.

E

Edington, D.W. & Schultz, A.B. (2008). The total value of health: a review of literature. International *Journal of Workplace Health Management*, 1 (1), pp. 8-19.

Ehnert, I. (2009). Sustainable Human Resource Management: A Conceptual and Exploratory Analysis from a Paradox Perspective. Series: *Contribution to Management Sciene*. Berlin, Heidelberg: Physica-Verlag.

Ehrenberg, A. (2004). Das erschöpfte Selbst – Depression und Gesellschaft in der Gegenwart. Frankfurt a. M.: Campus Verlag.

Elke, G. & Schwennen, C. (2008). Stand und Perspektiven der betrieblichen Gesundheitsförderung (BGF). In C. Schwennen (Hrsg.), Psychologie der Arbeitssicherheit und Gesundheit: Perspektiven – Visionen ; 15. Workshop 2008. Kröning: Asanger, 2008, S. 39-42.

Elke, G. (2001). Sicherheits- und Gesundheitskultur I – Handlungs- und Wertorientierung im betrieblichen Alltag. In B. Zimolong (Hrsg.), Management des Arbeits- und Gesundheitsschutzes – Die erfolgreichen Strategien der Unternehmen. Wiesbaden: Gabler, S. 171–200.

Elke, G. (2002). Fragebogen zum Arbeits- und Gesundheitsschutz. In R. Trimpop & B. Zimolong & A. Kalveram (Hg.), Psychologie der Arbeitssicherheit und Gesundheit - Neue Welten, Alte Welten. Heidelberg: Asanger, S. 477-482.

Emmermacher, André (2008). Gesundheitsmanagement und Weiterbildung: Eine praxisorientierte Methodik zur Steuerung, Qualitätssicherung und Nutzenbestimmung. Gabler Edition Wissenschaft, D 83 (Dissertation Technische Universität Berlin). Wiesbaden: Gabler.

Enterprise for Health. (2006). Guide to Best Practice: Unternehmenskultur und betriebliche Gesundheitspolitik – Erfolgsfaktoren für Business Excellence. Hrsg. von Bertelsmann Stiftung und BKK Bundesverband. Essen: Gütersloh.

Erpenbeck, J. & Rosenstiel, L. v. (2003). (Hg.). Handbuch Kompetenzmessung: Erkennen, verstehen und bewerten von Kompetenzen in der betrieblichen, pädagogischen und psychologischen Praxis. Stuttgart: Schäffer-Poeschel.

Esslinger, A. S. & Schobert, D. B. (2007). (Hg.). Erfolgreiche Umsetzung von Work-Life-Balance in Organisationen: Strategien, Konzepte, Maßnahmen. Wiesbaden: Deutscher Universitäts-Verlag.

Esslinger, A. S. (2003). Qualitätsorientierte Planung und Steuerung in einem sozialen Dienstleistungsunternehmen mit Hilfe der Balanced Scorecard. In Schriften zur Gesundheitsökonomie, Bd. 2. Burgdorf: HERZ (Norderstedt: Books on Demand).

EU-OSHA. (2009). (Ed.). Assessment, elimination and substantial reduction of occupational risks. In Series Working Environmental Information, 8. Luxembourg: European Agency for Security and Health at Work.

EuPD Research. (2007). (Hrsg.). Gesundheitsmanagement 2007/08: Strukturen, Strategien, und Potenziale deutscher Großunternehmen. Berichtsband, November 2007. 1. Auflage. Bonn: EuPD Research.

F

Faller, K. (1986). Konfliktkosten senken – Prozesse optimieren. *Zeitschrift für Konfliktmanagement*, 6, 177-181.

Faltermaier, T. (2005). Gesundheitspsychologie. In Serie *Grundriss der Psychologie*, Bd. 21. Stuttgart: Kohlhammer.

Faragher, E. B., Cass, M. & Cooper, C. L. (2005). The relationship between job satisfaction and health: a meta-analysis. *Occupational and Environmental Medicine*, 62,105-112.

Filipp, S. (1995). Kritische Lebensereignisse. 3. Auflage. Weinhein: Beltz Psychologie Verlags Union.

Fineman, St. (2003). Understanding Emotion at Work. London, Thousand Oaks, New Delhi: SAGE Publications.

Fischer, L. & Fischer, O. (2007). Sind zufriedene Mitarbeiter gesünder und arbeiten sie härter? Fragestellungen und Traditionen der Forschung zur Arbeitszufriedenheit. *Personalführung*, 40 (3), 20-32.

Fischer, L. (2005). (Hrsg.). Arbeitszufriedenheit – Konzepte und empirische Befunde, 2. Ausgabe. Göttingen: Hogrefe.

Fischer, Th. (2000). (Hrsg.). Kostencontrolling: Neue Methoden und Inhalte. Stuttgart: Schäffer-Poeschel.

Fournier, C. von. (2005). Die 10 Gebote für ein gesundes Unternehmen. Wie Sie langfristigen Erfolg schaffen. Frankfurt/Main: Campus.

French, J. R. P., Rodgers, W. & Cobb, S. (1974). Adjustment as Person-Environment Fit. In G. V. Coelho (Ed.), Coping and adaptation. New York, NY: Basic Books, pp. 316-333.

Fricke, R. & Treinies, G. (1985). Einführung in die Metaanalyse. Bern [u. a.]: Huber.

Friedag, H. R. & Schmidt, W. (2004). My Balanced Scorecard: Das Praxishandbuch für Ihre individuelle Lösung: Fallstudien, Checklisten, Präsentationsvorlagen. 3. Auflage. Freiburg i. Br.: Haufe.

Friedman, W. & Rosenman, R. H. (1975). Der A-Typ und der B-Typ. Reinbek: Rowohlt.

Frisch, S. et al. (2009). A randomized controlled trial on the efficacy of carbohydrate-reduced or fat-reduced diets in patients attending a telemedically guided weight loss program. *Cardiovascular Diabetology*, Jul 18, 8:36.

Friske, C., Bartsch, E. & Schmeisser, W. (2005). Einführung in die Unternehmensethik: Erste theoretische, normative und praktische Aspekte. Lehrbuch für Studium und Praxis. In Schriften zum *Internationalen Management*, hrsg. von Th. R. Hummel. München, Mering: Rainer Hampp.

Fritz, S. (2006). Ökonomischer Nutzen „weicher" Kennzahlen. (Geld-)Wert von Arbeitszufriedenheit und Gesundheit. In Reihe *Mensch, Technik, Organisation*. 2. Auflage. Zürich:Vdf Hochschulverlag.

Fritz, S., Reddehase, B. & Schubert, F. (2007). Erfolge betrieblicher Gesundheitsförderung: Nachweis mit inhaltlich sinnvollen Kennzahlen. *Wirtschaftspsychologie aktuell*, 3, 30-32.

Fröschle-Mass, M. (2005). Gesundheitsförderung in einem Industrieunternehmen: Eine salutogenetische Perspektive. Wiesbaden: Gabler.

Füchtenschnieder, I. & Petry, J. (2004). Game Over. Ratgeber für Glücksspielsüchtige und ihre Angehörigen. Freiburg im Breisgau: Lambertus.

Funke, W. (2002). Alkohol- und Medikamentenabhängigkeit (Therapie). In J. Fengler (Hrsg.), Handbuch der Suchtbehandlung. Beratung. Therapie. Prävention. Landsberg: ecomed, S. 19-24.

G

Garcia, A.L. et al. (2007). Long-term strict raw food diet is associated with favourable plasma ß-carotene and low plasma lycopene concentrations in Germans. *The British Journal of Nutrition*, Nov 21, 1293-1300.

Gladen, W. (2005). Performance-Measurement: Controlling mit Kennzahlen. 3. Ausgabe. Wiesbaden: Gabler.

Glasl, F. (2009). Konfliktmanagement: Ein Handbuch für Führungskräfte, Beraterinnen und Berater. 9. Auflage. Bern [u.a]: Haupt.

Goetzel, R. Z., Anderson, D. R., Whitmer, R. W., Ozminkowski, R. J., Dunn, R. L. & Wasserman, J. (1998). The relationship between modifiable health risks and health care expenditures. An analysis of the multi-employer HERO health risk and cost database. *Journal of Occupational and Environmental* Medicine, 40 (10), 843-854.

Goetzel, R. Z., Guindon A. M., Turshen J. & Ozminkowski R. J. (2001). Health and productivity management:Establishing key performance measures, benchmarks, and best practices. *Journal of Occupational and Environmental Medicine*, 43 (13), 10-17.

Golaszewski, Th. (2001). Shining Lights: Studies That Have Most Influenced the Understanding of Health Promotion's Financial Impact. *American Journal of Health Promotion, The Art of Health Promotion*, V 15 (5), pp.332-341.

Grau, A. (2009). Gesundheitsrisiken am Arbeitsplatz. In STATmagazin Rubrik Arbeitsmarkt 01.09.2009 (Web-Magazin des Statistischen Bundesamtes; http://www.destatis.de). Wiesbaden: Statistisches Bundesamt.

Grau, R., Salanova, M. & Peiró, J. M. (2001). Moderator Effects of Self-Efficacy on Occupational Stress. *Psychology in Spain*, 5 (1), 63-74.

Grawe, K. (1998). Psychologische Therapie. Göttingen: Hogrefe.

Grawe, K., Regli, D. Smith, E. & Dick, A. (1999). Wirkfaktorenanalyse – ein Spektroskop für die Psychotherapie. *Verhaltenstherapie und psychosoziale Praxis*, 31 (2), 200-226.

Greif, S., Bamberg, E. & Semmer, N. (1991). (Hg.). Psychischer Streß am Arbeitsplatz. Göttingen [u. a.]: Hogrefe.

Greiner, B. A., Krause, N., Ragland, D. R. & Fischer, J. M. (1998). Objective stress factors, accident, and absenteeism in transit operators: a theoretical framework and empirical evidence. *Journal of Occupational Health Psychology*, 3 (2), 130-146.

Gröben, F. (2008). Betriebliche Gesundheitsförderung in mittelständisch geprägten Unternehmen in Familienbesitz. Institutsbericht 51 FG. Karlsruhe: Universität Karlsruhe (TH), Institut für Sport und Sportwissenschaft.

Gronwald, St. (2009). Das System LIFE. Hrsg. von TerraSana LIFE Institut. Hamburg: TerraSana LIFE AG.

H

Hacker, W. (1995). Arbeitstätigkeitsanalyse: Analyse und Bewertung psychischer Arbeitsanforderungen. Heidelberg: Asanger.

Hacker, W. (1996). (Hrsg.). Erwerbsarbeit der Zukunft – auch für „Ältere"? Zürich: Hochschulverlag an der ETHZ/Teubner.

Hacker, W. (2003). Leistungsfähigkeit und Alter. In: IAB Colloquium „Praxis trifft Wissenschaft" – „Eine Frage des Alters, Herausforderungen für eine zukunftsorientierte Beschäftigungspolitik", Führungsakademie der Bundesagentur für Arbeit,. In: http://doku.iab.de/grauepap/2003/lauf_hacker_vortrag.pdf [Abruf vom 02.08.2010]

Hacker, W. (2005). Allgemeine Arbeitspsychologie: Psychische Regulation von Wissens-, Denk- und körperlicher Arbeit. In *Schriften zur Arbeitspsychologie*, Nr. 58. 2. Auflage. Bern: Huber.

Hackman, J. R. & Lawler, E. E. (1971). Employee Reactions to Job Characteristics. *Journal of Applied Psychology*, 55 (3), pp. 259-286.

Hackman, J. R. & Oldham, G. R. (1975). Development of the Job Diagnostic Survey. *Journal of Applied Psychology*, 60 (2), pp. 159-170.

Hackman, J. R. & Oldham, G. R. (1976). Motivation through the Design of Work: Test of a Theory. *Organizational Behavior and Human Performance*, 16 (2), pp. 250-279.

Hammes, M., Wieland, R. & Winizuk, S. (2009). Wuppertaler Gesundheitsindex für Unternehmen (WGU). *Zeitschrift für Arbeitswissenschaft*, 63 (4), S. 303-314.

Hanson, Anders. (2007). Workplace Health Promotion: A Salutogenic Approach. Bloomington [i. a.]: Authorhouse.

Hasselhorn, H. M. & Freude, G. (2007). Der Work-Ability Index – ein Leitfaden. In der Schriftenreihe der Bundesanstalt für Arbeitsschutz und Arbeitsmedizin, Sonderschrift 87. Bremerhaven: Wirtschaftsverlag NW.

Heaney, C. A. & Goetzel, R. Z. (1997). A Review of Health-related Outcomes of Multi-component Worksite Health Promotion Programs. *American Journal of Health Promotion*, 11 (4), 290-307.

Heckhausen, H. (1987). Wünschen – Wählen – Wollen. In H. Heckhausen, P. M. Gollwitzerund F.E. Weinert, F. E. (Hg.), Jenseits des Rubikon: Der Wille in den Humanwissenschaften. Berlin [u. a.]: Springer, S. 3-9.

Heckhausen, K. & Heckhausen, H. (2006). Motivation und Handeln. 3. Auflage. Berlin [u. a.]: Springer.

Heilmeyer, P. (2008). Eine maßgeschneiderte Ernährung bei Übergewicht, Metabolischem Syndrom und Typ-2-Diabetes. *Ernährung & Medizin*, 23 (1), 20-25.

Heipertz, W. & Triebig, G. (2000). Arbeits- und sozialmedizinische Aspekte des Alkoholismus. In H. K. Seitz, C. S. Lieber und U. A. Simanowski (Hg.), Handbuch Alkohol. Alkoholismus und alkoholbedingte Organschäden. Heidelberg: Johann Ambrosius Barth Verlag, S. 605-623.

Hollederer, A. (2007). Betriebliche Gesundheitsförderung in Deutschland — Ergebnisse des IAB-Betriebspanels 2002 und 2004. *Das Gesundheitswesen*, 69, 63-76.

Holm, M. & Geray, M. (2007). Integration der psychischen Belastungen in die Gefährdungsbeurteilung. Hrsg. von der Bundesanstalt für Arbeitsschutz und Arbeitsmedizin in Kooperation mit der Initiative Neue Qualität der Arbeit. 2. Auflage. Dortmund: BAuA.

Holz, M. (2006). Kundenorientierung als persönliche Ressource im Stress-prozess: eine Längsschnittstudie. Frankfurt a. M.: Universität, Fachbereich Psychologie und Sportwissenschaften. [URL: http://publikationen.ub.uni-frankfurt.de/volltexte/2006/2462/; Abruf am 03.09.2010].

House, J.S. (1981). Work stress and social support. Reading, MA: Addison-Wesley.

Hoyos, C. Graf. (1987). Verhalten in gefährlichen Arbeitssituationen. In U. Kleinbeck & J. Rutenfranz (Hg.), Arbeitspsychologie. Enzyklopädie der Psychologie, Bd.D/III/1. Göttingen: Hogrefe, S. 577-627.

Hummel, Th. & Malorny, Chr.(2002). Total Quality Management — Tipps für die Einführung. Reihe Pocker Power. 3. Auflage. München: Hanser-Verlag.

Hunter, J. E. & Schmidt, F. L. (1990). Methods of Meta-Analysis: Correcting Error and Bias in Research Findings. Newbury Park (Calif.), London, New Delhi: Sage Publications.

Hurrelmann, K. & Leppin, A. (2001). (Hg.) Moderne Gesundheitskommunikation: vom Aufklärungsgespräch zur E-Health. Bern: Hans Huber.

I

i.Punkt21. (2008). Wirksamkeit und Nutzen betrieblicher Gesundheitsförderung und Prävention, Ausgabe März 2008. Hrsg. von der Initiative Gesundheit & Arbeit (iga) (www.iga-info.de).

Ilmarinen, J. & Tempel, J. (2002). Arbeitsfähigkeit 2010: Was können wir tun, damit Sie gesund bleiben? Hamburg: VSA-Verlag.

INQA. (2005). (Hrsg.). Demografischer Wandel und Beschäftigung: Plädoyer für neue Unternehmensstrategien — Memorandum. 2. Auflage. Dortmund: Initiative Neue Qualität der Arbeit.

J

Jacobi, F., Klose, M. & Wittchen, H.-U. (2004). Psychische Störungen in der deutschen Allgemeinbevölkerung. Inanspruchnahme von Gesundheitsleistungen und Ausfalltage. *Bundesgesundheitsblätter-Gesundheitsforschung-Gesundheitsschutz*, 47, 736-744.

Jancik, J.M. (2002). Betriebliches Gesundheitsmanagement: Produktivität fördern, Mitarbeiter binden, Kosten senken. Wiesbaden: Gabler.

Janis, I. L. (1982). Groupthink: A psychological study of policy decisions and fiascos. Boston: Houghton Mifflin Company.

Jazbinsek, D. (Hrsg.) (2000). Gesundheitskommunikation. Leverkusen: Westdeutscher Verlag.

Jerusalem, M. & Schwarzer, R. (2002). Das Konzept der Selbstwirksamkeit. *Zeitschrift für Pädagogik*, 44 (Beiheft: Selbstwirksamkeit und Motivationsprozesse in Bildungsinstitutionen), S. 28-53.

Jerusalem, M. & Weber, H. (2003). (Hg.). Psychologische Gesundheitsförderung: Diagnostik und Prävention. Göttingen [u. a.]: Hogrefe.

Jex, S.M. & Bliese, P.D. (1999). Efficacy beliefs as a moderator of the impact of work-related stressors: a multilevel study. *Journal of Applied Psychology*, 84 (3), pp. 349-361.

John, U., Hapke, U., Rumpf, H. J., Hill, A. & Dilling, H. (1996). Prävalenz und Sekundärprävention von Alkoholmissbrauch und -abhängigkeit in der medizinischen Versorgung. Baden-Baden: Nomos Verlagsgesellschaft.

Judge, T. A., Thoresen, C. J., Bono, J. E. & Patton, G. K. (2001). The Job Satisfaction – Job Performance Relationship: A Qualitative and Quantitative Review. *Psychological Bulletin*, 127 (3), pp. 376-407.

K

Kaluza, G. (2007). Gelassen und sicher im Stress. 3. Auflage. Berlin [u. a.]: Springer.

Kaluza, G. (2010). Stressbewältigung – Trainingsmanual zur psychologischen Gesundheitsförderung. Heidelberg: Springer.

Kanfer, F. H., Reinecker, H. & Schmelzer, D. (2005). Selbstmanagement-Therapie: Ein Lehrbuch für die klinische Praxis. (4. Auflage). Heidelberg: Springer.

Kaplan, R. S. & Norton, D. P. (2001). Die strategiefokussierte Organisation: Führen mit der Balanced Scorecard. Stuttgart: Schäffer-Poeschel.

Karasek, R. & Theorell, T. (1990). Healthy work: stress, productivity, and the reconstruction of working life. New York: Basic Books.

Karasek, R. A. (1979). Job Demands, Job Decision Latitude, and Mental Strain: Implications for Job Redesign. *Administrative Science Quarterly*, 24, pp. 285-308.

Kaschube, J. (2006). Eigenverantwortung – eine neue berufliche Leistung: Chance oder Bedrohung für Organisationen? Göttingen: Vandenhoeck & Ruprecht.

Kastner, M., Kastner, B. & Vogt, J. (2001b). Wachsende Dynaxität und das Beschäftigungskontinuum. In M. Kastner & J. Vogt (Hg.), Strukturwandel in der Arbeitswelt und individuelle Bewältigung. Lengerich: Pabst Science Publishers, S. 35-62.

Kastner, M., Kipfmüller, K., Quaas, W., Sonntag, Kh. & Wieland, R. (2001a). (Hg.). Gesundheit und Sicherheit in Arbeits- und Organisationsformen der Zukunft – Ergebnisbericht des Projektes gesina. Bremerhaven: NW-Wirtschaftsverlag.

Kessler, R. C., Berglund, P., Demler, O. & Walters, E. E. (2005). Lifetime prevalance and age-onset distributions of DSM-IV disorders in the national comorbidity survey replication. *Archives of General Psychiatry*, 62, 593-602.

Kesting, M. (2004). Selbstmanagement – Zwischen Selbstverantwortung und äußeren Sachzwängen. In M. T. Meifert und M. Kesting (Hg.), Gesundheitsmanagement im Unternehmen: Konzepte, Praxis, Perspektiven. Heidelberg: Springer, S.151-166.

Kinicki, A.J., Mckee-Ryan, F.M., Schriesheim, C.A. & Carson, K.P. (2002). Assessing the Construct Validity of the Job Deskriptive Index (JDI): A Review and Meta-Analysis. *Journal of Applied Psychology*, 87 (1), pp. 14-32.

Kirsten, W. (2006). Internationale Perspektiven des Betrieblichen Gesundheitsmanagements. *Bewegungstherapie und Gesundheitssport*, 22, S.1-5.

Klein, A. (2007). Gesundheitsverhalten. Ein Vergleich von öffentlicher und fachlicher Meinung. Online: http://ub-ed.ub.uni-greifswald.de/opus/volltexte/2008/451/pdf/Gesundheitsverhalten_Klein_Amelie.pdf [Abruf am 10.09.2010].

Klingler, Urs. (2005). 100 Personalkennzahlen. Wiesbaden: Cometis.

Klink, J. J. L. van, Blonk, R. W. B., Schene, A. H., & Van Dijk, F. J. H. (2001). The benefits of interventions for work-related stress. *American Journal of Public Health*, 91, 270-276.

Knülle. E. (2006). „Disability-Management" - Betriebliche Strategie zum Beschäftigungserhalt älter werdender Menschen. *Die gewerblichen Berufsgenossenschaften*, 5, 246-248.

Kobasa, S. C. (1979). Stressful life events, personality and health: An inquiry into hardiness. *Journal of Personality and Social Psychology*, 37 (1), 1-11.

Koch, S., Kaschube, J. & Fisch, R. (2003). (Hg.). Eigenverantwortung für Organisationen. Göttingen: Hogrefe.

König, E. & Volmer, G. (2008). Handbuch Systemische Organisationsberatung. Weinheim, Basel: Beltz-Verlag.

Konz, F. (2001). Der große Gesundheits-Konz. Tübingen: Universitas-Verlag.

Körkel, J. & Schindler, C. (2003). Rückfallprävention mit Alkoholabhängigen. Das strukturierte Trainingsprogramm S.T.A.R. Berlin [u. a.]: Springer.

Kramer, I. & Bödeker, W. (2008). Return on Investment im Kontext der betrieblichen Gesundheitsförderung und Prävention – Die Berechnung des prospektiven Return on Investment: eine Analyse von ökonomischen Modellen. IGA-Report 19, hrsg. vom BKK Bundesverband. Essen: BKK Bundesverband.

Krause, H.-U. & Arora, Dayanand. (2008). Controlling-Kennzahlen – Key Performance Indicators. Zweisprachiges Handbuch Deutsch/Englisch. München: Oldenbourg.

Krause, R., Eisele, H., Lauer, R. J. & Schulz, K.-H. (1989). Gesundheit verkaufen? Praxis der Gesundheitskommunikation. Sankt Augustin: Asgard-Verlag.

Krause, R., Eisele, H., Lauer, R. J. & Schulz, K.-H. (1989). Gesundheit verkaufen? Praxis der Gesundheitskommunikation. Sankt Augustin: Asgard-Verlag.

Kreis, J. & Bödeker, W. (2003). Gesundheitlicher und ökonomischer Nutzen betrieblicher Gesundheitsförderung und Prävention: Zusammenstellung der wissenschaftlichen Evidenz. IGA-Report 3, hrsg. vom BKK Bundesverband. Essen: BKK Bundesverband.

Kreps, G. L., Bonaguro, E.W. & Query, J. L. Jr. (1998). The history and development of the field of health communication. In L.D. Jackson and B.K. Duffy (Eds.), Health communication research. Westport, CT: Greenwood Press, pp. 1-16.

Kruse, Andreas (2006). Der Beitrag der Prävention zur Gesundheit im Alter – Perspektiven für die Erwachsenenbildung. In: Bildungsforschung, Jahrgang 3, Ausgabe 2, URL: http://www.bildungsforschung.org/Archiv/2006-02/gesundheit [vom 04.08.2010]

L

Lange, W. & Windel, A. (2002). Kleine ergonomische Datensammlung. Köln: TÜV-Verlag.

Lazarus, R. S. & Folkmann, S. (1984). Stress, Appraisal, and Coping. New York [i. a.]: Springer.

Lazarus, R. S. (2001). Stress and emotion: a new synthesis. London: Free Association Books.

Lehr, U. (2007). Psychologie des Alterns. 11. Auflage. Wiebelsheim: Quelle & Meyer.

Leitner, K., Lüders, E., Greiner, B., Ducki, A., Niedermeier, R. & Volpert, W. (1993). Analyse psychischer Anforderungen und Belastungen in der Büroarbeit. Das RHIA/VERA-Büroverfahren. Handbuch und Manual. Göttingen: Hogrefe.

Lind, E. A. & Bos, K. van (2002). When fairness works: Toward a general theory of uncertainty management. In B.M. Staw and R.M. Kramer, R.M. (Eds.), Research in organizational behavior (vol. 24). Amsterdam, Oxford: JAI, pp. 181-223.

Linden, W. (1994). Autogenic training: A narrative and quantitative review of clinical outcome. Biofeedback and Self-Regulation, 19, 227-264.

Litzcke, S. & Schuh, H. (2010). Stress, Mobbing, Burn-out am Arbeitsplatz. Berlin [u. a.]: Springer.

Loß, U., Matzdorf, R., Richenhagen, G. & Riepert, W. (2009). Erfolgreich Arbeiten: Qualifizierter - Flexibler - Gesünder. Das arbeitspolitische Rahmenkonzept zur Entwicklung und Förderung der Beschäftigungsfähigkeit in Nordrhein-Westfalen. *Zeitschrift für Arbeitswissenschaft*, 63 (4), 277-283.

Luczak, H. (1998). (Hrsg.). Arbeitswissenschaft. 2. Auflage. Berlin, Heidelberg: Springer.

Ludborzs, B & Nold, H. (2009). (Hg.). Psychologie der Arbeitssicherheit und Gesundheit. Entwicklungen und Visionen. 1980-2008-2020. Kröning: Asanger-Verlag.

Lütz, M. (2009). IRRE! Wir behandeln die Falschen. Unser Problem sind die Normalen. Gütersloh: Gütersloher Verlagshaus.

M

Maibach, E. & Parrott, R.L. (1995). (Eds.). Designing health messages. London: Thousand Oaks.

Masing, W., Pfeifer, T. & Schmitt, R. (2007). (Hg.). Handbuch Qualitätsmanagement. 5. Auflage. München, Wien: Hanser.

Max-Rubner-Institut. (2008). Nationale Verzehrsstudie II — Die bundesweite Befragung zur Ernährung von Jugendlichen und Erwachsenen. Ergebnisbericht Teil 1 und 2. Karlsruhe: Max Rubner-Institut.

Meichenbaum, D. W. (2003). Intervention bei Stress: Anwendung und Wirkung des Stressimpfungstrainings. Bern [u. a.]: Huber.

Meifert, M. & Kesting, M. (2004). (Hg.). Gesundheitsmanagement im Unternehmen: Konzepte, Praxis, Perspektiven. Heidelberg: Springer.

Mensch, G. (2008). Finanz-Controlling: Finanzplanung und -kontrolle. Controlling zur finanziellen Unternehmensführung. 2. Auflage. München: Oldenbourg.

Merton, R. K. (1948). The self-fulfilling prophecy. *The Antioch Review*, 8, 193-210.

Miller, W. R. & Rollnick, S. (2005). Motivierende Gesprächsführung. Freiburg: Lambertus-Verlag.

Mohr, G., Rigotti, T. & Müller, A. (2007). Irritations-Skala zur Erfassung arbeitsbezogener Beanspruchungsfolgen. Göttingen: Hogrefe.

Moser, K. & Paul, K.I. (2001). Arbeitslosigkeit und seelische Gesundheit. *Verhaltenstherapie und psychosoziale Praxis*, 33, 431-442.

Moser, K., Preising, K., Göritz, A. S. & Paul, K. I. (2002). Steigende Informationsflut am Arbeitsplatz: belastungsgünstiger Umgang mit elektronischen Medien (E-Mail, Internet). In Schriftenreihe der Bundesanstalt für Arbeitsschutz und Arbeitsmedizin, FB 967. Bremerhaven: Wirtschaftsverlag NW.

Myrtek, M. (1995). Type A behavior pattern, personality factors, disease, and physiological reactivity: A meta-analytic update. *Personality and Individual Differences*, 18 (4), 491-502.

N

Nerdinger, F. W. (1995). Motivation und Handeln in Organisationen – Eine Einführung. Stuttgart: Kohlhammer Verlag.

Nerdinger, F. W., Blickle, G. & Schaper, N. (2008). Arbeits- und Organisationspsychologie. Berlin [u. a.]: Springer.

Neuberger, O. (1987). Miteinander arbeiten – miteinander reden! Vom Gespräch in unserer Arbeitswelt. München: Bayerisches Staatsministerium für Arbeit und Sozialordnung.

Norman, P., Abraham, C. & Conner, M. (2000). (Eds.). Unstanding and changing health behavior: From Health Beliefs to Self-Regulation. Amsterdam: Harwood Academic Publishers.

Nübling, M., Stößel, U., Hasselhorn, H.-M., Michaelis, M. & Hofmann, F. (2005). Methoden zur Erfassung psychischer Belastungen - Erprobung eines Messinstrumentes (COPSOQ). In Schriftenreihe der Bundesanstalt für Arbeitsschutz und Arbeitsmedizin, FB 1058. Bremerhaven: Wirtschaftsverlag NW.

O

O`Leary, A. (1992). Self-efficacy and health: Behavioral and stress-physiological mediation. *Cognitive Therapy and Research*, 16 (2), pp. 229-245.

O´Donnell, M.P. (2005). Closing Thoughts. *The Art of Health Promotion*, Juli/August, p.15.

Oesterreich, R. & Volpert, W. (1999). (Hg.). Psychologie gesundheitsgerechter Arbeitsbedingungen: Konzepte, Ergebnisse und Werkzeuge zur Arbeitsgestaltung. Bern, Göttingen u. a.: Huber.

Olesch, G. (2007). Welche personalpolitischen Strategien erfordert die demografische Entwicklung? *Angewandte Arbeitswissenschaft*, Nr. 193, S. 27-36.

Orfeld, B. & Sochert, R. (2002). (Hg.). 50 „Models of Good Practice". Betriebliche Gesundheitsförderung in europäischen Klein- und Mittelunternehmen. BKK-Bericht Nr. 27. Bremerhaven: NW-Wirtschaftsverlag

P

Parasuraman, S. & Greenhaus, J. H. (1999). (Eds.). Integration Work and Family: Challenges and Choices for a Changing World. Westport, CT: Praeger Publishers.

Paridon, H., Bindzius, F., Windemuth, D., Hanßen-Pannhausen, R., Boege, K., Schmidt, N. & Bochmann, F. (2004). Ausmaß, Stellenwert und betriebliche Relevanz psychischer Belastungen bei der Arbeit. IAG Report 5. Dresden, Essen: HVBG und BKK Bundesverband.

Parks, K. M. & Steelman, L.A. (2008). Organizational Wellness Programs: A Meta-Analysis. *Journal of Occupational Health Psychology*, 13 (1), pp. 58-68.

Pelletier, K. R. (2005). A review and analysis of the clinical and cost-effectiveness studies of comprehensive health promotion and disease management programs at the worksite: update VI 2000-2004. *Journal of Occupational and Environmental Medicine*, 47 (10), 1051-1058.

Pelletier, K. R. (2009). A Review and Analysis of the Clinical and Cost-Effectiveness Studies of Comprehensive Health Promotion and Disease Management Programs at the Worksite: Update VII 2004-2008. *Journal of Occupational and Environmental Medicine*, 51 (7), 882-837.

Perrez, M. & Gebbert, S. (1994). Veränderung gesundheitsbezogenen Risikoverhaltens: Primäre und sekundäre Prävention. In P. Schwenkmezger & L. R. Schmidt (Hg.), Gesundheitspsychologie. (S. 169-187). Stuttgart: Thieme, S. 169-187.

Pfaff, H. & Slesina, W. (2001). (Hg.). Effektive betriebliche Gesundheitsförderung – Konzepte und methodische Ansätze zur Evaluation und Qualitätssicherung. Weinheim: Juventa.

Pfaff, H., Schrappe, M., Lauterbach, K.W., Engelmann, U. & Halber, M. (2003). (Hg.). Gesundheitsversorgung und Disease Management: Grundlagen und Anwendungen der Versorgungsforschung. Handbuch Gesundheitswissenschaften. Bern: Huber.

Pieper, R. (2009). ArbSchR – Arbeitsschutzrecht: Arbeitsschutzgesetz, Arbeitssicherheitsgesetz und andere Arbeitsschutzvorschriften. 4. Auflage. Frankfurt a. M.: Bund-Verlag.

Poppelreuter, S. (1997). Arbeitssucht. Weinheim: Psychologie Verlags Union, Beltz.

Porter, M. E. (2000). Wettbewerbsvorteile – Spitzenleistungen erreichen und behaupten. 6. Ausgabe. Frankfurt, New York: Campus.

Pritchard, R. D., Holling, H., Lammers, F. & Clark, B. D. (2002). (Eds.). Improving Organizational Performance with the Productivity Measurement and Enhancement System: An International Collaboration. Huntington, N.Y: Nova Sciene.

Prümper, J., Hartmannsgruber, K. & Frese, M. (1995). KFZA – Kurz-Fragebogen zur Arbeitsanalyse. *Zeitschrift für Arbeits- und Organisationspsychologie*, 39 (3), S. 125-132.

R

Radtke, P. & Wilmes, D. (2002). European Quality Award – Praktische Tipps zur Anwendung des EFQM-Modells. Reihe Pocker Power. 3. Auflage. München: Hanser-Verlag.

Rantanen, J. (2001). Impact of Globalization on Occupational Health. *Arbeitsmedizin, Sozialmedizin, Umweltmedizin*, 36 (4), 153-160.

Regnet, E. (2000). Konflikte in Organisationen. 2. Auflage. Göttingen: Verlag für Angewandte Psychologie.

Reichwald, R., Möslein, K., Sachenberger, H. & Englberger, H. (2009). Telekooperation: Verteilte Arbeits- und Organisationsformen. 2. Auflage. Berlin [u. a.]: Springer.

Resch, M. (2003). Analyse psychischer Belastungen: Verfahren und ihre Anwendung im Arbeits- und Gesundheitsschutz. In Schriftenreihe „Praxis der Arbeits- und Organisationspsychologie", hg. von E. Bamberg et al. Bern, Göttingen [u. a.]: Huber.

Rheinberg, F., Manig, Y., Kliegl, R., Engeser, S. & Vollmeyer, R. (2007). Flow bei der Arbeit, doch Glück in der Freizeit – Zielausrichtung, Flow und Glücksgefühle. *Zeitschrift für Arbeits- und Organisationspsychologie*, 51 (3), S. 105-115.

Richenhagen, G (2007a). Altersgerechte Personalarbeit: Employability fördern und erhalten. *Personalführung*, 40 (7), 35-47.

Richenhagen, G. (2007b). Personalarbeit und Führung im demografischen Wandel: Beschäftigungsfähigkeit, gesundheitliche Potentiale und altersflexibles Führen. *Personalführung*, 40 (8), 44-51.

Richenhagen, G., Prümper, J. & Wagner, J. (2002). Handbuch der Bildschirmarbeit. Mit einer Kommentierung der Bildschirmarbeitsverordnung. 3. Auflage. Neuwied, Kriftel: Luchterhand Verlag.

Richter, G. & Schatte, M. (2009). Psychologische Bewertung von Arbeitsbedingungen – Screening für Arbeitsplatzinhaber II – BASA II: Validierung, Anwenderbefragung und Software. In Schriftenreihe der Bundesanstalt für Arbeitsschutz und Arbeitsmedizin, F1645/F2166. Dortmund, Berlin, Dresden: BAuA.

Richter, P. & Hacker, W. (1998). Belastung und Beanspruchung: Streß, Ermüdung und Burnout im Arbeitsleben. Heidelberg: Asanger.

Ries, W. & Sauer, J. (1991). Biologisches Alter. Berlin: Akademie-Verlag.

Robert Koch Institut. (2007). (Hrsg.). Gesundheit in Deutschland. Gesundheitsberichterstattung des Bundes in Zusammenarbeit mit dem Statistischen Bundesamt. 2. Auflage. Berlin: Robert Koch Institut.

Robinson, B. E. (2000). Wenn der Job zur Droge wird – Ein Leitfaden für Workaholics, ihrer Partner, Kinder und Therapeuten. Düsseldorf. Walter-Verlag.

Rotter, J. (1966). Generalized expectancies for internal versus external control of reinforcements. *Psychological Monographs*, 80, 1-28.

Rudow, B. (2004). Das gesunde Unternehmen: Gesundheitsmanagement, Arbeitsschutz und Personalpflege in Organisationen. München, Wien: Oldenbourg.

S

Schaubroeck, J., Lam, S. S. K. & Xie, J. L. (2000). Collective-efficacy versus self-efficacy in coping responses to stressors and control: a cross cultural study. *Journal of Applied Psychology*, 85 (4), 512-525.

Scheier, M. F. & Carver, C. S. (1992). Effects of optimism on psychological and physical well-being: Theoretical overview and empirical update. *Cognitive Therapy and Research*, 16 (2), 201-228.

Schein, E. H. (1990). Organizational culture. *American Psychologist*, 45, 109-119.

Schierenbeck, H. & Wöhle, C.B. (2008). Grundzüge der Betriebswirtschaftslehre. 17. Auflage. München: Oldenbourg.

Schirrmacher, F. (2004). Das Methusalem-Komplott. München: Karl Blessing Verlag.

Schmager, B. (1999). Leitfaden Arbeitsschutz-Managementsystem: Aufbau und Umsetzung in der betrieblichen Praxis. München, Wien: Hanser.

Schmidtke, H. (1993). (Hrsg.). Ergonomie. München, Wien: Hanser.

Schnabel, C. (1997). Betriebliche Fehlzeiten: Ausmaß, Bestimmungsstücke und Reduzierungsmöglichkeiten. Beiträge zur Wirtschafts- und Sozialpolitik, Bd. 236. Köln: Institut der deutschen Wirtschaft.

Schnabel, C. (1998). Betriebliche Fehlzeiten und Massnahmen zu ihrer Reduzierung. *Personal*, 50 (6), S. 266-271.

Schneider, H, J. et al. (2010). The Predictive Value of Different Measures of Obesity for Incident Cardiovascular Events and Mortality. *Journal of Clinical Endocrinology & Metabolism* , 95 (4), 1777-1785.

Schröder, K. (1997). Persönlichkeit, Ressourcen und Bewältigung. In R. Schwarzer (Hg.), Gesundheitspsychologie. Ein Lehrbuch. Göttingen: Hogrefe, S. 319–348

Schröer, A. (1999). (Hg.). Erfolgreiche betriebliche Gesundheitsförderung in der Praxis – Führende Unternehmen aus Deutschland berichten. BKK-Bericht Nr. 12. Essen: BKK Bundesverband.

Schulte, Chr. (2002). Personal-Controlling mit Kennzahlen. 2. Auflage. München: Vahlen.

Schulz, R. (2010). Toolbox zur Konfliktlösung: Konflikte schnell erkennen und erfolgreich bewältigen. Frankfurt am Main: Eichborn.

Schwarzer, R. (2002). Selbstwirksamkeitserwartung. In R. Schwarzer, M. Jerusalem und H. Weber (Hg.), Gesundheitspsychologie von A bis Z. Göttingen: Hogrefe, S. 521-524.

Schwarzer, R. (2004). Psychologie des Gesundheitsverhaltens: Einführung in die Gesundheitspsychologie. (3. Auflage). Göttingen u. a.: Hogrefe.

Schwarzer, R. & Renner, B. (1997). Risikoeinschätzung und Optimismus. In R. Schwarzer (Hrsg.), Gesundheitspsychologie: Ein Lehrbuch. 2. Auflage. Göttingen: Hogrefe, S. 43-66.

Seiwert L. J. (2001). Life-Leadership – Sinnvolles Selbstmanagement für ein Leben in Balance. Frankfurt: Campus.

Seiwert, L. J. (2007). Das neue 1 × 1 des Zeitmanagements: Zeit im Griff, Ziele in Balance. Kompaktes Know-how für die Praxis. Gräfe und Unzer Verlag.

Selye, H. (1956). The stress of life. New York: McGraw-Hill.

Senge, P. M. (1990). Die fünfte Disziplin. Kunst und Praxis der lernenden Organisation. Stuttgart: Klett-Cotta.

Senge, P. M., Kleiner, A. & Roberts, C. (1996). (Hg.). Das Fieldbook zur ‚Fünften Disziplin'. Stuttgart. Klett-Cotta.

Sengotta, M. (1998). Arbeitssystemcontrolling. München: Vahlen.

Sennett, R. (2006). Der flexible Mensch – Die Kultur des neuen Kapitalismus. Berlin: Berliner Taschenbuch Verlag.

Seyle, H. (1983). The stress concept today. Past, present, and future. In C. L. Cooper (Ed.), Stress research – Issues for the eighties. Chichester: Wiley, pp. 1-20.

Siegrist, J. (1996). Adverse health effects of high-effort / low-reward conditions. *Journal of Occupational Health Psychology*, 1 (1), 27-41.

Singer, R. (1994). Biogenetische Einflüsse auf die motorische Entwicklung. In J. Baur, K. Bö und R. Singer (Hg.), Motorische Entwicklung – Ein Handbuch. Schorndorf: Hofmann, S. 51–71.

Slovic, P., Fischhoff, B. & Lichtenstein, S. (1980). Facts and fears: Understanding perceived risks. In R.C. Schwing and W.A. Albers (Eds.), Social Risk Assessment. How safe is safe enough? New York: Plenum Press, pp. 181-216.

Sockoll, I., Kramer, I. & Bödeker, W. (2008). Wirksamkeit und Nutzen betrieblicher Gesundheitsförderung und Prävention – Zusammenstellung der wissenschaftlichen Evidenz 2000 bis 2006. IGA-Report 13, hrsg. vom BKK Bundesverband. Essen: BKK Bundesverband.

Sonntag, K. & Stegmaier, R. (2007). Arbeitsorientiertes Lernen: Zur Psychologie der Integration von Lernen und Arbeit. Stuttgart: Kohlhammer Verlag.

Stadler, P. & Spieß, E. (2003). Psychosoziale Gefährdung am Arbeitsplatz – Optimierung der Beanspruchung durch die Entwicklung von Gestaltungskriterien. In der Schriftenreihe der Bundesanstalt für Arbeitsschutz und Arbeitsmedizin, Forschungsband 977. Bremerhaven: Wirtschaftsverlag NW.

Stapp, M., Elke, G. & Zimolong, B. (1999). Fragebogen zum Arbeits- und Gesundheitsschutz (FAGS). In U. Reulecke & B. Rosemann & B. Zimolong (Hrsg.), Bochumer Berichte zur Angewandten Psychologie Nr.15. Bochum: Ruhr-Universität Bochum.

Steiger, Th. & Lippmann, E. (2008). (Hg.). Handbuch Angewandte Psychologie für Führungskräfte: Führungskompetenz und Führungswissen. 3. Auflage. Heidelberg: Springer.

Stellman, J. M. (1998). (Ed.). Encyclopaedia of Occupational Health and Safety. Fourth Edition. Geneva: International Occupational Safety and Health Information Centre (CIS) of the International Labour Organization (ILO).

Stern, L. et al. (2004). The effects of low-carbohydrate versus conventional weight loss diets in severely obese adults: one-year follow-up of a randomized trial. *Annals of Internal Medicine*, 140 (10), 778-785.

Stewart, W. F, Ricci, J. A. & Leotta, C. (2004). Health-related lost productive time (LPT): recall interval and bias in LPT estimates. *Journal of Occupational and Environmental Medicine*, 46 (6 Suppl.), 12-22.

Stewart, W. F., Ricci, J. A., Chee, E. & Morganstein, D. (2003a). Lost productive work time costs from health conditions in the United States: results from the American Productivity Audit. *Journal of Occupational and Environmental Medicine*, 45 (12), 1234-1246.

Stewart, W. F., Ricci, J. A., Chee, E., Morganstein, D. & Lipton, R. (2003). Lost productive time and cost due to common pain conditions in the US workforce. *Journal of the American Medical Association*, 290 (18), pp. 2443-2454.

Stück, M. (1998). Entspannungstraining mit Yoga-Elementen in der Schule. Donauwörth: Auer.

SUGA. (2009). Sicherheit und Gesundheit bei der Arbeit 2007 – Unfallverhütungsbericht Arbeit. Herausgegeben vom Bundesministerium für Arbeit und Soziales (BMAS) und der Bundesanstalt für Arbeitsschutz und Arbeitsmedizin (BAuA). Dortmund, Berlin, Dresden: Bundesanstalt für Arbeitsschutz und Arbeitsmedizin.

Tajfel, H & Turner, J.C. (1986). The social identity theory of intergroup behavior. In S. Worchel und W. G. Austin, W.G. (Eds.), Psychology of intergroup relations. Chicago, IL: Nelson-Hall, pp. 7-24.

TK – Techniker Krankenkasse. (2010). Gesundheitsreport 2010: Gesundheitliche Veränderungen bei Berufstätigen und Arbeitslosen von 2000 bis 2009. Hamburg: Techniker Krankenkasse.

Treier, M. & Holobar, H.-G. et al. (2006/2007). Der Stressmanager: Interaktive DVD zur Vorbeugung und Bewältigung von Stress. Herausgegeben von der GAAS (Gemeinschaftsaufgabe Arbeitsschutz mit Vertretern aus RWE, IGBCE, DSK, BBG StBG, BuE_NRW) und multimedial gestaltet von der Firma virtualform in Köln.

Treier, M. & Uhle, T. (2007). Der Stressmanager - ein zukunftsweisender Weg im Gesundheitsmanagement. In Peter Bärenz et al. (Hg.), Psychologie der Arbeitssicherheit und Gesundheit - Arbeitsschutz, Gesundheit und Wirtschaftlichkeit. 14. Workshop 2007. Heidelberg: Asanger Verlag, S. 315-318.

Treier, M. (2001). Zu Belastungs- und Beanspruchungsmomenten der Teleheimarbeit unter besonderer Berücksichtigung der Selbst- und Familienregulation. In Reihe Studien zur Streßforschung, Bd. 9. Hamburg: Verlag Dr. Kovač.

Treier, M. (2002). Telearbeit und Arbeits- und Gesundheitsschutz. In der Schriftenreihe der *Bundesanstalt für Arbeitsschutz und Arbeitsmedizin*; Tagungsbericht Tb 129: „Gesundheitsförderung an neuen Arbeitsplätzen". Bremerhaven: Wirtschaftsverlag NW, S. 137-148.

Treier, M. (2006). Der Stressmanager: ein interaktives Medium zur gezielten Stärkung persönlicher Ressourcen im Umgang mit Stresssituationen. In B. Klauk und M. Stangel-Meseke (Hg.), Mit Werten wirtschaften – Mit Trends trumpfen. Band zur 12. Tagung der Gesellschaft für angewandte Wirtschaftspsychologie e.V. an der Business und Information Technology School (BiTS) vom 03. bis 04. Februar 2006 in Iserlohn. Lengerich: Pabst Science Publishers, S. 271-292.

Treier, M. (2009a). Personalpsychologie im Unternehmen. München: Oldenbourg-Verlag.

Treier, M. (2009b). Fehlzeitenanalyse — Rotes Tuch oder sinnvolles Instrument? Vortrag im Rahmen der vierten arbeitsmedizinischen Fortbildungstagung „Ruhr" in der DASA in Dortmund am 31.10.2009. (Download Präsentation unter http://www.aquado-ev.de/; Stand 13.11.09.)

Treier, M. (2010a). Mitarbeiterbefragung zur Gesundheit - Entwicklung und Evaluation am Beispiel Currenta GmbH & Co. OHG, Leverkusen. In Rüdiger Trimpop et al. (Hg.), Psychologie der Arbeitssicherheit und Gesundheit - Sicher bei der Arbeit und unterwegs - wirksame Ansätze und neue Wege. 16. Workshop 2010. Heidelberg: Asanger Verlag, S. 181-184.

Treier, M. (2010b). Serious Games für E-Health - Spielerisch zum Ziel "Konstruktiver Umgang mit Stress". In Rüdiger Trimpop et al. (Hg.), Psychologie der Arbeitssicherheit und Gesundheit – Sicher bei der Arbeit und unterwegs – wirksame Ansätze und neue Wege. 16. Workshop 2010. Heidelberg: Asanger Verlag, S. 567-570.

Tuomi, K. & Ilmarinen, J. (1999). Work, lifestyle, health, and work ability among aging municipal workers in 1981-1992. In J. Ilmarinen and W. Louhevaara (Eds.), FinnAge – Respect for the aging: Action programme to promote health, work ability, and well-being of aging workers in 1990-96. Helsinki: Finnish Institute of Occupational Health, pp. 220–232.

Tuomi, K., Ilmarinen, J., Seitsamo, J., Huuhtanen, P., Martikainen, R., Nygård, C. H. & Klockars, M. (1997). Summary of the Finnish research projekt (1981-1992) to promote health and work ability of on aging workers. *Scandinavian Journal of Work, Environment and Health*, 23 (Suppl. 1), 66-71.

U

Udris, I. & Frese, M. (1999). Belastung und Beanspruchung. In C. Graf Hoyos und D. Frey (Hg.), Arbeits- und Organisationspsychologie: Ein Lehrbuch. Weinheim: Beltz Psychologie Verlags Union, S. 429-445.

Udris, I., Rimann, M. & Thalmann, K. (1994). Gesundheit erhalten, Gesundheit herstellen: Zur Funktion salutogenetischer Ressourcen. In B. Bergmann und P. Richter (Hg.), Die Handlungsregulationstheorie – von der Praxis einer Theorie. Göttingen [u.a]: Hogrefe, S. 198-215.

Uhle, T. & Treier, M. (2006). Der Stressmanager: Entwicklung und Evaluation eines interaktiven Mediums zur Stressprävention. In GfA (Hg.), Innovationen für Arbeit und Organisation. Bericht zum 52. Kongress der Gesellschaft für Arbeitsiwssenschaft vom 20. bis 22. März 2006 in Stuttgart. Dortmund: GfA Press, S. 125-128.

Uhle, T. & Treier, M. (2007). "Burnie auf dem Prüfstand" - Formative und summative Evaluation des Stressmanagers. In Peter Bärenz et al. (Hg.), Psychologie der Arbeitssicherheit und Gesundheit - Arbeitsschutz, Gesundheit und Wirtschaftlichkeit. 14. Workshop 2007. Heidelberg: Asanger Verlag, S. 319-322.

Uhle, T. (2003). Ressourcenmodelle in der Betrieblichen Gesundheitsförderung. In H.G. Giesa, K.-P. Timpe und U. Winterfeld (Hg.), Psychologie der Arbeitssicherheit und Gesundheit. Heidelberg: Asanger, S. 371-374.

Uhle, T. (2004). Entwicklung und Evaluation des gestaltungsorientierten Fragebogens zum Arbeits- und Gesundheitsschutz – Betriebliche Gesundheitsförderung (FAGS-BGF). In GfA Gesellschaft für Arbeitswissenschaft (Hrsg.), Bericht zum 50. arbeitswissenschaftlichen Kongress am 24.-16.03.2004 an der ETH Zürich. Dortmund: GfA-Press, S. 77-82.

Uhle, T. (2006). Einfluss der Präventionsressourcen. In B. Zimolong und W. Kohte (Hg.), Integrativer und kooperativer Arbeits- und Umweltschutz in der Metallindustrie (IKARUS): Organisatorische, rechtliche und psychologische Perspektiven. Kröningen: Asanger-Verlag, S. 128-176).

Uhle, T. (2010). Die CURRENTA Toolbox ‚BGF' – Entwicklung und Evaluation. In R. Trimpop, G. Gericke und J. Lau (Hg.), Psychologie der Arbeitssicherheit und Gesundheit. Sicher bei der Arbeit und unterwegs – wirksame Ansätze und neue Wege. Heidelberg: Asanger, S. 185-188.

Uhle, T., Zimolong, B. & Elke, G. (2010). FAGS-BGF. Fragebogen zum Arbeits- und Gesundheitsschutz – Betriebliche Gesundheitsförderung. In W. Sarges, H. Wottawa & C. Roos (Hg.), Handbuch wirtschaftspsychologischer Testverfahren. Band II: Organisationspsychologische Instrumente. Lengerich: Pabst Science Publishers, S. 46-53.

Ulich, E. & Wülser, M. (2009). Gesundheitsmanagement in Unternehmen – Arbeitspsychologische Perspektiven. (3. Auflage). Wiesbaden: Gabler.

Ulich, E. (2005). Arbeitspsychologie. 6. Auflage. Zürich: vdf Hochschulverlag.

V

VBG. (2007). (Hrsg.). Bildschirm- und Büroarbeitsplätze – Leitfäden für die Gestaltung. VBG-Fachinformation, BGI 650. Hamburg: Verwaltungs-Berufsgenossenschaft.

Visser, W., Matten, D., Pohl, M. & Tolhurst, N. (2008). (Eds.). The A to Z of Corporate Social Responsibility. Second Edition. West Sussex, UK [i. a.]: John Wiley & Sons Ltd.

W

Wahl-Wachendorf, A. (2009). Wahl, Pflicht oder Kür – Mehr Klarheit bei der arbeitsmedizinischen Vorsorge. BG Bau aktuell, 2, 20-21.

Warr, P. (2001). Age and Work Behaviour - Physical Attributes, Cognitive Abilities, Knowledge, Personality Traits and Motives. In C. L. Cooper & I. T. Robertson (Eds.), International Review of Industrial and Organizational Psychology, 16. Chichester [i. a.] : Wiley Blackwill, pp. 1-36.

Wegge, J. (2004). Führung von Arbeitsgruppen. Göttingen [u. a.]: Hogrefe.

Weinstein, N. D. (1980). Unrealistic optimism about future life events. *Journal of Personality and Social Psychology*, 39, 806-820.

Weinstein, N. D. (1983). Why it won't happen to me: Perceptions of risk factors and suceptibility. *Health Psychology*, 3, 431-457.

Weinstein, N. D. & Lachendro, E. (1982). Egocentrism as a source of unrealistic optimism. *Personality and Social Psychology Bulletin*, 8, 195-200.

Weizsäcker, E. U. von, Lovins, A. B. & Lovins, L. H. (1995). Faktor vier. Doppelter Wohlstand – halbierter Naturverbrauch. München: Droemer Knaur.

WHO – World Health Organization. (2000). (Ed.). Obesity: preventing and managing the global epidemic. Geneva, Switzerland: WHO Technical Report Series.

Wieland, R. & Hammes, M. (2008). Gesundheitskompetenz als personale Ressource. In K. Mozygemba et al. (Hg.), Nutzenorientierung – ein Fremdwort in der Gesundheitssicherung? Bern: Huber, S. 177-190.

Wieland, R. (1999). Analyse, Bewertung und Gestaltung psychischer Belastung und Beanspruchung. In B. Badura, M. Litsch & C. Vetter (Hg.), Fehlzeiten-Report 1999 – Psychische Belastung am Arbeitsplatz. Berlin [u. a.]: Springer, S. 197-211.

Wieland, R. (2004). Arbeitsgestaltung, Selbstregulationskompetenz und berufliche Kompetenzentwicklung. In B.S. Wiese (Hrsg.), Individuelle Steuerung beruflicher Entwicklung – Kernkompetenzen in der modernen Arbeitswelt. Frankfurt a. M.: Campus, S. 169-196.

Wieland, R. (2009). Barmer Gesundheitsreport 2009: Psychische Gesundheit und psychische Belastungen. Hrsg. von der Barmer Ersatzkasse, Gesundheits- und Versorgungsmanagement. Wuppertal: Barmer Ersatzkasse.

Wieland, R., Scherrer, K., Hammes, M. & Latocha, K. (2008). Fragebogen zur Gesundheitskompetenzerwartung (GKF). Wuppertaler Beiträge zur Arbeits- und Organisationspsychologie, Heft 1. Wuppertal: Bergische Universität Wuppertal.

Wieland, R., Winizuk, S. & Hammes, M. (2009). Führung und Arbeitsgestaltung - Warum gute Führung allein nicht gesund macht. *Arbeit* - Schwerpunktheft 4.

Wieland-Eckelmann, R. (1982). Kognition, Emotion und psychische Beanspruchung – Theoretische und empirische Studien zu informationsverarbeitenden Tätigkeiten. Göttingen [u. a.]: Hogrefe.

Wieland-Eckelmann, R. (1996). A cognitive-actional model of selfregulation and coping. In W. Battmann & S. Dutke (Eds.), Processes of the Molar Regulation of Behavior. Lengerich: Pabst, pp. 169-187.

Wieland-Eckelmann, R. Allmer, H., Kallus, K. W. & Otto, J. H. (1994). Erholungsforschung: Beiträge der Emotionspsychologie, Sportpsychologie und Arbeitspsychologie. Weinheim: Psychologie Verlags Union, Beltz.

Wieland, R. & Hammes, M. (2008). Gesundheitskompetenz als personale Ressource. In K. Mozygemba et al. (Hg.), Nutzenorientierung – ein Fremdwort in der Gesundheitssicherung? Bern: Huber, S. 177-190.

Wiese, B. S. (2004). (Hrsg.). Individuelle Steuerung beruflicher Entwicklung – Kernkompetenzen in der modernen Arbeitswelt. Frankfurt am Main: Campus.

Witte, K. (1995). Fishing for success: using the persuasive health message framework to generate effective campaign messages. In E. Maibach and R. L. Parrott (Eds.), Designing health messages. London: Thousand Oaks, pp. 145-166.

Worm, N. (2003). Glücklich und Schlank. Mit viel Eiweiß und dem richtigen Fett. Die LOGI-Methode in Theorie und Küche. Lünen: systemed Verlag.

Wright, Th. A., Cropanzano, R. & Bonett, D. G. (2007). The moderating role of employee positive well being on the relation between job satisfaction and job performance. *Journal of Occupational Health Psychology*, 12, pp. 93-103.

Z

Zangemeister, C. & Nolting, H.-D. (1997). Kosten-Wirksamkeits-Analyse im Arbeits- und Gesundheitsschutz – Einführung und Leitfaden für die betriebliche Praxis. Schriftenreihe Sonderschrift. Dortmund, Berlin: Bundesanstalt für Arbeitsschutz und Arbeitsmedizin.

Zapf, D. & Semmer, N.K. (2004). Stress und Gesundheit in Organisationen. In H. Schuler (Hrsg.), Enzyklopädie der Psychologie, Bd. 3 (Organisationspsychologie, D/III/3). Göttingen [u. a.]: Hogrefe.

Ziegler, E., Udris, I., Büssing, A., Boos, M. & Baumann, U. (1996). Ursachen des Absentismus: Alltagsvorstellungen von Arbeitern und Meistern und psychologische Erklärungsmodelle. Zeitschrift für Arbeits- und Organisationspsychologie, 40 (4), S. 204-208.

Zimolong, B. & Elke, G. (2001). Die erfolgreichen Strategien und Praktiken der Unternehmer. In B. Zimolong (Hrsg.), Management des Arbeits- und Gesundheitsschutzes. Die erfolgreichen Strategien der Unternehmen. Wiesbaden: Gabler, S. 235-268.

Zimolong, B. & Stapp, M. (2001). Psychosoziale Gesundheitsförderung. In B. Zimolong (Hrsg.), Management des Arbeits- und Gesundheitsschutzes. Die erfolgreichen Strategien der Unternehmen. Wiesbaden: Gabler. S. 141-169.

Zimolong, B. (2001). (Hrsg.). Management des Arbeits- und Gesundheitsschutzes: Die erfolgreichen Strategien der Unternehmen. Wiesbaden: Gabler.

Zimolong, B., Elke, G. & Trimpop, R. (2006). Gesundheitsmanagement. In B. Zimolong und U. Konradt (Hg.), Enzyklopädie der Psychologie, Bd. 2 (Ingenieurpsychologie, D/III/2). Göttingen: Hogrefe.

Zink, K.J. (2004). TQM als integratives Managementkonzept: Das EFQM Excellence Modell und seine Umsetzung. 2. Auflage. München, Wien: Hanser.

Zohar, D. (2002). The effects of leadership dimensions, safety climate, and assigned priorities on minor injuries in work groups. Journal of Organizational Behavior, 23, 75-92.

Zollondz, H.-D. (2006). Grundlagen Qualitätsmanagement. 2. Auflage. Edition Management. München: Oldenbourg.

🖱 Kommentierte Internetquellen

Stand: 09/10: Unsere Favoritenliste der Internetquellen
Diese Quellen haben wir intensiv bei unserem Buchprojekt genutzt, um aktuelle Informationen zu erhalten.

Rubrik	Quelle	URL	Kommentar
Daten und Statistiken			
Daten	Informations-system der Gesundheits-bericht-erstattung	http://www.gbe-bund.de	Diese Online-Datenbank des Bundes ist sehr ertragreich, wenn man sie mit den richtigen Fragen füttert.
Daten	Deutsches Zentrum für Altersfragen (DZA)	http://www.dza.de	Diese Website ist mit aussage-kräftigen Alterssurveys gerade aus Sicht des Demografima-nagements interessant. Entwe-der liest man die Sozialbe-richterstattung oder führt eine Direktrecherche bei GeroStat (http://www.gerostat.de) durch.
Daten	Renten-Statistik	http://forschung.deutsche-rentenver-sicherung.de	Es handelt sich um das For-schungsportal der Deutschen Rentenversicherung. Das For-schungsdatenzentrum (FDZ-RV) stellt Mikrodatensätze aus dem Bestand ihrer prozessprodu-zierten Daten zur Verfügung.
Daten	Statistisches Bundesamt (Destatis)	http://www.destatis.de	Dort finden Sie ein umfangrei-ches Datenangebot. Unter der Themenrubrik Arbeitsmarkt können Sie Entwicklungen und Eckzahlen zur Erwerbstätigkeit abrufen. Interessant ist die Datenquelle des Mikrozensus von jährlich rund 800.000 in Deutschland lebenden Men-schen. Zusammenfassungen bietet das STATmagazin.
Daten	Datenbank NoRA	http://nora.kan.de	Normen-Recherche-Arbeitsschutz
Daten	Datenbank BGVR	http://www.arbeitssicherheit.de/de/html/bgvr-verzeichnis	Dieses Verzeichnis (BGVR) enthält – nach Kapiteln unter-teilt – berufsgenossenschaftli-che Vorschriften und Regeln für Sicherheit und Gesundheit bei der Arbeit der gewerbli-chen Berufsgenossenschaften.

Quellen

Rubrik	Quelle	URL	Kommentar
Fragebögen			
Fragebogen	Selbstwirksamkeitsskala	http://userpage.fu-berlin.de/~health/germscal.htm	Auf dieser Website befindet sich die psychometrische Skala zur allgemeinen Selbstwirksamkeitserwartung mit lediglich 10 Items.
Fragebogen	Fragebogen zur Selbsteinschätzung	www.netzwerk-unternehmen-fuer-gesundheit.de	Der Fragebogen lässt sich auf dieser Website downloaden.
Fragebogen	Fragebogen COPSOQ Forschungsstelle der Arbeits- und Sozialmedizin	http://www.copsoq.de/ http://www.ffas.de/	Hier finden Sie die Fragebögen COPSOQ und auch eine Online-Version. Zusätzlich empfehlen wir Ihnen die Website der Freiburger Forschungsstelle der Arbeits- und Sozialmedizin. Dort finden Sie neben einer Datenbank mit berufsgruppenspezifischen Referenzwerten für psychische Belastungen auch die wichtigsten Publikationen.
Gesellschaften			
Gesellschaft	Gesellschaft für Arbeitswissenschaft e. V.	http://www.zfa-online.de	Auf dieser Website der Gesellschaft für Arbeitswissenschaft steht die Zeitschrift für Arbeitswissenschaft im Vordergrund. Zu empfehlen ist v. a. der Reiter „Ergonomie-online".
Gesellschaft	DGAUM	http://www.dgaum.de	Die Website der Deutschen Gesellschaft für Arbeitsmedizin und Umweltmedizin e. V. bietet Informationen zu Fort- und Weiterbildung, Veranstaltungen und Kongressen etc.
Gesellschaft	American College of Occupational and Environmental Medicine (ACOEM)	http://www.acoem.org	ACOEM ist eine bedeutende Organisation von Ärzten, die für die Gesundheit und Sicherheit von Mitarbeitern, Arbeitsplätzen und Umwelt eintreten.
Gesundheit			
Gesundheit	Weltgesundheitsorganisation (WHO)	http://www.who.int/en/	Auf der regionalen deutschen Seite finden Sie unter der Rubrik „Über die WHO – Grundsatzerklärungen" alle relevanten Erklärungen und Statements.

Rubrik	Quelle	URL	Kommentar
Gesundheits-förderung	Deutsches Netzwerk für Betriebliche Gesundheitsförderung (DNBGF)	http://www.dnbgf.de	Das DNBGF geht auf eine Initiative des Europäischen Netzwerks für Betriebliche Gesundheitsförderung ENWHP zurück und wird vom Bundesministerium für Arbeit und Soziales BMAS und vom Bundesministerium für Gesundheit BMG unterstützt.
Gesundheits-förderung	Terrasana LIFE AG	http://www.terrasanalife.de	Auf dieser Website finden Sie alle relevanten Informationen über das Konzept von LIFE.
Information			
Information	Bangkok Charta	http://www.who.int/healthpromotion/conferences/6gchp/bangkok_charter/en/	
Information	Luxemburger Deklaration	http://www.netzwerk-unternehmen-fuer-gesundheit.de	Europäischen Netzwerks für betriebliche Gesundheitsförderung! Wählen Sie dort den Reiter „Luxemburger Deklaration"!
Information	Ottawa Charta	www.who.int/hpr/NPH/docs/ottawa_charter_hp.pdf	
Information	Disability Management	http://www.disability-manager.de	In diesem Portal der Deutschen Gesetzlichen Unfallversicherung finden Sie alle relevanten Informationen zur Qualifizierung als Disability Manager zum Download.
Information	DIN EN ISO	http://www.iso.org/iso/en/iso9000-14000/index.html	Die DIN EN ISO 9000 ff. hat schon mehrere Updates erfahren. Die letzte Änderung erfolgte 2008 (ISO 9001:2008).
Information	Gesundheitskompetenz-Center	http://www.gkc.uni-wuppertal.de	Das GKC versteht sich als ein Forum für den Erfahrungs- und Wissensaustausch im Bereich der BGF.
Information	LOGI-Methode	http://www.logi-methode.de	Hier erfahren Sie alles über die LOGI-Methode. Interessant sind v. a. auch die Downloads.
Information	Web-Server der Europäischen Union	http://europa.eu	Zugang zum Web-Server der Europäischen Union
Kommissionen			
Kommission	KAN	http://www.kan.de	Kommission für Arbeitsschutz und Normung
Kommission	CEN	http://cen.eu	European Committee for Standardization

Rubrik	Quelle	URL	Kommentar
Kommission	CENELEC	http://cenelec.eu	European Committee for Electrotechnical Standardization
Kommission	ISO	http://www.iso.org	International Organization for Standardization
Kooperationen Gesundheit			
Kooperation	Initiative Neue Qualität der Arbeit (INQA)	http://www.inqa.de http://gutepraxis.inqa.de	Die Initiative Neue Qualität der Arbeit (INQA) als interdisziplinäres Praxisprojekt beschäftigt sich mit vielen Faktoren, die aus Sicht der BGF von Bedeutung sind: Lebenslanges Lernen, Zunahme der psychosozialen Belastungen, Älterwerden in der Beschäftigung etc. Sie finden auf der Website anregende Praxisberichte. Sehr empfehlenswert: INQA-Datenbank Guter Praxis
Kooperation	European Network for Workplace Health Promotion	http://www.enwhp.org	European Network for Workplace Health Promotion wartet mit einer Toolbox „Successful Ways to better Workplace Health" auf.
Kooperation	Gemeinsame Deutsche Arbeitsschutzstrategie (GDA)	http://www.gda-portal.de	Die Gemeinsame Deutsche Arbeitsschutzstrategie hat das Ziel, Sicherheit und Gesundheit der Beschäftigten durch einen systematischen Arbeitsschutz ergänzt durch BGF-Maßnahmen zu erhalten und zu fördern.
Kooperation	Deutsche WAI-Netzwerk	http://www.arbeitsfaehigkeit.uni-wuppertal.de	Das Deutsche WAI-Netzwerk dient der Förderung der Anwendung des Work Ability Index (WAI) in Deutschland. Sie finden auf der Website nicht nur wichtige Publikationen, sondern auch den Fragebogen als Kurz- und Langversion.
Kooperation	Initiative Gesundheit & Arbeit (IGA)	http://www.iga-info.de	Das Ziel, BGF zu verbreiten und durch Kooperationen das Handlungswissen zu erweitern, wird u. a. von dieser Initiative wahrgenommen.
Krankenkassen			
Krankenkasse	Techniker Krankenkasse	http://www.tk-online.de	Dort gehen Sie auf das Presse-Center. Unter Publikationen finden Sie die aussagekräftigen TK-Gesundheitsreports.

Rubrik	Quelle	URL	Kommentar
Krankenkasse	BKK Bundesverband	http://www.bkk.de	Diese Seite bietet viele Links zu Projekten, Kooperationen und Downloads zum Thema BGF und betriebliches Gesundheitsmanagement.
Organisationen			
Organisation	NIOSH	http://www.cdc.gov/niosh	The National Institute for Occupational Safety and Health. Die internationale Perspektive lässt sich durch die Website von NIOSH abrufen.
Organisation	Enterprise for Health (EfH)	http://www.enterprise-for-health.org	EfH ist ein Netzwerk internationaler Unternehmen, das sich der Entwicklung einer partnerschaftlichen Unternehmenskultur und einer modernen betrieblichen Gesundheitspolitik widmet.
Organisation	Robert Koch Institut (RKI)	http://www.rki.de	Das Robert Koch Institut unterstützt das Informationssystem der Gesundheitsberichterstattung, daher kann man auch in der Online-Datenbank die wichtigsten Daten entnehmen (http://www.gbe-bund.de).
Organisation	Jacobs Center for Lifelong Learning	http://www.jacobs-university.de/schools/jacobscenter/	Studien des Jacobs Center for Lifelong Learning and Institutional Development der Universität Bremen zeigen, dass kritische Bereiche wie Lernbereitschaft, körperliche Leistungsfähigkeit oder Flexibilität bis ins hohe Alter veränderbar sind.
Organisation	BAuA	http://www.baua.de	Bundesanstalt für Arbeitsschutz und Arbeitsmedizin
Organisation	Institut für angewandte Arbeitswissenschaft e. V.	http://www.ifaa-koeln.de http://www.arbeitswissenschaft.net/	Das Institut für angewandte Arbeitswissenschaft e. V. (ifaa) ist eine Wissenschaft und Praxis verbindende Institution. Im Mittelpunkt ihrer Arbeit steht die Steigerung der Produktivität in den Unternehmen der Metall- und Elektroindustrie. Interessant sind auf dieser Website v. a. die Publikationen des Instituts.

Quellen

Rubrik	Quelle	URL	Kommentar
Organisation	International Labour Office (ILO)	http://www.ilo.org	Die ILO ist eine Sonderorganisation der Vereinten Nationen. Ihr Arbeitsschwerpunkt ist die Formulierung und Durchsetzung internationaler Arbeits- und Sozialnormen.
Organisation	European Agency for Safety and Health at Work	http://soha.euorpa.eu/en	Globales Netzwerk von Fachwissen zu Sicherheit und Gesundheitsschutz
Organisation	DIN	http://www2.din.de	Deutsches Institut für Normung e.V.
Organisaton	OSHA	http://osha.europa.eu	Für den Start von Recherchen in Bezug auf den europäischen Raum eignet sich die Website der Europäischen Agentur für Sicherheit und Gesundheitsschutz am Arbeitsplatz (OSHA).
Projekte			
Projekt	Generations@Work bei BASF	http://www.basf.com/group/corporate/de/sustainability/employees/demographic-change	Das Motto von Generations@Work lautet, dass die Arbeitsfähigkeit im Alter gestaltbar ist. Es findet ein Kompetenzaufbau in Feldern wie Zuverlässigkeit und Erfahrungswissen statt. (Siehe auch Jacobs Center for Lifelong Learning!)
Projekt	Move Europe	http://www.move-europe.de	Es handelt sich um ein mehrjähriges Großprojekt seit 2006 im Bereich der BGF mit der Zielsetzung der Förderung lebensstilbezogener betrieblicher Gesundheit in Europa.
Projekt	Projekt INOPE Gesundheitsförderung und Prävention	http://www.inope.de	Ziel des Forschungsverbundes INOPE ist die nachhaltige Förderung der Arbeitsfähigkeit und Gesundheit der Beschäftigten in der Finanzverwaltung Nordrhein-Westfalens.
Projekt	RESPECT	http://respect.iccs.ntua.gr	RESPECT bedeutet "Research Action For Improving Elderly Workers Safety, Productivity, Efficiency and Competence Towards the New Working Environment." Auf dieser Website finden Sie praktische Hinweise, Forschungsergebnisse etc. zu diesem zentralen Thema des Demografiemanagements.

Rubrik	Quelle	URL	Kommentar
Recht und Richtlinien			
Recht	Ergo-Online	http://www.ergo-online.de	Dort Reiter Rechtsgrundlagen!
Recht	Europäische CE-Richtlinien	http://www.ce-richtlinien.eu	
Recht	EU-Recht	http://eur-lex.europa.eu/de/	Zugang zum EU-Recht
Recht	Bundesgesetzblatt	http://www.bundesgesetzblatt.de	
Recht	Gesetze im Internet	http://bundesrecht.juris.de	
Recht	Sozialgesetzbuch	http://www.sozialgesetzbuch-sgb.de	
Studien			
Studie	Nationale Verzehrstudie	http://www.was-esse-ich.de	Interessant ist die zweite Nationale Verzehrstudie, die das Max-Rubner-Institut, Bundesforschungsinstitut für Ernährung und Lebensmittel (MRI), im Auftrag des Bundesministeriums für Ernährung, Landwirtschaft und Verbraucherschutz durchgeführt hat. Der Datenpool mit etwa 20.000 Teilnehmern ist repräsentativ.
Tools			
Tools	Gefährdungsanalyse	http://www.gefaehrdungsbeurteilung.de	In diesem Portal finden Sie alles zum Thema Gefährdungsbeurteilung und viele wichtige Links und Downloads. Wer sich für die Gefährdungsbeurteilung interessiert, wird hier sicherlich fündig.
Tools	Toolbox BAuA	http://www.baua.de	Dort gehen Sie auf den Reiter „Informationen für die Praxis" → „Handlungshilfen und Praxisbeispiele" → „Toolbox: Instrumente zur Erfassung psychischer Belastungen".
Tools	Selbstbewertung	http://www.q-excellence.de/ http://www.sab-info.de/	Auf beiden Websites finden Sie Informationen und Tools zur Selbstbewertung nach EFQM.
Tools	EFQM Modell	http://www.efqm.org http://www.deutsch-efqm.de	Auf diesen Seiten finden Sie relevante Informationen zum EFQM-Modell für Excellence der European Foundation for Quality Management.

Rubrik	Quelle	URL	Kommentar
Tools	Tools für Demografiamanagement	http://www.demowerkzeuge.de	Auf dieser Website finden sie alle relevanten betrieblichen Werkzeuge für die Personalarbeit, angefangen von Self-Checks über Altersstrukturanalysen bis zu Checklisten zum Erkennen altersstruktureller Problemlagen im Betrieb.
Weiteres			
Unfallversicherung	DGUV	http://www.dguv.de	Deutsche Gesetzliche Unfallversicherung → Die Website bietet interessante Informationen und Links zu unfallversicherungsrelevanten Themen.

Wenn Sie weitere interessante Internetquellen zum Themenfeld BGF oder betriebliches Gesundheitsmanagement haben, teilen Sie uns diese doch bitte mit.

☞ Glossar

Begriff	Kurze Erläuterung
A	
Absentismus	Unter Absentismus versteht man „motivationsbedingte" Fehlzeiten, die nicht auf Erkrankungen oder anderen im Arbeitsvertrag vereinbarten zulässigen Gründe für das Fernbleiben von der Arbeit beruhen. Für das Phänomen Absentismus liegen verschiedene Erklärungsmodelle vor wie das Rückzugsmodell, das ökonomische Nutzen-Modell oder das abweichende Verhaltensmodell.
Arbeits-Erholungs-Zyklus	Menschen steht eine bestimmte Menge an physischen und psychischen Ressourcen zur Verfügung, die es zu erhalten und zu schützen gilt. Im Arbeits-Erholungs-Zyklus soll nach jeder physischen oder psychischen Beanspruchungsphase eine Erholungsphase folgen, um die beanspruchten Ressourcen wiederherzustellen.
Arbeitsorientiertes Lernen	Beschleunigte Veränderungsprozesse in der Arbeitswelt, technologische Innovationen, die Auflösung fester Berufsverläufe sowie zunehmende Flexibilisierung von Arbeit verlangen von den Mitarbeitern, Wissen und Fähigkeiten durch kontinuierliches Lernen zu erhalten und zu verbreitern. Lernen und Arbeiten müssen in Konzeption und Gestaltung stärker als bisher verknüpft werden. Das arbeitsorientierte Lernen befasst sich mit dem Lernpotenzial aus der Arbeitsaufgabe, also der Lernförderlichkeit der Aufgabe.
B	
Balanced Scorecard	Die Balanced Scorecard ist ein Steuerungs- und Controllinginstrument für wertschöpfende Aktivitäten einer Organisation und unterstützt bei der angemessenen Übersetzung von Visionen in strategiegerechtes operatives Handeln. Ein wichtiger Faktor ist dabei die Gewichtung verschiedener Perspektiven der Steuerung wie Potenziale, Finanzen, Kunden und Prozesse. Mit wenigen gewichteten, aussagekräftigen Kennwerten erfolgt die Steuerung (ausgewogenes Kennzahlensystem). Die Balanced Scorecard ist ein Konzept, aber kein fertiges Instrument. Entscheidend für die Qualität der Balanced Scorecard sind die Angemessenheit der selektierten Perspektiven und die Güte der zugeordneten Kennwerte.
Beanspruchungsfolgen	Lassen sich die Belastungen aufgrund der zur Verfügung stehenden Ressourcen kompensieren, resultieren positive Beanspruchungsfolgen, die motivationsförderlich sind. Gibt es quantitativ oder qualitativ ein Zuviel an Belastungen, die ressourcentechnisch nicht oder nur unzureichend kompensierbar sind, kommt es zu negativen Beanspruchungsfolgen, die sich psychisch, physisch, kognitiv, emotional und behavioral auswirken können. Die langfristige Wirkung negativer Beanspruchungsfolgen schlägt sich gesundheitlich in den typischen ‚Stresserkrankungen' nieder.

Begriff	Kurze Erläuterung
Beanspruchungsoptimalität	Die Beanspruchungsoptimalität gilt als Maß für das Kosten-Nutzen-Verhältnis (ROI) in Bezug auf die Doppelrolle der Beanspruchung. Es genügt also nicht, Belastungsquellen aufzudecken, zu beseitigen und durch verschiedene Gestaltungsmaßnahmen die psychischen Arbeitsbeanspruchungen zu reduzieren, sondern nur diejenigen Belastungen, die zu negativen oder dysfunktionalen Beanspruchungszuständen bei den Betroffenen führen, gilt es zu reduzieren. Arbeitsanforderungen, die positive bzw. funktionale Beanspruchungen nach sich ziehen, sind entsprechend zu fördern.
Belastungen	Belastungen sind die Gesamtheit der bei einer Tätigkeiten bestehenden Bedingungen, die Auswirkungen auf den Menschen haben können. In letzter Zeit nehmen insbesondere die psychischen, mentalen oder psychomentalen Belastungen zu. Aus psychologischer Sicht werden unter Belastungen alle Faktoren verstanden, die von außen auf den Menschen psychisch einwirken (vgl. DIN EN ISO 10075). Der psychologische Belastungsbegriff ist neutral definiert. Werden gewisse intraindividuelle Grenzen der Selbstregulationskompetenz überschritten, handelt es sich um negativ konnotierte Fehlbelastungen. In der Arbeitswelt sind dies v. a. Fehlbelastungen aus der Arbeitsaufgabe, der Arbeitsumgebung und der Arbeitsorganisation sowie psychosoziale Fehlbelastungen. Sind die Belastungen jedoch zu meistern, handelt es sich um motivationsförderliche Anforderungen bzw. Herausforderungen.
Betriebliches Eingliederungsmanagement	Nach § 84, Abs. 2 SGB IX (neuntes Buch Sozialgesetzbuch) ist das betriebliche Eingliederungsmanagement (BEM) eine Aufgabe des Arbeitgebers mit dem Ziel, die Arbeitsunfähigkeit der Arbeitnehmer möglichst zu überwinden, erneuter Arbeitsunfähigkeit vorzubeugen und den Arbeitsplatz des Betroffenen zu erhalten. Wenn ein Arbeitnehmer innerhalb von 12 Monaten mehr als 42 krankheitsbedingte Fehltage am Stück oder partialisiert aufzuweisen hat, soll das BEM einsetzen. Soweit im Unternehmen ein Betriebs- oder Personalrat installiert ist, ist dieser zu beteiligen (Partizipationsgrundsatz). Wenn der Betroffene leistungsgewandelt ist, ist zusätzlich die Schwerbehindertenvertretung hinzuzuziehen.
Body-Mass-Index	Der Body-Mass-Index (BMI) wurde von Quételet (1835) als Maßzahl für die Bewertung der Körpermasse eines Menschen entwickelt [BMI = (Körpermasse in kg) / (Körpergröße in m)^2]. Der BMI ist in der Literatur und der medizinischen Praxis weit verbreitet, allerdings stellt er lediglich einen sehr groben Richtwert dar und ist in der Wissenschaft bezüglich seiner Vorhersagekraft für Erkrankungsrisiken umstritten, da er die Statur und die interindividuell verschiedene Zusammensetzung der Körpermasse aus Fett- und Muskelgewebe nicht berücksichtigt.

Anhang

Begriff	Kurze Erläuterung
Burn-out	Nach ICD-10 handelt es sich beim ‚Burn-out' um keine Erkrankung, sondern um ein Problem mit Bezug auf Schwierigkeiten bei der Lebensbewältigung, die mit einem Zustand der totalen Erschöpfung einhergeht (Z 73.0). In der klinischen Forschung versteht man unter Burn-out eine sich prozesshaft entwickelnde Beanspruchungsreaktion, die sich z. B. in anhaltender Emotionsarmut, reduzierter Arbeitsleistung und -motivation sowie zynischem und abgestumpftem Verhalten gegenüber Kunden, Klienten u. a. Menschen auswirkt. Ursprünglich war das Burn-out ausschließlich in psychosozialen Berufsfeldern (Krankenpflege, Lehrerberufe etc.) verortet. In einer breiteren Definition sind inzwischen alle Tätigkeiten inkludiert, die durch Interaktionen mit anderen Menschen gekennzeichnet sind (z. B. Dienstleister).

C

Begriff	Kurze Erläuterung
Commitment	Commitment bezeichnet das Ausmaß der Identifikation eines Mitarbeiters mit dem Unternehmen, bei dem er beschäftigt ist. Beim affektiven Commitment hat das Unternehmen eine große persönliche Bedeutung für den Mitarbeiter, aufgrund dieser emotionalen Verbindung möchte er auch zukünftig gerne hier beschäftigt sein. Fühlt sich der Mitarbeiter der Organisation moralisch oder aufgrund normativer Wertvorstellungen verpflichtet, bleibt er dem Unternehmen verbunden, da er der Überzeugung ist, dass das Ausscheiden falsch wäre. Und schließlich kann der Mitarbeiter auch die monetären und sozialen Kosten berücksichtigen, die ein Stellenwechsel nach sich ziehen würde – hierbei handelt es sich um die rationale Ebene des Commitments. Zahlreiche Studien belegen positive Zusammenhänge zwischen Commitment und Leistung, Motivation und Anwesenheit am Arbeitsplatz sowie negative Zusammenhänge zwischen Commitment und erlebtem Stress sowie der Absicht das Unternehmen zu verlassen und es dann tatsächlich zu verlassen.
Corporate Governance Kodex	Der Deutsche Corporate Governance Kodex (DCGK) ist ein Regelwerk, das von einer Regierungskommission der Bundesrepublik Deutschland 2002 erarbeitet wurde. Hierin enthalten sind Vorschläge, was ethische Verhaltensweisen von Unternehmensführung und Mitarbeitern ausmacht. Der Kodex wird jährlich von der ‚Regierungskommission „Deutscher Corporate Governance Kodex" überprüft und aktualisiert.
Corporate Social Responsibility	Ein deutsches Synonym für Corporate Social Responsibility (CSR) lautet unternehmerische Gesellschaft- oder Sozialverantwortung. Gemeint ist der freiwillige Beitrag der Wirtschaft zu einer nachhaltigen Entwicklung, die über die gesetzlichen Forderungen der Compliance hinausgeht. CSR steht für verantwortliches unternehmerisches Handeln im Markt, in der Umwelt bis hin zu den Beziehungen mit den Mitarbeitern und dem Austausch mit den Stakeholdern. CSR hat zudem nicht zu unterschätzende positive Auswirkungen auf das Arbeitgeberimage (Employer Branding).

Begriff	Kurze Erläuterung
Cronbachs Alpha	Cronbachs Alpha wurde 1951 von Lee J. Cronbach als Maßzahl der multivariaten Statistik entwickelt. Das Alpha gibt an, inwiefern verschiedene Items (z. B. einer Skala im Fragebogen) im Grunde das gleiche messen. Mithilfe dieser Maßzahl lässt sich die Reliabilität (Zuverlässigkeit) eines psychometrischen Tests schätzen. Das Alpha kann Werte zwischen 0 und 1 annehmen. Es ist Konvention, dass Werte größer 0,7 als reliabel eingestuft werden.

D

Demografiemanagement	Aufgrund immer älter werdender Belegschaften und dem Mangel an Nachwuchskräften müssen Unternehmen heute deutlich weiter in die Zukunft denken und planen. Mithilfe eines betrieblichen Demografiemanagements lassen sich der interne aktuelle und zukünftige Personalbestand und -bedarf analysieren sowie die Personalentwicklung und Personalführung sowie das betriebliche Gesundheitsmanagement anpassen (altersgerechtes Personalmanagement). Beim Demografie-Check erfolgt nicht nur eine Altersstrukturanalyse, sondern auch eine Bewertung der betrieblichen Situation u. a. in den Bereichen Personalbeschaffung, Personalentwicklung, Führung, Gesundheit und Wissensmanagement. Entscheidend ist auch die Festlegung demografischer Controlling-Kennzahlen, um den Erfüllungsgrad eines strategischen Konzepts zur Steigerung der Demografie-Fitness zu ermitteln (nachhaltige Verfolgung).
Disability Management	Beim Disability Management geht es darum, die berufliche Beschäftigungsfähigkeit von Arbeitnehmern mit gesundheitlichen Einschränkungen zu erhalten und zu verbessern. Disability Management im betrieblichen Kontext führt oft zu Missverständnissen. Es handelt sich nicht um ein Defizitmodell, sondern um die Etablierung eines fähigkeitsorientierten und nachhaltigen Gesundheitsmanagements, wo Prävention, Frühwarnsystem und Rehabilitation Hand in Hand gehen. Das wichtigste Instrument des Disability Managements ist die betriebliche Wiedereingliederung auf der gesetzlichen Grundlage des Sozialgesetzbuches (Buch IX, § 84 – Rehabilitation und Teilhabe behinderter Menschen). Der Disability Manager sorgt für die Wiedereingliederung langzeiterkrankter Arbeitnehmer. Er versteht sich dabei als moderierender Koordinator der internen und externen Akteure. Seit einigen Jahren gibt es die Möglichkeit, sich zum Certified Disability Management Professional (CDMP) ausbilden zu lassen. Der Disability Manager hat zwei zentrale Aufgaben: (1) Er berät Arbeitgeber und Arbeitnehmer und koordiniert die berufliche Wiedereingliederung im Einzelfall und (2) über die Einzelfälle hinaus entwickelt er Konzepte für die Implementierung betriebsnaher Strukturen.

Begriff	Kurze Erläuterung
Disease Management	Seit 2002 gibt es auch in Deutschland systematische Behandlungsprogramme für chronisch kranke Menschen (Disease Management Programm, DMP). Sie stützen sich auf die Erkenntnisse der evidenzbasierten medizinischen Forschung. Die gesetzliche Krankenversicherung hält diese Programme auch als Chronikerprogramme vor. Patienten, die unter chronischen Erkrankungen leiden, sollen durch eine gut abgestimmte, infrastrukturell intelligent vernetzte und kontinuierliche Betreuung und Behandlung vor Folgeerkrankungen bewahrt werden (Ko- und Multimorbidität). Dies gelingt, wenn strukturell und inhaltlich Hausärzte und Fachtherapeuten sowie Krankenhäuser und Rehabilitationseinrichtungen koordiniert zusammenarbeiten. Die infrage kommenden Therapieschritte müssen nach wissenschaftlich gesichertem medizinischem Wissensstand aufeinander abgestimmt sein.

E

Employability	Employability ist die Forderung nach Anpassungs- und Beschäftigungsfähigkeit in einer sich wandelnden und zunehmend flexibilisierten Arbeitswelt. Es geht primär um die Arbeitsmarktfähigkeit, die Eigenverantwortung, Gesundheit und Kompetenz von den Individuen verlangt. Wachsende Bedeutung erhält das Konzept der Beschäftigungsfähigkeit durch den demografischen Wandel. Umgangssprachlich könnte man auch von der Arbeitsmarktfitness sprechen, die u. a. durch Förderung von Schlüsselkompetenzen bei gleichzeitiger Forderung nach mehr Selbstverantwortung mit flankierenden strukturellen Unterstützungsangeboten der Qualifizierung und des Gesundheitswesens erzielt werden soll (Employability Management).
Empowerment	Unter dem Begriff ‚Empowerment' werden alle Strategien und Maßnahmen verstanden, die den Grad an Autonomie und Selbstbestimmung des Menschen erhöhen. Im betrieblichen Alltag ermöglicht ein von Empowerment geprägter Führungsstil, dass die Mitarbeiter ihre Interessen selbstbestimmt und selbstverantwortlich vertreten und gestalten sowie Entscheidungen aus unternehmerischer Sicht treffen können (Mitunternehmertum). Empowerment erzielt man nur, wenn eine professionelle Unterstützung der Mitarbeiter erfolgt, ihre Gestaltungsspielräume und Ressourcen wahrzunehmen und zu nutzen. Der ‚empowerte' Mitarbeiter kann so seine Selbstkompetenz wahrnehmen.
Ermöglichungsdidaktik	Die Ermöglichungsdidaktik modernisiert die Erwachsenenbildung in Richtung Selbstverantwortung und handlungsorientiertes Lernen. Der Lehrende schafft die geeigneten Lernvoraussetzungen (Rahmenbedingungen), um Lernprozesse beim Lernenden zu ermöglichen. Damit grenzt sich die Ermöglichungsdidaktik von erzeugungsdidaktischen, fremdbestimmten Ansätzen des Lehrens und Lernens ab. Die Ermöglichungsdidaktik ist teilnehmer- und problemlösungsorientiert sowie bildungsbezogen (Ich-Identität, Selbstwert). Sie fördert die Selbsterschließung und das Selbstlernen im Sinne des Konstruktivismus.

Begriff	Kurze Erläuterung
Evidenzbasierung	Evidenzbasierung befasst sich mit der Frage, ob mit den anvisierten Maßnahmen auch tatsächlich die erhofften Ziele erreicht werden können. Mit Evidenz lässt sich die Verlässlichkeit eines beobachteten Ursache-Wirkungs-Zusammenhangs beschreiben. Was bedeutet aber Verlässlichkeit? Die meisten Autoren verknüpfen diese Frage mit der Angemessenheit der zugrunde liegenden Nachweismethoden. Dafür sind im Bereich der Medizin v. a. randomisierte kontrollierte Studien an der Spitze der Evidenzhierarchie erforderlich, was bei der BGF eher die seltene Ausnahme darstellen dürfte. Auch stellt sich die Frage, ob Gesundheitsförderung als Intervention oder als Endpunkt betrachtet werden soll.
Exzellenz des EFQM-Modells	Die Exzellenz beruht auf den Grundpfeilern: Ergebnisorientierung, Ausrichtung auf den Kunden, Führung und Zielkonsequenz, Management mittels Prozessen und Fakten, kontinuierliches Lernen (Innovation und Verbesserung), Entwicklung von Partnerschaften und soziale Verantwortung. Dabei handelt es sich um ein Selbstbewertungssystem, anhand dessen sich das Unternehmen beispielsweise in Bezug auf BGF nach neun vorgegebenen Kriterien selbst einschätzen kann. Über eine „objektivierte" Punktevergabe (maximal 1.000 Punkte) werden die Ergebnisse dieser Selbstbewertung mit anderen vergleichbar gemacht. Das Modell unterscheidet 5 Befähigerkriterien und 4 Ergebnis-Kriterien. Beide gelten als gleichwertig und beinhalten insgesamt 32 Einzelkriterien.

F

Flow	Flow ist ein Motivationszustand mit der höchsten intrinsischen Motivation, einem Zustand, in dem man Raum und Zeit vergisst und zu Höchstleistungen fähig ist. Man geht quasi in seiner Tätigkeit auf (autotelische Aktivität). Um in Flow zu kommen, muss die Tätigkeit möglichst strukturiert sein (klare Ziele, Eindeutigkeit der Handlungsstruktur, glatter Handlungsablauf und herausfordernd) und die Person über eine autotelische Persönlichkeit (hohe Genuss- und Konzentrationsfähigkeit, Selbstvertrauen, Fähigkeit zur Reduktion der Selbstaufmerksamkeit) verfügen.
Fluktuation	Fluktuation bezeichnet die Austauschrate des Personals in einer Organisation. Unter ‚institutioneller Fluktuation' versteht man den geplanten und den Zielen der Institution immanenten Wechsel. Bei der ‚individuellen Fluktuation' gilt es, noch weitere Zu- und Abgänge zu berücksichtigen. Schließlich umfasst die ‚natürliche Fluktuation' den Anteil der Gesamtfluktuation, der altes- oder todesfallbedingt resultiert.

G

Gefährdungsanalyse	Die Gefährdungsanalyse teilt die Arbeitsplätze in zwei Gruppen, nämlich die ‚gefährlichen Arbeitsplätze' (z. B. in der Produktion durch Lastentransport, Umgang mit Chemikalien, durch Arbeitsverfahren und Arbeitsmittel) und in die ‚ungefährlichen Arbeitsplätze' (z. B. die Büroarbeitsplätze in der Verwaltung). Ziel der Gefährdungsanalyse ist die Sicherheit und der Gesundheitsschutz beim Einrichten und Betreiben von Arbeitsstätten. Es geht also um das Bereitstellen, Ausgestalten, Benutzen und Instandhalten von Arbeitsstätten, Arbeitsplätzen und Arbeitsräumen. Das Grundkonzept einer Gefährdungsanalyse ergibt sich aus dem Arbeitsschutzgesetz

Begriff	Kurze Erläuterung
	in den §§ 3, 4, 5 und 6. Durch die Beurteilung der Arbeitsbedingungen in Hinsicht auf mögliche Gefährdungen muss jeder Arbeitgeber die für seine Unternehmung erforderlichen Maßnahmen zum Schutz der Beschäftigten treffen. Für die Durchführung einer Gefährdungsanalyse gibt es einen siebenschrittigen Standard: (1) Vorbereitung, (2) Ermitteln der Gefährdung, (3) Beurteilung von Risiken, (4) Festlegen und Durchführen von Maßnahmen, (5) Überprüfen der Wirksamkeit, (6) Dokumentieren und (7) Fortschreiben.
Gesunde Führung	Führungskräfte sind Kulturpromotoren, die maßgeblich für die Entwicklung der Gesundheitskultur im Unternehmen verantwortlich sind. Gesunde Führung kennzeichnet einen Führungsstil mit impliziten und expliziten Steuerungselementen wie systematische Führung (Zielsetzung, Kontrolle der Zielerreichung und des Leistungsfeedbacks) sowie Motivation und Partizipation (Beteiligung, Einbindung, Förderung von Eigeninitiative, Verantwortungsübernahme sowie angemessenes Informations- und Kommunikationsmanagement).
Gesundheitskommunikation	Gesundheitskommunikation soll über das Thema ‚Gesundheit' aufklären, informieren und darüber hinaus überzeugen sowie zu gesundheitsfördernden Verhaltensanweisungen anregen. Dabei bedient sich die Gesundheitskommunikation den üblichen Schritten der Kommunikationsplanung (Definition der Dialoggruppen sowie die Definition der Zielgruppen, Kommunikationsziele, -inhalte, -kanäle, -phasen und -maßnahmen) und flankiert von Anfang an das betriebliche Gesundheitsmanagement (Marketing).
Gesundheitskompetenz	Inhaltlich orientiert sich der Begriff ‚Gesundheitskompetenz' an der Ottawa Charta. Gesundheitskompetenz bestimmt sich als die Fähigkeit des Einzelnen, im täglichen Leben Entscheidungen zu treffen, die sich positiv auf die Gesundheit auswirken, und zwar zu Hause, in der Arbeitswelt und in der Gesellschaft. Gesundheitskompetenz stärkt die Gestaltungs- und Entscheidungsfreiheit in Gesundheitsfragen und verbessert die Fähigkeit, Gesundheitsinformationen zu finden, zu verstehen und in Handeln umzusetzen. Gesundheitskompetenz darf kein träges Wissen sein (Faktenwissen), sondern muss handlungsorientiert übersetzt sein.
Gesundheitskultur	Gesundheitskultur ist ein Segment der Unternehmenskultur und vereint Sinnhaftigkeit und Relevanz des Themas ‚Gesundheit' im Unternehmen aus Sicht der Beschäftigten (Werte und Einstellungen betreffend). V. a. Führungskräfte sind für die Entwicklung der Gesundheitskultur verantwortlich, die sich in ihrer nachhaltigen Wirkung durch das Setzen von Gesundheitsnormen im Mitarbeiterverhalten niederschlägt. Als subjektives Maß ist die Gesundheitskultur hoch mit objektiven Maßen wie Fehlzeitenquote korreliert.
Gesundheitszirkel	In Gesundheitszirkeln treffen sich die Teilnehmer für eine begrenzte Zeit regelmäßig in ausgewählten Arbeitsbereichen oder Abteilungen. Durch das kommunikative und gestaltungsorientierte Instrument des betrieblichen Gesundheitsmanagements sollen gesundheitliche Probleme aus der Sicht der Betroffenen angegangen und Verbesserungsvorschläge erarbeitet werden. Ziele von Gesundheitszirkeln sind die Reduzierung von Fehlzeiten, die Reduzierung von verhaltensbedingten Arbeitsunfällen, die Verbesserung der Arbeits- und Produktqualität, die Verbesserung der Aufbau- und Ablauforganisation, die Verbesserung der Kommunikation und Kooperation und anderes mehr.

Begriff	Kurze Erläuterung
H	
Handlungs-regulationstheorie	Die Handlungsregulationstheorie wurde von Winfried Hacker und Walter Volpert entwickelt. Die Handlungsregulationstheorie ist ein Handlungsmodell, das auf Zielen basiert, Pläne als Basis zur Realisierung der Ziele verwendet und über die Rückmeldung in Form von Rückkopplungsschleifen schrittweise zur Korrektur der Pläne und Handlungen führen kann. Hier geht es also um die psychische Regulation von Wissens-, Denk- und körperlicher Arbeit. Handlungen bestehen hiernach aus Teilhandlungen und Bewegungen (hierarchischer Aufbau) und differenzieren sich in automatisierte, bewusstseinsfähige und bewusstseinspflichtige Regulationsprozesse. Ziel der Theorie ist es, die Güte des Handelns in Bezug auf die Tätigkeit zu optimieren.
Hardiness	Die Widerstandsfähigkeit gegen Fehlbelastungen als internale Ressource beschreibt eine Persönlichkeitsdisposition, die Menschen trotz großer und zum Teil extremer Belastungen zu schützen vermag. Die Disposition setzt sich zusammen aus einem ausgeprägten Engagement, sich mit den Lebensaufgaben zu identifizieren, Kontrolle und die Überzeugung, Einfluss auf das eigene Leben nehmen zu können sowie Herausforderungen und Veränderungen als positive Chancen wahrzunehmen.
Health Balanced Scorecard	Die Health Balanced Scorecard verknüpft gewichtet verschiedene betriebliche Gesundheitsindikatoren (Früh- und Spätindikatoren) zu aussagekräftigen Kennwerten auf der Potenzial-, Prozess-, Kunden- und Finanzperspektive.
HERO Datenbank The Health Enhancement Research Organization	Bei der HERO-Datenbank handelt es sich um eine wissenschaftliche Datenbank zur Gesundheitsförderung und Prävention, die Daten von diversen Unternehmen im Longitudinaldesign erfasst. Es handelt sich um eine Zusammenarbeit von HERO, der StayWell Company, der MEDSTAT Group und weiteren Unter-nehmen wie Hoffmann La Roche mit einer Gesamtpopulation von derzeit etwa n=47500. Man möchte die Einflüsse von beeinflussbaren Risikofaktoren wie Alkoholkonsum, Blutzucker, Blutdruck, Cholesterin, Ernährung, Fitness, psychische Gesundheit, Tabakkonsum, Stress, Gewicht und deren Wechselwirkungen untersuchen. Dabei interessiert v. a. der Zusammenhang zwischen Veränderungen von Risikofaktoren und deren Auswirkungen auf Kosten der medizinischen Versorgung.
K	
Key Performances Measures	Darunter versteht man Schlüssel- bzw. erfolgskritische Kennzahlen, die beispielsweise in einer Balanced Scorecard zusammengeführt werden können. Diese Kennzahlen fungieren meistens als Indikatoren (Key Performance Indicator = KPI). Die Fehlzeiten können beispielsweise als KPI für den „Gesundheitszustand" des Unternehmens fungieren. Entscheidend ist, dass man mit diesen Kennzahlen den Fortschritt oder den Erfüllungsgrad in Bezug auf zentrale Zielsetzungen (Organisationsziele) bestimmen bzw. messen kann.

Begriff	Kurze Erläuterung
Ko- und Multimorbidität	Zweifach- oder Mehrfacherkrankungen sind in Anbetracht der Tatsache, dass die Menschen immer älter werden, künftig häufig zu erwarten. Damit erschwert sich nicht nur die Diagnostik, sondern es kommt auch zu Wechselwirkungen zwischen den Krankheiten bzw. Beschwerden. So kann beispielsweise Diabetes das Risiko erhöhen, einen Herzinfarkt oder einen Schlaganfall zu erleiden. Bewegungsmangel durch arthrotische Erkrankungen wiederum kann zu einem erhöhten Risiko für Herz-Kreislaufkrankheiten führen.
Kohärenz	Kohärenz wird durch drei Faktoren erklärt: Verstehbarkeit ⇔ Umweltanreize sind strukturiert, vorhersagbar und erklärbar; Handhabbarkeit ⇔ Ressourcen vorhanden, um Anforderungen zu bewältigen; Bedeutsamkeit ⇔ Anforderungen als positiv erlebte Herausforderungen.
Kondratieff-Zyklus	Der russische Wirtschaftswissenschaftler Nikolai Kondratjew postuliert ausgehend von empirischen Untersuchungen, dass es neben den kurzen Konjunkturzyklen auch lange Konjunkturwellen gebe, die im Durchschnitt ca. 50 Jahre andauern. Jede dieser Wellen ist gekennzeichnet von einem spezifischen gesellschaftlichen Bedarf (beispielsweise die Informationstechnik seit 1990). Kennzeichnend für jede Welle ist eine Aufschwung- und eine Abschwungphase.
Kontrollüberzeugung	Generell unterscheidet man Menschen mit internaler Kontrollüberzeugung, die sich zutrauen, Herausforderungen selbst meistern zu können, von Menschen mit externaler Kontrollüberzeugung, die sich vom Schicksal oder anderen äußeren Umständen gelenkt und bestimmt fühlen.

M

Managed Care System	Beim Managed Care handelt es um ein in den USA entwickeltes vernetztes Versorgungsmodell, um betriebswirtschaftlich effizient und effektiv Einfluss auf medizinische Entscheidungsprozesse und ärztliches Handeln zu nehmen (Kosten- und Leistungskontrolle). Durch die zentrale Steuerung der medizinischen Leistungserbringung, durch die Abschaffung der freien Arztwahl, durch eine größere Datentransparenz u. a. versucht man das kränkelnde Versorgungs- und Versicherungssystem aus betriebswirtschaftlicher Sicht zu optimieren. Ohne die Vorteile des Solidaritätsprinzips aufzugeben, versucht man, Angebot und Nachfrage aus wirtschaftlicher Sicht zu verknüpfen. Das Hausarztkonzept ist ein typisches Beispiel für ein solches Managed Care System. Disease Management Programme für chronisch kranke Menschen und die integrierte Versorgung gehören ebenfalls zu diesem Ansatz.
Metaanalyse	Unter Metaanalysen versteht man Verfahren, mit denen die Ergebnisse unterschiedlicher Studien zu einer gemeinsamen Thematik zusammengefasst werden. Dadurch erhält man einen Überblick zum aktuellen Stand der Forschung. Metaanalysen setzen zur Integration auf statistische Methoden und unterscheiden sich dadurch von den klassischen Reviews, die auf der sprachlichen Ebene die Zusammenführung vornehmen.

Begriff	Kurze Erläuterung
Metabolisches Syndrom	Das metabolische Syndrom bezeichnet Beschwerden, die mit vielfältigen Störungen des Stoffwechsels, der Blutdruckregulation und Fettleibigkeit assoziiert sind. Risikofaktoren sind Diabetes mellitus, eine gestörte Glucosetoleranz, ein pathologischer Nüchternblutzucker, meistens Bluthochdruck, viszerale Adipositas etc. Man geht davon aus, dass das metabolische Syndrom ein entscheidender Risikofaktor für koronare Herzkrankheiten ist.
Miasma	Miasma bedeutet „übler Dunst" und erklärt aus medizingeschichtlicher Sicht ein Modell der ungeklärten Krankheitsübertragung.
Mikrozensus	Der Mikrozensus ist eine bevölkerungsstatistische Erhebung, bei der im Gegensatz zur Volkszählung per Zufall eine Flächenstichprobe gezogen wird. Das Statistische Bundesamt befragt jährlich 1 Prozent der Privathaushalte in Deutschland, das sind ca. 390000 Haushalte mit etwa 830000 Menschen. Der Mikrozensus gibt sowohl politischen Entscheidungsträgern Informationen über die wirtschaftliche und soziale Lage der Bevölkerung sowie über die Erwerbstätigkeit, den Arbeitsmarkt und die Ausbildung, als auch der (Sozial-)Wissenschaft Benchmarkmöglickeiten.
Modell der Arbeitscharakteristika	Das Job Characteristics Model befasst sich mit der Frage, wie Motivation aus der Arbeit entsteht. Es stellt eine Rahmentheorie für die Entstehung intrinsischer Motivation aus den Aufgabenmerkmalen dar. Motivation wird als vermittelnde Variable zwischen Letzteren und Spätindikatoren wie Fehlzeiten, Zufriedenheit und Gesundheit interpretiert. Das Job Diagnostic Survey kann als Instrument der Gesundheitserfassung dienen.
Moderator	Moderatoren beeinflussen den Zusammenhang zwischen zwei Variablen wie Arbeitsmotivation und Leistung. Der Einfluss der Moderatoren ist dabei oft unbestimmt und muss durch statistische Analysen ermittelt werden. Im Gegensatz zu den Moderatoren liegen Mediatoren dem Zusammenhang zwischen zwei Variablen zugrunde.
Monotonie	Eine reduzierte psychophysische Aktivität infolge einer spezifischen Beanspruchung ist das Kennzeichen der Monotonie. Besonders reizarme Situationen, die eine länger andauernde Ausführung oder gleichartig einförmige Tätigkeiten verlangen, begünstigen das Monotonieerleben. Dieses kann quantitativer (es gibt zu wenig zu tun) oder qualitativer Art (man ist intellektuell unterfordert) sein. Aus monotonen Tätigkeiten folgen Müdigkeit, Interesselosigkeit und Gefühle der Langeweile- Diese Symptome können durch Reizgabe, z. B. durch einen Tätigkeitswechsel (Job Rotation), schlagartig im Gegensatz zur psychischen Ermüdung verschwinden.
Morbidität	Morbidität ist eine statistische Größe, die die Krankheitshäufigkeit bezogen auf eine bestimmte Bevölkerungsgruppe beschreibt und mit deren Hilfe man die Erkrankungswahrscheinlichkeit abschätzen kann. Die Morbidität wir durch die Prävalenz (Rate bereits Erkrankter) und der Inzidenz (Rate der neu Erkrankten) innerhalb eines definierten Zeitfensters bestimmt. Während Morbidität ein Begriff der Erkrankungsstatistik ist, handelt es sich bei der Mortalität um einen Begriff der Todesursachenstatistik.

Begriff	Kurze Erläuterung
Multiple Chemical Sensitivity	Man versteht darunter eine mehrfache Chemikalienunverträglichkeit (multiple Chemikaliensensitivität). Es erfolgt eine allergieähnliche Reaktion des Immunsystems gegenüber Spuren von Chemikalien oder Umweltschadstoffen. Meistens handelt es sich um alltägliche Chemikalien wie Duftstoffe, Lösungsmittel usw. Haut- und Atemwegsprobleme, Kopfschmerzen, chronische Müdigkeit sind die Folge. Prinzipiell können alle Organe betroffen sein (Syndrom-Charakter).

O

Begriff	Kurze Erläuterung
Omnibusbefragung	Unter Omnibusbefragung versteht man eine Mehrthemenbefragung. So lassen sich beispielsweise Gesundheitsfragen in einer allgemeinen Mitarbeiterbefragung integrieren, ohne dass man aus logistischer Sicht eine eigene Gesundheitsbefragung durchführen muss. Dadurch lassen sich auch interessante Zusammenhänge zwischen Gesundheit und Zufriedenheitswerten der Mitarbeiterbefragung ermitteln. Nachteilig ist jedoch, dass möglicherweise durch ein Thema auch ein unkontrollierter Einfluss auf die Beantwortung der anderen Themen erfolgt.

P

Begriff	Kurze Erläuterung
Partizipatives Produktivitätsmanagement	Das Partizipative Produktivitätsmanagement (PPM) stellt ein gruppenbezogenes Zielvereinbarungssystem dar, das erstmals unter der Bezeichnung ProMES (Productivity Measurement and Enhancement System) von Robert D. Pritchard Ende der achtziger Jahre in der USA erprobt wurde. Entscheidend ist das Gruppenziel, was explizit von der Gruppe definiert wird. Die Gruppe bestimmt auch die kritischen Erfolgsfaktoren, nach der die Zielerreichung verfolgt werden kann. Das Feedback über die Erfolgszahlen ist maßgeblich, um eine homogene Kräfteausrichtung der Motivation zu erzielen bzw. um eine gemeinsame Zielorientierung zu schaffen. Gruppenziele dürfen dabei nicht nur an Einzelne ausgerichtet werden, sondern die gruppenbezogene Gesamtzielerreichung muss im Konsens mit den übergeordneten Organisationszielen stehen.
Präsentismus	Unter Präsentismus versteht man eine Anwesenheit des Mitarbeiters trotz Krankheit am Arbeitsplatz. Typische Folgen des Präsentismus sind: Die Konzentration lässt nach, die Fehleranfälligkeit steigt, die Unfallgefahr nimmt zu und die Leistungsfähigkeit nimmt ab. Präsentismus kann sich zu einem gewaltigen Kostentreiber für Unternehmen herausstellen. Schätzungen zufolge gehen bis zu 60 % der Gesundheitskosten auf Präsentismus zurück. Eine Senkung der Fehlzeitenquote verliert ihre Bedeutung, wenn diese durch eine Erhöhung des Präsentismus erkauft wird. Im Gegensatz zu den Fehlzeiten lässt sich der Präsentismus aber nur indirekt bestimmen, indem man Gesundheitsbefragungen durchführt.

Begriff	Kurze Erläuterung
Prävention	Unterschieden werden drei Präventionsklassen: Bei der Primärprävention geht es um das Vorbeugen des erstmaligen Auftretens von Krankheiten, in der Sekundärprävention geht es um die Früherkennung von symptomlosen Krankheitsvor- und -frühstadien. Die Tertiärprävention schließlich beinhaltet die Verhütung von Erkrankungen und Behinderungen sowie die Vorbeugung von Folgeerkrankungen. Instrumente der BGF lassen sich den Kategorien Verhaltens- und Verhältnisprävention zuordnen: Unter Verhaltensprävention versteht man alle Maßnahmen, die am Menschen ansetzen (z. B. Ernährung, Bewegung, Stressmanagement); im Gegensatz dazu setzt die Verhältnisprävention im organisatorischen und technischen System an (z. B. gesundheitsförderliche Arbeitsgestaltung und Führung).
Prozentrang	Die Aussage „Die Leistung von X entspricht dem Prozentrang 60" bedeutet, dass 40 Prozent der Bezugsgruppe besser als X abgeschnitten haben.
Psychische Störung	Die WHO hat den Begriff ‚Psychische Störung' eingeführt und damit den älteren Begriff der ‚Psychischen Erkrankung' ersetzt. Psychische Störungen beschreiben eine signifikante Abweichung im Erleben oder Verhalten des Einzelnen im Kognitiven, Emotionalen und Behavioralen. Neben der Abweichung von der Norm inkludiert die Diagnosestellung auch einen psychischen Leidensdruck seitens des Betroffenen. Die Beurteilungs- und Diagnosekriterien finden sich im ICD 10 (WHO) oder DSM IV (APA). Die häufigsten Störungen sind Depressionen, Ängste und Substanzabhängigkeit.

R

Begriff	Kurze Erläuterung
Regressionsanalyse	Die Regressionsanalyse als statistisches Verfahren stellt Beziehungen zwischen einer abhängigen Variablen und einer oder mehreren unabhängigen Variablen fest. Ziel ist es, diejenige Gerade zu finden, die die Summe der quadrierten Vorhersagefehler minimiert. Mit der linearen Regression werden die Koeffizienten der linearen Gleichung unter Einbeziehung einer oder mehrerer unabhängiger Variablen geschätzt, die den Wert der abhängigen Variablen am besten vorhersagen.
Regulationskompetenz	Konfligierende Rollenanforderungen, unterschiedliche Erwartungen, Ressourcenknappheit u. a. erfordern beim Menschen eine kontinuierliche Regulation, um eine Art beanspruchungsoptimales Gleichgewicht zwischen Belastungen und Ressourcen zu erzielen. In gewisser Weise könnte man Stress als eine Art Regulationsproblem definieren. Moderne Ansätze des Selbstmanagements (Zeit- und Ressourcenmanagement, Problemlösungskompetenz etc.) beziehen sich auf die Regulationskompetenz.
Repetitive Strain Injury	Das RSI-Syndrom ist auch umgangssprachlich bekannt als Mausarm. Es geht mit Schmerzen im Handgelenk und Unterarm einher. Eine Verletzung entsteht erst durch die immer wiederkehrende gleichartige Belastung bzw. niederschwellige Traumatisierung. Ein ergonomischer Arbeitsplatz und regelmäßige Bewegungen sind wichtig, um ein RSI-Syndrom gerade bei Bildschirmarbeitsplätzen zu verhindern.

Begriff	Kurze Erläuterung
Ressourcen	Als ‚Puffer' sind die Ressourcen bis zu einem gewissen Grad in der Lage, die Wirkungen der (Fehl-)Belastungen zu kompensieren – in Abhängigkeit von der Dauer und Intensität der Belastungen sowie der intraindividuellen Selbstregulationskompetenz. Aus der Verrechnung zwischen Belastungen und Ressourcen resultieren die Beanspruchungsfolgen. Unterschieden werden internale oder personeneigene Ressourcen, wie Qualifikation, Kompetenzen, Werte oder Bewältigungsstrategien im Umgang mit Stress und externale oder organisationale Ressourcen, wie soziale Unterstützung, gesundheitsförderliche Führung oder Gesundheitskultur.
Return on Investment	Return on Investment stellt die Kapitalrendite als Maß für den finanziellen Erfolg des im Unternehmen gebundenen Kapitals dar und ist definiert als Umsatzrendite (Verhältnis des Gewinns zum Umsatz) multipliziert mit dem Kapitalumschlag (Verhältnis von Umsatz zum Kapitaleinsatz). Berechnet wird dieser Kennwert nach Kürzung des Nettoumsatzes durch das Verhältnis zwischen Gewinn und Gesamtkapital bzw. als Quotient aus Periodengewinn und Kapitaleinsatz im Sinne einer periodischen Bezugsgröße. Am bekanntesten ist hier die DuPont-Kennzahlenpyramide. Das ROI-Maß kann auch zur Beurteilung von Einzelinvestitionen herangezogen werden. Kritisch anzumerken sind die Vergangenheitsorientierung, die unzureichende Beachtung von Risiken, die Verfälschbarkeit durch bilanzielle Verschiebungen und die Nichtberücksichtigung der Kapitalkosten. Das Grundschema der erweiterten ROI-Analyse zeigt auf, dass weitere Treiber und ihre Beziehungen wie Fremdkapitalzins, Verschuldungsgrad, Eigenkapitalquote bis zum Marktwert des Eigenkapitals in die Berechnung einfließen können.
Rubikon-Modell der Motivation	Heinz Heckhausen entwickelte das Rubikon-Modell der Motivation. Der Name ‚Rubikon' geht auf Cäsars Entscheidungsprozess zurück, 49 v. Chr. den Rubikon zu überschreiten und somit einen Bürgerkrieg zu beginnen oder nicht – schließlich warf er den berühmten Würfel. Im Rubikon-Modell der Motivation werden vier Phasen unterschieden: (1) die des Abwägens von Handlungsmöglichkeiten einschließlich der Wahl einer davon und der entscheidenden Festlegung auf sie, (2) die des Planens der Umsetzung der getroffenen Entscheidung „in die Tat", (3) die der realen Durchführung der Entscheidung in konkretem Handeln und (4) die des abschließenden Bewertens dieses Handelns. Diesen Phasen lassen sich motivationstheoretische Konzepte zuordnen. Im betrieblichen Motivationsmanagement interessiert man sich v. a. für die zweite und dritte Phase, wo u. a. die Zieltheorien sowie die Handlungstheorien und Selbstregulationstheorien Geltung beanspruchen.

S

Salutogenese	Der Begriff ‚Salutogenese' (Krankheitsentwicklung) wurde 1979 von Aaron Antonovsky entwickelt. Die pathogenetische Frage „Was macht den Menschen krank?" wird in der Salutogenese ersetzt durch die Frage „Was hält den Menschen trotz mannigfaltiger Belastungen gesund?" Das salutogenetische Rahmenkonzept fokussiert Faktoren und dynamische Wechselwirkungen, die zur Genese (Entstehung) und Erhaltung von Gesundheit führen. Nach Antonovsky ist Gesundheit kein Zustand, sondern vielmehr ein Prozess. Ein zentrales Konzept ist das Kohärenzgefühl (Vertrauen).

Begriff	Kurze Erläuterung
Selbstwirksamkeit	Selbstwirksamkeit oder Selbstwirksamkeitserwartung (SWE) bezeichnet die eigene Erwartung, aufgrund eigener Möglichkeiten gewünschte Handlungen erfolgreich selbst ausführen zu können. Ein Mitarbeiter, der daran glaubt, selbst etwas bewirken zu können und auch vor Herausforderungen nicht zurückschreckt und versucht, sie zu meistern, hat eine hohe SWE. Damit einher geht die Annahme, man könne gezielt Einfluss nehmen (interne Kontrollüberzeugung). Untersuchungen zeigen, dass Personen mit einem starken Glauben an die eigene Kompetenz größere Ausdauer bei der Bewältigung von Aufgaben, eine niedrigere Anfälligkeit für Angststörungen und Depressionen und mehr Erfolge in der Ausbildung und im Berufsleben aufweisen. Selbstwirksamkeit hat sich als ein maßgebliches psychisches Konstrukt in der Gesundheitspsychologie herauskristallisiert.
Soziale Unterstützung	Soziale Unterstützung ist eine externale Ressource im Umgang mit Stress. Unterschieden werden vier unterschiedliche Formen der sozialen Unterstützung: emotionale Unterstützung durch Mitgefühl, beurteilende Unterstützung durch Rückmeldung und Bestätigung, informative Unterstützung durch Ratschläge und konkrete Hilfestellungen und instrumentelle Unterstützung durch Kollegen Mitarbeiter und Vorgesetzte bei der Erledigung der Arbeit.
Soziale Verantwortung	Siehe → Corporate Social Responsibility
Stressmanagement	Stressmanagement ist bei den internalen Ressourcen zu verorten. Dazu gehört die Feststellung des eigenen Umgangs mit unterschiedlichen Stresssituationen. Wenn sich der Stress durch eine Optimierung des eigenen Arbeitsverhaltens erreichen lässt, empfiehlt sich der Einsatz von systematischen Techniken wie Zeitmanagement oder Problemlösetechniken. Ist der Stress fremdbestimmt, bieten sich Entspannungstechniken wie Autogenes Training, Progressive Muskelrelaxation oder Yoga an. Zur Förderung der intrinsischen Motivation im Lernprozess des Stressmanagements kann man zu Selbstbelohnung ein Genusstraining absolvieren.
Subsidiarität	Als politische und gesellschaftliche Maxime betont die Subsidiarität die Eigenverantwortung vor staatlichem Handeln. Bei staatlichen Aufgaben sollen zuerst und im Zweifel untergeordnete, lokale Gruppen wie Stadt oder Gemeinde für die Lösung und Umsetzung zuständig sein. Für die BGF ist es wichtig, dass die Betroffenen selbstwirksam und kompetent an ihrer Gesundheit arbeiten. Voraussetzung ist hier allerdings, dass die Personen über eine ausreichende Gesundheits- und Regulationskompetenz verfügen.
Sustainable Human Resource Management	Nach Internationalisierung ist das wichtigste Thema des modernen Human Resource Managements die Nachhaltigkeit als Ausdruck strategischen Denkens und Handelns im Umgang mit dem knappen und wertvollen Gut Personal. Dieser soll nicht mehr ausgebeutet werden, sondern entwickelt und potenziert werden. Zur Nachhaltigkeit gehört v. a. die Mitarbeiterbindung (Retentionsmanagement) und ein strategischer Ansatz hinsichtlich der Steigerung des Human Capital Managements. Ferner müssen in Anbetracht des demografischen Wandels zunehmend auch Instrumente der Personalpflege Berücksichtigung finden (Gesundheitsmanagement), sodass Nachhaltigkeit nur durch einen salutogenetischen Weg des Human Resource Managements erzielt werden kann. Ein weiteres Themenfeld unter dieser Rubrik ist die soziale Verantwortung.

Begriff	Kurze Erläuterung
Systemischer Konstruktivismus	In der Bildung (Ermöglichungsdidaktik) und in der Beratung (systemische Organisationsberatung, Familientherapie) gewinnt das Paradigma des systemischen Konstruktivismus an Bedeutung. Man beobachtet nicht nur die einzelne Person, sondern das ganze System, in dem die Person agiert. Zudem versucht man, die betroffenen Personen in die Lage zu versetzen, Probleme eigenständig zu lösen. In der Beratung bedeutet dies, dass man die Problemlösungskompetenz und die Interaktions- und Kommunikationsfähigkeit des Systems steigert, damit das System selbstbestimmt und nachhaltig zu einer eigenständigen Lösung kommt. In der Bildung schafft man ein Lernarrangement, dass das selbstregulierte Lernen fördert und fordert.

T

Begriff	Kurze Erläuterung
Tätigkeitsanalyse	Arbeits- und Tätigkeitsanalysen aus arbeits- und organisationspsychologischer sowie arbeitswissenschaftlicher Perspektive ermöglichen, Schwachstellen in der Arbeitsgestaltung, Arbeitsorganisation und Arbeitsinhalten zu identifizieren. Damit eignen sich auch zur Ermittlung von Qualifikations- bzw. Eignungsanforderungen für Tätigkeiten. Die Humankriterien der Arbeit sind die Bewertungsgrundlage. In der arbeitswissenschaftlichen Analyse fokussiert man v. a. auf schädigende und beeinträchtigende Gestaltungsfaktoren der Arbeit wie Hitze oder Lärm. In der psychologischen Arbeitsanalyse interessiert man sich weniger für die ergonomischen Kriterien, sondern mehr für die psychische Regulation menschlicher Arbeitstätigkeit bei den Betroffenen. Sie zielen primär auf die Erhaltung der Gesundheit (Gesundheitsförderlichkeit) und auf die positive Wirkung in Bezug auf die Persönlichkeit (Persönlichkeitsförderlichkeit). Hinsichtlich der Arbeitsanalyseebenen wird zwischen der objektiven Seite (Auftrags- und Bedingungsanalyse) und der subjektiven Seite (Analyse der Arbeitstätigkeit und der erforderlichen personenbezogenen Regulationsvorgänge sowie die Analyse der Auswirkungen auf Erleben und Befinden der Beschäftigten) unterschieden.
Terzentilisierung	Ein Terzentil teilt die Gesamtheit einer Stichprobe in drei Teile. Dadurch erhält man einen niedrigen, mittleren und hohen Bereich hinsichtlich der Ausprägungen der gemessenen Variable.
Total Quality Management	Darunter versteht man ein umfassendes Qualitätsmanagement. TQM basiert auf einem mehrdimensionalen Qualitätsbegriff, der sich am Kunden, an den Mitarbeitern, an den Prozessen usw. orientiert. Dadurch erweitert man die Perspektive des Qualitätsmanagements von der technischen Gewährleistung der Produktqualität auf die Prozesslandschaft des Unternehmens (Schnittstellen), auf die Beziehung zum Kunden und auf die mitarbeiter- und führungsbezogenen Prozesse. Daher handelt es sich um eine Art Führungsphilosophie. Das EFQM-Modell der Exzellenz (siehe Glossar) ist einer der bekanntesten TQM-Modelle.

Begriff	Kurze Erläuterung
Transaktionale Stresstheorie	Die Transaktionale Stresstheorie wurde 1974 von Richard Lazarus veröffentlicht. Die Stresssituation wird als komplexer Wechselwirkungsprozess zwischen Anforderungen der Situation und der handelnden Person verstanden. Lazarus postuliert, dass die subjektive Bewertung der Situation und der zur Verfügung stehenden Ressourcen von zentraler Bedeutung ist. ‚Transaktional' bedeutet hier, dass ein Bewertungsprozess (primäre Bewertung, sekundäre Bewertung und Neubewertung) zwischen Belastung und Beanspruchung stattfindet, in der die betroffene Person entscheidet, ob die Situation als herausfordernd oder bedrohlich einzustufen ist. Bei der Bewertung erfolgt auch die grundsätzliche Beantwortung der Frage, ob eine Bewältigung durch eigene Ressourcen möglich ist.

U

Begriff	Kurze Erläuterung
Unfallkostenrechnung	Die Unfallkostenrechnung berücksichtigt direkte und indirekte Kosten. Neben den direkten Personalkosten während der Arbeitsunfähigkeit kommen die indirekten Kosten wie zusätzliche Produktionskosten (Qualitäts- und Produktionsverluste), zusätzliche Personalkosten (Überstunden, Substitutionspersonal), Verwaltungs- und Transaktionskosten, Beitragszuschläge der Berufsgenossenschaften etc. hinzu.

W

Begriff	Kurze Erläuterung
Wertkette	Die Wertkette (Value Chain) erfasst die Tätigkeiten und Prozesse, die für das Unternehmen von strategischer Bedeutung in Bezug auf den Aufbau von Wettbewerbsvorteilen sind. Sie setzt sich aus primären und unterstützenden intraorganisatorischen Wertaktivitäten und der Gewinnspanne zusammen. Dieses Modell lässt sich auf die „Wertkette Gesundheit" übertragen und durch unternehmensübergreifende Sichtweisen erweitern (Wertschöpfungskette)!
Work Ability Index	Der Work Ability Index (Arbeitsbewältigungsindex) differenziert die individuelle Arbeitsfähigkeit, v. a. über die subjektive Einschätzung des Befragten (Fragebogen mit 50 Fragen in der Lang- und 13 Fragen in der Kurzversion). Der WAI soll der Verbesserung der individuellen Gesundheit, der Gesundheitskompetenz, der Arbeitsumgebung und des Führungsverhaltens dienen. Allerdings ist der Fokus eher pathogenetisch und beschränkt sich auf die Erhebung von Risikofaktoren, Ressourcen werden ausgespart.
Work-Life-Balance	Der Zustand, in dem Arbeit und Privatleben miteinander in Einklang stehen, wird als Work-Life-Balance bezeichnet. Die artifizielle Trennung zwischen Berufs- und Privatwelt wird den Anforderungen unserer Arbeitswelt und auch den Bedürfnissen vieler Arbeitnehmer nicht gerecht. Eine zeitgemäße Definitionsspezifizierung ist eher mit dem Begriff ‚Life-Domains-Balance' gelungen – hier werden unterschiedliche Domänen wie mehrere Berufstätigkeiten, Familie, soziale Aktivitäten und Freizeit zueinander in Beziehung gesetzt. Diese Domänen sollten sich nicht gegenseitig blockieren, sondern idealerweise gegenseitig unterstützen.

Handbuch Angewandte Psychologie für Führungskräfte

T.M. Steiger; E.D. Lippmann (Hrsg.)
3. A. 2008. 856 S. 155 Abb. Geb. im Schuber, 2bändig. € (D) 119,95; € (A) 123,31; sFr 174,00
ISBN 978-3-540-76339-0

Nachhaltige Weiterbildung

S. Kauffeld
2010. 230 S. 317 Abb. Mit online Files. Geb.
€ (D) 39,95; € (A) 41,07; sFr 58,00
ISBN 978-3-540-95953-3

Change Management

K. Stolzenberg, K. Heberle
2.A. 2009. 238 S.81 Abb. Geb.
€ (D) 39,95; € (A) 41,07; sFr 58,00
ISBN 978-3-540-78854-6

Angewandte Psychologie für Projektmanager

M. Wastian; I. Braumandl; L. von Rosenstiel (Hrsg.)
2009. 365 S. 32 Abb. Geb.
€ (D) 49,95; € (A) 51,36; sFr 72,50
ISBN 978-3-540-76818-0

Online-Assessment

H. Steiner (Hrsg.)
2009. 317 S. 35 Abb. Geb.
€ (D) 49,95; € (A) 51,36; sFr 72,50
ISBN 978-3-540-78918-5

Assessment-Center

C.D. Eck, H. Jöri, M. Vogt
2.A. 2010. 340 S. 50 Abb. Mit online Files. Geb.
€ (D) 49,95; € (A) 51,35; sFr 72,50
ISBN 978-3-642-12997-1

Coaching

E.D. Lippmann
2.A. 2009. 222 S. 54 Abb. Geb.
€ (D) 34,95; € (A) 35,93; sFr 51,00
ISBN 978-3-642-12997-1

Wissen – Erfahrung – Training

springer.de

Praktisch umsetzbares Wissen für moderne Personalmanager

- Alles in einem Buch, was die Psychologie für ein nachhaltiges HRM zu bieten hat
- Mit aktuellen Trend-Themen: Talent-, Performance- und Demografie-Management, Auslandsentsendung, HRM als strategischer Partner...
- Von erfahrenen Beratern des Instituts für Angewandte Psychologie (IAP), Zürich

2010. 400 S. 100 Abb. Geb. € (D) **59,95**; € (A) 61,63; sFr 87,00
ISBN 978-3-642-12480-8

springer.de

Praktisch umsetzbares Wissen für moderne Personalentwickler

- Alles in einem Buch, was die Psychologie für Personalentwicklung und Bildungsmanagement zu bieten hat
- Aktuelle Themen der Personalentwicklung: E-Learning, Grossgruppen, Performance-Management, Corporate Learning, Change Management ...
- Von erfahrenen Beratern des Instituts für Angewandte Psychologie (IAP), Zürich

2010. 400 S. 100 Abb. Geb. € (D) 54,95; € (A) 56,50; sFr 85,50
ISBN 978-3-642-12624-6

springer.de

Ein sensibles und schwieriges Thema, verständlich für Personaler und Führungskräfte

- Praxisnah: Konkrete Fallbeispiele, Checklisten zum Download
- Anregungen und Selbsthilfetipps für Führungskräfte
- Grundwissen, Früherkennung und Prävention

2011. 250 S. 30 Abb. Brosch. € (D) **44,95;** € (A) 46,21; sFr 60,50
ISBN 978-3-642-12624-6

springer.de

Printing and Binding: Stürtz GmbH, Würzburg